全国技工院校计算机类专业教材（中／高级技能层级）

Creo 基础与应用

主　编　陈烨妍
主　审　洪惠良　王　雪

中国劳动社会保障出版社

简介

本书主要内容包括 Creo 8.0 入门、草图绘制、实体造型、曲面造型、零部件装配、机构运动仿真和工程图绘制等。每个任务针对不同的常用命令展开，并结合简单易懂的设计思路，帮助读者认识常用命令的选项卡界面，学会判断常用命令的应用场合和操作步骤，提高读者三维造型、机构装配和仿真以及导出二维工程图的实战技能。

本书由陈烨妍任主编，魏小兵参与编写，洪惠良、王雪任主审。

图书在版编目（CIP）数据

Creo 基础与应用 / 陈烨妍主编 . -- 北京 : 中国劳动社会保障出版社，2024
全国技工院校计算机类专业教材 . 中 / 高级技能层级
ISBN 978-7-5167-6318-6

Ⅰ.①C··· Ⅱ.①陈··· Ⅲ.①计算机辅助设计 - 应用软件 - 技工学校 - 教材 Ⅳ.①TP391.72

中国国家版本馆 CIP 数据核字（2024）第 090260 号

中国劳动社会保障出版社出版发行
（北京市惠新东街 1 号　邮政编码：100029）
*
北京宏伟双华印刷有限公司印刷装订　　新华书店经销
787 毫米 ×1092 毫米　16 开本　23 印张　440 千字
2024 年 6 月第 1 版　　2024 年 6 月第 1 次印刷
定价：58.00 元

营销中心电话：400-606-6496
出版社网址：http://www.class.com.cn
http://jg.class.com.cn

前 言

为了更好地满足全国技工院校计算机类专业的教学要求，适应计算机行业的发展现状，全面提升教学质量，我们组织全国有关学校的一线教师和行业、企业专家，在充分调研企业用人需求和学校教学情况、吸收借鉴各地技工院校教学改革的成功经验的基础上，根据人力资源社会保障部颁布的《全国技工院校专业目录》及相关教学文件，对全国技工院校计算机类专业教材进行了修订和新编。

本次修订（新编）的教材涉及计算机类专业通用基础模块及办公软件、多媒体应用软件、辅助设计软件、计算机应用维修、网络应用、程序设计、操作指导等多个专业模块。

本次修订（新编）工作的重点主要有以下几个方面。

突出技工教育特色

坚持以能力为本位，突出技工教育特色。根据计算机类专业毕业生就业岗位的实际需要和行业发展趋势，合理确定学生应具备的能力和知识结构，对教材内容及其深度、难度进行了调整。同时，进一步突出实际应用能力的培养，以满足社会对技能型人才的需求。

针对计算机软、硬件更新迅速的特点，在教学内容选取上，既注重体现新软件、新知识，又兼顾技工院校教学实际条件。在教学内容组织上，不仅局限于某一计算机软件版本或硬件产品的具体功能，而是更注重学生应用能力的拓展，使学生能够触类旁通，提升综合能力，为后续专业课程的学习和未来工作中解决实际问题打下良好的基础。

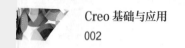

创新教材内容形式

在编写模式上，根据技工院校学生认知规律，以完成具体工作任务为主线组织教材内容，将理论知识的讲解与工作任务载体有机结合，激发学生的学习兴趣，提高学生的实践能力。

在表现形式上，通过丰富的操作步骤图片和软件截图详尽地指导学生了解软件功能并完成工作任务，使教材内容更加直观、形象。结合计算机类专业教材的特点，多数教材采用四色印刷，图文并茂，增强了教材内容的表现效果，提高了教材的可读性。

本次修订（新编）工作还针对大部分教材创新开发了配套的实训题集，在教材所学内容基础上提供了丰富的实训练习题目和素材，供学生巩固练习使用，既节省了教材篇幅，又能帮助学生进一步提高所学知识与技能的实际应用能力。

提供丰富教学资源

在教学服务方面，为方便教师教学和学生学习，配套提供了制作素材、电子课件、教案示例等教学资源，可通过技工教育网（http://jg.class.com.cn）下载使用。除此之外，在部分教材中还借助二维码技术，针对教材中的重点、难点内容，开发制作了操作演示微视频，可使用移动设备扫描书中二维码在线观看。

致谢

本次修订（新编）工作得到了河北、山西、黑龙江、江苏、山东、河南、湖北、湖南、广东、重庆等省（直辖市）人力资源社会保障厅（局）及有关学校的大力支持，在此我们表示诚挚的谢意。

编者

2023 年 4 月

目 录

CONTENTS

项目一
Creo 8.0 入门

PTC Creo Parametric 8.0（简称 Creo 8.0）是一款行业领先的 3D 建模应用软件，该软件整合了 Pro/Enginee、CoCreate 和 ProductView 这三大软件中的关键技术，提供了任意角色应用、多样建模、设计数据利用和物料清单（bill of materials，BOM）组装这四项突破性技术，具有一系列 CAD、CAM、CAE 等开发工具和套件。Creo 8.0 采用了全新的方法以实现解决方案，提供了一组可伸缩、可互操作、开放且易于使用的机械设计应用程序，更加便捷和人性化，常用于二维草绘、零件建模、机械运动分析与仿真、钣金设计等方面，广泛应用于电子、机械、工业造型、航空航天等设计制造领域，能满足各行各业设计工作者的不同需求。

本项目通过完成“初识 Creo 8.0”“配置 Creo 8.0 系统环境”“设置三维模型的视图操作与显示”等任务，认识 Creo 8.0 的工作界面，学会 Creo 8.0 软件的启动、退出和文件的新建、打开、保存、重命名，能够定制界面，完成 Creo 8.0 系统环境的配置，练习运用鼠标来实现模型的旋转、平移和缩放，并编辑三维模型的场景、外观和显示样式，为后续创建模型、装配等任务做好铺垫。

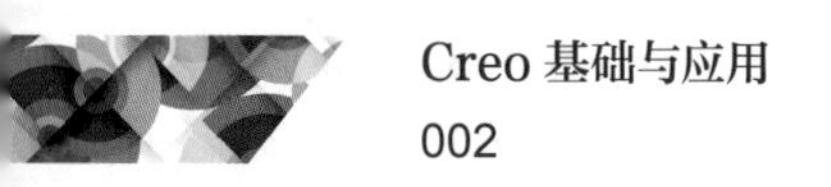

任务 1　初识 Creo 8.0

1. 能启动和退出 Creo 8.0 软件。
2. 能描述 Creo 8.0 工作界面的组成部分和主要用途。
3. 能新建、保存和重命名文件。

软件的工作界面是用户与软件进行交流的重要纽带。熟悉工作界面的组成和主要用途是学会与学好软件的基础，也是必经阶段。

本任务的主要内容是认识 Creo 8.0 软件的工作界面，并练习启动和退出 Creo 8.0 软件，学会新建、保存和重命名文件。

启动 Creo 8.0 软件后，选择工作目录，新建文件名为“工作界面”、类型为“零件”、子类型为“实体”的文件，认识 Creo 8.0 软件工作界面的主要组成部分和用途后，保存文件，并重命名文件为“初识 Creo”后退出软件。

1. 工作目录

工作目录是指用来存储 Creo 文件的目标文件夹，文件的新建、保存、打开或删除等操作均在该目录中进行。当用户未进行工作目录的设置时，Creo 文件存储在默认的工作目录中，但是，当存储量较大时，查找起来很不方便。所以，实际使用 Creo 8.0 软件进行设计时，推荐在项目设计之前事先选择好工作目录，这样便于快速存储和读取项目文件。

Creo 文件默认存储的工作目录可按照以下方法查找或修改：

方法一：用鼠标右键单击桌面上的“Creo Parametric 8.0”快捷方式图标，在弹出的快捷菜单中选择“属性”命令，系统弹出图 1-1-1 所示的“Creo Parametric 8.0.4.0 属性”对话框，在“快捷方式”选项卡下的“起始位置”框中所显示的文件夹即为默认存储 Creo 文件的工作目录。修改“起始位置”框中的文件夹则默认存储 Creo 文件的工作目录也同步修改，并使用于之后的所有项目文件。

方法二：单击Creo 8.0软件启动窗口“主页”选项卡中的“选择工作目录”按钮，系统弹出“选择工作目录”对话框，如图1-1-2所示，此时显示的文件夹即为默认存储Creo文件的工作目录。用户可在此对话框中选取工作目录文件夹，该工作目录仅用于此次项目设计，退出Creo 8.0软件时不会保存该工作目录的设置。

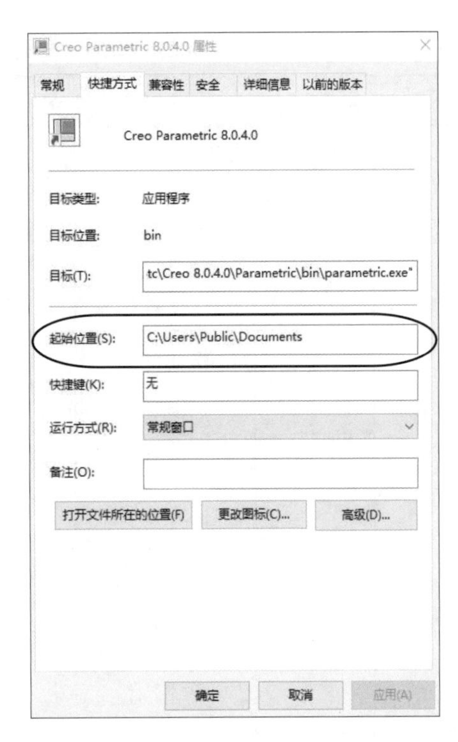

图1-1-1 “Creo Parametric 8.0.4.0属性”对话框

2. Creo 8.0 文件操作与管理命令

Creo 8.0常用的文件基本操作包括新建文件、打开文件、保存文件、打印文件和关闭文件等，文件管理操作包括重命名文件、删除旧版本文件、删除所有版本文件等，其具体功能见表1-1-1。

图1-1-2 选择工作目录

表 1-1-1　Creo 8.0 常用文件操作与管理

命令			图标	功能
文件基本操作	新建			创建新模型
	打开			打开现有模型
	保存			保存打开的模型
	另存为	保存副本		保存活动窗口中对象的副本
		保存备份		将对象备份到当前目录
		镜像零件		从当前模型创建镜像新零件
	打印	打印		打印活动对象
		快速打印		快速打印
		快速绘图		出图当前模型的临时绘图
		订购 3D 打印		从网上 3D 打印服务订购打印的模型
		准备 3D 打印		创建新的托盘装配，使模型准备好进行 3D 打印
	关闭			关闭窗口并将对象留在对话中
管理文件	重命名			重命名当前对象和子对象
	删除旧版本			删除指定对象除最高版本以外的所有版本
	删除所有版本			从磁盘删除指定对象的所有版本
	声明			在零件中声明轴、平面曲面或基准平面，以匹配记事本中已声明的对应项
	实例加速器			清除或更新实例加速器

1. 启动 Creo 8.0

正确安装好 Creo 8.0 软件后，可通过以下两种方法启动。

方法一：通过快捷方式图标启动

双击桌面上的“Creo Parametric 8.0”快捷方式图标，即可启动 Creo 8.0。

方法二：通过“开始”菜单启动

单击 /“PTC”/“Creo Parametric 8.0”命令，也可启动 Creo 8.0。

启动后，系统弹出启动界面，如图 1–1–3 所示。

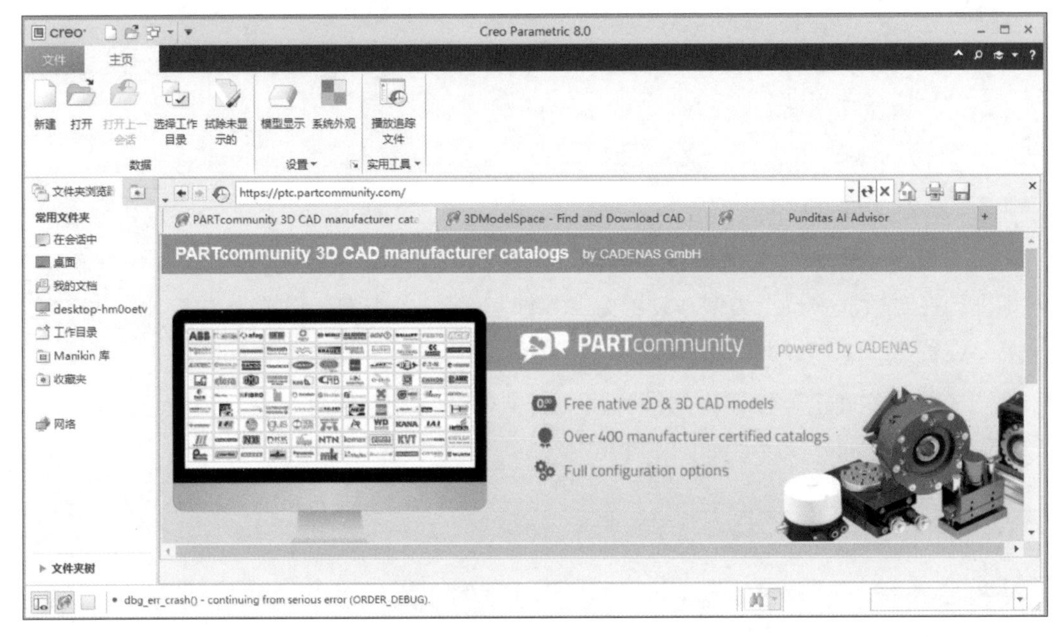

图 1–1–3 Creo 8.0 的启动界面（有网络连接时）

2. 选择工作目录

单击 Creo 8.0 启动界面“主页”选项卡下“数据”组中的“选择工作目录”按钮，系统弹出“选择工作目录”对话框，查找并选择“F:\项目文件”作为本次设计的工作目录，如图 1–1–4 所示，单击“确定”按钮完成设置。

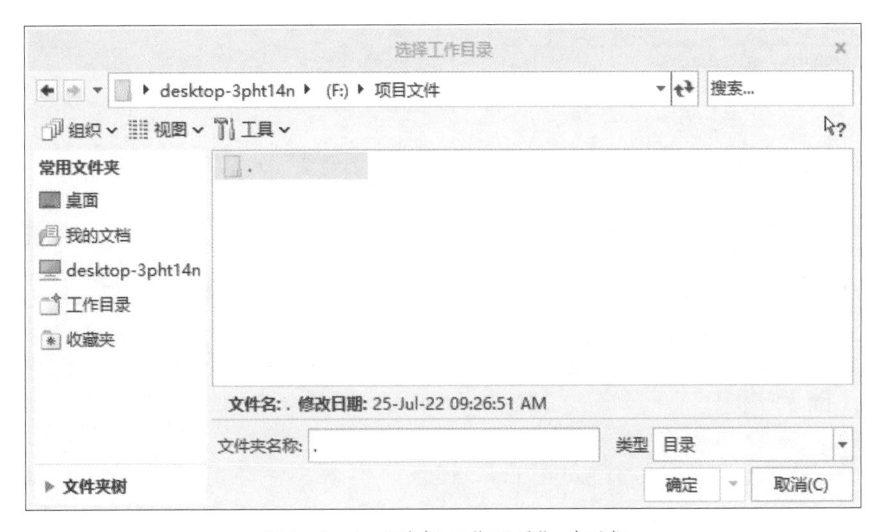

图 1–1–4 “选择工作目录”对话框

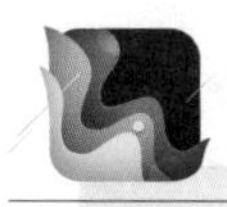

提示

本书中若无特殊说明，所选工作目录皆为“F:\项目文件”这一文件夹。

3. 新建文件

（1）单击“主页”选项卡下“数据”组中的“新建”按钮，系统弹出“新建”对话框，在对话框中将“类型”设置为“零件”，将“子类型”设置为“实体”，将“文件名”设置为“工作界面”，并取消勾选“使用默认模板”复选框，如图 1-1-5 所示。

（2）单击“确定”按钮，系统弹出“新文件选项”对话框，在“模板”列表中选择“mmns_part_solid_abs”，如图 1-1-6 所示。

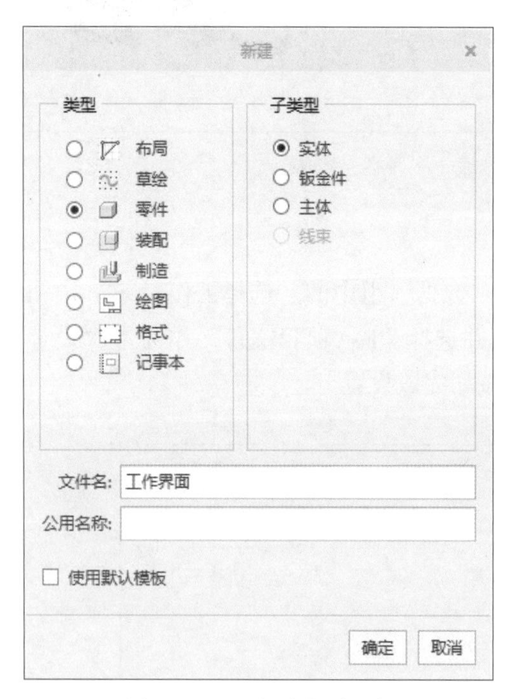

图 1-1-5 “新建”对话框

图 1-1-6 “新文件选项”对话框

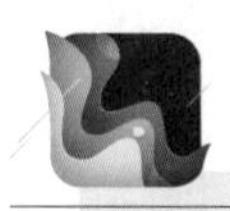

提示

“mmns_part_solid_abs”模板为实体零件公制模板，其中“mm”表示长度单位为毫米，“n”表示力的单位为牛顿，“s”表示时间单位为秒，“part”表示零件，“solid”表示实体，“abs”表示绝对精度。

（3）单击“确定”按钮，完成实体零件新文件的创建，进入“零件”模式，工作界面如图 1–1–7 所示。

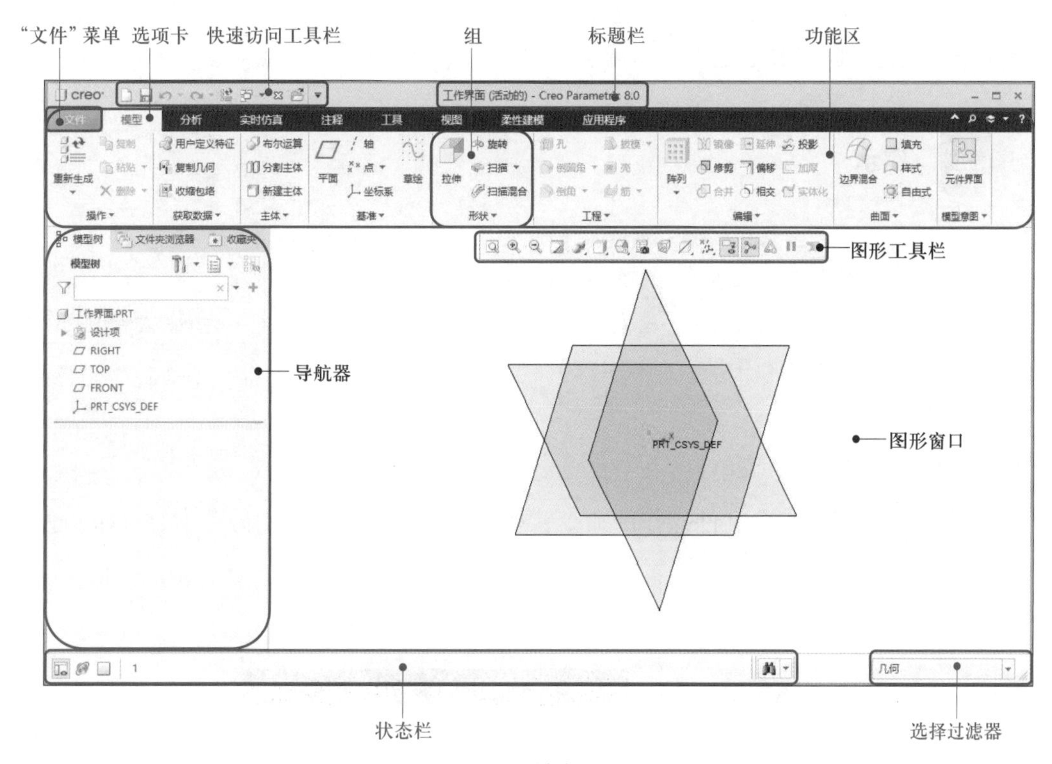

图 1–1–7　“零件”模式下的工作界面

4. 认识 Creo 8.0 工作界面

如图 1–1–7 所示，Creo 8.0 的工作界面包括快速访问工具栏、标题栏、“文件”菜单、功能区、选项卡、组、图形工具栏、图形窗口、选择过滤器、状态栏及导航器。处于不同模式时，工作界面各部分的位置不变，仅选项卡、组、导航器等部分发生改变。

（1）认识标题栏和快速访问工具栏

标题栏位于 Creo 8.0 工作界面的最上面，快速访问工具栏嵌在标题栏的前端。

标题栏用于显示活动的模型文件名称及当前软件版本，如图 1–1–8 所示。

快速访问工具栏提供对常用按钮的快速访问，包含新建和打开文件、保存文件、撤销、切换窗口等命令，如图 1–1–9 所示。

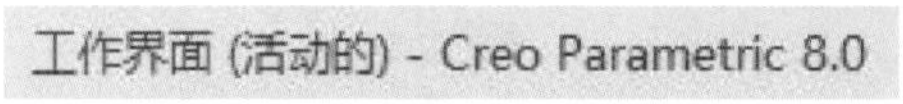

工作界面 (活动的) - Creo Parametric 8.0

图 1–1–8　标题栏

图 1–1–9　快速访问工具栏

快速访问工具栏可根据用户需求自定义。单击快速访问工具栏最右侧的“自定义快速访问工具栏”按钮 ▾，弹出图 1-1-10 所示的自定义菜单，通过单击相应的命令，可以实现命令在快速访问工具栏上的显示或隐藏。

图 1-1-10　自定义快速访问工具栏

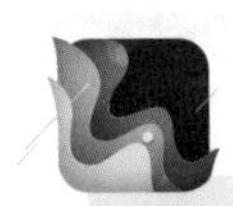

提示

如果需要添加其他命令，可单击“更多命令”，在系统弹出的“Creo Parametric 选项”对话框中进行其他命令的添加和删除。

（2）认识“文件”菜单

“文件”菜单中包含文件操作的命令，如新建、打开、保存、另存为、打印和关闭等，如图 1-1-11 所示。

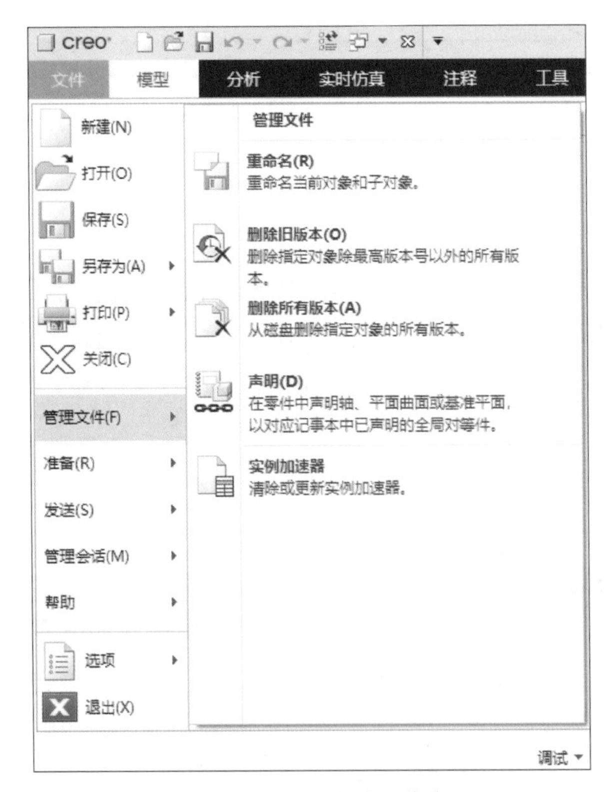

图 1-1-11　“文件”菜单

提示

菜单中有的命令之下有次级菜单，打开后可以使用相关命令。在“管理文件”和“管理会话”下拉菜单中，可以对内存中和目前显示的模型进行命名或删除操作；在“发送”下拉菜单中可以以附件或链接形式向其他人发送模型的副本；在“帮助”下拉菜单中可以使用帮助命令获得帮助或查看在线资源等。

（3）认识功能区

功能区包含了用户进行项目设计所需的所有按钮。为了便于用户查找所需按钮，功能区划分为不同的选项卡，选项卡的名称、个数、包含的功能组和按钮都会随着模式或应用程序的不同而不断变化，每个选项卡中又根据按钮的相关性进行了分组。

在“零件”模式下，Creo 8.0 提供了模型、分析、实时仿真、注释、工具、视图、柔性建模、应用程序这八个选项卡，每个选项卡包含各种功能组，可以实现模型设计、装配、仿真等操作。其中，“模型”选项卡提供了创建各种基准特征类型和创建其他特征的按钮，也可创建高级特征，实现数据共享，如图 1-1-12 所示。

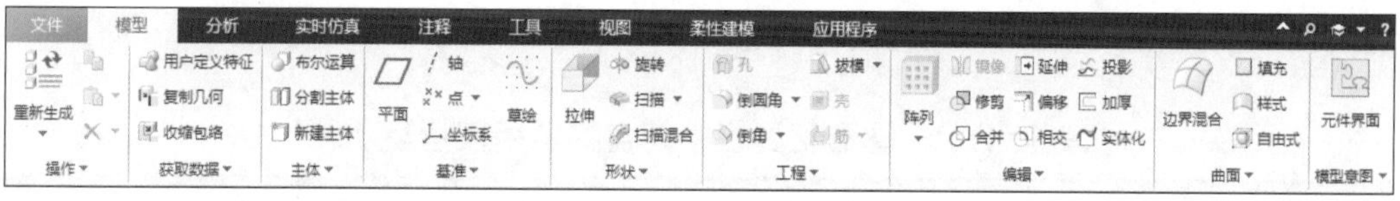

图 1-1-12 “模型”选项卡

“模型”选项卡划分为九个组，分别为“操作”组、“获取数据”组、“主体”组、“基准”组、“形状”组、“工程”组、“编辑”组、“曲面”组和“模型意图”组。

通过单击各个组最下方的组溢出按钮，可以查看组中包含的所有按钮，如图 1-1-13 所示。

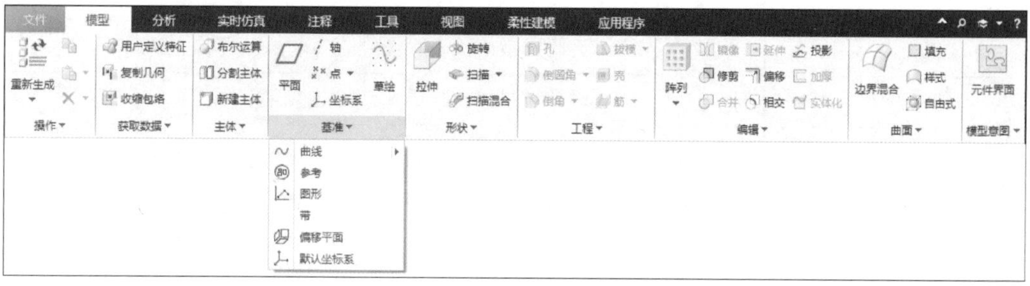

图 1-1-13 查看“基准”组包含的所有按钮

其他选项卡和组的查看方法与“模型”选项卡相同，这里不再赘述。

（4）认识导航器

导航器包含模型树、文件夹浏览器和收藏夹三个选项卡（图 1–1–7）。其中，模型树在设计过程中使用较多，其模拟树的层次结构显示模型中的各基准、特征等元素之间的关系和生成顺序。模型树中的每个节点均表示模型中的某一项，在执行布尔、分割等运算时会将节点作为参考。

单击状态栏最左侧的“显示导航器”按钮，可以实现导航器的显示和隐藏。

（5）认识图形窗口

图形窗口用于显示模型。通过单击状态栏左下角中的“全屏”按钮，可以实现图形窗口最大化；再次单击“全屏”按钮，可以退出全屏模式。

为了方便用户实时调用、快速控制显示方式等，在图形窗口的上方嵌有图形工具栏。

图形工具栏是将“视图”选项卡中部分常用的按钮集成在一起的工具条，如图 1–1–14 所示。

图 1–1–14　图形工具栏

图形工具栏中包含的常用按钮及功能见表 1–1–2。

表 1–1–2　图形工具栏中包含的常用按钮及功能

常用按钮	图标	功能
重新调整		重新调整模型，使其在屏幕上完全可见
放大		放大目标几何，查看细节
缩小		缩小目标几何，获得更广阔的视图范围
重画		重绘当前视图，移除所有临时显示的信息
渲染选项		切换渲染选项
显示样式		更改模型的显示样式
已保存方向		定位模型方向至所选择的已保存方向
基准显示过滤器		显示或隐藏基准轴、基准点、基准坐标系和基准平面等
注释显示		显示或隐藏图形窗口中模型上的注释
旋转中心		显示旋转中心并在默认位置上使用，或隐藏旋转中心，将指针位置作为旋转中心

（6）认识状态栏和选择过滤器

状态栏和选择过滤器位于 Creo 8.0 工作界面的最下面，左侧为状态栏，右侧为选择过滤器。在用户操作软件的过程中，状态栏会实时地显示当前操作的提示信息及执行结果。操作人员应养成在操作过程中时刻关注状态栏的习惯，这有助于在建模过程中更好地解决所遇到的问题。

为了方便用户快速查询和选取需要的模型要素，Creo 8.0 配备了缩小可选项范围的过滤器。根据选择过滤器可选择对象类型的多少，选择过滤器可分为复合选择过滤器（如几何选择过滤器）和单一选择过滤器（如顶点选择过滤器）。模式不同，选择过滤器的种类也各不相同，可满足不同模式下用户的选择需求。在“零件”模式下，选择过滤器默认为几何选择过滤器，其所含过滤器类型如图 1-1-15 所示。

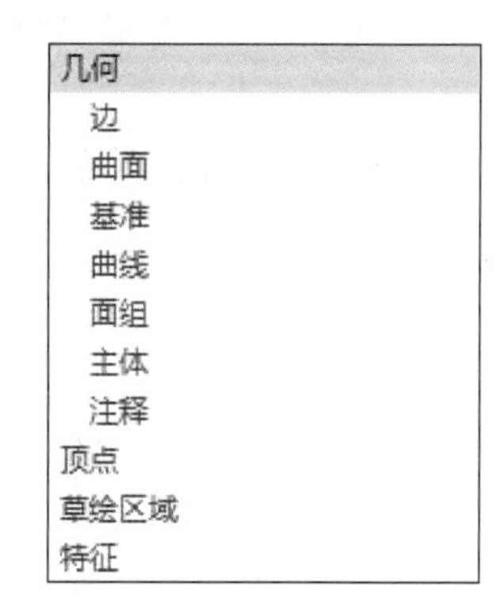

图 1-1-15 “零件”模式下选择过滤器的类型

5. 保存文件

（1）单击快速访问工具栏中的“保存”按钮，系统弹出“保存对象”对话框，如图 1-1-16 所示。

图 1-1-16 “保存对象”对话框

（2）单击“确定”按钮，将文件保存至当前工作目录。

6. 重命名文件

（1）选择“文件”/“管理文件”/“重命名”命令，系统弹出“重命名”对话框，在“新文件名”框中输入“初识 Creo”，选中“在磁盘上和会话中重命名”单选框，如图 1-1-17 所示。

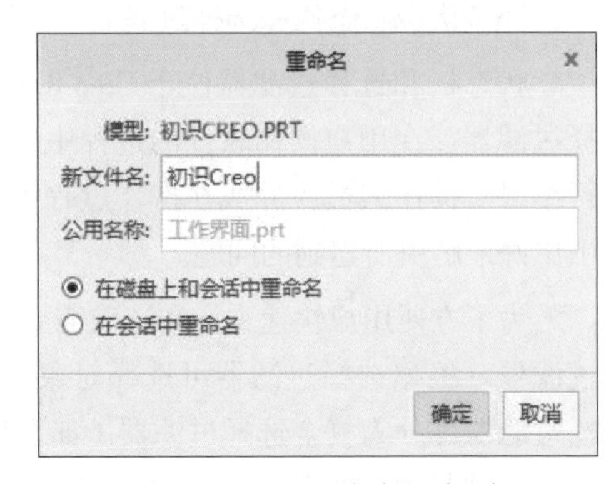

图 1-1-17 “重命名”对话框

（2）单击“确定”按钮，完成文件的重命名，如图 1-1-18 所示。

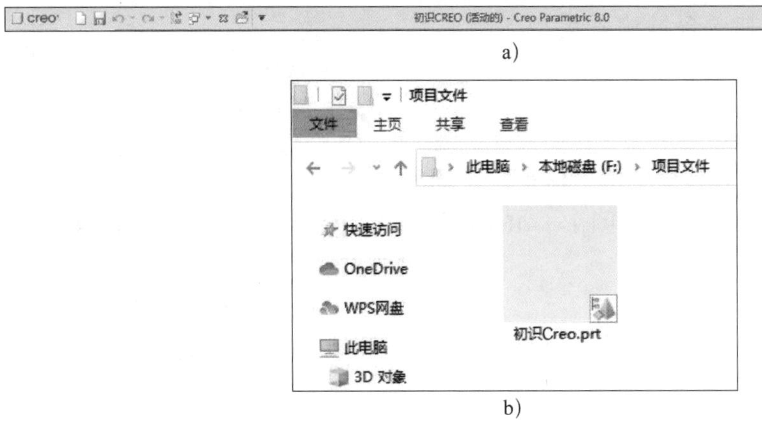

图 1-1-18 重命名后的标题栏和文件

a）重命名后的标题栏 b）重命名后的文件

7. 退出 Creo 8.0 软件

完成相应的操作后，可采用以下两种方法退出 Creo 8.0 软件。

方法一：单击标题栏最右侧的“关闭”按钮 ×，系统弹出“确认”对话框，如图 1-1-19 所示。

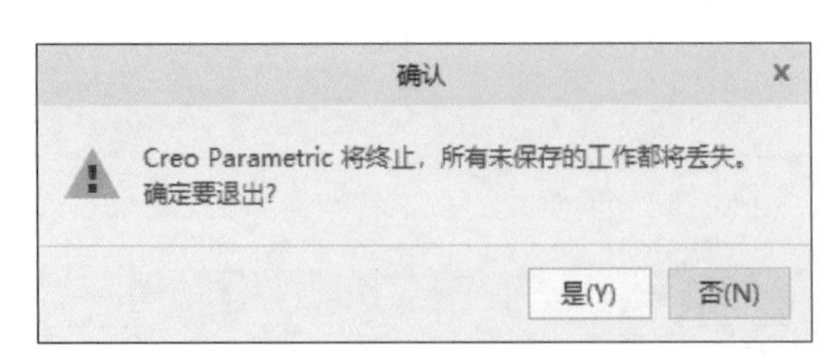

图 1-1-19 “确认”对话框

单击“是”按钮，退出 Creo 8.0 软件。

方法二：单击“文件”/“退出”命令，系统弹出“确认”对话框，如图 1-1-19 所示。单击“是”按钮，也可退出 Creo 8.0 软件。

1. 使用不同方法启动和退出 Creo 8.0 软件。
2. 通过新建文件名为“空白”的零件实体文件，认识 Creo 8.0 软件的工作界面。
3. 保存上一题中的“空白”文件，并重命名为“巩固练习”。

任务 2 配置 Creo 8.0 系统环境

1. 认识“Creo Parametric 选项”对话框的组成部分和主要功能。
2. 能查看和设置系统外观、模型显示和图元显示等系统基础环境。
3. 能定制工作界面。
4. 能使用“配置编辑器”更改模式配置。

Creo 8.0 软件功能强大，提供的按钮众多、环境配置多样，用户需求不同、公司行业不同、企业标准不同，常用的按钮和环境配置自然也有所不同。

本任务基于“Creo Parametric 选项”对话框展开，打开“Creo Parametric 选项”对话框后，认识对话框的组成部分和主要功能，查看和设置系统环境，学会定制软件工作界面的方法，并练习使用“配置编辑器”编辑配置文件。

在 Creo Parametric 系统中，“Creo Parametric 选项”可以查看并设置系统环境，可以自定义功能区、快速访问工具栏和键盘快捷方式，也可以更改模式配置。

1. Creo Parametric 选项

“Creo Parametric 选项”对话框如图 1–2–1 所示，对话框分为左、右两个区域，左侧为选项卡区域，包含收藏夹、环境、系统外观、模型显示、图元显示、自定义、窗口设置、配置编辑器等具体选项，右侧的列表可查看和修改每个选项卡包含的内容。

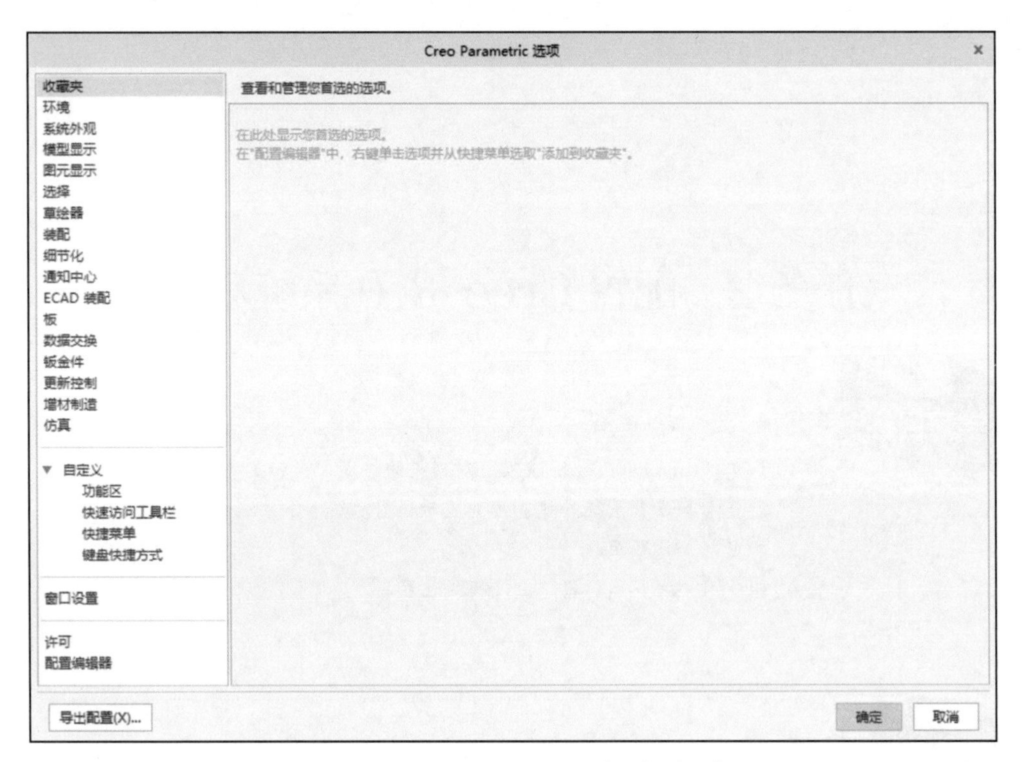

图 1–2–1 “Creo Parametric 选项”对话框

“收藏夹”选项卡用于查看和管理首选的选项。用户可以在“配置编辑器”中选中所需选项，用鼠标右键单击该选项，并从弹出的快捷菜单中选取“添加到收藏夹”选项，便可在收藏夹中快速查看和管理。

“草绘器”选项卡用于设置对象显示、栅格、样式和约束的选项，用户可以按需激活或者关闭对象显示或约束的按钮，调整尺寸的小数位数和捕捉敏感度等，如图 1–2–2 所示。

“装配”选项卡是用于设置元件参考、元件操作和机构的选项，如图 1–2–3 所示。

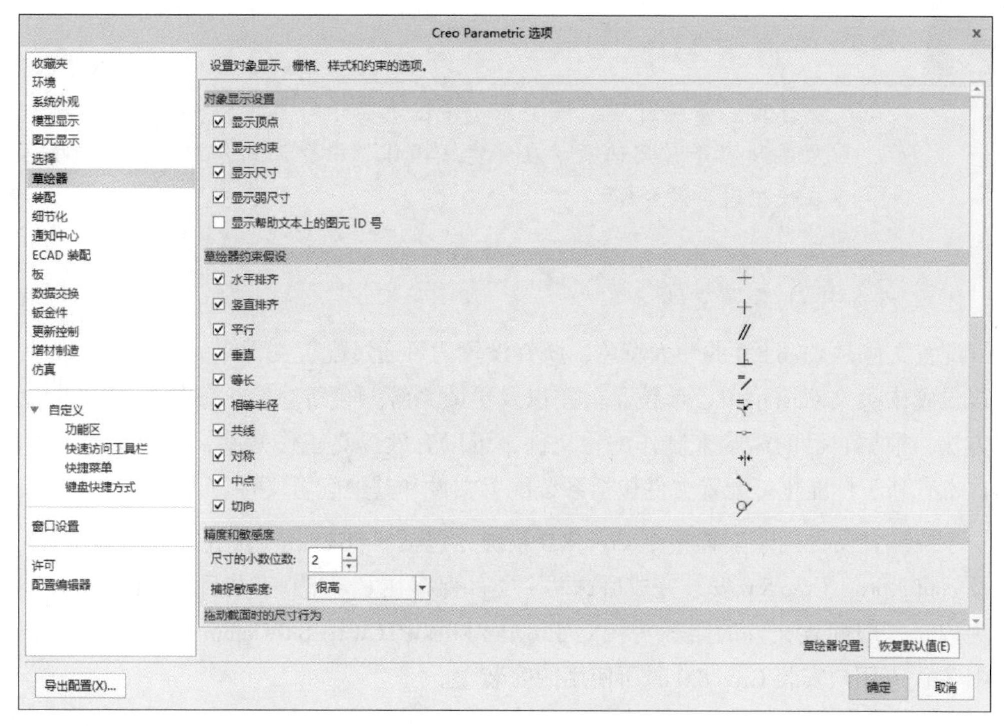

图 1-2-2 “草绘器”选项卡

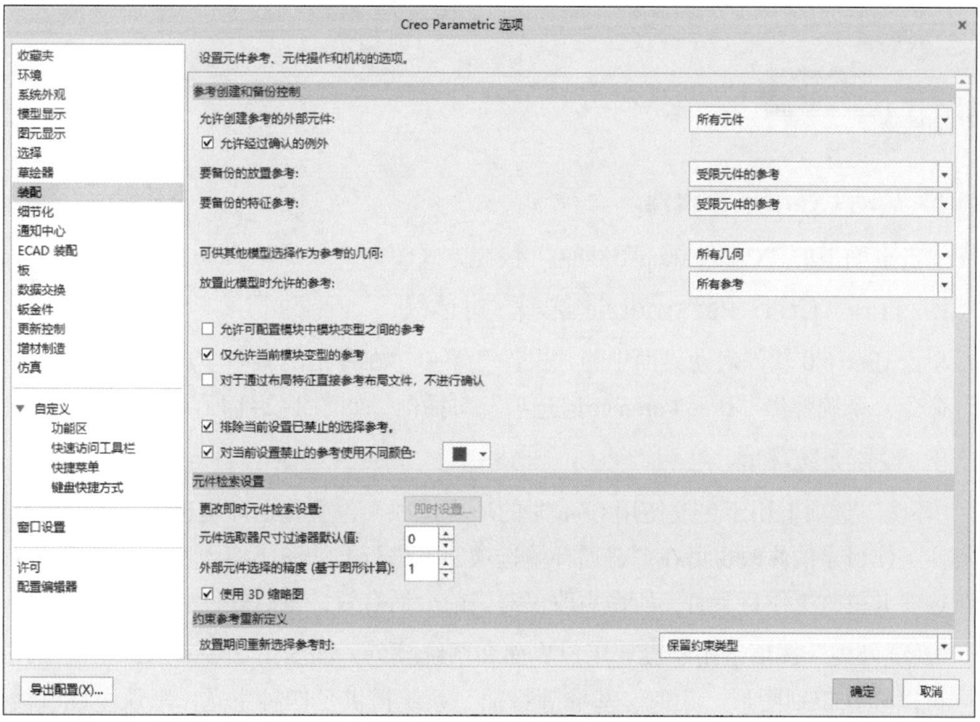

图 1-2-3 “装配”选项卡

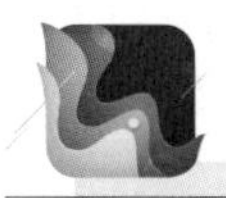

提示

环境、系统外观、模型显示、图元显示、自定义、窗口设置和配置编辑器等常用选项卡在“实践操作”中会详细介绍，其他选项卡在使用时再做介绍。

2. Creo 8.0 配置文件

配置文件是 Creo 8.0 的一大特色，所有设置均可通过配置文件来完成，如在选项里可以设置中英文双语菜单、单位、公差以及更改系统颜色等参数。掌握配置文件的使用方法，根据自己的需求来制作配置文件，可以有效提高工作效率，减少不必要的麻烦，也有利于标准化。配置文件包括系统配置文件和其他配置文件。

系统配置文件用于配置整个 Creo 8.0 系统，包括 config.sup（优先加载、强制执行）以及 config.pro。Creo 8.0 安装完成后这两个文件保存在 Creo 8.0 安装目录下的“text”文件夹内。一般配置文件的路径为：X:\ProgramFiles\PTC\Creo8.0\CommonFiles\text\config，其中 X 代表用户安装 Creo 8.0 时所使用的安装盘。

常用的其他配置文件有 Gb.dtl（工程图主配置文件）、Format.dtl（工程图格式文件的配置文件）、Tree.cfg（模型树配置文件）等。

1. 启动 Creo 8.0 软件

双击桌面上的“Creo Parametric 8.0”快捷方式图标，启动 Creo 8.0 软件。

2. 打开“Creo Parametric 选项”对话框

单击 Creo 8.0 软件启动界面中的“文件”菜单，在弹出的菜单中选择“选项”/“选项”命令，系统弹出“Creo Parametric 选项”对话框，如图 1-2-1 所示。

3. 设置系统环境

“环境”选项卡用于更改使用 Creo 时的环境选项，包含普通环境选项、实例创建选项等。工作目录的修改也可在“普通环境选项”下进行，如图 1-2-4 所示。在使用“环境”选项卡更改工作目录时，所做更改仅对当前会话有效，重启软件后恢复默认设置。

“系统外观”选项卡用于设置用户界面和系统颜色，如图 1-2-5 所示，根据颜色的不同可以轻松识别图形、几何、基准等特征。系统提供了四种主题（默认主题、浅色主题、深色主题和午夜主题），可以直接挑选，也可用户自定义。

图 1-2-4 “环境”选项卡

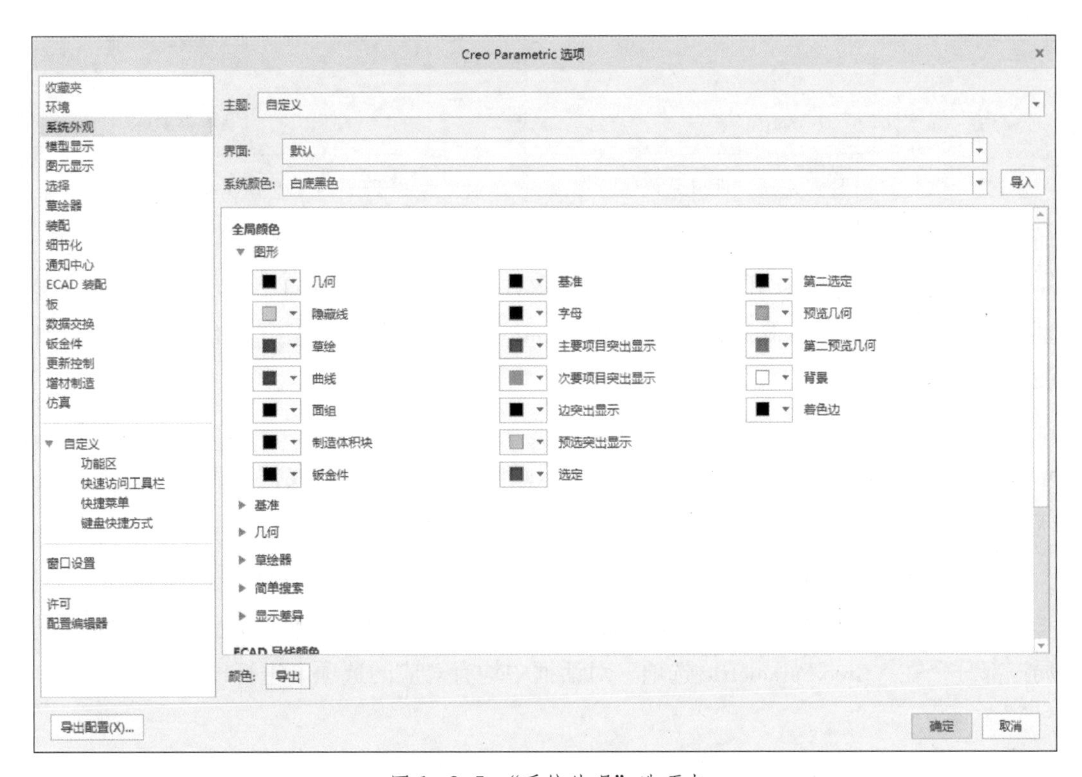

图 1-2-5 “系统外观”选项卡

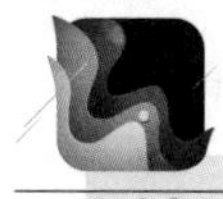

提示

"全局颜色"中包括图形、基准、几何、草绘器、简单搜索、显示差异六个选项。每个选项包含多个对象，通过各个对象之前的颜色块，可以设置系统预设的颜色，如图 1-2-6 所示。或单击"更多颜色"按钮，系统弹出"颜色编辑器"对话框，如图 1-2-7 所示，用户可通过颜色轮盘、混合调色板、RGB/HSV 滑块三种方法修改所选对象的颜色。

颜色可以导入，也可导出保存，文件格式为".scl"。

图 1-2-6 设置系统预设颜色

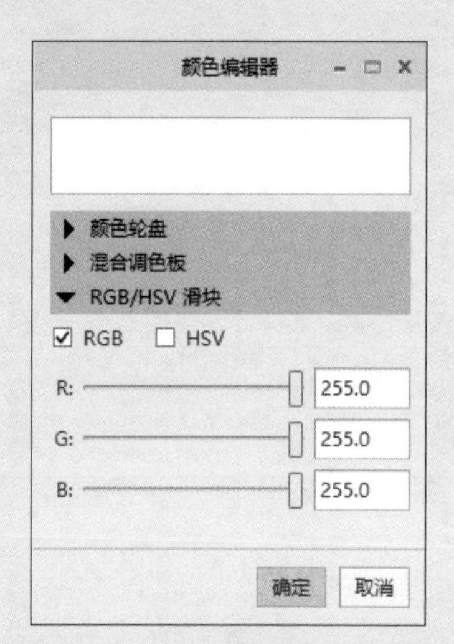

图 1-2-7 "颜色编辑器"对话框

"模型显示"选项卡用于更改模型的显示方式，可对模型方向、重定向模型时的模型显示和着色模型显示等进行设置，如图 1-2-8 所示。默认模型方向有等轴测、斜轴测和用户定义的三种。

"图元显示"选项卡用于更改图元的显示方式，可对几何显示、基准显示、装配显示和约束显示等进行设置，如图 1-2-9 所示。默认几何显示有线框、隐藏线、无隐藏线、着色、带边着色、带反射着色这六种形式可供选择。

4. 定制工作界面

定制工作界面包括定制命令的添加 / 移除和分组、定制键盘快捷方式和定制窗口布局三部分，在"Creo Parametric 选项"对话框中均有对应的选项卡进行设置。

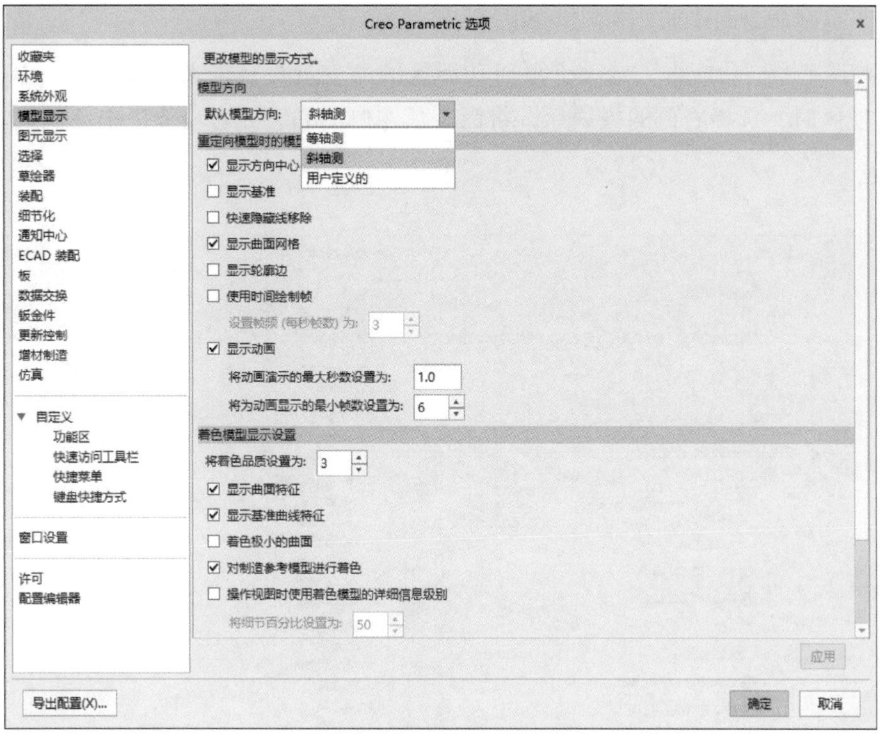

Creo Parametric 选项
收藏夹
环境
系统外观
模型显示
图元显示
选择
草绘器
装配
细节化
通知中心
ECAD 装配
板
数据交换
钣金件
更新控制
增材制造
仿真
自定义
功能区
快速访问工具栏
快捷菜单
键盘快捷方式
窗口设置
许可
配置编辑器
更改模型的显示方式。
模型方向
默认模型方向: 斜轴测
等轴测
斜轴测
用户定义的
重定向模型时的模型
显示方向中心
显示基准
快速隐藏线移除
显示曲面网格
显示轮廓边
使用时间绘制帧
设置帧频 (每秒帧数) 为: 3
显示动画
将动画演示的最大秒数设置为: 1.0
将为动画显示的最小帧数设置为: 6
着色模型显示设置
将着色品质设置为: 3
显示曲面特征
显示基准曲线特征
着色极小的曲面
对制造参考模型进行着色
操作视图时使用着色模型的详细信息级别
将细节百分比设置为: 50
应用
导出配置(X)...
确定
取消

图 1-2-8 “模型显示”选项卡

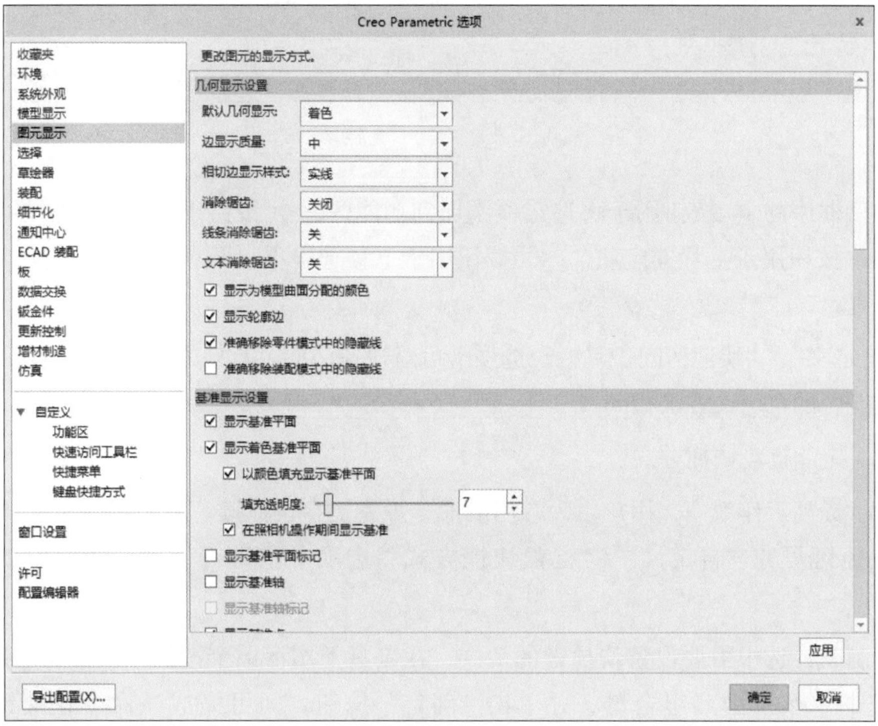

Creo Parametric 选项
收藏夹
环境
系统外观
模型显示
图元显示
选择
草绘器
装配
细节化
通知中心
ECAD 装配
板
数据交换
钣金件
更新控制
增材制造
仿真
自定义
功能区
快速访问工具栏
快捷菜单
键盘快捷方式
窗口设置
许可
配置编辑器
更改图元的显示方式。
几何显示设置
默认几何显示: 着色
边显示质量: 中
相切边显示样式: 实线
消除锯齿: 关闭
线条消除锯齿: 关
文本消除锯齿: 关
显示为模型曲面分配的颜色
显示轮廓边
准确移除零件模式中的隐藏线
准确移除装配模式中的隐藏线
基准显示设置
显示基准平面
显示着色基准平面
以颜色填充显示基准平面
填充透明度: 7
在照相机操作期间显示基准
显示基准平面标记
显示基准轴
显示基准轴标记
应用
导出配置(X)...
确定
取消

图 1-2-9 “图元显示”选项卡

（1）定制命令的添加 / 移除和分组

“自定义” / “功能区” 选项卡可对功能区的命令进行自定义，如图 1–2–10 所示。定制功能区时，选择右侧的模式后，将命令从左侧的列表或者功能区拖动到选定模式中。

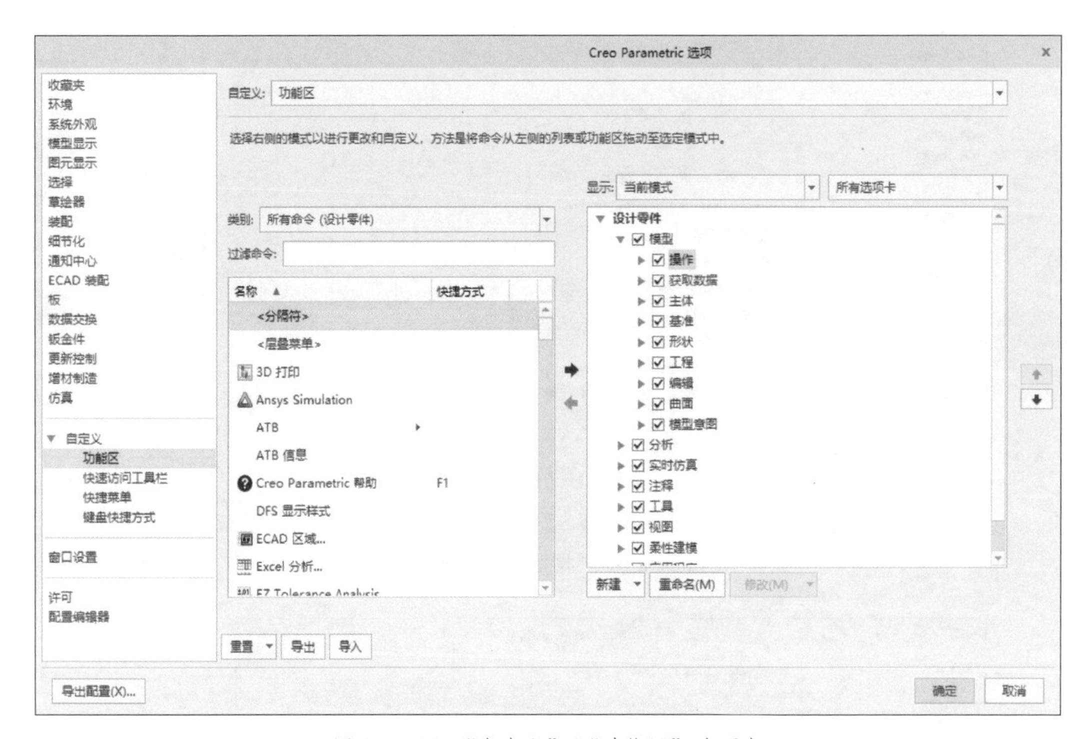

图 1–2–10 “自定义” / “功能区” 选项卡

对话框中的 ➡ 按钮用于将选定项添加到功能区，⬅ 按钮用于从功能区移除选定项，[↑] 按钮用于上移选定项，[↓] 按钮用于下移选定项，两者可调整选定项在模式中的位置。

“自定义” / “快速访问工具栏” 选项卡可对快速访问工具栏的命令进行自定义，方法与功能区的自定义方法相同。

（2）定制键盘快捷方式

为了提高工作效率，用户可为常用的命令设置键盘快捷键，以便于快速打开命令。键盘快捷键可在 “自定义” / “键盘快捷方式” 选项卡中进行设置，如图 1–2–11 所示。

定制时，选中需要设置快捷键的命令，在键盘上按下单个按键（包括功能键）或同时按下单个按键和组合键，并单击 “确定” 按钮，即可完成该命令快捷键的设置。

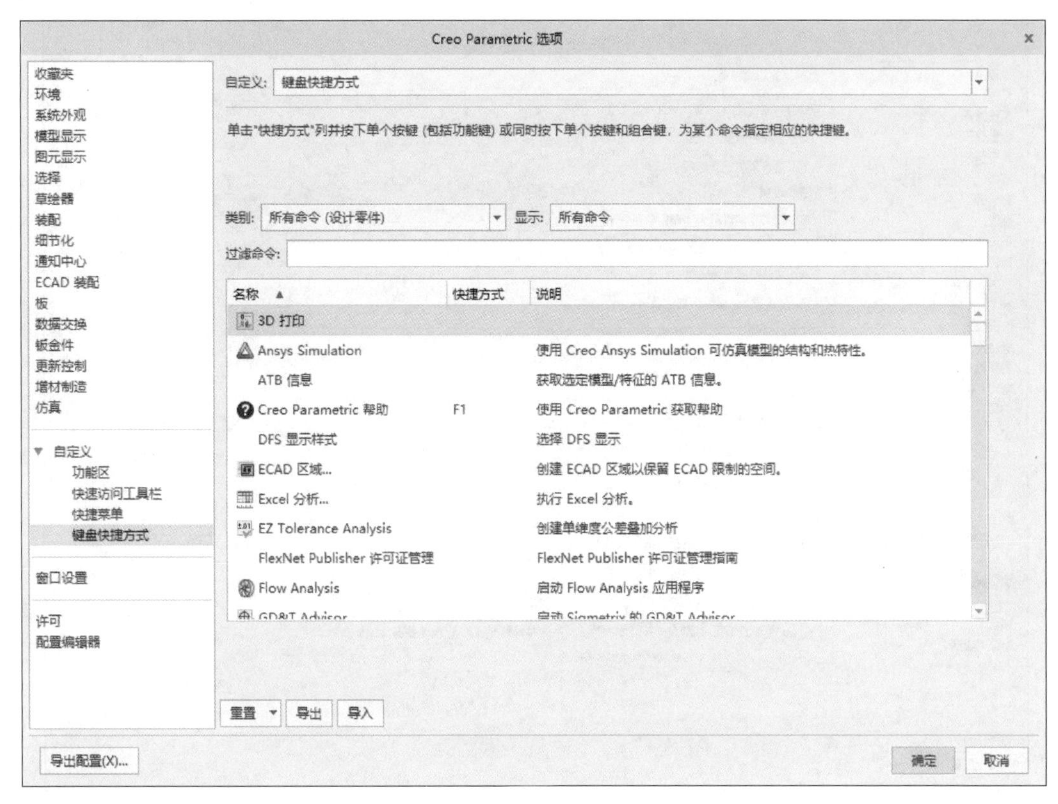

图 1-2-11 “自定义”/“键盘快捷方式”选项卡

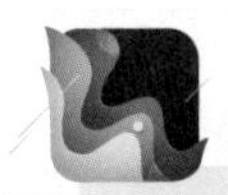

提示

完成功能区、快速访问工具栏的命令和键盘快捷方式的定制后，可通过“Creo Parametric 选项”对话框下方的“导出”按钮，将界面配置文件“creo_parametric_customization.ui”保存至当前工作目录，后续使用时直接导入即可。

（3）定制窗口布局

“窗口设置”选项卡用于自定义窗口的布局，可对导航选项卡的位置、浏览器的宽度和启动、辅助窗口的大小、图形工具栏的位置等进行设置，如图 1-2-12 所示。

5. 编辑配置文件

“配置编辑器”选项卡用于查看并管理 Creo Parametric 选项。从图 1-2-13 中可以观察到，每个配置选项均包含名称、值、状况和说明四项内容，并可通过选择“排序”和“显示”来确定配置选项在列表中的显示顺序和范围。

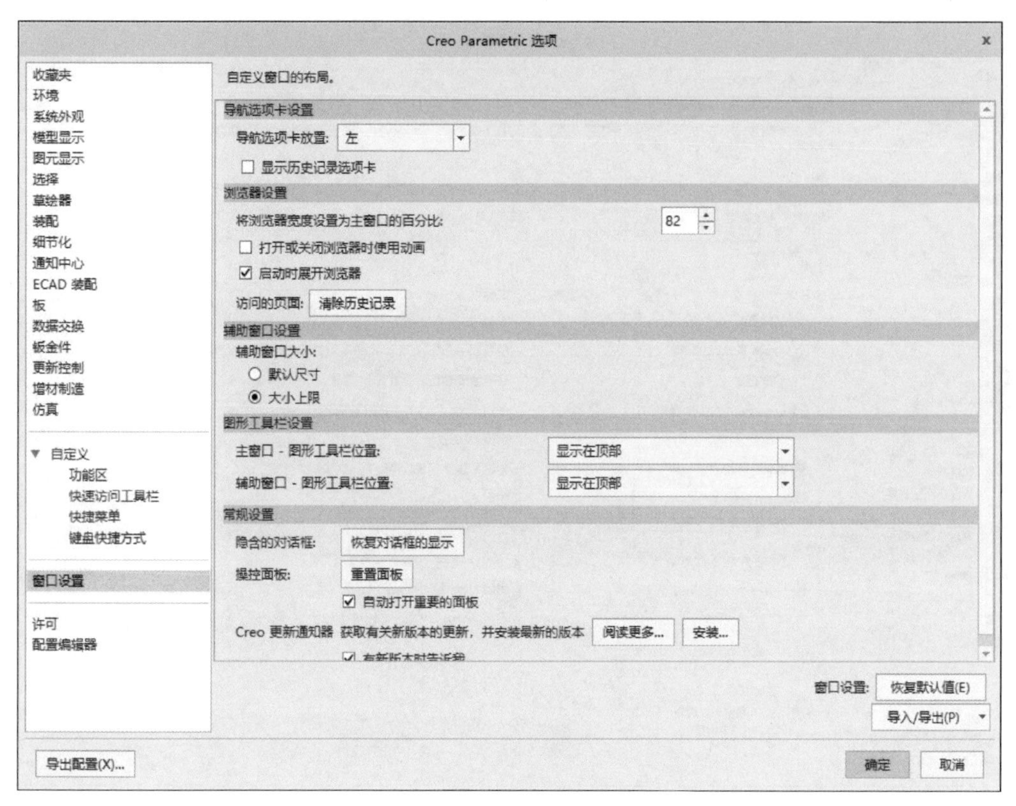

图 1-2-12 “窗口设置”选项卡

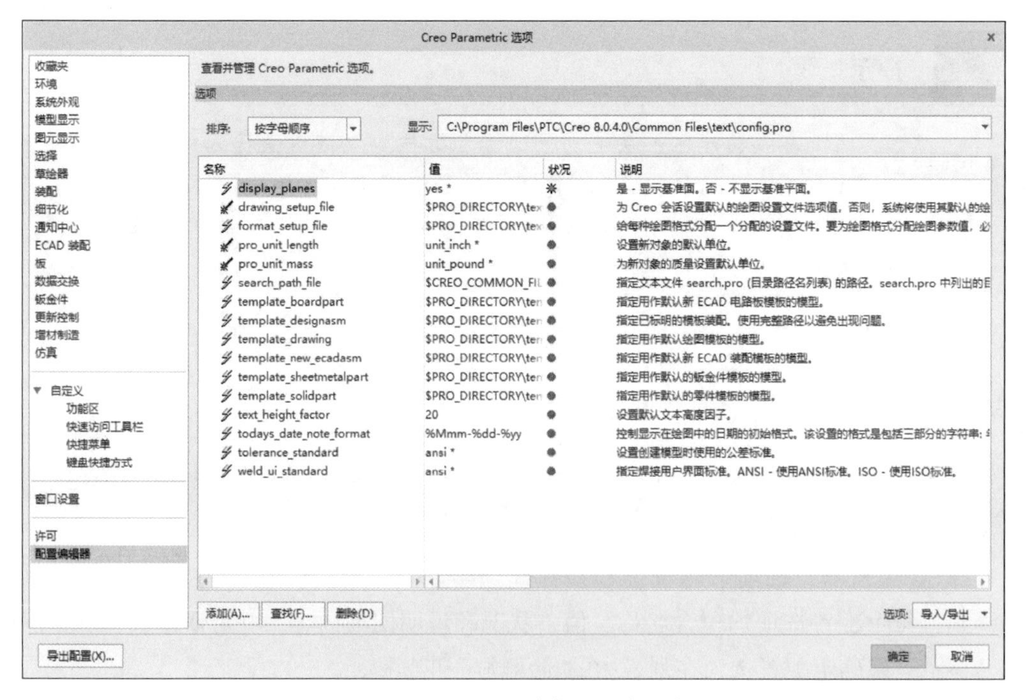

图 1-2-13 “配置编辑器”选项卡

更改配置选项时，先选择“排序”方式和“显示”范围，然后在列表中选择要更改的配置选项，单击“值”列，在弹出的列表中选择或键入修改值。

添加配置选项时，单击“添加”按钮，系统弹出图 1-2-14 所示的“添加选项”对话框，输入“选项名称”和“选项值”后，单击“确定”按钮，所添加的配置选项及该选项的值就会出现在配置选项列表中。

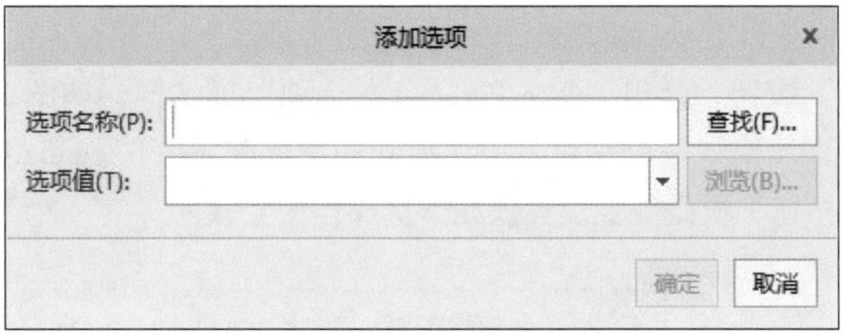

图 1-2-14　“添加选项”对话框

查找并添加配置选项时，单击“查找”按钮，系统弹出图 1-2-15 所示的“查找选项”对话框，输入关键字、确定查找范围后，单击右侧的“立即查找”按钮，查找结果会在“2. 选取选项”下的列表中显示出来，选择需要查找的配置选项，在“3. 设置值”中选择或键入所需值，单击“添加 / 更改”按钮即可完成配置选项的添加。最后单击“关闭”按钮，退出“查找选项”对话框。

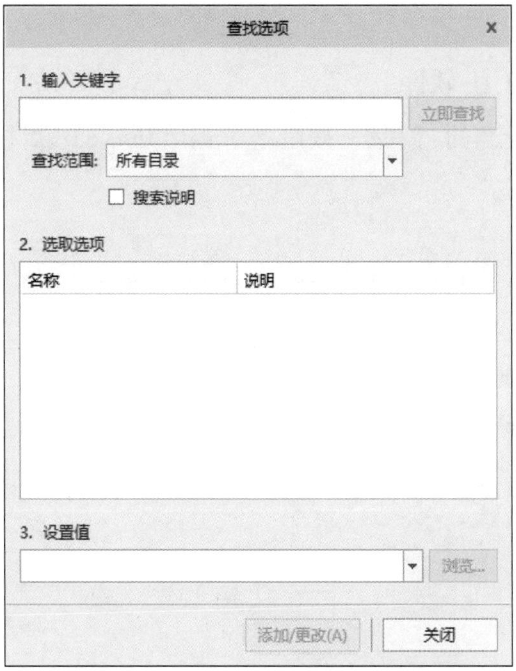

图 1-2-15　“查找选项”对话框

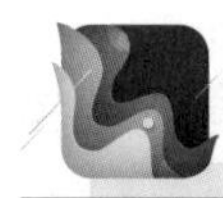

提示

在配置选项的“值”列表中，带有星号“*”的是系统默认值。当“值”被修改时，状况图标●（已保存）会转变为状况图标✳（未保存）。

6. 保存配置文件

单击“确定”按钮，弹出“Creo Parametric 选项”提示框，如图 1-2-16 所示。单击“是”按钮，系统默认在启动目录中生成新的系统配置文件 config.pro，保存本次修改；单击“否”按钮，所做配置设置仅在本次操作中生效。

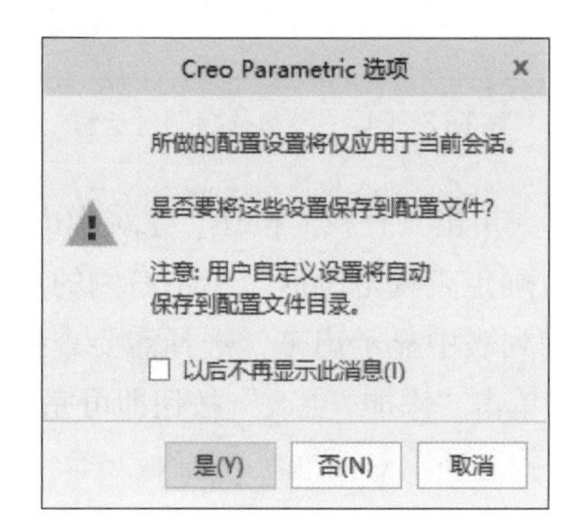

图 1-2-16 “Creo Parametric 选项”提示框

7. 退出 Creo 8.0 软件

单击软件界面右上角的“关闭”按钮 ×，退出 Creo 8.0 软件。

1. 在“Creo Parametric 选项”对话框中修改工作目录。
2. 在“Creo Parametric 选项”对话框中修改“系统颜色”为“黑底白色”。
3. 查找配置选项“drawing_aa”，设置值为“yes”，并添加至配置选项列表。

任务 3 设置三维模型的视图操作与显示

1. 能打开素材文件。
2. 能使用鼠标快速实现三维模型的缩放、移动和旋转操作。
3. 能改变三维模型的颜色、方向和着色样式。
4. 能缩放三维模型至适合窗口大小。

在设计工作中，熟练掌握三维模型的视图操作与显示设置能够辅助用户更好地观察三维模型的结构和细节、获得合适的显示视角，从而提高设计效率和准确率。

本任务通过完成模型素材的外观设计，学习在 Creo 8.0 软件中打开文件的操作方法，练习使用鼠标快速实现三维模型的缩放、移动和旋转操作，学会使用“视图”选项卡中的方向、显示样式等命令完成三维模型的外观设计，将图 1-3-1 所示三维模型渲染成图 1-3-2 所示的效果。

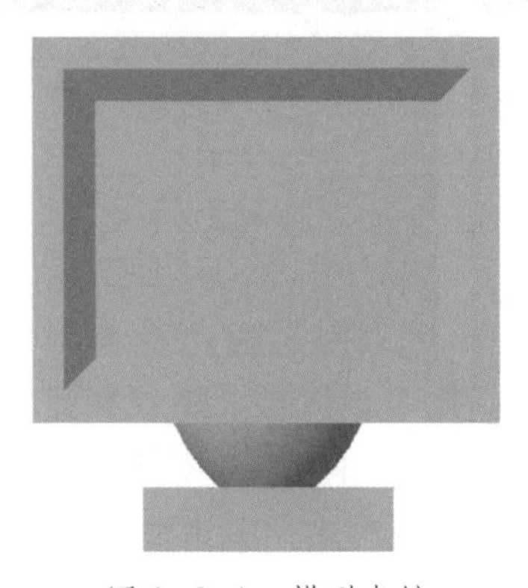

图 1-3-1 模型素材

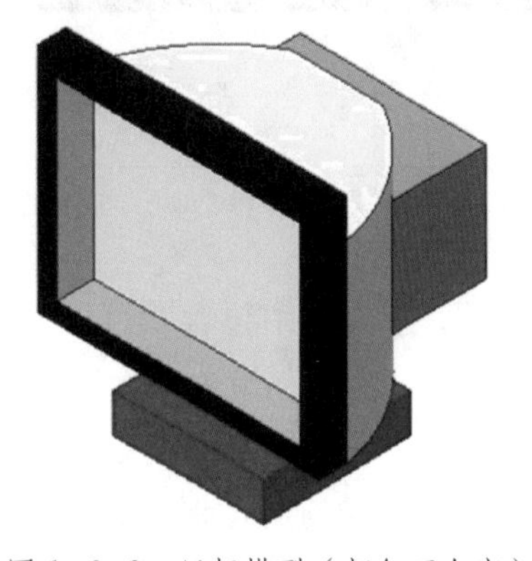

图 1-3-2 目标模型（颜色可自定）

1. 鼠标和键盘的操作

在 Creo 8.0 软件的使用过程中，鼠标和键盘起着不可或缺的作用。通过鼠标可选择命令和对象，缩放、移动和旋转对象，弹出快捷菜单等，鼠标的常规操作见表 1–3–1。

键盘用来输入文字和数值等，也可使用快捷键快速打开所需命令。

表 1–3–1 鼠标的常规操作

序号	鼠标操作方法	实现的功能
1	单击鼠标左键	选择命令或对象
2	单击鼠标中键	确认选择完毕
3	单击鼠标右键	弹出快捷菜单
4	向上滚动鼠标中键	缩小对象
5	向下滚动鼠标中键	放大对象
6	长按鼠标中键时移动鼠标	旋转对象
7	同时按下 Shift 键和鼠标中键并移动鼠标	移动对象

2. 视图的基本操作

在实际操作中，用户常需要对视图进行方向、颜色、对象显示和隐藏等方面的设置，给设计带来便利。视图基本操作的相关按钮位于“视图”选项卡中，如图 1–3–3 所示。

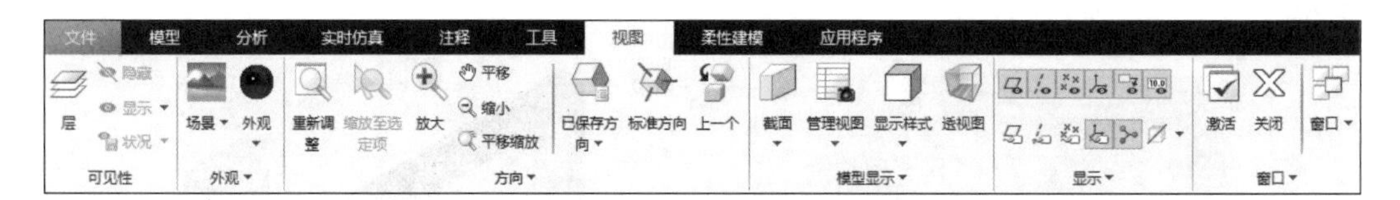

图 1–3–3 “视图”选项卡

“视图”选项卡中包含“可见性”组、“外观”组、“方向”组、“模型显示”组、“显示”组和“窗口”组这六个功能组。“可见性”组用于设置层、层项和显示状态。“外观”组用于编辑模型的渲染设置和改变外观。“方向”组用于动态调整视图大小、位置和方向，并可选择已保存方向等定向方向。“模型显示”组用于指定模型在图形窗口的显示形式。“显示”组用于显示和隐藏基准、注释、标记、旋转中心等图元，控制模型的透明度。“窗口”组用于管理任务窗口的新建、激活和关闭，调整其大小。

（1）编辑场景和外观

场景设置包括光源、背景和环境效果，用户在使用时可通过单击“视图”选项卡“外观”组中的“场景”按钮 ，在场景库（见图 1–3–4）中直接选择所需场景或单击“编辑场景”按钮 ，系统弹出图 1–3–5 所示的“场景编辑器”对话框，在对话框中进行场景的新建、编辑、保存和复制等操作。

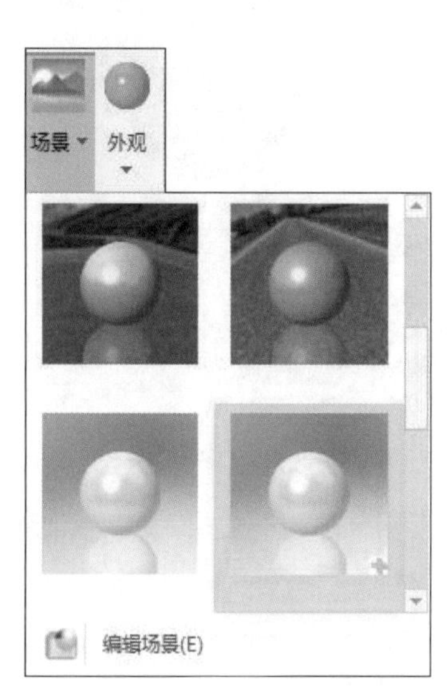

图 1-3-4　场景库

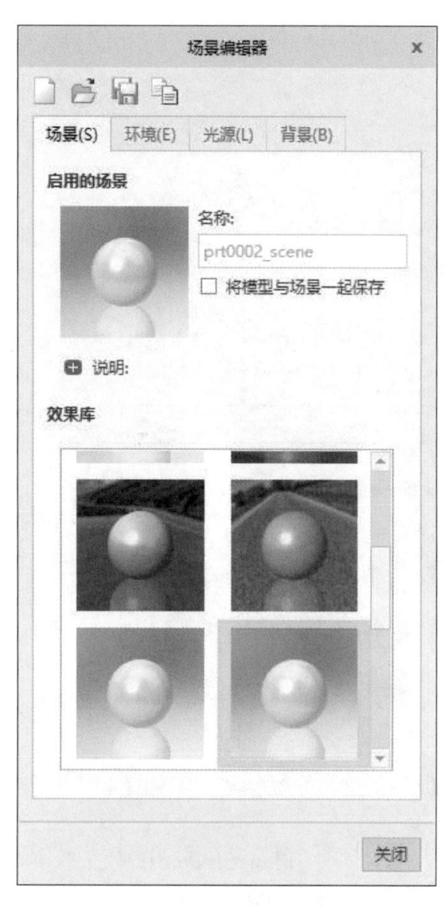

图 1-3-5　“场景编辑器”对话框

外观可通过编辑颜色、透明度、纹理、凹凸和贴图来定义，可以为任何零件或装配指定颜色。用户在使用时可通过单击“视图”选项卡“外观”组中的“外观”按钮 ，将活动外观应用于所选对象。或者在外观库（见图 1-3-6）中选择所需外观应用于所选对象，可选择一个或多个几何图元。单击“更多外观”按钮 ，系统弹出“外观编辑器”对话框，可对所选外观的名称、关键字、属性等进行编辑，如图 1-3-7 所示。单击“外观管理器”按钮 ，系统弹出“外观管理器”对话框，也可对所选外观进行编辑，如图 1-3-8 所示。

（2）确定方向

动态改变视图方向、位置和大小可根据表 1-3-1 进行鼠标操作来实现，或单击“视图”选项卡“方向”组中相应的按钮并结合简单鼠标操作来实现，涉及命令图标如图 1-3-9 所示。

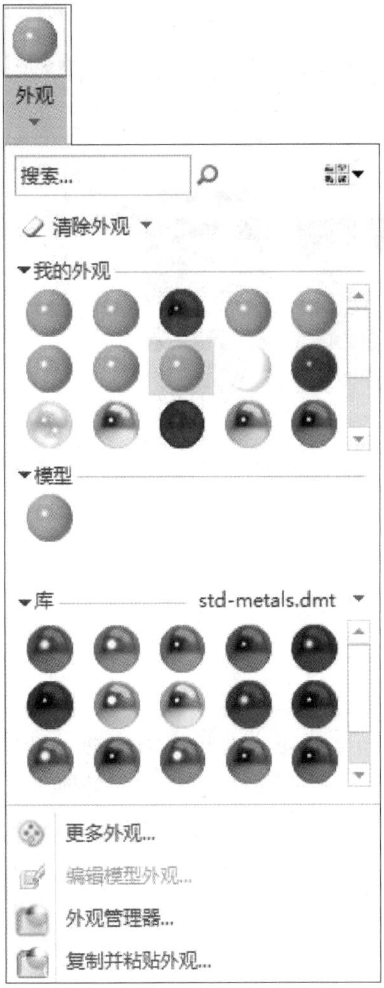

外观
搜索...
清除外观
我的外观
模型
库 std-metals.dmt
更多外观...
编辑模型外观...
外观管理器...
复制并粘贴外观...

图 1-3-6 外观库

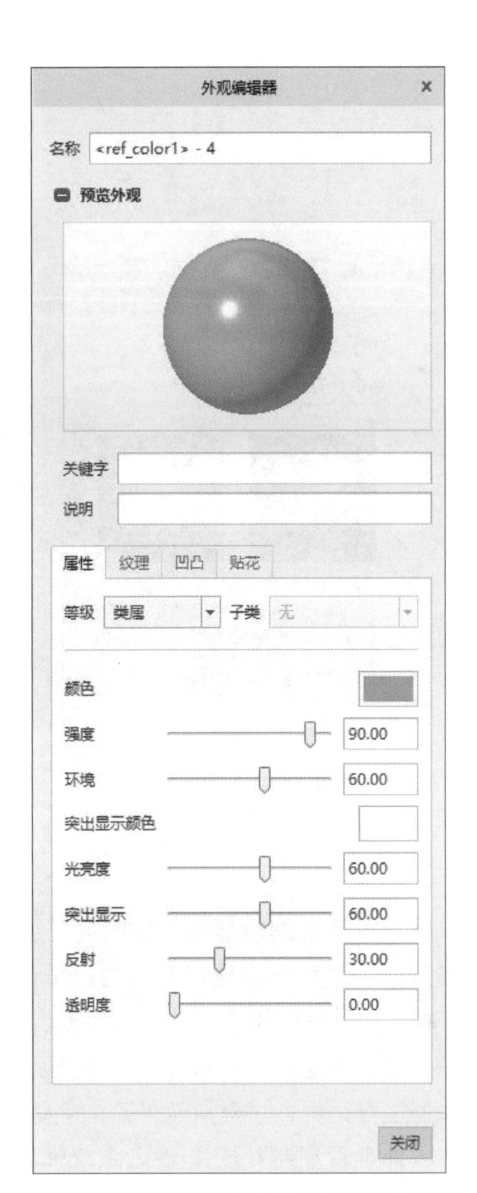

图 1-3-7 “外观编辑器”对话框

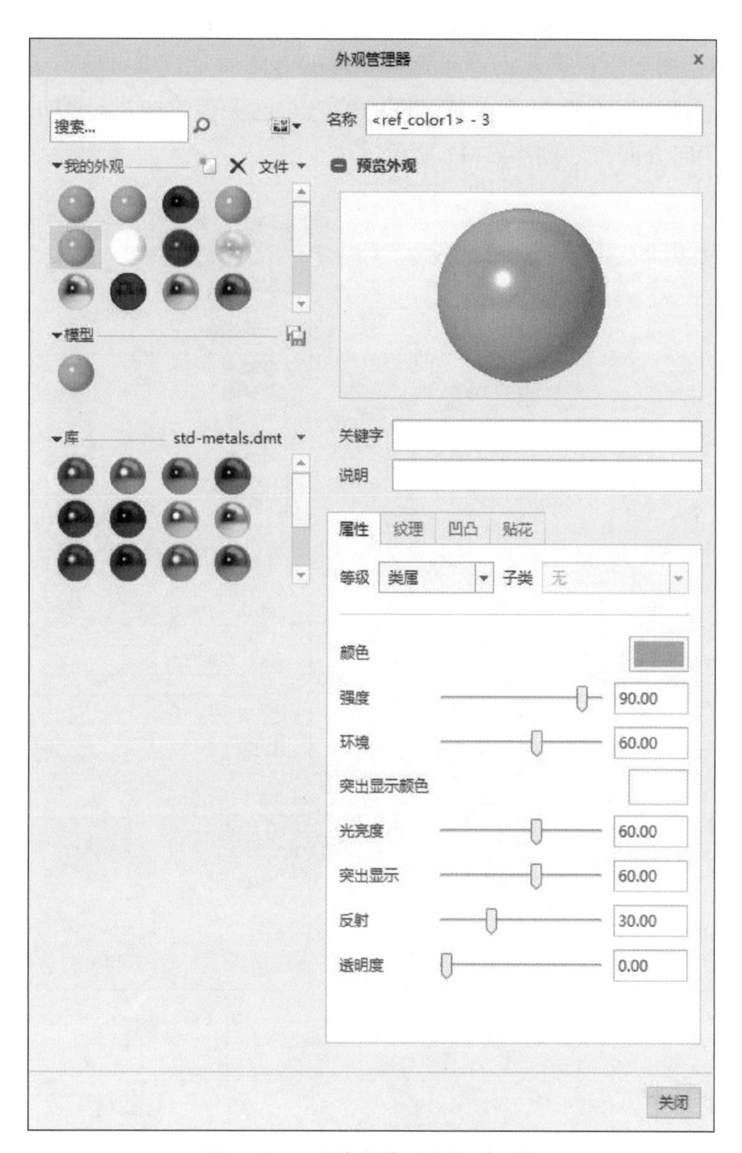

图 1-3-8 “外观管理器”对话框

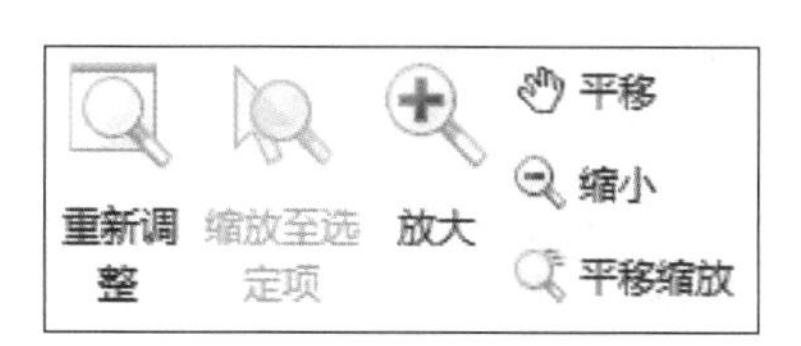

图 1-3-9 “方向”组部分按钮

定向确定视图方向可通过单击“视图”选项卡“方向”组中的“已保存方向”按钮或“标准方向”按钮来实现。单击“已保存方向”按钮，弹出下拉菜单如图 1–3–10 所示。用户可根据定向需求选择相应的方向命令。也可单击“重定向”按钮，系统弹出“视图”对话框，在对话框中可以对已保存方向进行编辑修改，也可以创建保存新的定向方向，如图 1–3–11 所示。

图 1–3–10 “已保存方向”下拉菜单

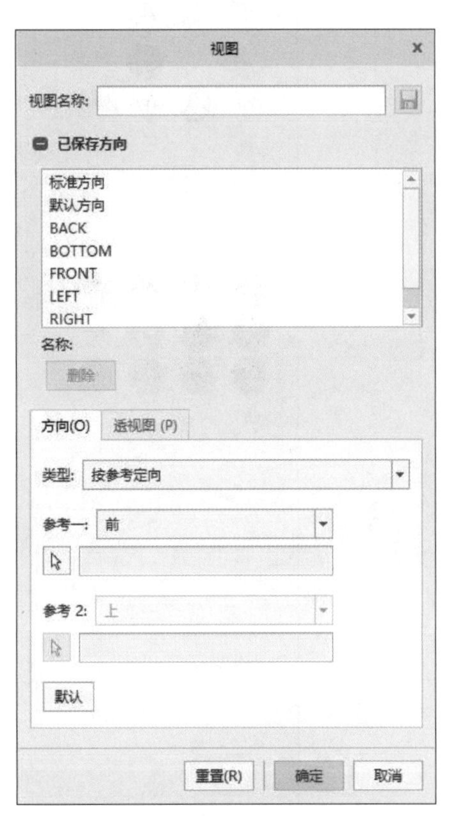

图 1–3–11 “视图”对话框

（3）编辑显示样式

Creo 8.0 默认的显示样式为“着色”，该种样式可使模型的视觉显示更好。通过单击“视图”选项卡“模型显示”组中的“显示样式”按钮，可在弹出的下拉菜单（见图 1–3–12）中对显示样式进行修改。

其中所含的模型显示样式明细见表 1–3–2。

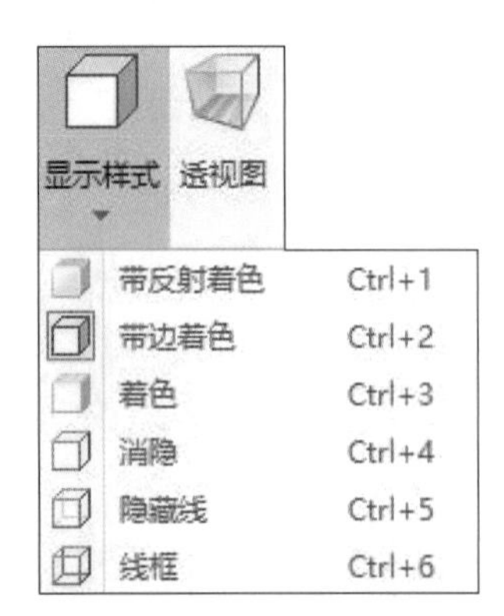

图 1–3–12 “显示样式”下拉菜单

表 1-3-2 模型显示样式明细

序号	显示样式	图标	显示说明	图例
1	带反射着色		显示材质、纹理等着色效果，并带有反射效果，但不显示面的边	
2	带边着色		以光顺着色和打光渲染各面，显示面的边	
3	着色		以光顺着色和打光渲染各面，但不显示面的边	
4	消隐		显示模型所有可见的边缘线和轮廓线	
5	隐藏线		显示模型所有的边缘线和轮廓线，隐藏线显示为浅色	
6	线框		显示模型所有的边缘线和轮廓线	

1. 启动 Creo 8.0

双击桌面上的“Creo Parametric 8.0”快捷方式图标，启动 Creo 8.0。

2. 打开模型素材

单击“主页”选项卡“数据”组中的“打开”按钮，系统弹出“文件打开”对话框，找到模型素材，单击“打开”按钮，完成模型素材的导入，如图 1-3-13 所示。

3. 修改颜色

（1）单击“视图”选项卡“外观”组中的“外观”的下拉菜单按钮，打开外观库，并从中选择所需外观，如图 1-3-14 所示。当鼠标光标变为毛笔形状时，可对模型外观上色。

（2）选择需要修改外观的平面，如图 1-3-15 所示。

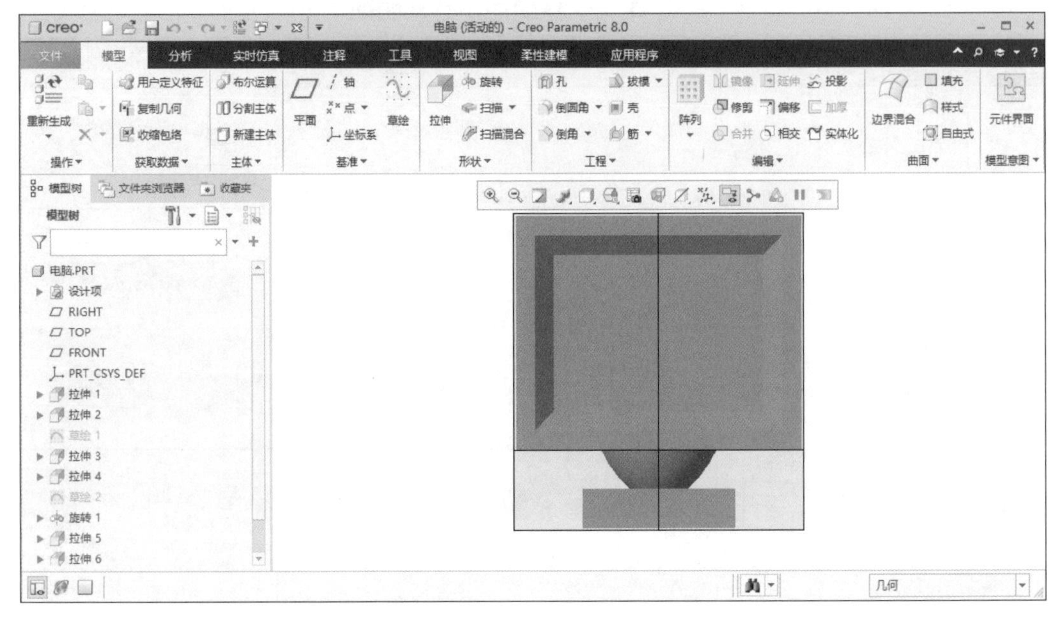

图 1-3-13 打开模型素材

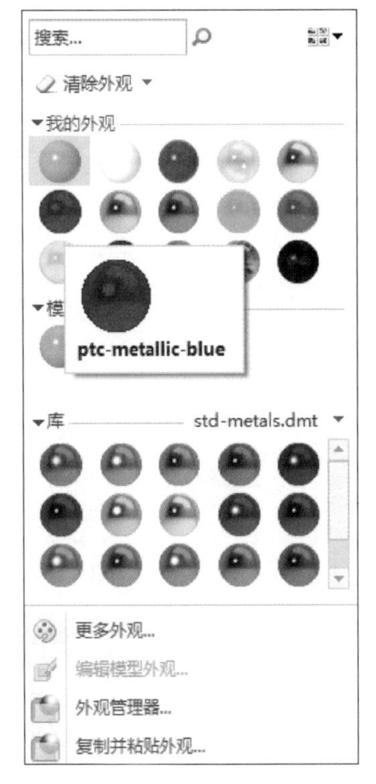

图 1-3-14 在外观库中选择所需外观

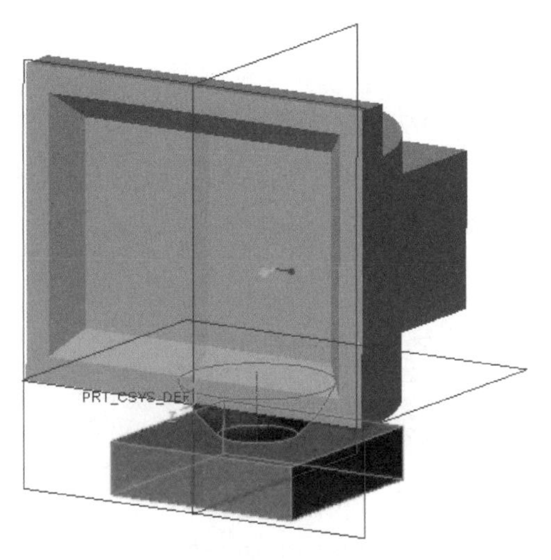

图 1-3-15 选择需要修改外观的平面

提示

选择多个平面时，可以在长按 Ctrl 键的同时使用鼠标左键选择所需面来选中多个面，也可以通过框选来选择多个面。若需编辑整个零件体的外观，可将选择过滤器改为“主体”，再选择零件；或者直接框选整个零件。

（3）平面选择完成后，单击图 1–3–16 所示“选择”对话框中的“确定”按钮，完成外观的更改，结果如图 1–3–17 所示。

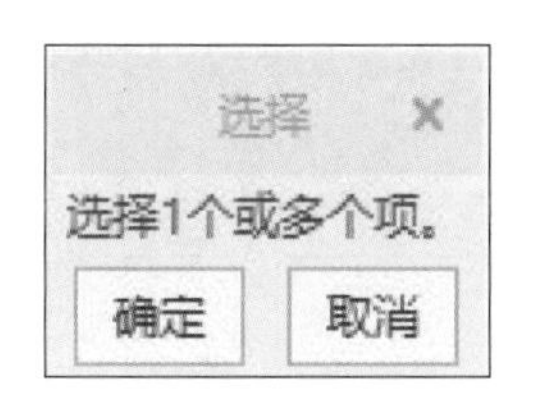

图 1–3–16　“选择”对话框

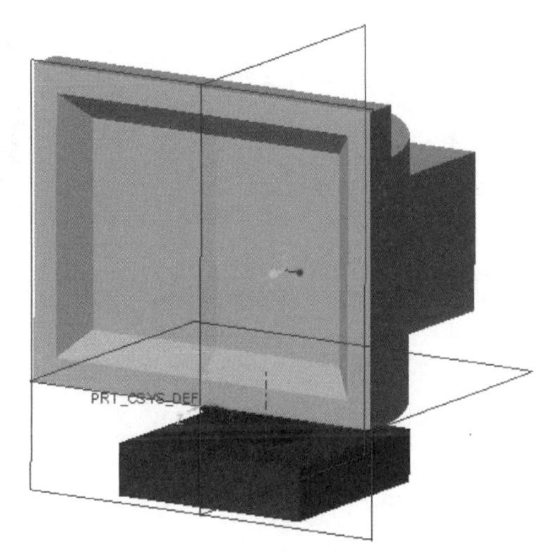

图 1–3–17　部分外观更改完成

（4）单击外观库中的“更多外观”按钮，系统弹出“外观编辑器”对话框，设置“属性”等级为“塑性”、颜色为“黑色”、反射率和光泽度均为“0.50”，其他参数取默认值，如图 1–3–18 所示。

（5）单击“关闭”按钮，完成新外观的设置。选择需要更改外观的平面，如图 1–3–19 所示。

（6）选择平面后，单击“选择”对话框中的“确定”按钮，完成外观的更改，结果如图 1–3–20 所示。

（7）采用类似的方法完成其他平面外观的修改，结果如图 1–3–21 所示。

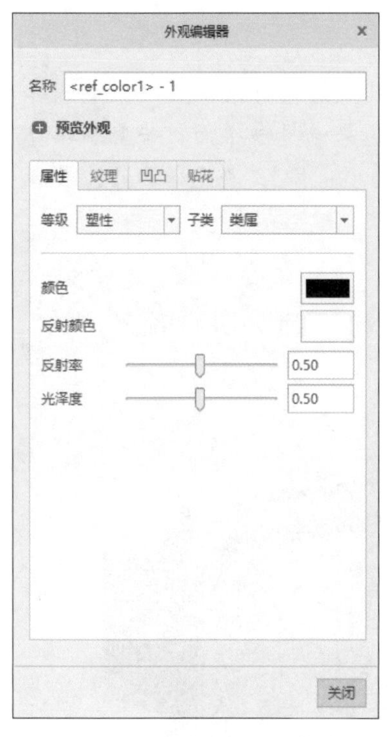

图 1-3-18 “外观编辑器”参数设置

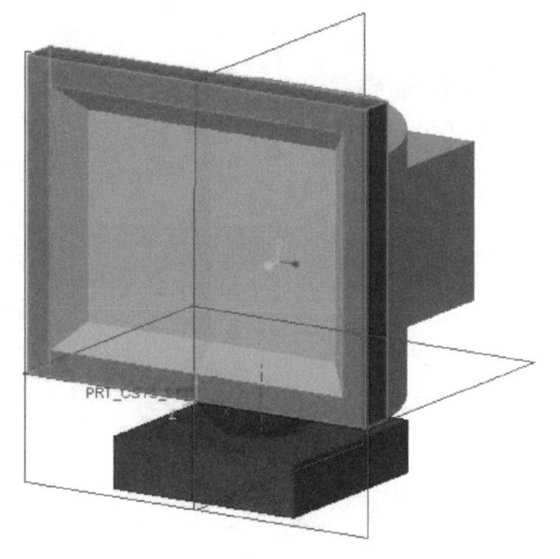

图 1-3-19 选择需要修改外观的平面

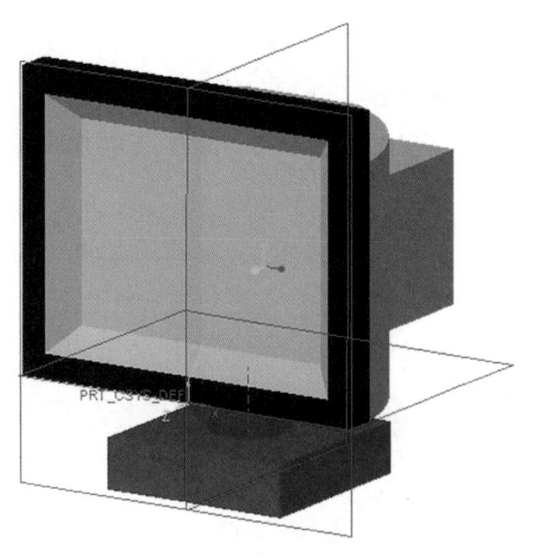

图 1-3-20 部分外观更改完成

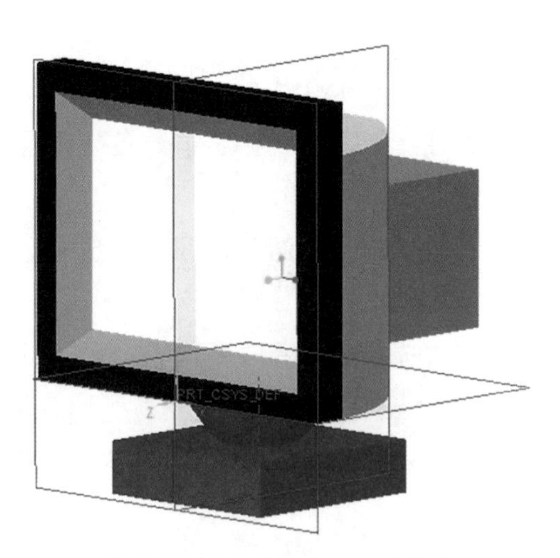

图 1-3-21 所有外观更改完成

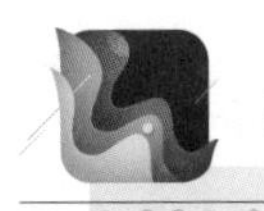

提示

选择平面时，要灵活操作鼠标实现模型的旋转、缩放和平移，以便于正确选中。

4. 隐藏基准平面、坐标系、旋转中心等图元

（1）单击“视图”选项卡“显示”组中的“平面显示”按钮 ，隐藏基准平面，结果如图 1–3–22 所示。

（2）单击“视图”选项卡“显示”组中的“轴显示”按钮 ，隐藏旋转轴，结果如图 1–3–23 所示。

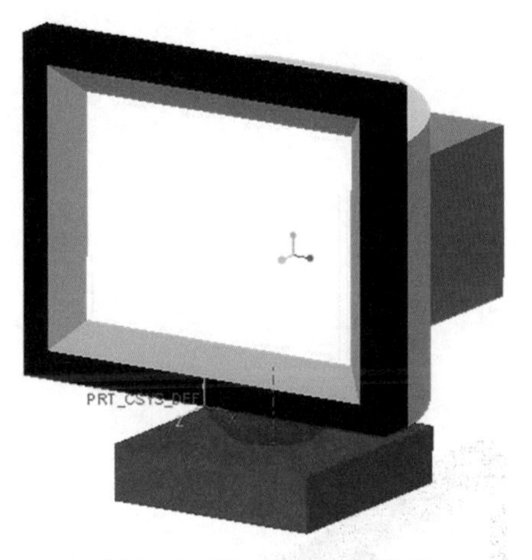

图 1–3–22 隐藏基准平面

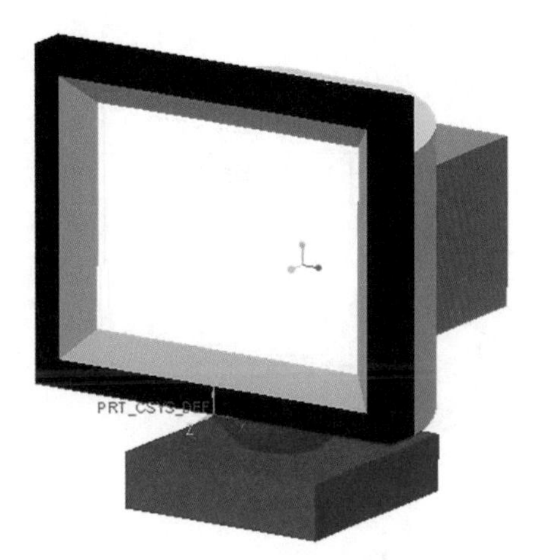

图 1–3–23 隐藏旋转轴

（3）单击“视图”选项卡“显示”组中的“坐标系显示”按钮 ，隐藏基准坐标系，结果如图 1–3–24 所示。

（4）单击“视图”选项卡“显示”组中的“旋转中心”按钮 ，隐藏旋转中心，结果如图 1–3–25 所示。

5. 设置方向为等轴测方向

（1）单击“视图”选项卡“方向”组中的“已保存方向”按钮 ，在其下拉菜单中选择“重定向” ，系统弹出“视图”对话框，设置方向类型为“首选项”，默认方向为“等轴测”，如图 1–3–26 所示。

（2）单击“确定”按钮完成重定向，然后单击“视图”选项卡“方向”组中的“标准方向”按钮 ，完成模型等轴测方向的设置，结果如图 1–3–27 所示。

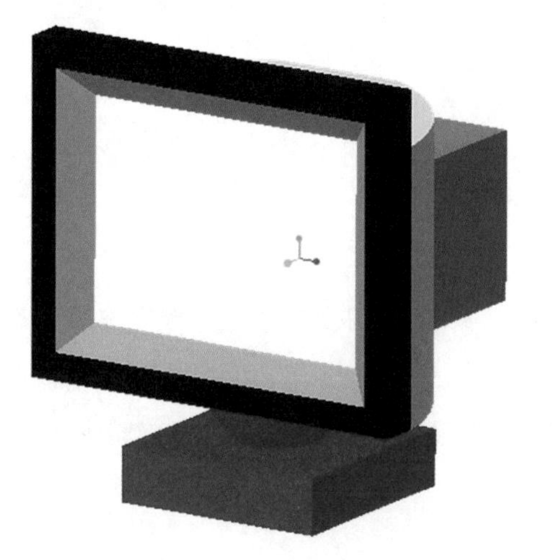

图 1-3-24 隐藏基准坐标系

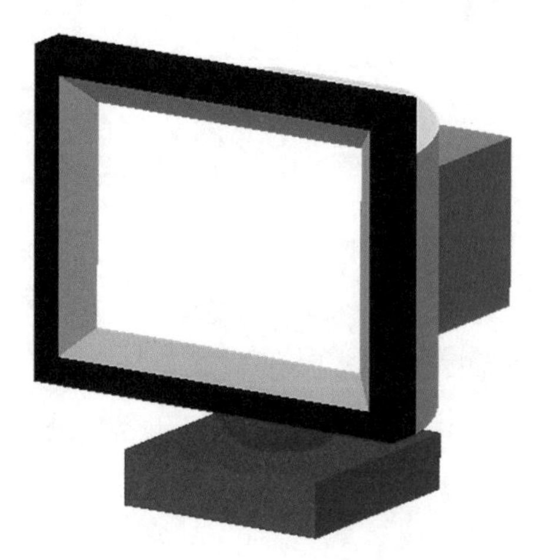

图 1-3-25 隐藏旋转中心

图 1-3-26 “视图”对话框的设置

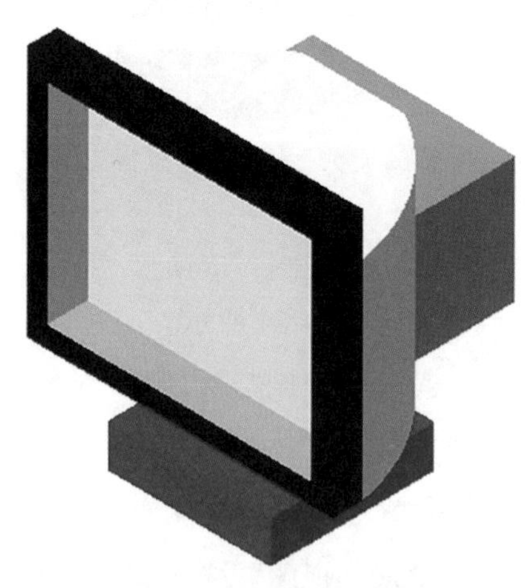

图 1-3-27 等轴测方向显示

6. 修改着色样式

单击“视图”选项卡“模型显示”组中的“显示样式”按钮 ，选择“带边着色”样式，结果如图 1-3-2 所示。

7. 调整模型大小

单击“视图”选项卡“方向”组中的“重新调整”按钮 ，调整模型至适当大小。

8. 保存文件，退出 Creo 8.0 软件

单击快速访问工具栏中的“保存”按钮 ，保存零件文件。再单击软件界面右上角的“关闭”按钮 ×，退出 Creo 8.0 软件。

打开图 1-3-28 所示的计算器模型素材文件，设置模型颜色、方向、着色样式如图 1-3-29 所示，调整至适合窗口大小后保存模型文件，并退出 Creo 8.0 软件。

图 1-3-28　计算器模型素材

图 1-3-29　模型设置结果图

项目二
草图绘制

三维模型以特征创建为基础，特征创建离不开草绘截面。建模时，应根据模型特征，如基准特征、实体特征、曲面特征等，采用不同的特征工具。而大部分特征建立需要草绘截面或者轨迹，因此，草图绘制是设计三维模型的根本。用户可以创建一个草绘文件来绘制二维图形，也可以在零件建模过程中进入内部草绘器绘制所需要的特征截面。

本项目通过完成“绘制基本草图”“绘制规律图形”“绘制文字”等任务，学习创建草绘文件，尝试通过不同的途径进入草绘环境，认识草图常用绘制工具，练习草图的绘制、标注、编辑和文本的创建、放置等操作，使用约束工具对草图进行几何约束，并保存草绘文件。

任务 1　绘制基本草图

1. 能创建草绘文件，进入草绘环境。
2. 能使用线、圆、矩形等绘图工具完成基本图形的绘制。
3. 能应用修改、删除段等工具对草图进行编辑。
4. 能标注和修改草图尺寸。
5. 能创建图元间的几何约束。
6. 能保存草图文件。

Creo Parametric 系统提供的二维平面草图绘制环境称为草绘器。通过合理运用草绘器中的常用工具命令可以完成草图的绘制，并通过尺寸约束和几何约束精确地确定各图元的大小与相对位置。

本任务通过绘制图 2-1-1 所示的基本草图，认识草绘环境、常用绘图工具、几何约束等，练习线、圆、圆弧、矩形等基本图形的绘制方法，手动修改草图尺寸，创建图元间的相切约束，学会删除多余图元，并保存文件，以备后续使用。

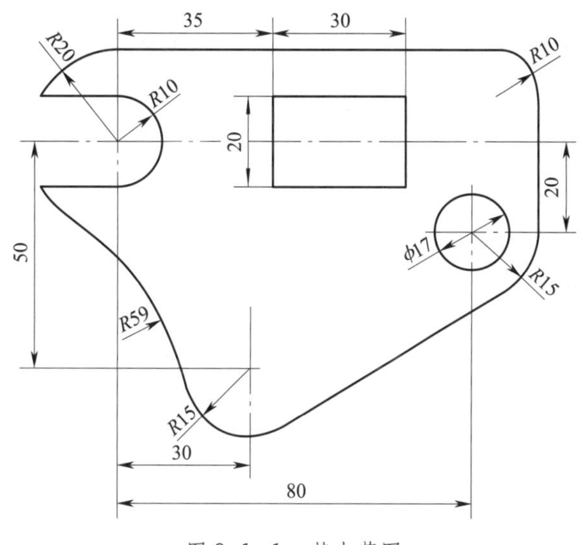

图 2-1-1　基本草图

1. 草绘的常用术语

绘制草图截面时，常用的专业术语如下：

（1）图元：截面几何的任何元素，如直线、圆弧、圆、样条、圆锥、点或坐标系等。

（2）尺寸：图元自身大小或图元之间位置关系的约束，分为强尺寸和弱尺寸。强尺寸由用户创建，固定不变；弱尺寸由系统自动生成，会伴随关联尺寸的变化而变化。

（3）约束：定义图元几何或图元间关系（例如平行或等半径）的条件，分为强约束和弱约束。强约束固定不变；弱约束可随任何修改而变化。

（4）冲突：两个或多个强尺寸或强约束产生矛盾或多余条件。移除或修改约束或尺寸可解决冲突。

（5）参数：草绘器中的一个辅助数值，由符号和数值组成。进行参数化建模时，修改参数的大小能改变图元的大小和位置关系。

（6）关系：关联图元尺寸或参数的方程。

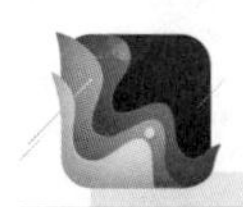

提示

当强尺寸/强约束间发生冲突时，系统会提示删除或取消多余约束。而弱尺寸/弱约束与强尺寸/强约束发生冲突时，系统会在没有任何提示的情况下自动删除多余的弱尺寸/弱约束。

2. 草绘器环境的设置

用户可以使用“Creo Parametric 选项”对话框的“草绘器”选项卡自定义草绘器环境，如图 1-2-2 所示，主要对以下参数进行设置：

（1）顶点、约束、尺寸与图元 ID 号的显示。

（2）约束的可用性。

（3）尺寸的小数位数和捕捉到几何的敏感度。

（4）拖动截面时的尺寸行为。

（5）栅格属性。

（6）进入草绘器时草绘平面的基准方向。

（7）导入图元时的线造型。

（8）使用背景几何创建自动参考。

（9）捕捉到模型几何。

（10）诊断工具。

（11）导入图元时转换尺寸单位。

3.“草绘”选项卡

“草绘”选项卡包括“设置”组、“获取数据”组、“操作”组、“基准”组、“草绘”组、“编辑”组、“约束”组、“尺寸”组、“检查”组和“关闭”组（从建模模式进入草绘环境时显示），如图 2-1-2 所示。

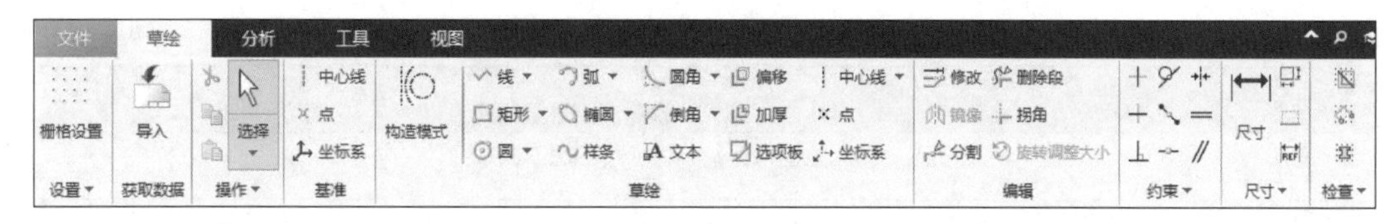

图 2-1-2 “草绘”选项卡

“设置”组可设置草绘栅格的属性、图元线条样式等。草绘器模式支持笛卡尔坐标和极坐标栅格。当第一次进入草绘器模式时，系统显示笛卡尔坐标栅格。用户可单击“栅格设置”按钮，在系统弹出的“栅格设置”对话框中对栅格的类型、间距、原点和角度进行设置。

“获取数据”组可导入外部数据。

“操作”组可对草图进行选择、复制、粘贴、剪切等操作，其中“选择”有四种类型，可通过单击“选择”按钮下方的下拉菜单打开，分别是依次、链、所有几何和全部。

“基准”组可绘制基准中心线、基准点、基准坐标系。

“草绘”组可绘制点、直线、矩形、圆等图元，并构造图元。其中“构造模式”激活后，几何图元将转换为构造图元，构造图元以虚线造型显示，只能作为绘图结构的参考，不能作为实体或生成特征的边线。

“编辑”组可镜像、修剪、分割草图，调整草图比例和修改尺寸值等。

“约束”组可添加几何约束。

“尺寸”组可添加尺寸约束等。

“检查”组可检查草图开放端点、重复图元和封闭环等。

“关闭”组可退出草绘环境。

4. 常用草图绘制工具

常用草图绘制工具的类型和具体说明见表 2-1-1。

表 2-1-1　常用草图绘制工具的类型和具体说明

工具类型	图标	具体说明
选择		单击鼠标左键，可一次选取一个项目或图元，也可以在按下 Ctrl 键的同时单击鼠标左键选取多个项目或图元
中心线		分别位于“基准”组和“草绘”组，用于创建基准中心线，构造中心线、基准点，构造点、基准坐标系，构造坐标系等几何图元
点		
坐标系		

续表

工具类型	图标	具体说明
线		分别用于创建多条直线组成的线链、创建相切直线
矩形		分别用于创建拐角矩形、斜矩形、中心矩形和平行四边形
圆		分别用于圆心和点画圆、同心画圆、三点画圆、3 相切画圆
弧		分别用于 3 点 / 相切端绘制圆弧、圆心和端点绘制圆弧、3 相切绘制圆弧、同心绘制圆弧、圆锥绘制圆弧
椭圆		分别用于创建轴端点椭圆、中心和轴椭圆
样条		用于创建样条曲线
圆角		分别用于创建圆形圆角、圆形修剪、椭圆形圆角、椭圆形修剪
倒角		分别用于创建倒角、倒角修剪
文本		用于创建文本
偏移		通过偏移一条边来创建图元
加厚		通过在两侧偏移边来创建图元
选项板		用户可将选项板中存储的草图轮廓调用到当前活动对象中作为草绘截面

5. 尺寸标注和几何约束

在创建草绘的每个阶段会自动对草绘进行约束和标注，以使截面可以求解。对于自动标注的尺寸，用户可以定义新尺寸、修改自动生成的尺寸、强化弱尺寸以及删除尺寸。

提示

在退出草绘器之前，加强或锁定想要保留在截面中的弱尺寸是一个很好的习惯。

通过在图元或参考间添加几何约束，可以确定图元的水平、垂直、共线等几何关系，辅以一定的尺寸约束，实现图元的完全约束。Creo 草绘模式中共有九种常用几何约束，其图标和具体说明见表 2-1-2。创建几何约束时，若想获得有关选定约束的详细信息，可以单击“草绘”选项卡“约束”组下拉菜单中的“解释”。几何约束是否可用取决于选定图元。

表 2-1-2　几何约束类型的图标和具体说明

约束类型	图标	具体说明
竖直		使直线段竖直或两点竖直对齐
水平		使直线段水平或两点水平对齐
垂直		使两图元垂直
相切		使两图元相切
中点		将点放置于直线段或圆弧的中点位置
重合		使点与点、点与线、线与线重合，线包含直线段或圆弧
镜像		使两点或直线段两端点关于线性参考对称
相等		创建相等的线性尺寸或角度尺寸、相等曲率或相等半径
平行		使两条线或多条线平行

6．草绘器中鼠标和键盘的使用方法

在草绘器中可以使用鼠标或键盘执行下列操作：

（1）单击图元以查看浮动工具栏上的可用选项。

（2）单击鼠标中键或按 Esc 键可中止当前操作，再次单击鼠标中键或按 Esc 键可退出活动工具。

（3）草绘时，单击鼠标右键可锁定所提供的约束。再次单击鼠标右键可以禁用该约束，第三次单击鼠标右键可以重新启用该约束。

（4）用鼠标右键单击草绘窗口访问快捷菜单。选定某个图元时命令会发生变化。

1．启动 Creo 8.0

双击桌面上的“Creo Parametric 8.0”快捷方式图标，启动 Creo 8.0。

2．新建文件

（1）单击“主页”选项卡“数据”组中的“新建”按钮，系统弹出“新建”对话框，将类型选为“草绘”，将“文件名”改为“基本草图”，单击“确定”按钮，完成草绘文件的创建，进入草绘环境，如图 2-1-3 所示。

图 2-1-3　进入草绘环境

（2）单击“草绘”选项卡“检查”组中的“突出显示开放端”按钮 和“着色封闭环”按钮 ，退出命令。

3. 绘制中心线

单击“草绘”选项卡“草绘”组中的“中心线”按钮 ，在图形窗口合适位置单击鼠标，确定中心线上的两个点，分别绘制水平中心线和竖直中心线，如图 2-1-4 所示。

图 2-1-4　绘制水平中心线和竖直中心线

4. 绘制圆

（1）单击“草绘”选项卡“草绘”组中的“圆心和点”按钮，移动鼠标光标捕捉两条中心线的交点为圆心，拖动鼠标光标至合适大小后，单击鼠标左键完成第一个圆的初步绘制，如图 2–1–5 所示。

（2）采用同样方法完成其他四个圆的初步绘制，如图 2–1–6 所示。

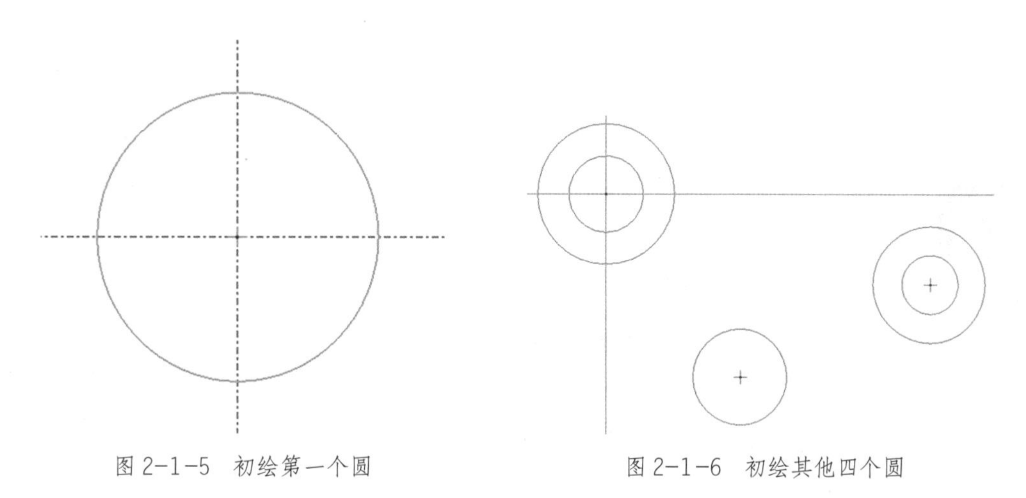

图 2–1–5　初绘第一个圆　　　　图 2–1–6　初绘其他四个圆

（3）单击“草绘”选项卡“操作”组中的“选择”按钮，或者单击鼠标中键，退出圆命令，结果如图 2–1–7 所示。

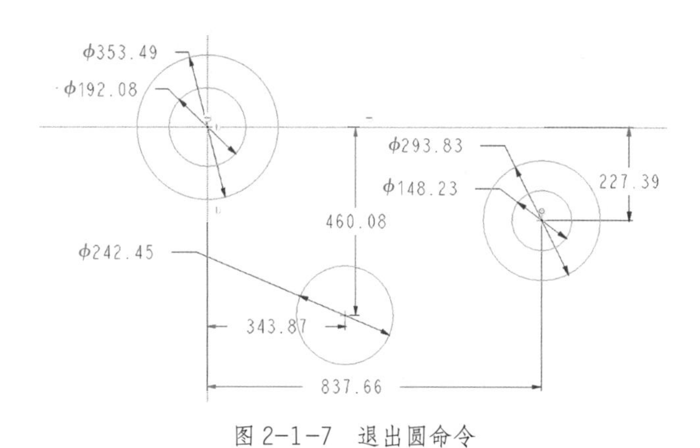

图 2–1–7　退出圆命令

（4）移动鼠标双击左侧同心圆中小圆的直径尺寸，系统弹出尺寸修改输入框，如图 2–1–8 所示。

（5）输入正确的数值为 20.00，单击鼠标中键或 Enter 键完成该直径尺寸的约束，圆的大小也会与尺寸的约束同步进行，结果如图 2–1–9 所示。

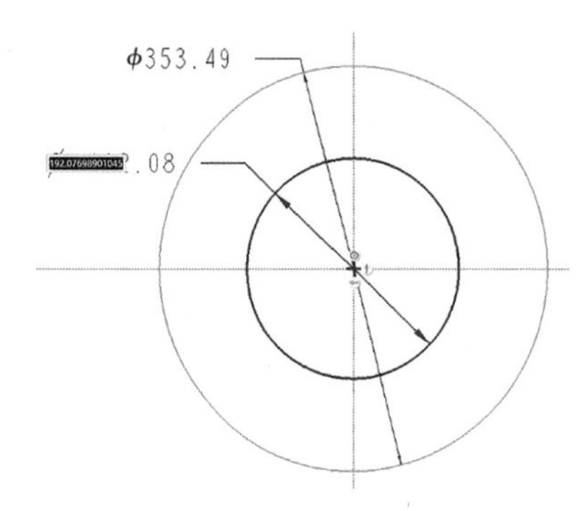

图 2-1-8　双击需要约束的尺寸

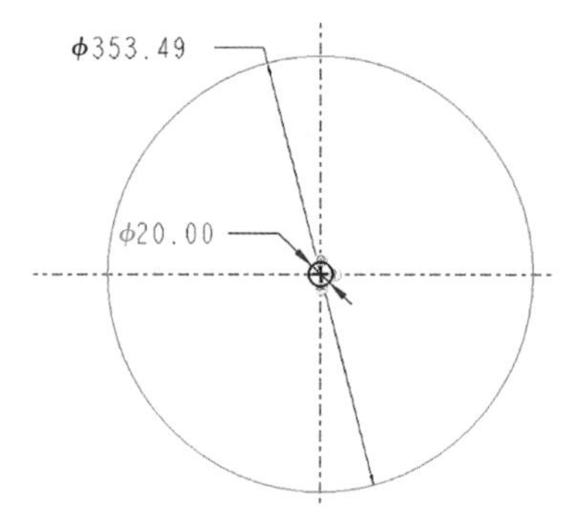

图 2-1-9　完成圆直径尺寸的约束

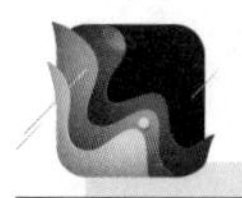

提示

标注草图尺寸时，一般可遵循先约束位置、再约束尺寸的原则，以免图形变化较大出现混淆的情况。

（6）采用同样方法完成其他尺寸的约束，结果如图 2-1-10 所示。

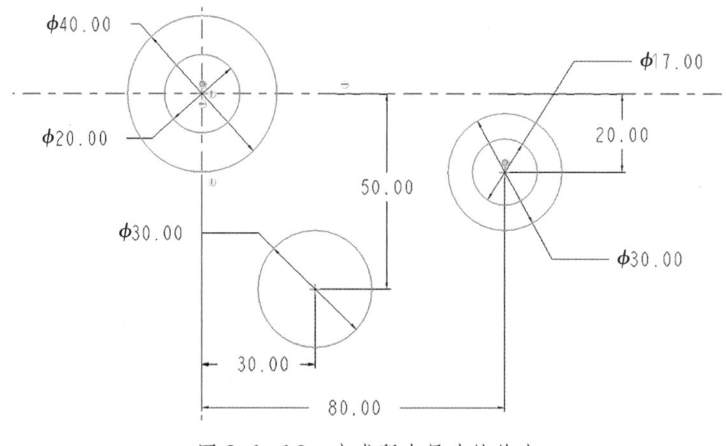

图 2-1-10　完成所有尺寸的约束

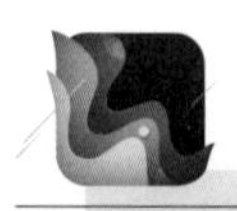

提示

通过单击“草绘”选项卡“编辑”组中的“修改”按钮 ，选取需要修改的尺寸，系统弹出“修改尺寸”对话框，输入正确的尺寸，也可实现对标注尺寸的约束。

为了避免修改后续尺寸时已标注尺寸发生变化，可单击图元，在系统弹出的浮动窗口中单击“锁定”按钮 ，锁定该图元的位置与尺寸。

（7）单击“视图”选项卡“显示”组中的“尺寸显示”按钮，关闭尺寸显示，隐藏标注尺寸，便于后续草图的绘制和标注。

5. 绘制直线

（1）单击“草绘”选项卡“草绘”组中的“线链”按钮，移动鼠标光标，捕捉到图 2–1–11 所示的点位，以此点作为直线段的起点，向右水平移动鼠标光标至合适位置，单击鼠标左键确定直线段的终点，再单击鼠标中键，初步完成第一条水平直线段的绘制，如图 2–1–12 所示。

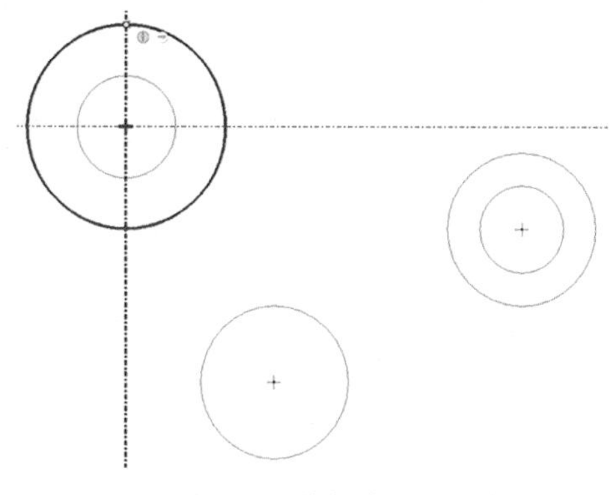

图 2-1-11　捕捉直线的起点

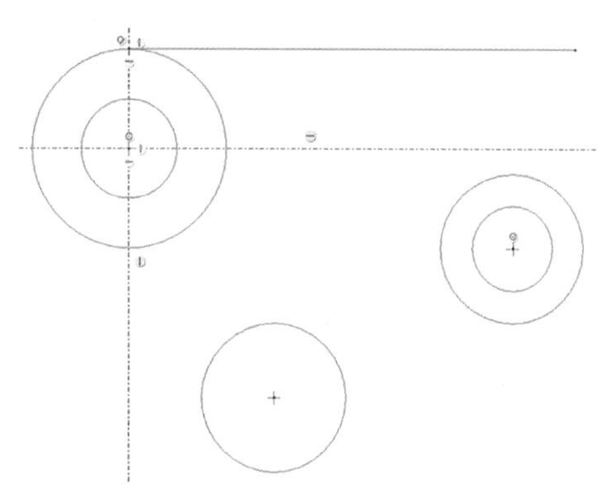

图 2-1-12　绘制第一条水平直线

（2）采用同样方法完成其他水平直线和竖直直线的绘制，结果如图 2–1–13 所示。

（3）单击“草绘”选项卡“草绘”组中的“直线相切”按钮，先后选择直径为 30 mm 的两个圆上的点为直线的起始位置和结束位置，再单击鼠标中键，完成相切斜线的绘制，结果如图 2–1–14 所示。

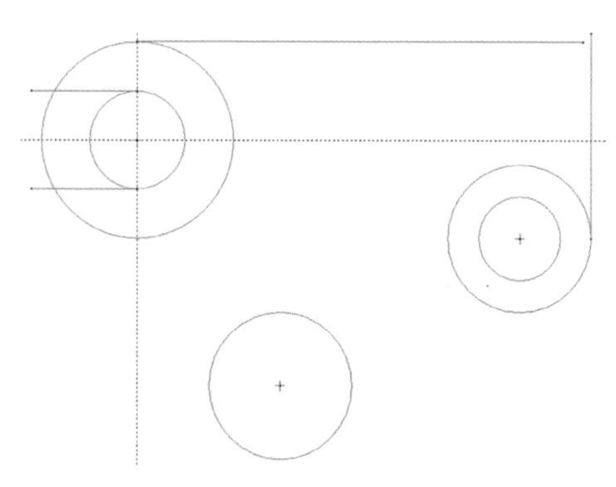

图 2-1-13　绘制其他水平直线和竖直直线

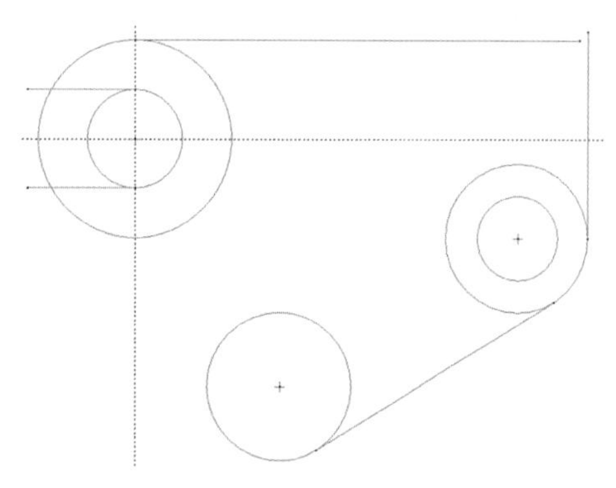

图 2-1-14　绘制相切斜线

提示

在选择相切直线的起始位置和结束位置时，要注意点所在象限，若偏差较大，则相切直线会产生错误。

6. 绘制圆弧

（1）单击“草绘”选项卡“草绘”组中的“3 点 / 相切端”按钮，先后选择直径为 40 mm 和直径为 30 mm 的两个圆上的点为圆弧的起始位置和结束位置，再单击鼠标中键，初步完成圆弧的绘制，结果如图 2–1–15 所示。

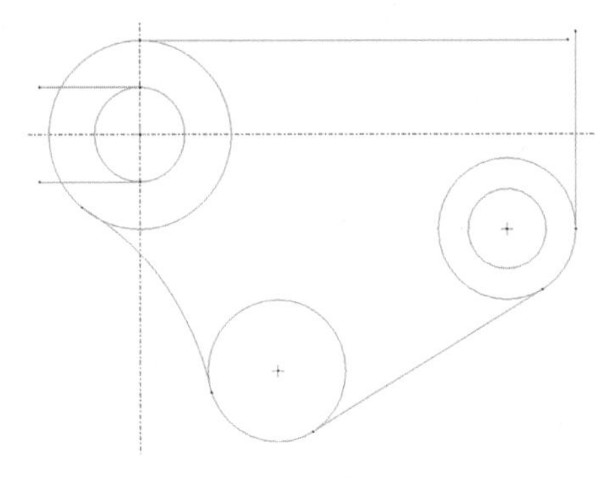

图 2-1-15　初绘圆弧

（2）单击“草绘”选项卡“约束”组中的“相切”按钮，先后选择圆弧和直径为 40 mm 的圆，完成相切关系的约束。采用同样方法完成圆弧和直径为 30 mm 的圆的相切约束，单击鼠标中键，退出相切约束命令。

（3）单击“视图”选项卡“显示”组中的“尺寸显示”按钮，激活尺寸显示，显示标注尺寸，并修改圆弧半径为 59 mm，结果如图 2–1–16 所示。修改完成后，关闭尺寸显示。

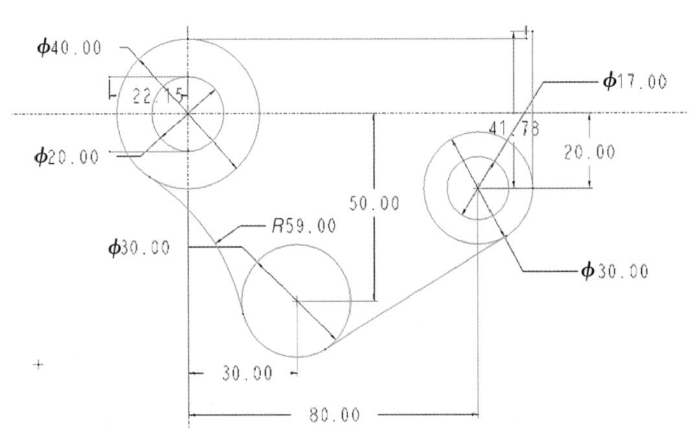

图 2-1-16　完成圆弧的绘制

7. 绘制圆角

（1）单击“草绘”选项卡“草绘”组中的“圆形修剪”按钮 ，先后选择水平直线和竖直直线，再单击鼠标中键，初步完成圆角的绘制，结果如图 2–1–17 所示。

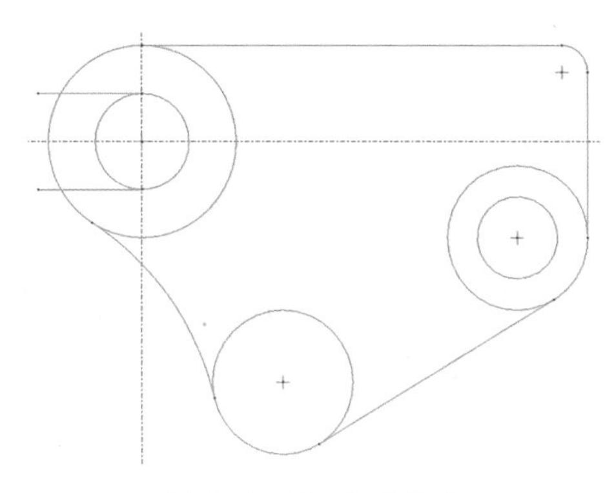

图 2–1–17　初绘圆角

（2）单击“视图”选项卡“显示”组中的“尺寸显示”按钮 ，激活尺寸显示，显示标注尺寸，并修改圆角半径为 10 mm，结果如图 2–1–18 所示。修改完成后，关闭尺寸显示。

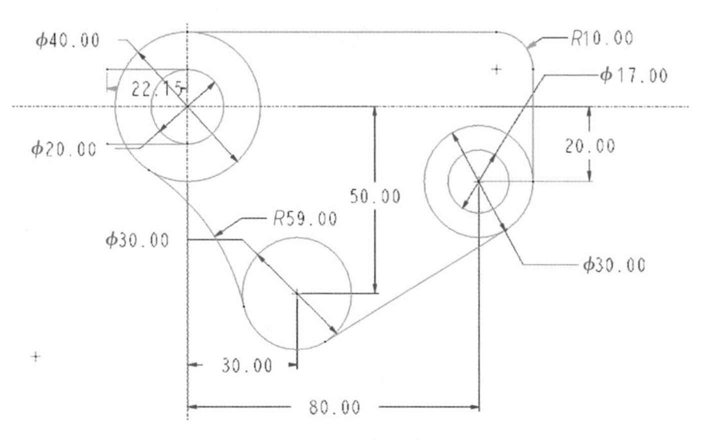

图 2–1–18　完成圆角的绘制

8. 绘制矩形

（1）单击“草绘”选项卡“草绘”组中的“拐角矩形”按钮 ，移动光标至合适位置，单击鼠标左键，确定该点为矩形的一对角点，然后向右侧移动光标至合适位置，拖拉出一矩形，再单击鼠标左键，确定该点为矩形的另一对角点，最后单击鼠标中键，初步完成矩形的绘制，结果如图 2–1–19 所示。

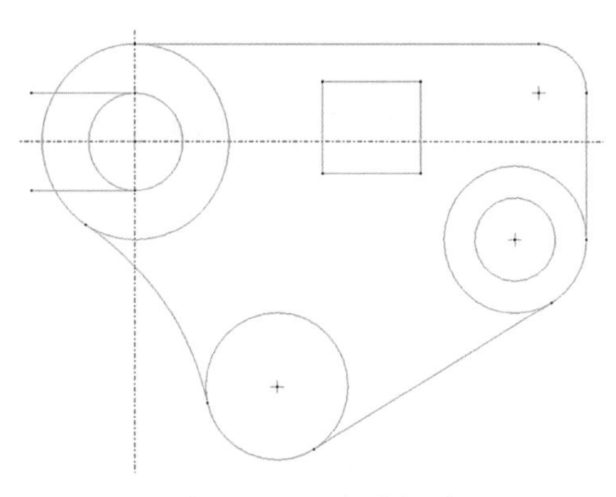

图 2-1-19　初绘矩形

（2）单击“视图”选项卡“显示”组中的“尺寸显示”按钮，激活尺寸显示，显示标注尺寸，并按图 2-1-20 所示修改相关尺寸，确定矩形的尺寸和位置。修改完成后，关闭尺寸显示。

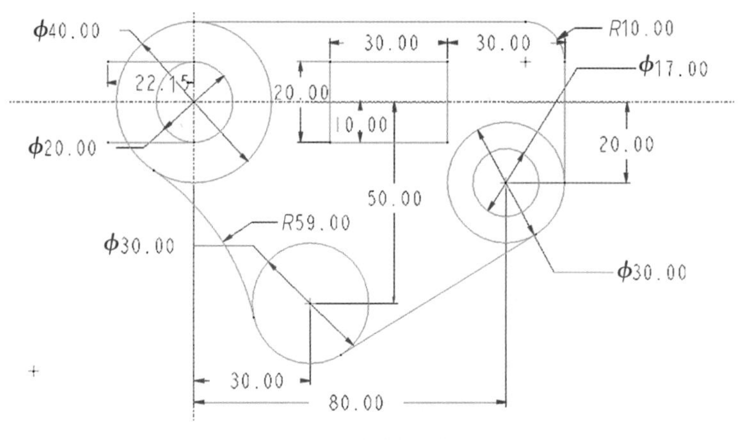

图 2-1-20　完成矩形的绘制

9. 删除多余的图元

（1）单击“草绘”选项卡“编辑”组中的“删除段”按钮，移动鼠标光标捕捉要删除的图元，如图 2-1-21 所示。

（2）单击鼠标左键，完成该图元的修剪，结果如图 2-1-22 所示。

（3）采用同样方法，完成其他多余图元的删除，结果如图 2-1-23 所示。

10. 保存文件，并退出 Creo 8.0 软件

单击快速访问工具栏中的“保存”按钮，系统弹出“保存对象”对话框，根据需求选择文件保存地址，单击“确定”按钮，完成文件的保存。

单击软件界面右上角的“关闭”按钮，退出 Creo 8.0 软件。

至此，基本草图绘制完成。

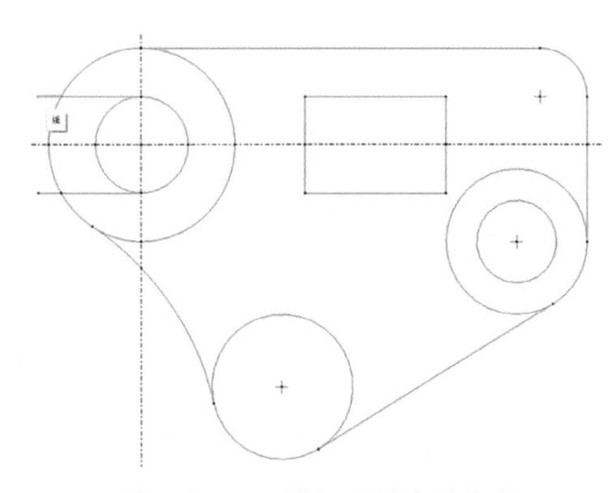

图 2-1-21　捕捉要删除的线段

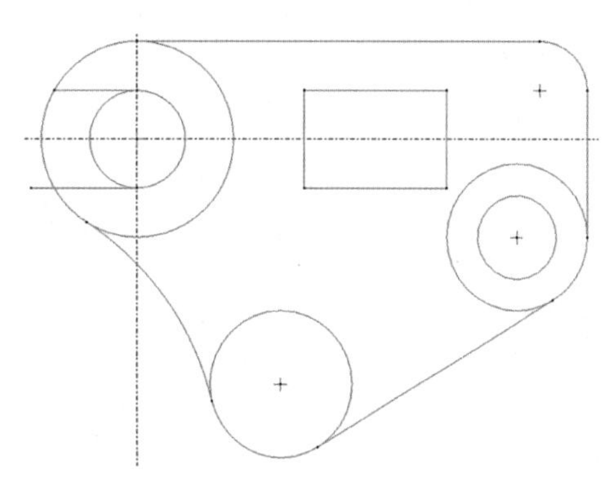

图 2-1-22　修剪线段完成

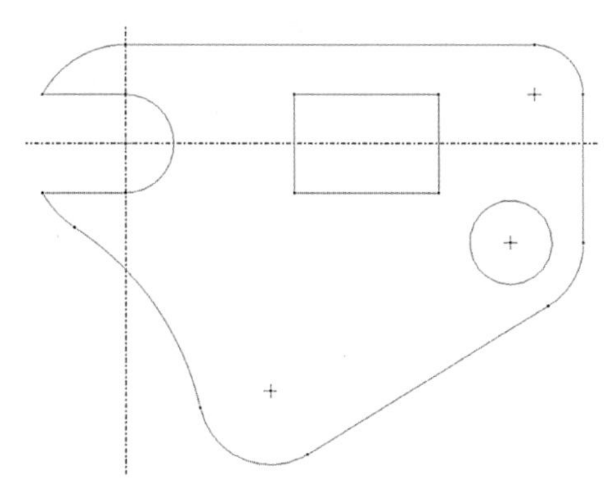

图 2-1-23　删除所有多余的图元

1. 完成图 2-1-24 所示的草图 1 绘制。

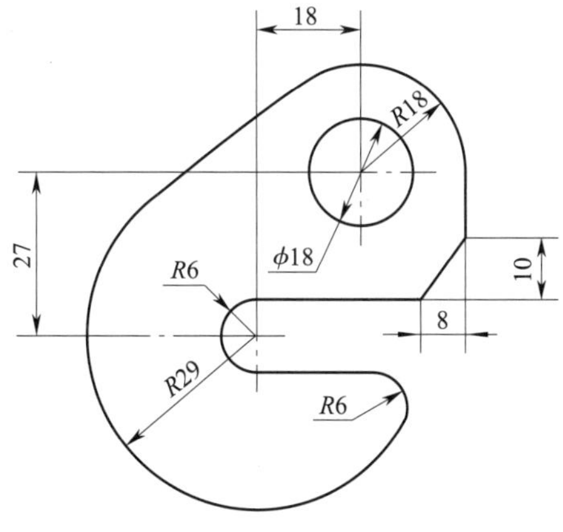

图 2-1-24　草图 1

2. 完成图 2-1-25 所示的草图 2 绘制。

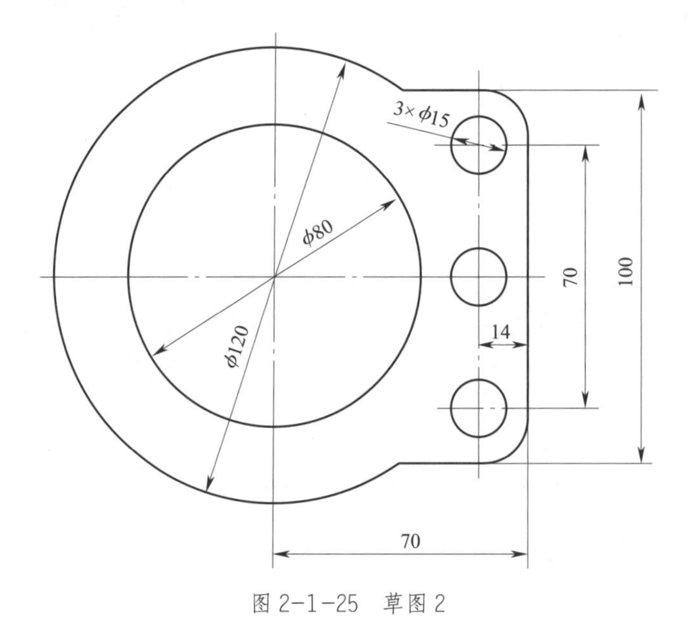

图 2-1-25　草图 2

3. 完成图 2-1-26 所示的草图 3 绘制。

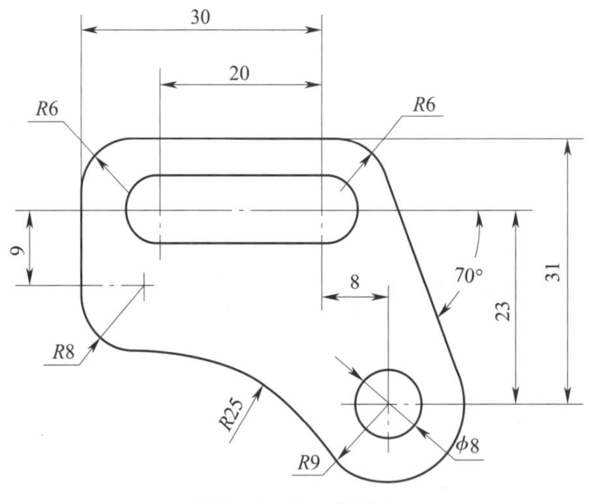

图 2-1-26　草图 3

任务 2 绘制规律图形

1. 能在建模状态下进入草绘环境。
2. 能完成图元的偏移。
3. 能创建拐角。
4. 能完成图元的镜像。
5. 能对草图进行诊断。

部分草图是有规律可循的，比如图元对称、排列规则、等比例缩放等，对于这一类草图，可以借助 Creo 软件中的草图编辑工具对图元的位置、形状进行调整，以提高绘图效率，减少重复操作。

本任务通过绘制图 2-2-1 所示的规律图形，强化常用绘图工具的使用方法，学习在建模状态下进入草绘环境，按照要求完成基本图形的绘制，通过“偏移”“拐角”“镜像”等工具对草图进行编辑，并诊断草图是否存在重复图元、是否完全封闭等情况。

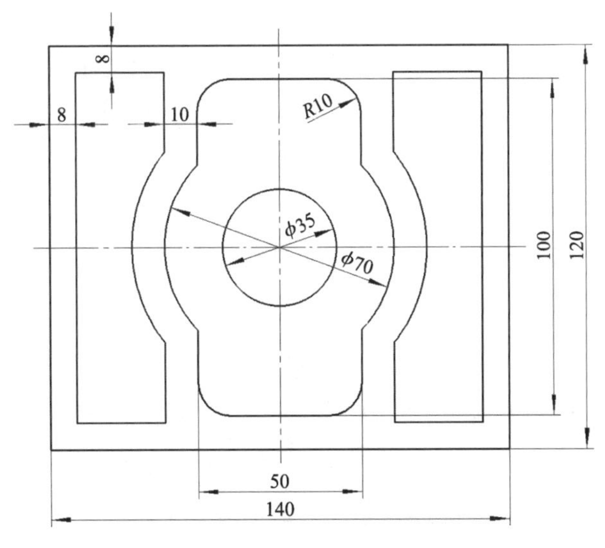

图 2-2-1 规律图形

1．“编辑”工具

草绘器中“编辑”工具的类型和具体说明见表 2–2–1。

表 2–2–1 “编辑”工具的类型和具体说明

工具类型	图标	具体说明
修改		修改尺寸值、样条几何或文本图元
删除段		修剪草绘图元
镜像		镜像选定图元
拐角		将图元修剪（剪切或延伸）到其他图元或几何
分割		在选择点的位置处分割图元
旋转调整大小		平移、旋转和缩放选定图元

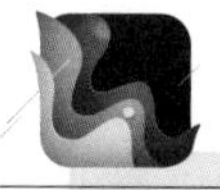

提示

绘制草图时，除了使用“删除段”和“拐角”工具来修剪和延伸图元之外，用户还可以结合鼠标和键盘来实现。具体操作步骤是移动鼠标光标捕捉要修剪的图元，按住 Ctrl 键，拖动要修剪图元的端点，实现图元在拖动的方向上被修剪或延伸。

除了采用以上“编辑”工具对草绘图元进行修改之外，Creo 还可以对草绘图元进行剪切、复制和粘贴操作。这些工具的激活方法如下：

（1）单击“草绘”选项卡“操作”组中的相关按钮。

（2）按下键盘上的相关按键：剪切（Ctrl+X）、复制（Ctrl+C）、粘贴（Ctrl+V）。

（3）选定草绘图元，单击鼠标右键弹出快捷菜单，选择所需工具。

通过剪切和复制操作可移除或复制部分截面或整个截面，可以剪切或复制常规草绘几何、构造几何、中心线以及与选定几何图元关联的强尺寸和约束。剪切或复制的草绘图元将被置于剪贴板中。

通过粘贴操作可将剪切或复制的图元放到活动截面中的所需位置。当执行粘贴操作时，剪贴板上的草绘几何不会被移除，允许多次使用复制或剪切的草绘几何。也可通过剪切、复制和粘贴操作在多个截面间移动某个截面的内容。此外，粘贴图元时，可以对所粘贴的草绘几何图元进行平移、旋转或缩放操作。

只有在当前草绘器会话中才可以撤销或重新进行剪切及粘贴操作。

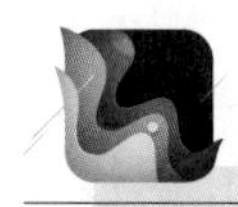

提示

默认情况下，将粘贴的图元放到活动草绘中时，它们不会捕捉到现有几何或参考。要启用捕捉操作，可将“移动”控制滑块移动到粘贴的图元上。移动“移动”控制滑块的方法是用鼠标右键单击“移动”控制滑块，拖动粘贴的图元到所需位置处。

2. 草图诊断

为了检查草图线链是否重合、图元是否重叠，显示图元的信息，并分析草绘是否适用于它所定义的特征，Creo 中设有草图检查组，其类型和具体说明见表 2-2-2。

表 2-2-2 草图检查的类型和具体说明

类型	图标	具体说明
特征要求		打开一个列出正在定义草绘的特征要求的窗口，并显示各个要求的状况。如果要求未满足，则草绘无效。“特征要求”诊断对“2D 草绘器”不可用
重叠几何		突出显示与其他几何重合的几何，以设置的颜色突出显示
突出显示开放端		突出显示不与其他端点或图元重合的端点
着色封闭环		用预定义颜色填充封闭环
交点		打开显示两个选定图元交点信息的窗口
相切点		打开显示两个选定图元相切点信息的窗口
图元		打开显示某个选定图元信息的窗口

封闭环是形成截面图元的链，通过截面可以创建实体拉伸。使用“着色封闭环”诊断工具可以检测由草绘图元形成的封闭环，为后续三维建模做好准备。对于 3D 草绘几何，仅以着色状态显示由有效图元形成的封闭环。

1. 启动 Creo 8.0

双击桌面上的“Creo Parametric 8.0”快捷方式图标，启动 Creo 8.0。

2. 新建文件

（1）单击“主页”选项卡“数据”组中的“新建”按钮，系统弹出“新建”对话框，将类型选为“零件”，将子类型选为“实体”，将“文件名”改为“规律图形”，并取消勾选“使用默认模板”复选框，单击“确定”按钮，系统弹出“新文件选项”对话框，在“模板”列表框中选择“mmns_part_solid_abs”模板，单击“确定”按钮，完成文件“规律图形”的创建。

（2）单击“视图”选项卡“显示”组中的“平面显示”按钮、“坐标系显示”按钮和“旋转中心”按钮，隐藏基准平面、坐标系和旋转中心。

3. 进入草绘环境

（1）单击“模型”选项卡“基准”组中的“草绘”按钮，系统弹出“草绘”对话框，如图 2-2-2 所示。

（2）根据提示，选择基准平面 TOP 为草绘平面，不对其他参数进行修改，单击“草绘”按钮，“草绘”选项卡随即打开，进入草绘环境。

（3）单击图形工具栏中的“草绘视图”按钮，定向草绘平面与屏幕平行，如图 2-2-3 所示。

图 2-2-2 “草绘”对话框

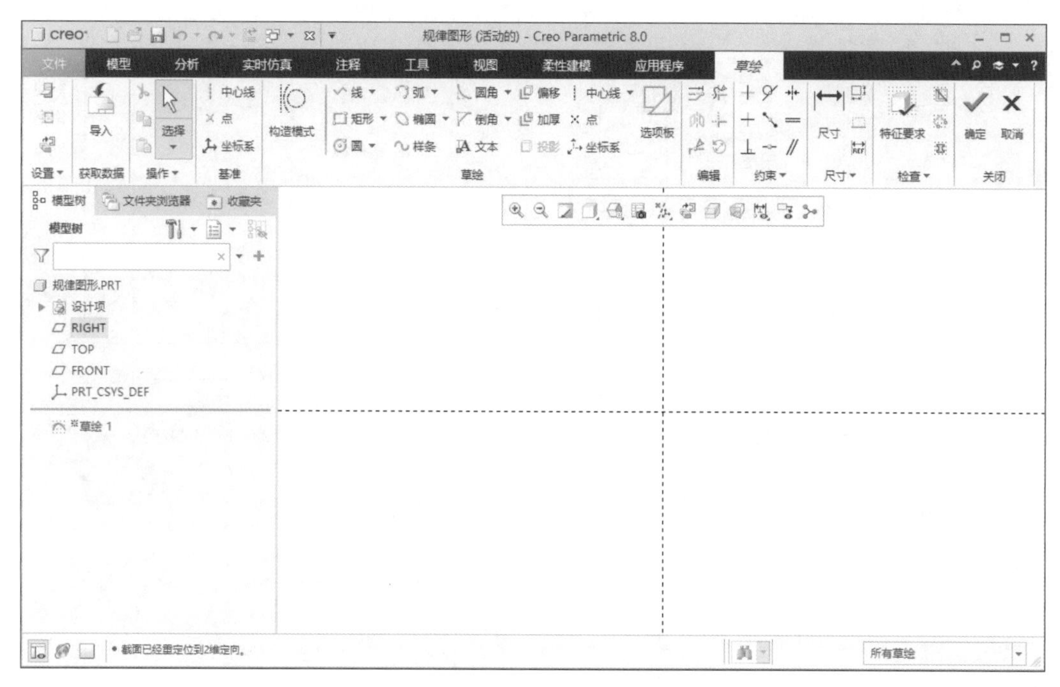

图 2-2-3　进入草绘环境

4. 绘制矩形

（1）单击“草绘”选项卡“草绘”组中的“中心矩形”按钮，移动鼠标光标捕捉两中心线的交点为矩形的中心，如图 2-2-4 所示。

（2）拖动鼠标光标至合适位置，单击鼠标左键，初步完成中心矩形的绘制，如图 2-2-5 所示。

（3）单击图形工具栏中的“草绘显示过滤器”按钮，选中“尺寸显示”复选框，打开尺寸显示，结果如图 2-2-6 所示。

（4）双击需修改的尺寸，并输入图 2-2-7 所示的尺寸数值，确定中心矩形的长和宽，完成矩形的绘制。

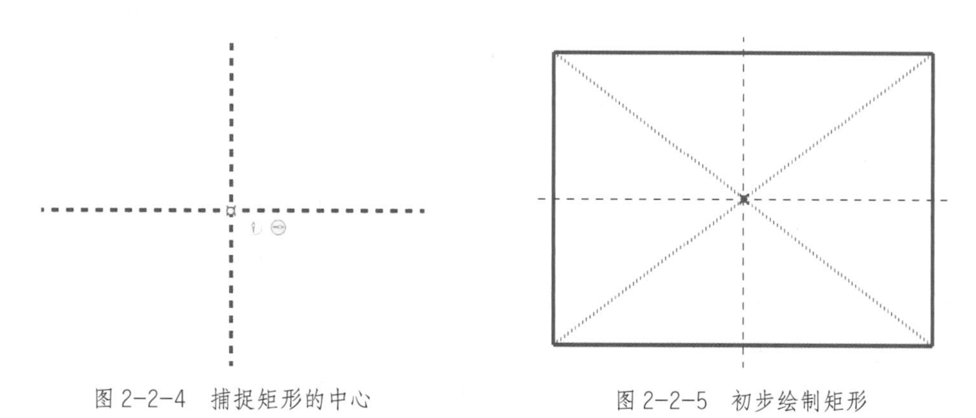

图 2-2-4　捕捉矩形的中心　　图 2-2-5　初步绘制矩形

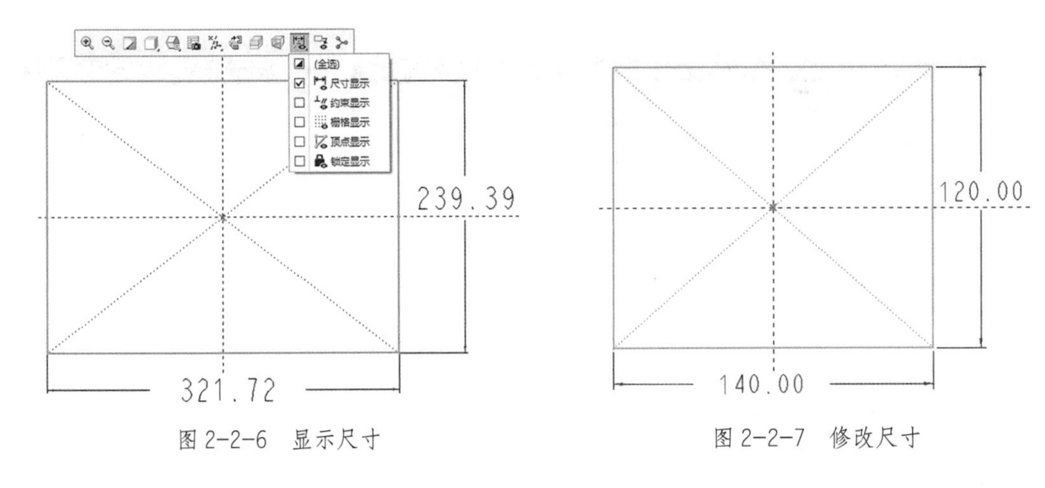

图 2-2-6 显示尺寸　　图 2-2-7 修改尺寸

（5）采用同样方法，完成图 2-2-8 所示矩形的绘制。

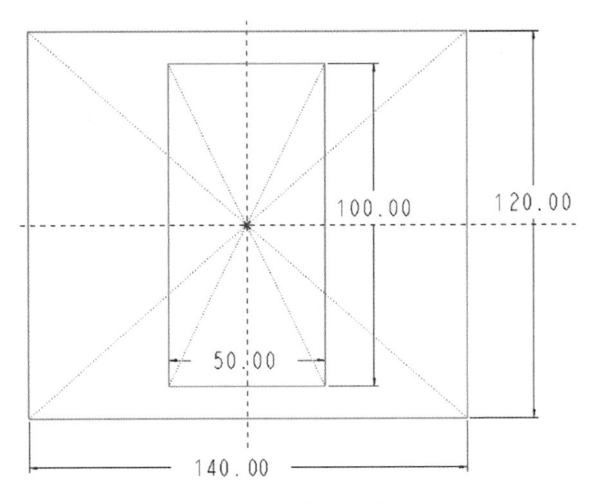

图 2-2-8 绘制第二个中心矩形

5. 绘制同心圆

（1）单击“草绘”选项卡“草绘”组中的“圆心和点”按钮 ，移动鼠标光标捕捉两条中心线的交点为圆心，并拖动鼠标光标至圆为合适大小后，单击鼠标左键完成第一个圆的初步绘制，如图 2-2-9 所示。

（2）单击鼠标中键，退出圆命令。

（3）单击“草绘”选项卡“草绘”组中的“同心”按钮 ，移动鼠标光标选取第一个圆，拖动鼠标光标至圆为合适大小后，单击鼠标左键完成同心圆的初步绘制，再单击鼠标中键，退出圆命令，结果如图 2-2-10 所示。

（4）单击图形工具栏中的“草绘显示过滤器”按钮 ，选中“尺寸显示”复选框，打开尺寸显示。约束两个圆的直径尺寸，结果如图 2-2-11 所示，完成同心圆的绘制。

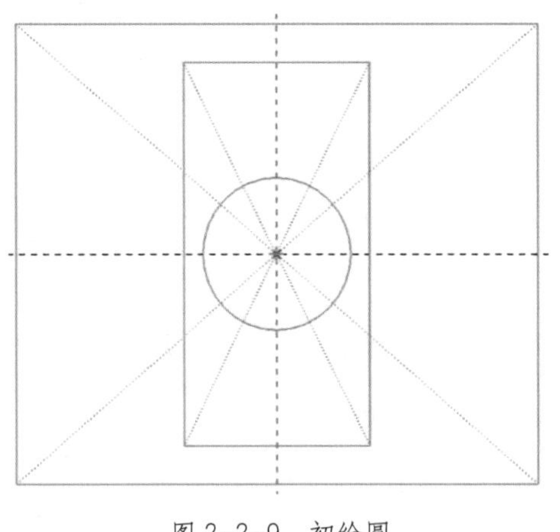

图 2-2-9　初绘圆

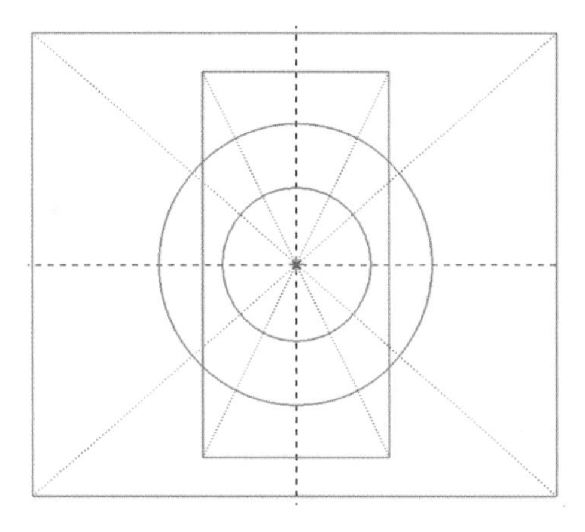

图 2-2-10　初绘同心圆

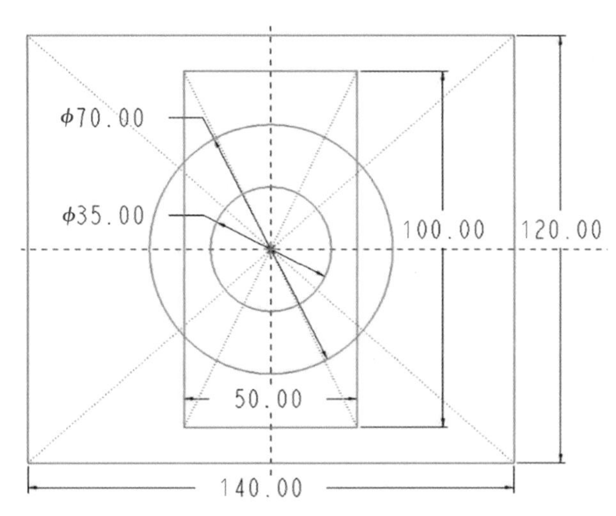

图 2-2-11　完成同心圆尺寸的约束

6. 绘制圆角

（1）单击“草绘”选项卡“草绘”组中的“圆形修剪”按钮 ，先后选择内部矩形的四条边，初步完成圆角的绘制，结果如图 2-2-12 所示。

（2）单击“草绘”选项卡“约束”组中的“相等”按钮 ，先后选择四个圆角圆弧，完成相等关系的约束，单击鼠标中键，退出相等约束。

（3）单击“视图”选项卡“显示”组中的“尺寸显示”按钮 ，激活尺寸显示，显示标注尺寸，并修改圆角半径为 10 mm，结果如图 2-2-13 所示。

7. 删除多余的图元

单击“草绘”选项卡“编辑”组中的“删除段”按钮 ，移动鼠标捕捉要删除的图元，单击鼠标左键，完成多余图元的修剪，结果如图 2-2-14 所示。

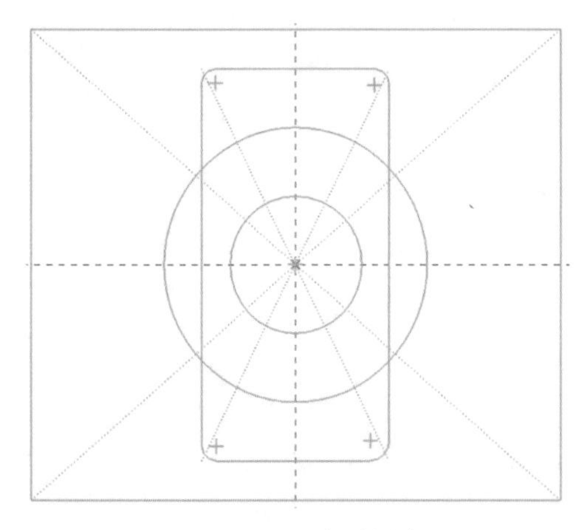
图 2-2-12 初绘圆角

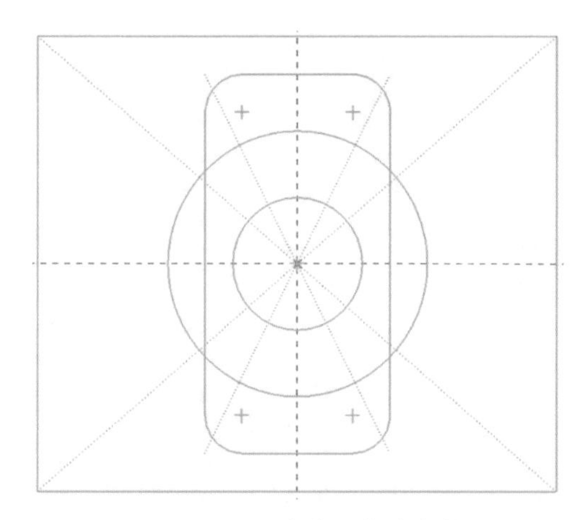
图 2-2-13 完成圆角的绘制

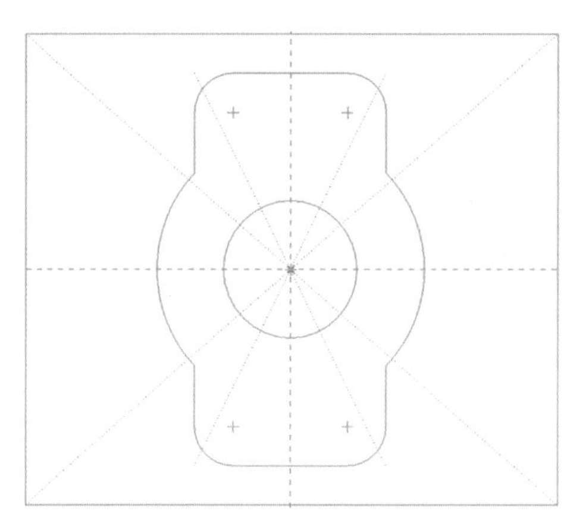
图 2-2-14 删除多余的图元

8. 偏移图元

（1）单击“草绘”选项卡“草绘”组中的“偏移”按钮，系统弹出“类型”对话框，选中“链”单选框，如图 2-2-15 所示。

（2）按住 Ctrl 键，同时选择图 2-2-16 所示的线链，系统弹出“菜单管理器”对话框，如图 2-2-17 所示。

（3）单击“接受”选项后，系统弹出偏移值录入框，输入偏移值为 10 mm，如图 2-2-18 所示。

（4）单击“确定”按钮，完成线链的偏移，结果如图 2-2-19 所示。

（5）采用同样方法，完成外部矩形边链的偏移，偏移值为 -8 mm，结果如图 2-2-20 所示。

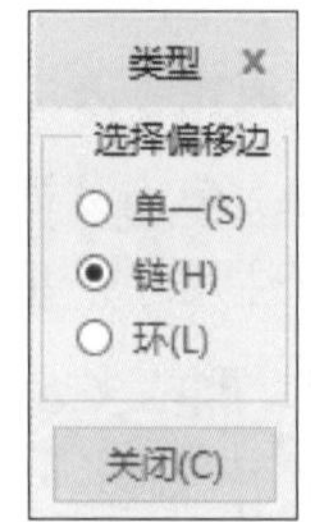

图 2-2-15 “类型”对话框

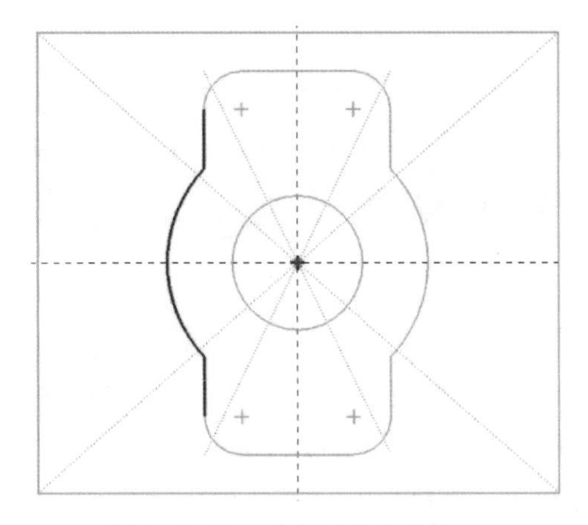

图 2-2-16　选择要偏移的线链

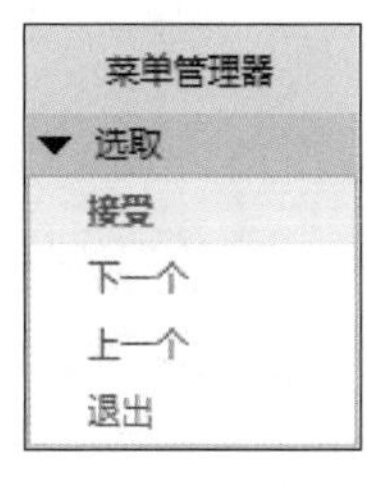

图 2-2-17　“菜单管理器”对话框

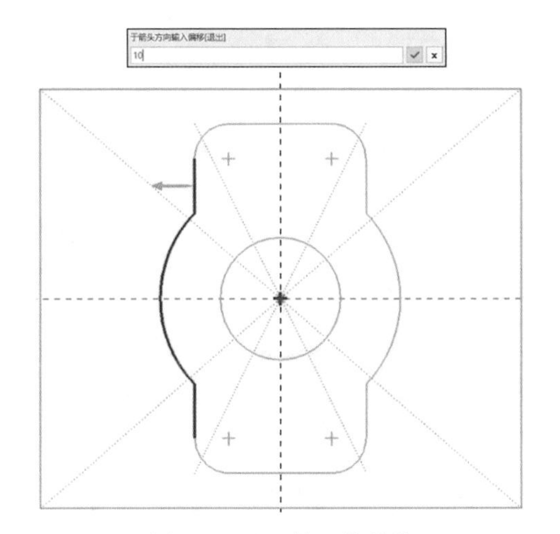

图 2-2-18　输入偏移值

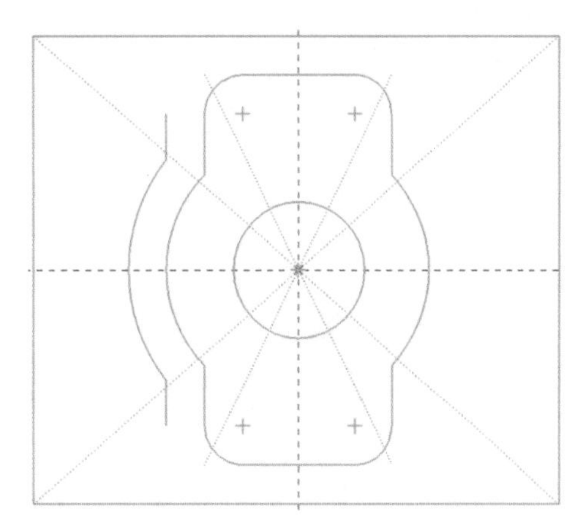

图 2-2-19　完成线链的偏移

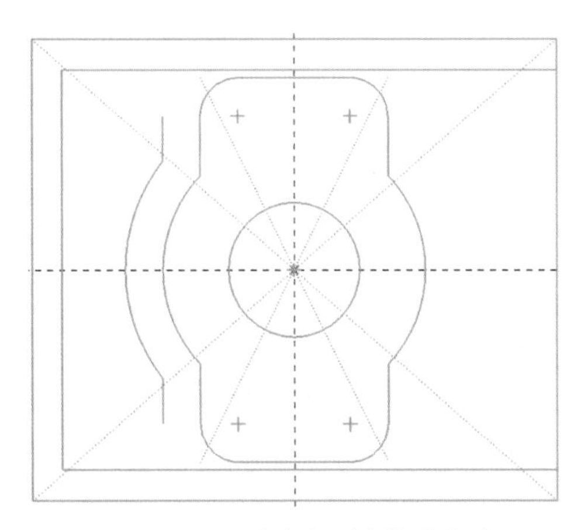

图 2-2-20　完成矩形边链的偏移

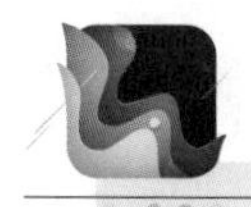

提示

偏移图元时，图元上的箭头表示偏移方向，若方向相同，偏移量为正值；若方向相反，偏移量为负值。

9. 创建拐角

（1）单击“草绘”选项卡“编辑”组中的“拐角”按钮 ，移动鼠标光标先后选取图 2-2-21 所示的两条边，完成拐角的创建，结果如图 2-2-22 所示。

（2）采用同样方法，完成另一侧拐角的创建，结果如图 2-2-23 所示。

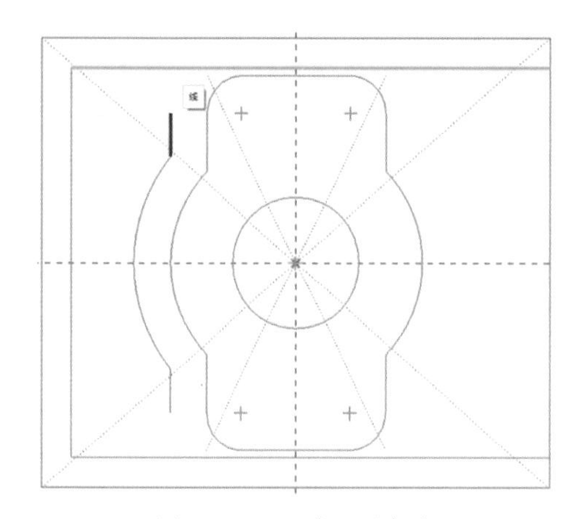

图 2-2-21　选取两条边

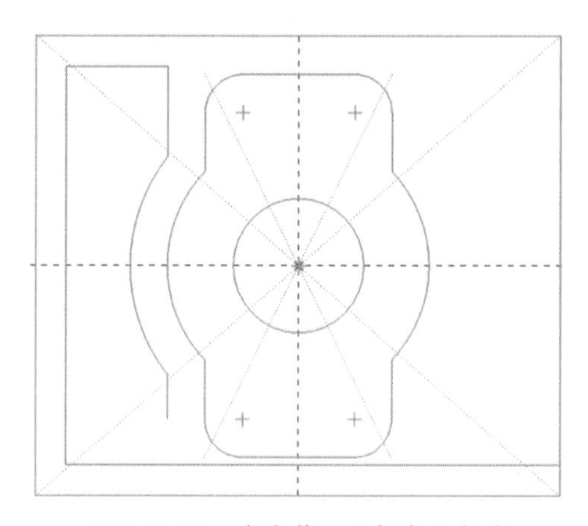

图 2-2-22　完成第一个拐角的创建

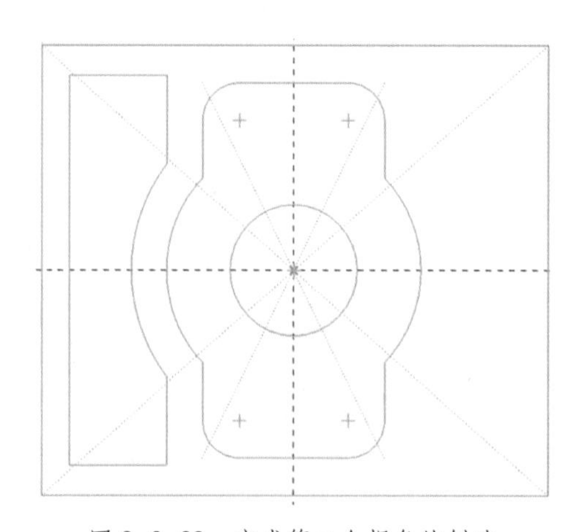

图 2-2-23　完成第二个拐角的创建

10. 镜像复制

（1）按住 Ctrl 键，同时选择图 2–2–24 所示的线链。

（2）单击“草绘”选项卡“编辑”组中的“镜像”按钮，移动鼠标光标选取竖直中心线为镜像轴线，完成镜像复制，结果如图 2–2–25 所示。

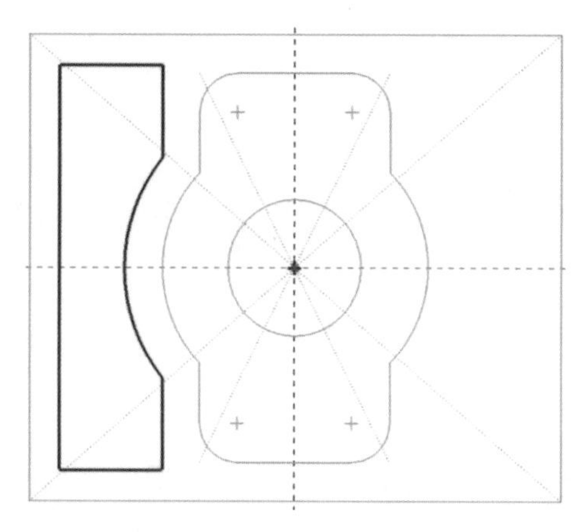

图 2–2–24　选取要镜像的线链

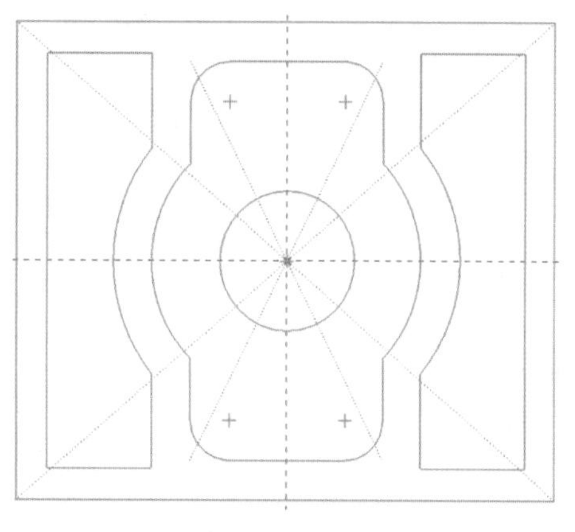

图 2–2–25　完成镜像复制

提示

镜像复制时所需的镜像轴线可直接使用已有中心线，也可应用“中心线”进行绘制。

11. 草图诊断

（1）单击“草绘”选项卡“检查”组中的“重叠几何”按钮，检查草图是否存在重复图元。从诊断结果来看，本草图中不存在重复图元。

（2）单击“草绘”选项卡“检查”组中的“突出显示开放端”按钮，检查草图是否存在开放端点。从诊断结果来看，本草图中不存在开放端。

（3）单击“草绘”选项卡“检查”组中的“着色封闭环”按钮，再次检查草图是否存在重复图元，是否完全封闭。诊断结果如图 2–2–26 所示，从结果来看，本草图中存在五个封闭环，无开放端。

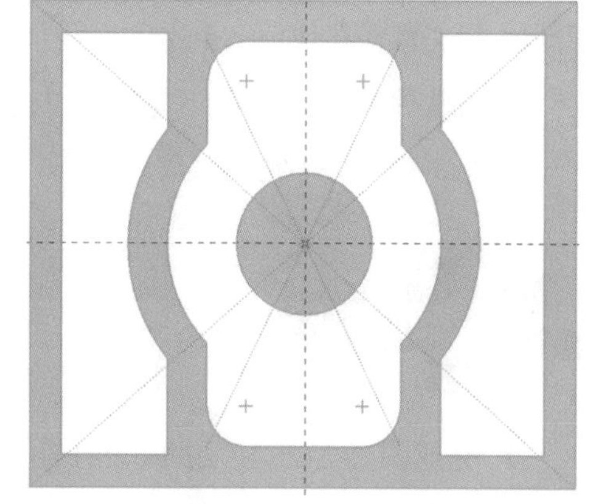

图 2–2–26　草图诊断

提示

如果草绘包含几个彼此包含的封闭环，则最外面的环被着色，而内部的环的着色被替换。对于具有多个草绘器组的草绘，识别封闭环的标准可独立适用于各个组。

12. 退出草绘环境，完成草图的绘制

单击“草绘”选项卡“关闭”组中的“确定”按钮 ✔，退出草绘环境，完成草图的绘制。

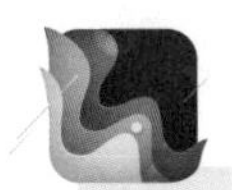

提示

退出草绘环境后，若想重新进入草绘环境对草图进行编辑，可单击“模型树”中的草绘任务，在系统弹出的浮动工具栏（见图 2-2-27）中单击“编辑定义”按钮即可实现。

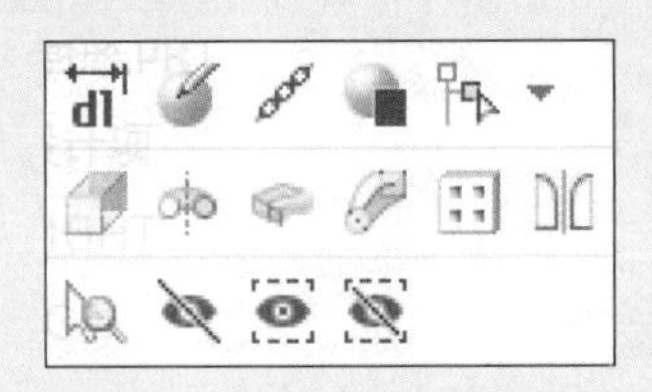

图 2-2-27　浮动工具栏

13. 保存文件，并退出 Creo 8.0 软件

单击快速访问工具栏中的“保存”按钮，系统弹出“保存对象”对话框，根据需求选择文件保存地址，单击“确定”按钮，完成文件的保存。

单击软件界面右上角的“关闭”按钮 ×，退出 Creo 8.0 软件。

至此，规律图形绘制完成。

1. 完成图 2-2-28 所示的草图 1 绘制。

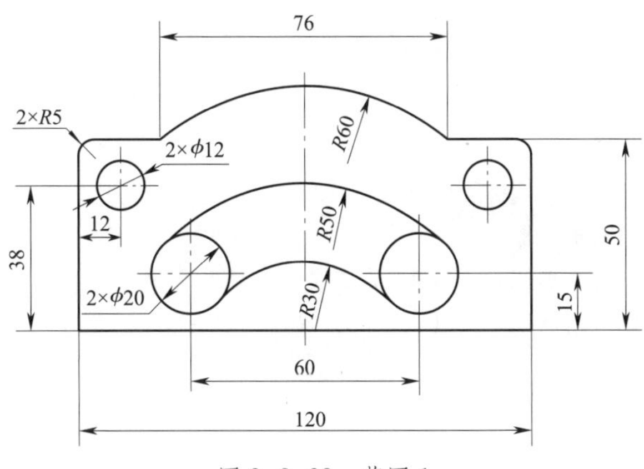

图 2-2-28　草图 1

2. 完成图 2-2-29 所示的草图 2 绘制。

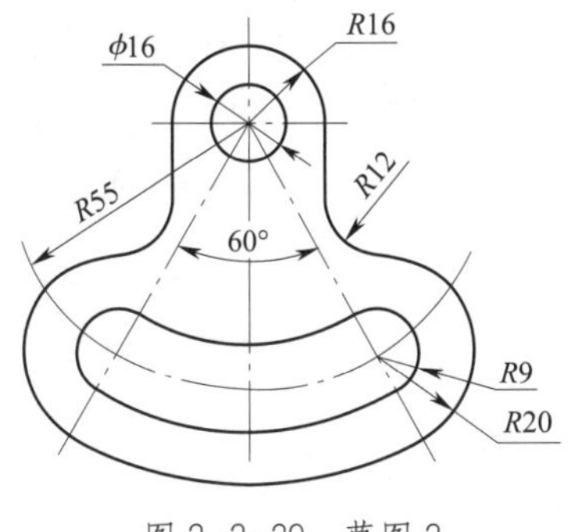

图 2-2-29　草图 2

3. 完成图 2-2-30 所示的草图 3 绘制。

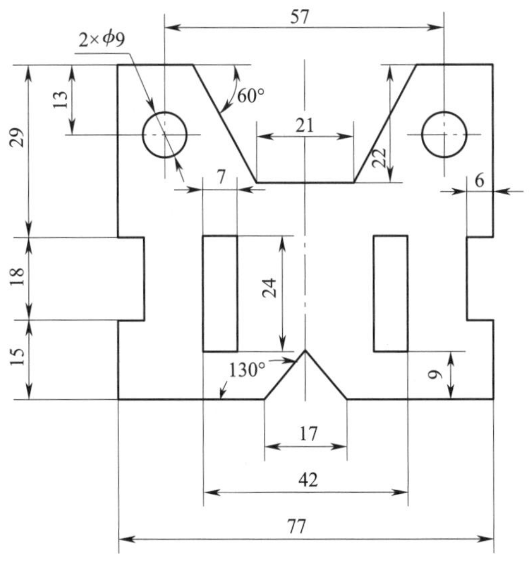

图 2-2-30　草图 3

任务3　绘制文字

1. 能创建来自方程的基准曲线。
2. 能应用“关系”工具参数化绘制草图。
3. 能绘制文字。

Creo 软件可以进行参数化建模，即以用户输入的参数为起点，经过程序内部逻辑的分析处理，最终生成模型对象。参数化草图绘制是创建各种零件特征的基础，应用“关系”工具，通过关系式来添加图元尺寸之间的联系也是常用的一种方式。

本任务通过绘制图 2-3-1 所示的图形和文字，学习创建来自方程的基准曲线，练习输入曲线的方程式，在草图模式下应用关系式参数化绘制矩形，学会文本的输入和编辑方法。

图 2-3-1　绘制文字

1．来自方程的曲线

“曲线：从方程”选项卡由“坐标系”“方程”“范围”和“参考”“属性”子选项卡及快捷菜单组成，如图 2-3-2 所示。

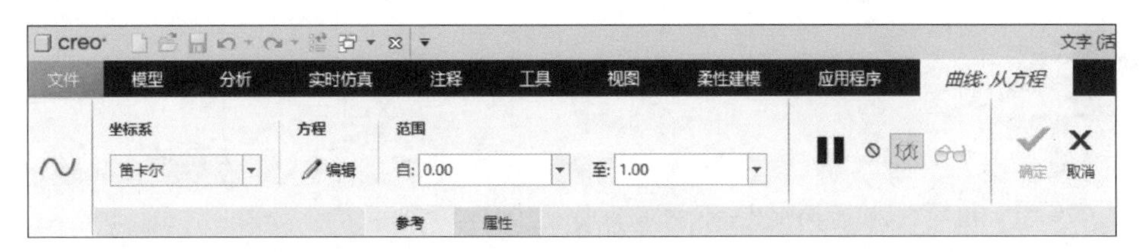

图 2-3-2 “曲线：从方程”选项卡

“坐标系”用于将坐标系类型定义为笛卡尔、柱坐标或球坐标。“方程”用于编辑方程，单击“编辑”按钮 ，系统弹出“方程”对话框，如图 2-3-3 所示。在“方程”对话框中可以输入关系式和显示局部参数。

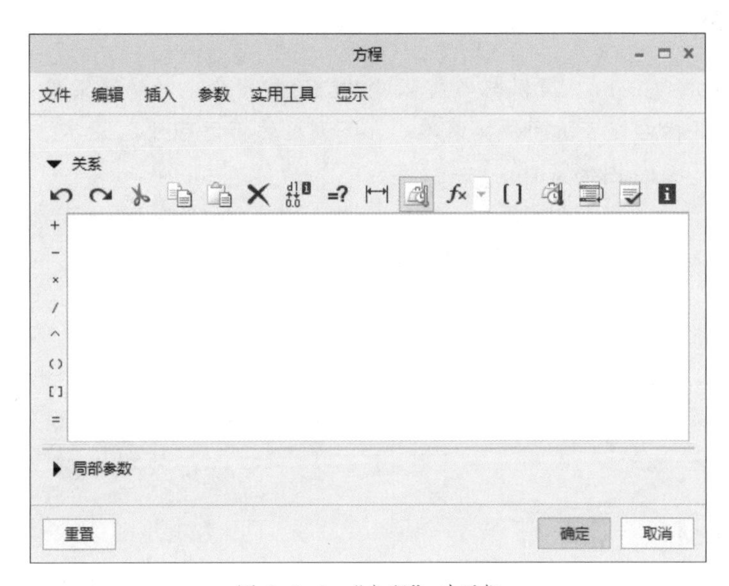

图 2-3-3 “方程”对话框

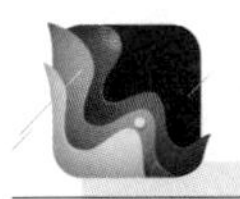

提示

将鼠标光标移动到按钮上停留一会儿，系统会弹出该按钮的定义，便于用户掌握该按钮的功能。

“范围”用于设置自变量的范围，其中“自”后面的录入框用于输入下限值，“至”后面的录入框用于输入上限值。

“参考”子选项卡中的“坐标系”收集器用于显示表示方程零点的基准坐标系或目的基准坐标系。

“属性”子选项卡用于设置特征名称，单击“显示特征”按钮 ，可在浏览器中显示详细的元件信息。

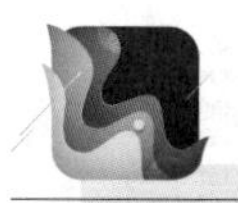

提示

因“属性”子选项卡中的“显示特征”按钮 ℹ 的功能在软件中相同，在后面的任务中不再赘述。

快捷菜单通过在图形窗口中单击鼠标右键激活，通过“定义方程”可打开“方程”对话框。

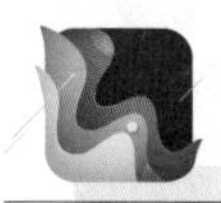

提示

Creo 8.0 提供与当前环境对应的常用命令的快捷菜单，通过单击鼠标右键可访问快捷菜单。在下列区域可访问快捷菜单：

1. 图形窗口。
2. 模型树。
3. 某些有项列表的对话框。
4. 工具箱。
5. 消息区。
6. 某些状况栏项。
7. 可执行“对象 - 操作”的任何区域。

2. 关系概述

关系（也被称为参数关系）是书写在符号尺寸和参数之间的用户定义的等式，可用于定义特征或零件内的关系，或者定义装配元件中的关系。关系可以是简单值或复杂的条件分支语句，也可在关系中使用单位，有等式和比较两种关系类型。

（1）使用关系控制建模过程的方式

使用关系控制建模过程的方式有以下几种：

1）控制模型的修改效果。

2）定义零件和装配中的尺寸值。

3）设置设计条件的约束。例如，通过相对于零件的边指定孔的位置。

4）描述模型或装配的不同零件之间的条件关系。

（2）使用关系驱动应遵循的规则

使用关系驱动时，需遵循以下规则：

1）如果将截面之外的关系分配给已经由截面关系驱动的参数，则系统重新生成模型时会提示错误信息。如果将截面中的关系分配给一个已经由截面之外另一关系驱动的参数，则适用该规则。可以通过移除关系之一后重新生成模型的方法来进行修改。

2）在装配模式下，如果给已经由零件或子装配关系驱动的尺寸变量分配值，系统将提示错误消息。可移除其中一种关系，然后重新生成模型来纠正。

3）修改模型的单位可使关系无效，因为它们没有随该模型缩放。

4）从上到下计算关系。执行关系后，参数的最终值将被锁定。但是，如果参数值基于条件，则只有在执行所有关系后条件仍为真时，参数才被锁定。

（3）添加关系的方法

添加关系的方法有以下四种：

1）单击“关系”按钮 d=，弹出“关系”对话框添加关系。

2）编辑关系文件并添加更多的关系。

3）创建特征时，可在操控板的尺寸框中键入表达式。编辑特征时，可键入表达式作为尺寸的值。

4）在图形窗口编辑尺寸时，可双击尺寸，再键入表达式作为尺寸值。

3.“文本”对话框

文本的绘制参数设置均在“文本”对话框中进行，“文本”对话框包含“文本”“字体”“对齐”“选项”四部分，如图 2-3-4 所示。

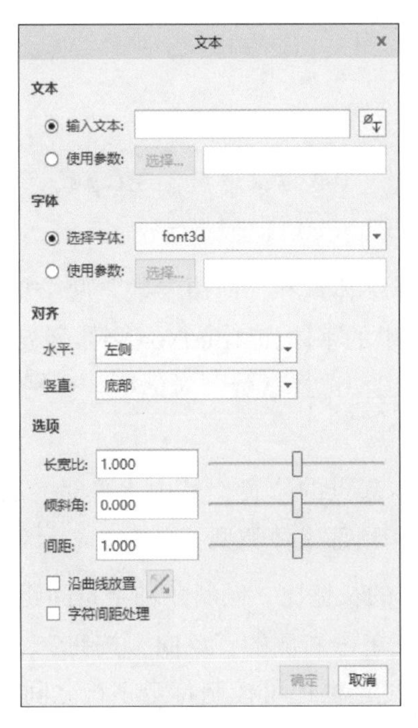

图 2-3-4 “文本”对话框

“文本”部分包含“输入文本”和“使用参数”两个单选框，仅可选择其一。“输入文本”单选框单行最多可键入 79 个字符的文本。当要插入特殊文本符号时，可单击右侧的“特殊符号”按钮，系统弹出“文本符号”对话框，如图 2-3-5 所示，在对话框中选择要插入的符号即可。选择“使用参数”单选框时，系统弹出“选择参数”对话框，允许选择一个已定义的参数，如图 2-3-6 所示。

图 2-3-5 “文本符号”对话框

图 2-3-6 “选择参数”对话框

提示

“使用参数”单选框仅适用于 3D 模式。

“字体”部分包含“选择字体”和“使用参数”两个单选框，仅可选择其一。“选择字体”单选框可从 PTC 提供的字体和 TrueType 字体列表中选择一种字体。选择“使用参数”单选框时，系统弹出“选择参数”对话框，可用于从已定义的参数中选择字体。

“对齐”部分可定义文本起点的位置，其中水平对齐有左侧、中心和右侧三种类型，竖直对齐有底部、中间和顶部三种类型。

“选项”部分可更改文本的长宽比、倾斜角和字符间距，可选择文本是否“沿曲线放置”，并进行曲线的选择。单击右侧的“反向”按钮可更改文本的方向。除此之外，选中“字符间距处理”复选框还可控制特定字符之间的间距，不是所有字体都可以进行字符间距处理。

提示

选择文本“沿曲线放置”时，文本起点的水平和竖直位置会发生修改，其中水平位置定义曲线的起始点。

1. 启动 Creo 8.0

双击桌面上的“Creo Parametric 8.0”快捷方式图标，启动 Creo 8.0。

2. 新建文件

（1）单击“主页”选项卡“数据”组中的“新建”按钮，系统弹出“新建”对话框，将类型选为“零件”、子类型选为“实体”、“文件名”改为“文字”，并取消勾选“使用默认模板”复选框，单击“确定”按钮，系统弹出“新文件选项”对话框，在“模板”列表框中选择“mmns_part_solid_abs”模板，单击“确定”按钮，完成文件“文字”的创建。

（2）单击“视图”选项卡“显示”组中的“平面显示”按钮和“旋转中心”按钮，隐藏基准平面和旋转中心。

3. 绘制基准曲线

（1）单击“模型”选项卡“基准”组右侧的下拉箭头，移动鼠标光标至弹出的下拉菜单中的“曲线”上，再次移动鼠标光标至二级下拉菜单，如图 2-3-7 所示，单击“来自方程的曲线”，“曲线：从方程”选项卡随即打开。

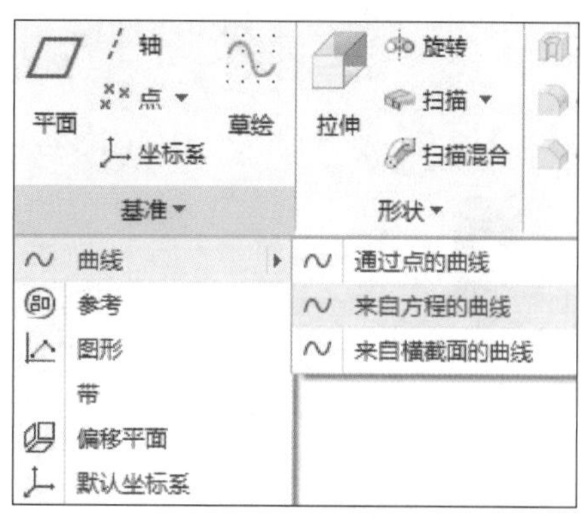

图 2-3-7　选择“来自方程的曲线”

（2）在“曲线：从方程”选项卡中进行设置，如图 2-3-8 所示。

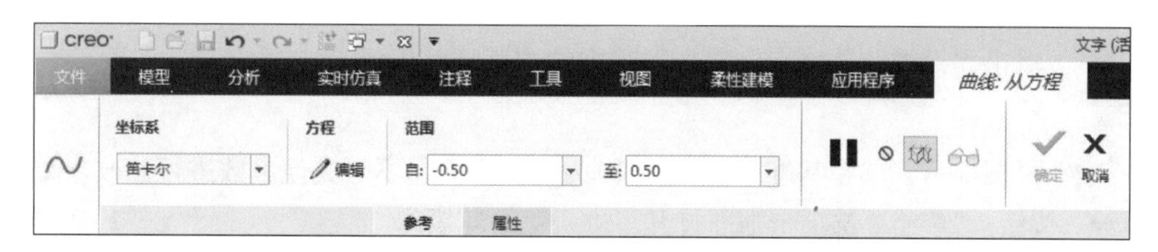

图 2-3-8　在“曲线：从方程”选项卡中进行设置

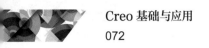

（3）单击“曲线：从方程”选项卡“方程”命令中的“编辑”按钮 ，系统弹出“方程”对话框，输入曲线方程如图 2–3–9 所示。

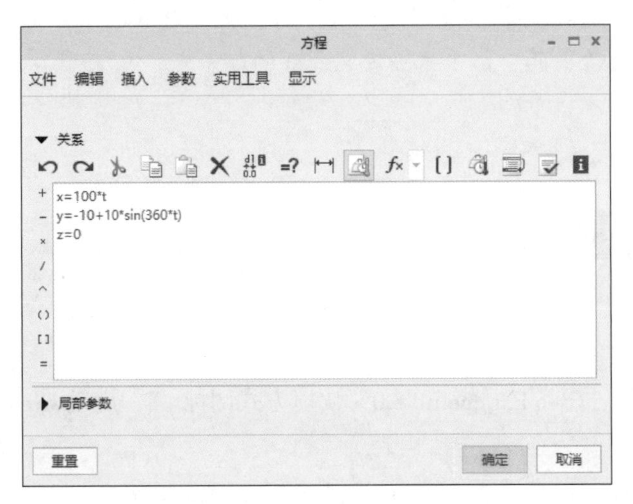

图 2–3–9　在“方程”对话框中输入曲线方程

（4）根据系统提示，选择系统默认坐标系为方程要参考的坐标系，再单击“曲线：从方程”选项卡中的“确定”按钮 ，结果如图 2–3–10 所示。

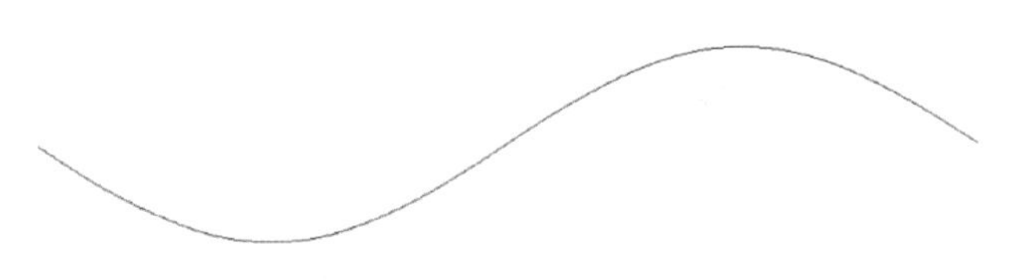

图 2–3–10　基准曲线绘制完成

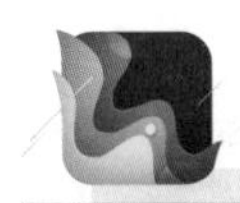

提示

在 Creo 软件中，曲线可以由两种方法建立，即草绘曲线和插入基准曲线。创建基准曲线的方式有四种，分别为通过点、自文件、使用剖截面和从方程。从方程就是根据关系式创建基准曲线。

4. 进入草绘环境

（1）单击“模型”选项卡“基准”组中的“草绘”按钮 ，系统弹出“草绘”对话框。

（2）根据提示，选择基准平面 FRONT 为草绘平面，不对其他参数进行修改，单击“草绘”按钮，“草绘”选项卡随即打开，进入草绘环境。

（3）单击图形工具栏中的“草绘视图”按钮 ，定向草绘平面与屏幕平行。

5. 绘制矩形

（1）单击“草绘”选项卡“草绘”组中的“拐角矩形”按钮，绘制图 2-3-11 所示的矩形。

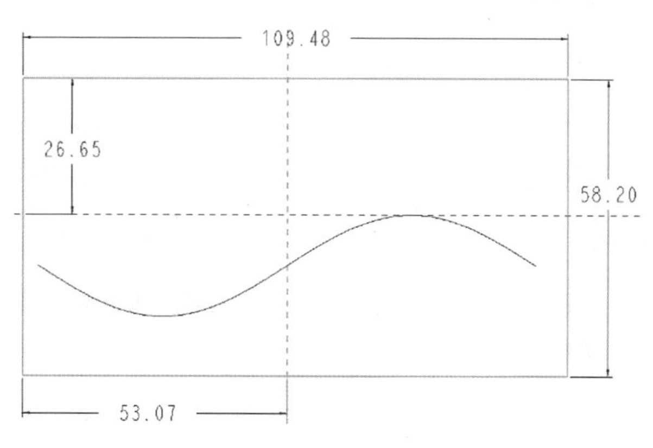

图 2-3-11　初绘矩形

（2）单击“工具”选项卡“模型意图”组中的“关系”按钮 d=，系统弹出“关系”对话框，输入尺寸关系式如图 2-3-12 所示。

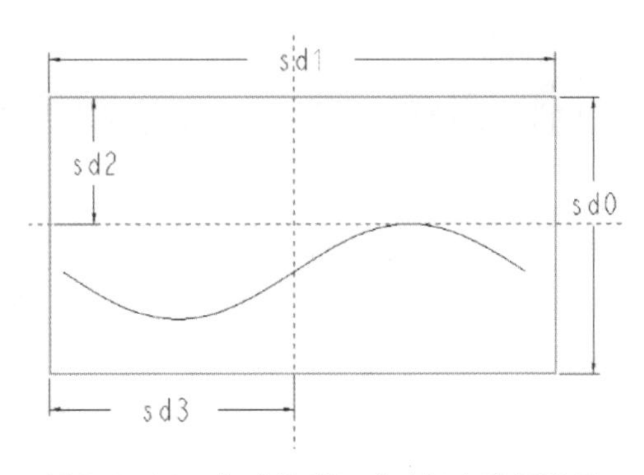

图 2-3-12　在“关系”对话框中进行设置

（3）单击“确定”按钮，保存关系，退出“关系”对话框，完成矩形尺寸的参数化驱动，如图 2-3-13 所示。

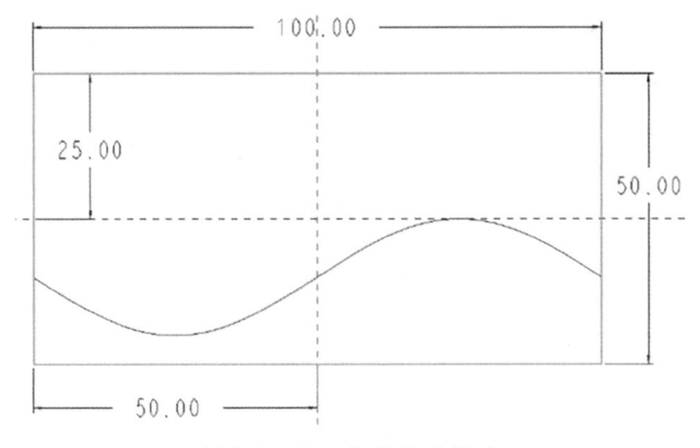

图 2-3-13　参数驱动尺寸

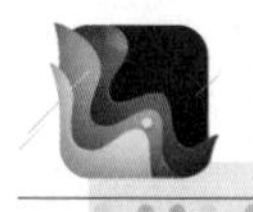

提示

创建重要而精确的草图时，关系式的使用能帮助用户定义尺寸值，以便于后期修改。

6. 绘制文本

（1）单击“草绘”选项卡“草绘”组中的“文本”按钮 A，根据提示单击选择正弦曲线的左侧端点为行的起点，移动鼠标单击选择矩形左侧边的中点为行的第二点，确定文本的高度和方向，系统弹出“文本”对话框，在“文本”对话框中进行设置，如图 2-3-14 所示，并选择正弦曲线为放置曲线。

（2）单击“确定”按钮，保存文本设置，完成文本的绘制，并对图形中的文字的角度尺寸和位置定位尺寸等进行编辑，结果如图 2-3-15 所示。

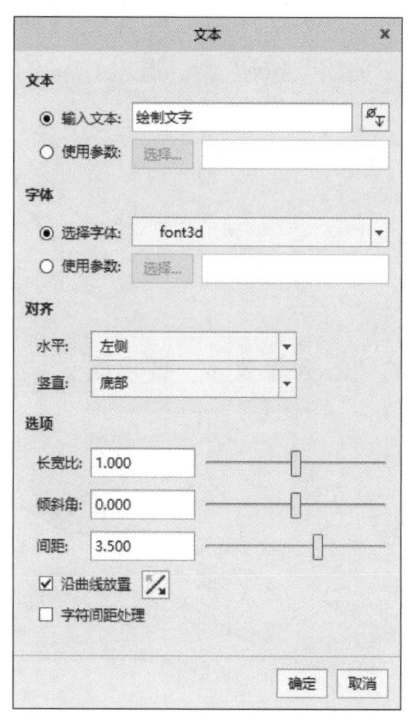

图 2-3-14　设置“文本”对话框

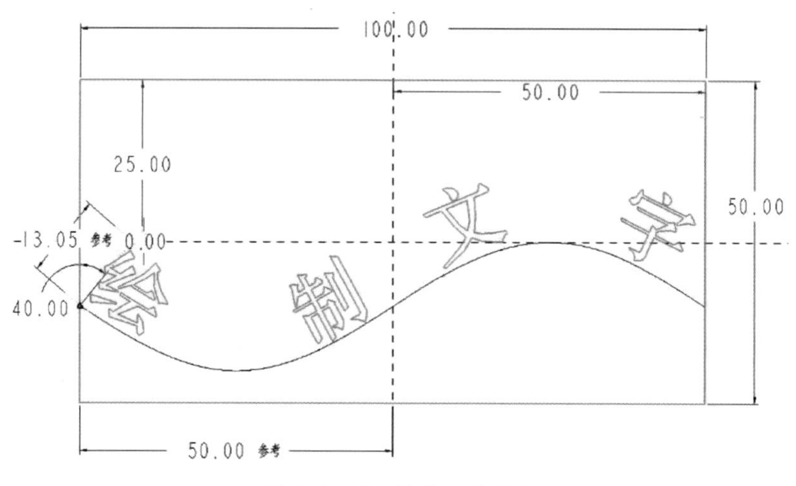

图 2-3-15　编辑相关尺寸

7. 退出草绘环境，完成草图的绘制

单击“草绘”选项卡“关闭”组中的“确定”按钮 ✔，退出草绘环境，完成草图的绘制。

8. 保存文件，并退出 Creo 8.0 软件

单击快速访问工具栏中的“保存”按钮 ，系统弹出“保存对象”对话框，根据

需求选择文件保存地址，单击“确定”按钮，完成文件的保存。

单击软件界面右上角的“关闭”按钮 ×，退出 Creo 8.0 软件。

至此，文本绘制完成。

1. 绘制图 2-3-16 所示的“Creo8”文本，要求该文本沿线性上升排列，尺寸自定。

图 2-3-16 “Creo8”文本示意图

2. 绘制图 2-3-17 所示的“文字练习”文本，要求该文本水平排列，字体倒立，尺寸自定。

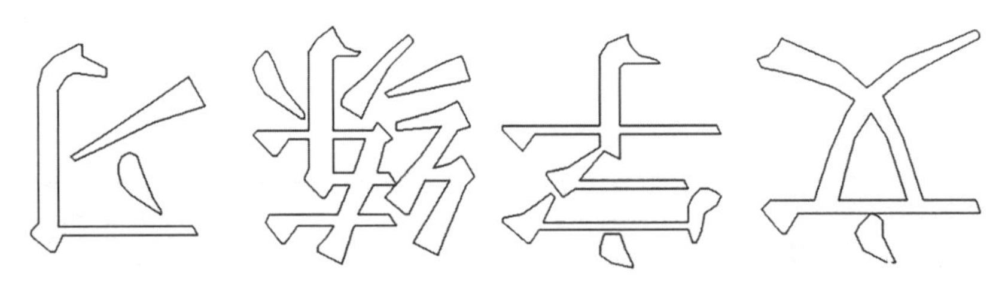

图 2-3-17 “文字练习”文本示意图

项目三
实体造型

实体造型是具有质量属性（如体积、曲面面积和惯性）的几何模型。Creo Parametric软件提供了一个先进的三维建模环境，可在草图绘制的基础上通过拉伸、旋转、扫描等基础特征和孔、倒圆角、倒角、筋等工程特征，辅以基准特征和编辑特征来创建和更改三维实体造型，推动工程的设计过程。在创建和更改模型时，Creo渐进式建模环境可简化设计过程，软件用户界面会引导用户逐步完成整个设计过程，并提供完成任务所必需和可选的项，以增强软件处理实体模型的功能。

本项目通过完成“创建收纳盒造型”“创建沙漏造型”“创建弹簧造型”“创建牙膏管造型”“创建门把手造型”“创建法兰盘造型”等任务，认识常用基础特征和工程特征，学习合理选择和运用实体造型工具完成不同实体模型的创建。

任务1　创建收纳盒造型

1. 能认识“拉伸”选项卡中的常用按钮。
2. 能应用“拉伸”工具创建或移除实体特征。
3. 能创建倒圆和倒角。

拉伸是通过将垂直于草绘平面的二维草绘平移预定义距离或平移到指定参考的一种定义三维几何的方法，可以添加或移除材料。拉伸是实体造型中常用的工具之一，可创建实体伸出项、加厚拉伸、切口等特征，还可以向拉伸特征添加锥度。

本任务通过创建图 3-1-1 所示的收纳盒实体造型，学习应用“拉伸”工具创建和移除实体的操作方法，认识“倒圆角”和“倒角”工具，并能使用其完成圆角和倒角的创建。

图 3-1-1　收纳盒

1. 拉伸

激活“拉伸”工具有以下三种方法：

方法一：“操作 – 对象”，即单击“模型”选项卡“形状”组中的“拉伸”按钮 并创建一个要拉伸的草绘。

方法二：“对象 – 操作”，即选择现有草绘，然后单击“模型”选项卡“形状”组中的“拉伸”按钮 。

方法三：“平面 – 操作”，即选择一基准平面或平面曲面作为草绘平面，然后单击“模型”选项卡“形状”组中的“拉伸”按钮 。

“拉伸”选项卡由“类型”“深度”“设置”和“放置”“选项”“主体选项”“属性”子选项卡及快捷菜单组成，如图 3-1-2 所示。

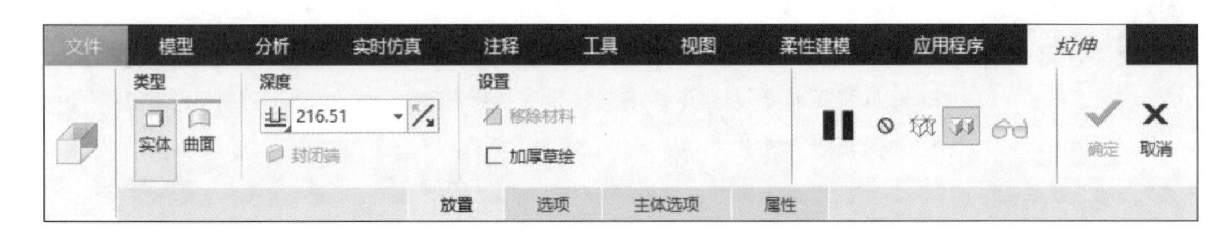

图 3-1-2　“拉伸”选项卡

“类型”包含 “实体”和 “曲面”，其中，“实体”可创建实体拉伸，“曲面”可创建曲面拉伸。

“深度”可设置深度选项、深度数值、深度方向和封闭端。深度选项共有六种，其类型和具体说明见表 3–1–1。其后的“反向”按钮 可以将拉伸深度方向反向至草绘的另一侧。当拉伸曲面特征时，“封闭端”可封闭曲面特征的每个端点。

表 3–1–1　深度选项的类型和具体说明

类型	图标	具体说明
可变		将截面从草绘平面拉伸到指定深度值，需设置“侧 1”的深度值
对称		在各个方向上以指定深度值的一半拉伸草绘平面每一侧上的截面，需设置“侧 1”的深度值
到下一个		将截面从放置参考拉伸至其到达的第一个曲面
穿透		将截面从放置参考拉伸至其到达的最后一个曲面
穿至		将截面拉伸，使其与选定曲面相交，需选择定义拉伸深度的曲面
到参考		将截面拉伸至选定点、曲线、平面、曲面、面组或主体，或者拉伸至选定参考的偏移或平移，需选择定义拉伸深度的点、曲线、平面、曲面、面组或主体

“设置”包含 “移除材料”和 “加厚草绘”，其中，“移除材料”可沿拉伸移除材料，以便为实体特征创建切口或为曲面特征创建面组修剪；“加厚草绘”可为草绘添加厚度以创建加厚的实体、加厚的实体切口或加厚的曲面修剪。

“放置”子选项卡中的“草绘”收集器用于显示定义拉伸特征的草绘。其后的“定义”按钮可打开“草绘器”以创建内部草绘；“编辑”按钮可在“草绘器”中打开内部草绘进行编辑；“断开链接”按钮可断开与选定草绘的关联，并复制草绘作为内部草绘。

“选项”子选项卡用于设置“侧 1”和“侧 2”的深度选项。当深度选项为“到参考”时，拉伸选项有三种类型，如图 3–1–3 所示。“截面终点 1”和“截面终点 2”用于突出显示图形窗口中的相应重点。

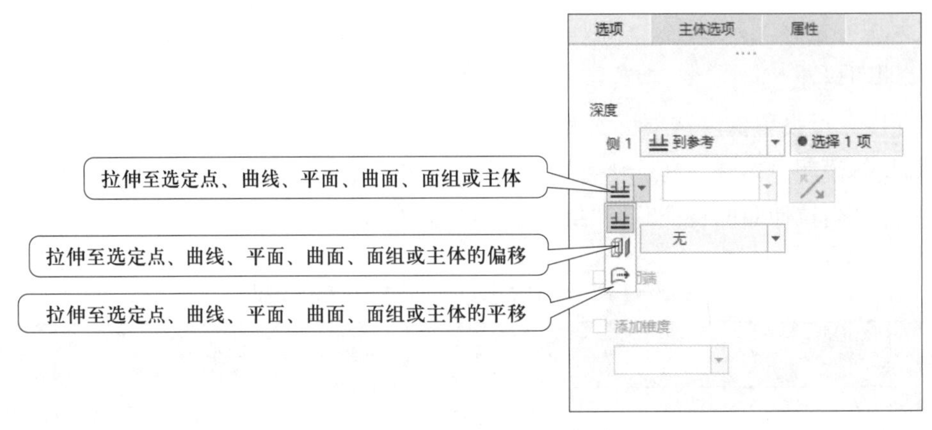

图 3-1-3　拉伸选项的类型

提示

“拉伸”工具可创建双侧特征，此特征在草绘平面的两侧构造，并可为每一侧定义深度选项。创建双侧特征时，可先定义侧 1 的深度选项来创建拉伸，然后单击“选项”子选项卡，或者用鼠标右键单击图形窗口或拖动控制滑块来定义侧 2 的深度选项。

“主体选项”子选项卡可将特征创建为实体，但不可用于创建装配级特征。“主体选项”有两种类型：“将几何添加到主体”和“从主体切割几何”，前者用于拉伸添加几何，后者用于拉伸移除几何。

“属性”子选项卡用于设置特征名称。

快捷菜单通过在图形窗口单击鼠标右键弹出，具体命令见表 3-1-2。

表 3-1-2 “拉伸”选项卡中快捷菜单的命令和具体说明

命令	具体说明
反向深度方向	将特征创建的方向切换至草绘平面的另一侧
反向材料侧	反向创建切口时移除材料的草绘侧，或创建伸出项时添加材料的一侧
侧 2	在“选项”选项卡上切换“侧 2”深度选项
定义内部草绘	打开“草绘器”以创建内部草绘
编辑内部草绘	在“草绘器”中打开内部草绘进行编辑
添加锥度	打开或关闭添加锥度这一功能
封闭端	在将特征创建为“曲面”特征且截面闭合时，封闭该特征的每个端点

续表

命令	具体说明
选择主体	激活主体收集器，以便可以选择主体
创建新主体	在新主体中创建特征
全部	从特征所通过的所有主体中移除几何
选定	从选定主体中移除几何

用鼠标右键单击拉伸特征可访问“放置收集器”“修剪面组收集器”“相交元件收集器”“深度 1 参考收集器”“深度 2 参考收集器”等命令。用鼠标右键单击拖动控制滑块可访问“反向深度方向”“变量”“对称”“到下一个”“穿透”“穿至”“到参考”“另一侧”等命令。

2. 倒圆角

倒圆角是一种边处理特征，通过向一条或多条边、边链或在曲面之间的空白处添加半径或弦形成。要创建倒圆角，必须定义一个或多个倒圆角集。倒圆角集是一种结构单位，包含一个或多个倒圆角几何段。在指定倒圆角放置参考后，将使用默认属性、半径值或弦值以及过渡来创建最适合选定几何的倒圆角。当选择多个参考时，倒圆角沿着相切的邻边进行传播，直至在切线中遇到断点。但是，如果使用“依次”链，倒圆角则不会沿着相切的邻边进行传播。

倒圆角有四种不同的类型，对应的图例和相关说明见表 3-1-3。

表 3-1-3　倒圆角的类型及相关说明

类型	图例	相关说明
恒定		通过选取边线、曲面 - 曲面或边线 - 曲面，再给定倒圆半径建立的倒圆
可变		通过选取边缘的各个端点后，可以分别指定不同的圆角半径，如果选定点不够，还可以自行增加基准点来变更半径
完全倒圆角		将整个曲面用圆弧来代替，而无须指定圆角半径，有曲面 - 曲面、边线 - 曲面和边线 - 边线三种选取方式
自由曲线		将特征的边缘沿着一条曲线倒圆角，半径会根据曲线距离边缘的位置来确定

“倒圆角”选项卡由“模式”“尺寸标注”“选项”和“集”“过渡”“段”“选项”“属性”子选项卡及快捷菜单组成，如图 3-1-4 所示。

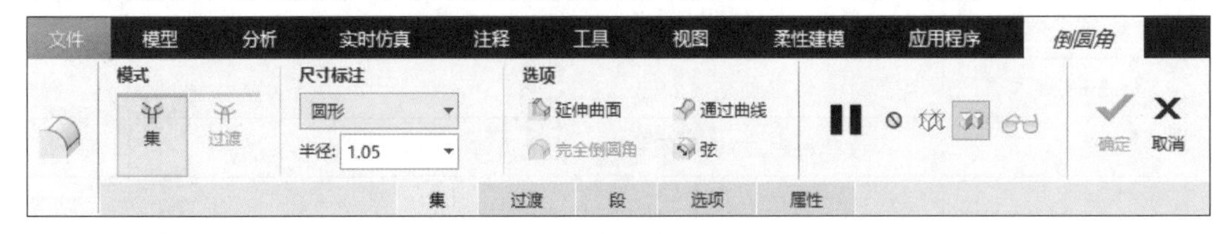

图 3-1-4 “倒圆角”选项卡

倒圆角的模式有“集”和“过渡”两种。其中，“集”模式可创建属于放置参考的倒圆角段（几何），倒圆角段由唯一属性、几何参考以及一个或多个半径或弦组成；“过渡”模式可显示连接倒圆角段的填充几何。过渡位于倒圆角段相交或终止处，在最初创建倒圆角时将使用默认过渡，但是也可使用其他的过渡类型。本书中倒圆角均采用“集”模式，所以仅将“集”模式展开介绍。

“尺寸标注”可设置横截面形状和输入相应的参数值。倒圆角横截面分为三大类：圆形、圆锥以及曲率连续。使用圆形轮廓可以创建含圆形横截面的简单倒圆角，需定义半径或弦；使用圆锥形轮廓可以创建含圆锥横截面的倒圆角，可利用介于 0.05 到 0.95 的圆锥参数定义锥形的锥度，有“圆锥”和“$D_1 \times D_2$ 圆锥”两种，其中“圆锥”使用相等的边长，而“$D_1 \times D_2$ 圆锥”采用独立边长。曲率连续横截面的精调方式与圆锥类似，但它通过相邻曲面保持曲率连续性，从而改进几何的美观性，有“*C*2 连续”和“$D_1 \times D_2$ *C*2”两种，其中“*C*2 连续”利用介于 0 到 0.95 的“*C*2 形状因子”定义样条形状，然后设置圆锥长度，而“$D_1 \times D_2$ *C*2”使用 *C*2 形状因子定义样条形状。如果同一个倒圆角上两个相邻倒圆角曲面的曲率被设置为彼此连续，则它们倒圆角的曲面的曲率必须彼此连续。如果这些曲面相切，则“*C*2 连续”倒圆角或“$D_1 \times D_2$ *C*2”倒圆角上的相应曲面彼此相切，而不是曲率连续的。

“选项”包含四种其他倒圆角的方法，其类型和相关说明见表 3-1-4。

表 3-1-4 其他倒圆角的类型和相关说明

类型	图例	相关说明
延伸曲面		延伸接触曲面时展开倒圆角，只用于边倒圆角
完全倒圆角		将活动倒圆角集转换为“完全”倒圆角，或允许使用第三个曲面来驱动曲面到曲面“完全”倒圆角
通过曲线		允许活动倒圆角的半径由选定曲线驱动
弦		以恒定的弦长创建倒圆角

“集”子选项卡在“集”模式处于活动状态时可用，如图 3-1-5 所示。“集”列表可显示当前倒圆角特征的所有倒圆角集，各个集可以通过右侧的“横截面形状”列表、“参数”框、创建方法列表等设置独立的特征参数。其中，倒圆角的创建方法有“滚球”和“垂直于骨架”两种，“滚球”可通过沿曲面滚动球体创建倒圆角，滚动时球体与曲面保持自然相切，“垂直于骨架”可通过扫描垂直于指定骨架的弧或圆锥横截面创建倒圆角，指定骨架在“骨架收集器”中显示。单击“细节”按钮，系统弹出“链”对话框，可以对链属性进行编辑，如图 3-1-6 所示。

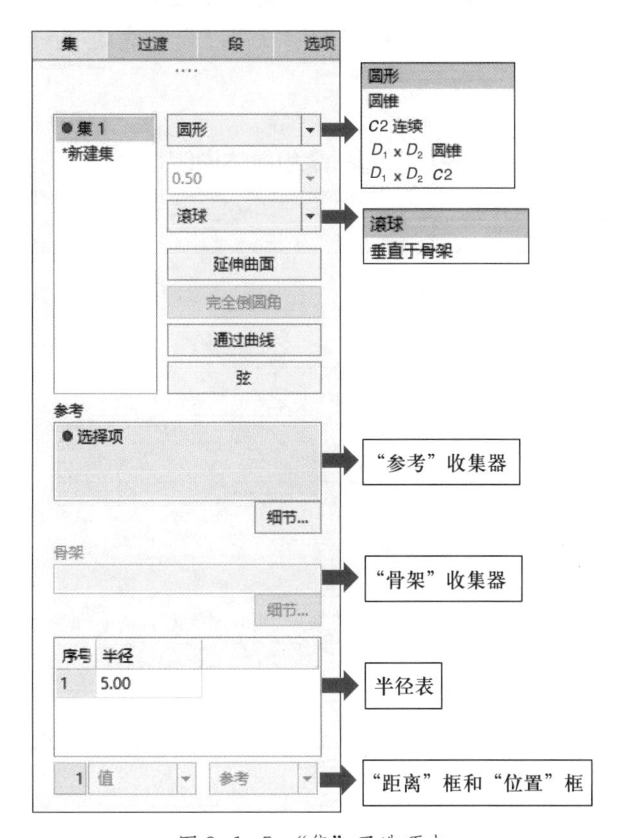

图 3-1-5 “集”子选项卡

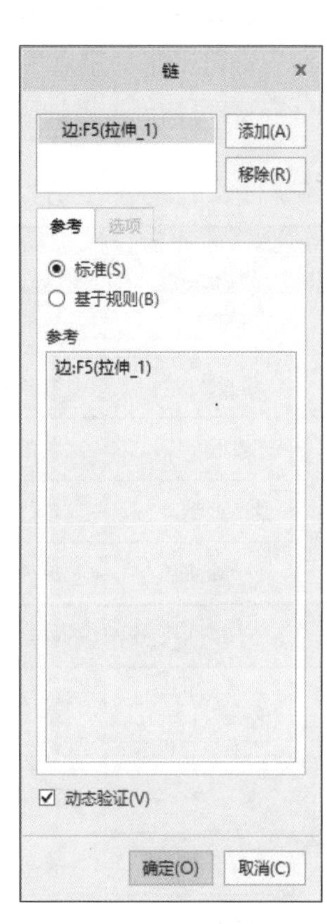

图 3-1-6 “链”对话框

“集”子选项卡中的半径表用于定义倒圆角集的半径的距离和位置，根据横截面形状的不同，半径表中的参数各有不同。“序号”列可列出倒圆角集的半径编号；“半径”列可设置倒圆角集中每个半径的距离，此列包含值和参考；“位置”列可定义“可变”倒圆角集中每个半径的位置，此列包含比率和参考；“D”列可控制活动“圆锥”倒圆角集的每个半径的圆锥距离，此列包含值和参考；“D_1”列和“D_2”列可控制活动的 $D_1 \times D_2$ 圆锥倒圆角集中每个半径的圆锥距离，此列包含了值和参考。“距离”框中使用“值”或“参考”来设置半径距离；“位置”框中使用“比率”或“参考”来设置半径放置。

“过渡”子选项卡在“过渡”模式处于活动状态时可用。

“段”子选项卡用于查看特征中的所有集合、查看倒圆角集中的所有倒圆角段，以及修剪、延伸或排除段或者处理放置模糊问题。

“选项”子选项卡可选择“实体”或“曲面”选项，使倒圆角成为与现有几何相交的实体或曲面。

“属性”子选项卡用于设置特征名称。

快捷菜单通过在图形窗口单击鼠标右键弹出，其命令和具体说明见表 3–1–5。用鼠标右键单击半径锚点可访问“添加半径”命令；用鼠标右键单击“集”选项卡上的“半径”表可访问“添加半径”“删除”“成为常数”等命令。

表 3–1–5 “倒圆角”选项卡中快捷菜单的命令和具体说明

命令	具体说明
倒圆角	打开“倒圆角”选项卡
集模式	激活集模式
过渡模式	激活过渡模式
通过曲线	允许活动倒圆角的半径由选定曲线驱动
延伸曲面	延伸接触曲面时展开倒圆角
弦	以恒定的弦长创建倒圆角
完全倒圆角	将活动倒圆角集转换为“完全”倒圆角，或允许使用第三个曲面来驱动曲面到曲面“完全”倒圆角
添加集	添加新的倒圆角集
成为常数	将可变倒圆角转换为恒定倒圆角
成为可变	将恒定倒圆角转换为可变倒圆角
参考	激活“参考”收集器
位置参考	激活“位置”收集器，为半径位置选择点或顶点
驱动曲线	当选择了“通过曲线”时，激活“驱动曲线”收集器
清除	清除活动收集器
显示过渡	激活“过渡”模式
返回到集	当“过渡”模式为活动状态时，激活“集”模式

3. 倒角

倒角是通过其倾斜边或拐角的特征，有两种类型：拐角倒角和边倒角。本书中的倒角均为边倒角，所以详细介绍边倒角的使用。要创建边倒角，需要定义一个或多个倒角集。倒角集是一种结构化单位，包含一个或多个倒角段（倒角几何）。在指定倒角放置参考后，系统将使用默认属性、距离值以及最适宜被参考几何的默认过渡来创建倒角。系统在图形窗口中显示倒角的预览几何，允许用户在创建特征前创建和修改倒角段及过渡。请注意：默认设置适用于大多数建模情况。但是，用户可定义倒角集或过渡以获得满意的倒角几何。

“边倒角”选项卡由“模式”“尺寸标注”和“集”“过渡”“段”“选项”“属性”子选项卡及快捷菜单组成，如图 3–1–7 所示。

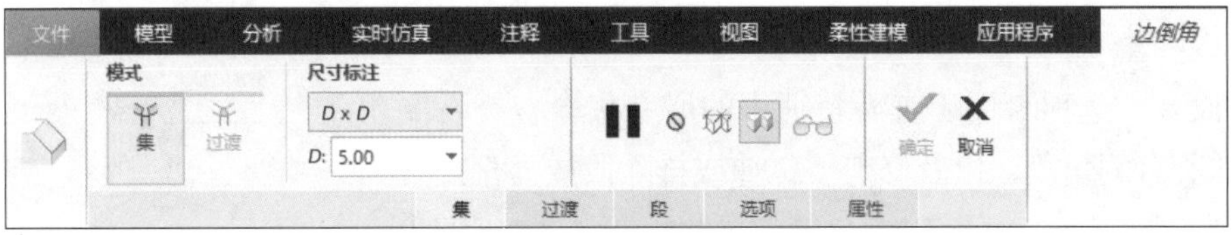

图 3–1–7 “边倒角”选项卡

倒圆角的模式有“集”和“过渡”两种。其中，“集”模式可创建倒角段；“过渡”模式可显示连接倒角段的填充几何。本书中的边倒角均采用“集”模式，所以仅将“集”模式展开介绍。

“尺寸标注”可显示倒角集的当前标注形式和输入相应的参数值，标注形式共有六种，其类型和具体说明见表 3–1–6。其中，标注形式“$O \times O$”和“$O_1 \times O_2$”仅当使用“偏移曲面”创建方法时才可用。

表 3–1–6　边倒角标注形式的类型和具体说明

标注形式	具体说明
$D \times D$	在各曲面上与边相距（D）处创建倒角。软件默认选择此选项
$D_1 \times D_2$	在一个曲面上距选定边（D_1）、在另一个曲面上距选定边（D_2）处创建倒角
角度 $\times D$	创建一个倒角，它距相邻曲面的选定边的距离为（D），与该曲面的夹角为指定角度
$45 \times D$	创建一个倒角，它与两个曲面都成 45° 角，且与各曲面上的边的距离为（D）
$O \times O$	在与各曲面上的边之间的偏移距离为（O）处创建倒角
$O_1 \times O_2$	在一个曲面上与选定边的偏移距离为（O_1）、在另一个曲面上与选定边的偏移距离为（O_2）处创建倒角

“集”子选项卡在“集”模式处于活动状态时可用，如图 3–1–8 所示。“集”列表可包含倒角特征的所有倒角集，可用来添加、移除或选择倒角集以进行修改，还可突出显示活动倒角集。“参考”收集器可显示为倒角集所选择的有效参考。“细节”按钮可打开“链”对话框以便能修改链属性。“距离”框可控制倒角集的距离，有“值”和“参考”两种方法，“值”使用数字值设置倒角距离，“参考”使用参考设置倒角距离。“创建方法”框可控制倒角创建方法，有“偏移曲面”和“相切距离”两种，“偏移曲面”可通过偏移参考边的相邻曲面来确定倒角距离，“相切距离”可使用与参考边的相邻曲面相切的矢量来确定倒角距离。

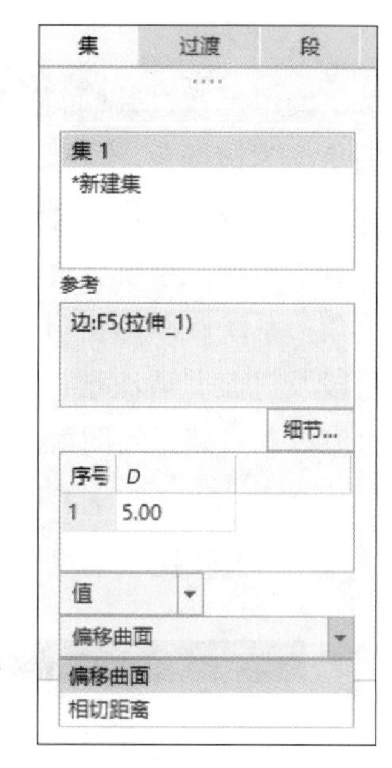

图 3–1–8 “集”子选项卡

“过渡”子选项卡在“过渡”模式处于活动状态时可用。

“段”子选项卡用于查看特征中的所有集合、查看倒角集中的所有倒角段，以及修剪、延伸或排除段或处理放置模糊问题。

“选项”子选项卡可选择“实体”或“曲面”选项，使倒角成为与现有几何相交的实体或曲面。

“属性”子选项卡用于设置特征名称。

快捷菜单通过在图形窗口单击鼠标右键弹出，其命令和具体说明见表 3–1–7。

表 3–1–7 “边倒角”选项卡中快捷菜单的命令和具体说明

命令	具体说明
“集模式”	激活集模式
“过渡模式”	激活过渡模式
“添加集”	添加新倒角集

1. 启动 Creo 8.0

双击桌面上的“Creo Parametric 8.0”快捷方式图标，启动 Creo 8.0。

2. 新建文件

（1）单击“主页”选项卡“数据”组中的“新建”按钮，系统弹出“新建”对话框，将类型选为“零件”、子类型选为“实体”、“文件名”改为“收纳盒”，并取消勾选“使用默认模板”复选框，单击“确定”按钮，系统弹出“新文件选项”对话框，在“模板”列表框中选择“mmns_part_solid_abs”模板，单击“确定”按钮，完成文件“收纳盒”的创建。

（2）单击“视图”选项卡“显示”组中的“坐标系显示”按钮和“旋转中心”按钮，隐藏坐标系和旋转中心。

3. 拉伸基体

（1）单击“模型”选项卡“形状”组中的“拉伸”按钮，“拉伸”选项卡随即打开，设置“拉伸”选项卡如图 3–1–9 所示。

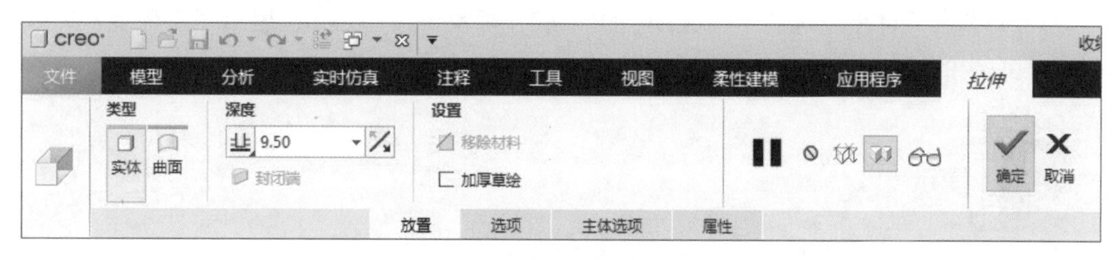

图 3-1-9　设置“拉伸”选项卡

（2）单击“放置”子选项卡的“定义”按钮，如图 3–1–10 所示，系统弹出“草绘”对话框。

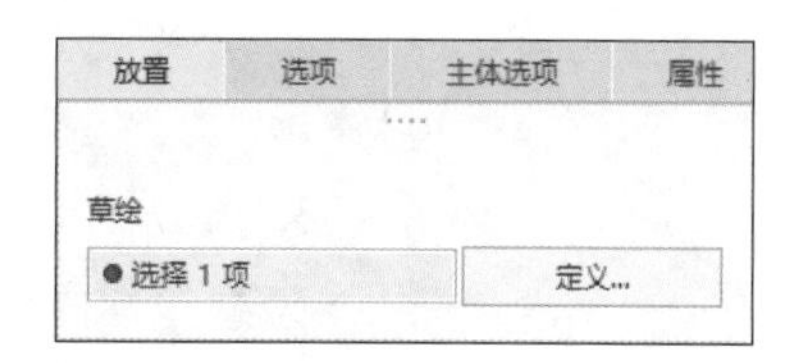

图 3-1-10　“放置”选项卡

（3）根据提示，选择基准平面 TOP 为草绘平面，如图 3–1–11 所示。其余选项接受系统默认设置，单击“草绘”按钮，进入草绘环境。

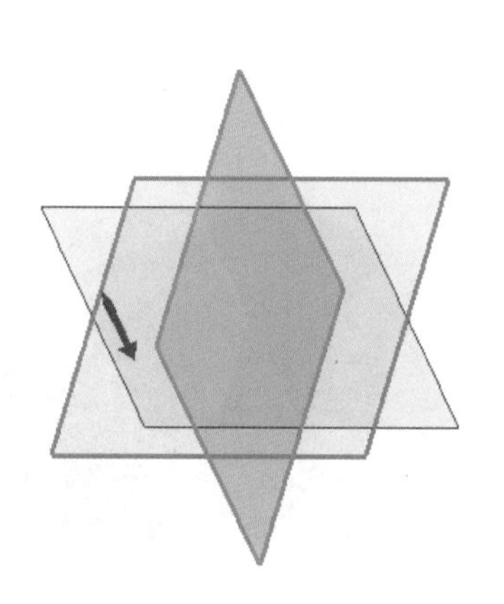

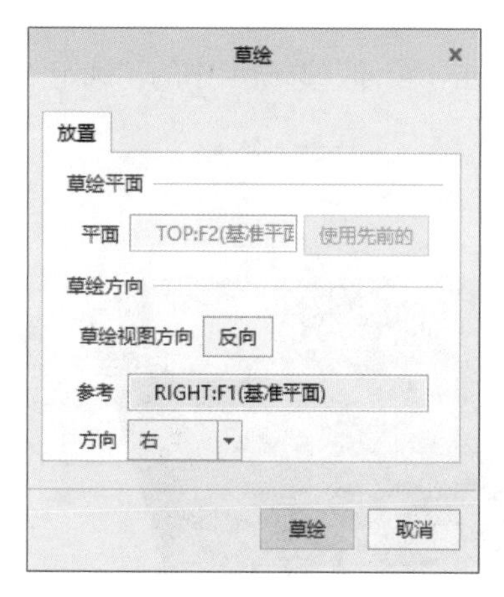

图 3-1-11　定义草绘平面及草绘方向

（4）单击图形工具栏中的“草绘视图”按钮，使草绘平面与屏幕平行。

（5）利用“矩形”“尺寸”，绘制图 3-1-12 所示的草图。

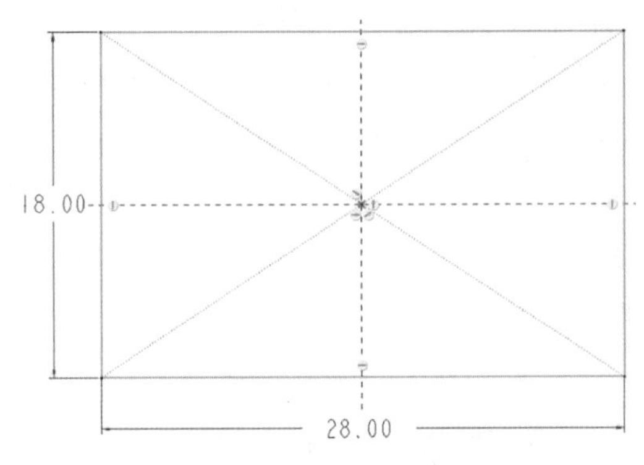

图 3-1-12　绘制草图

（6）单击“草绘”选项卡“关闭”组中的“确定”按钮，退出草绘环境，完成基体截面线的绘制。

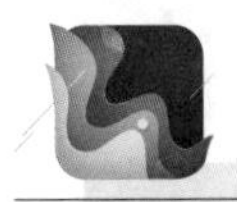

提示

用于实体拉伸的截面线需满足以下规则：

1. 拉伸截面可以是开放的或闭合的。

2. 开放截面可以只有一个轮廓，所有的开放端点必须与零件边对齐。

3. 闭合截面可由封闭环或嵌套环组成，其中封闭环由单一或多个不叠加的线素构成，嵌套环中最大的环作为外部环，而将其他所有环视为较大环中的孔，循环彼此之间不可相交。

（7）单击“拉伸”选项卡中的“确定”按钮，完成基体的创建，如图 3-1-13 所示。

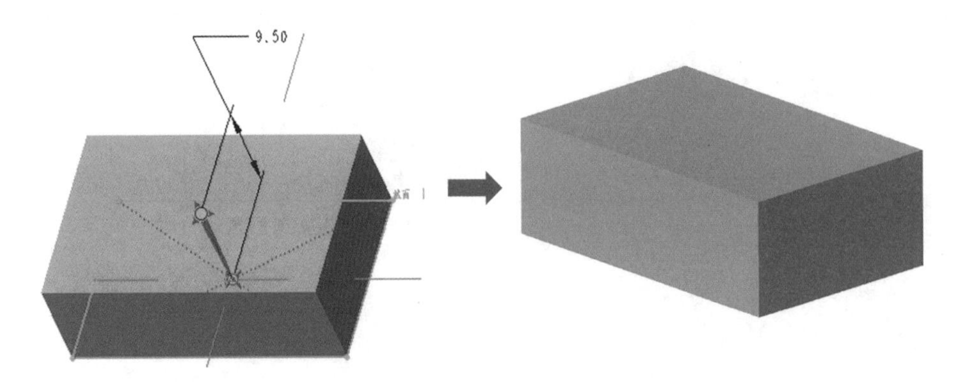

图 3-1-13　创建基体

提示

特征的预览将显示在图形窗口中。可通过更改拉伸深度，在实体或曲面、伸出项或切口间进行切换，或分配草绘厚度以创建加厚特征等方法根据需要调整特征。

4. 创建倒圆角

（1）单击“模型”选项卡“工程”组中的“倒圆角”按钮 ，“倒圆角”选项卡随即打开，设置“倒圆角”选项卡如图 3-1-14 所示。

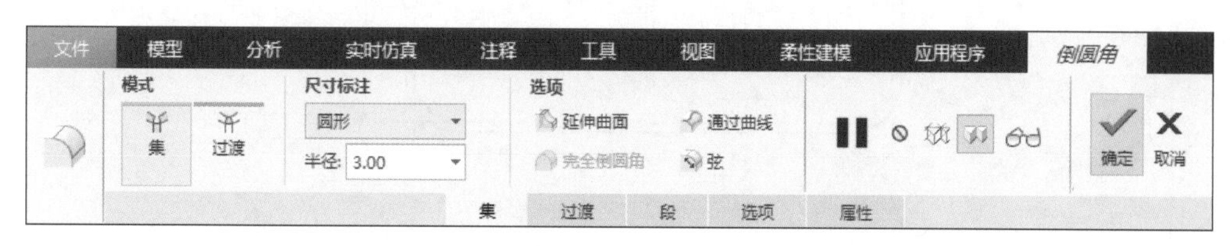

图 3-1-14　设置“倒圆角”选项卡

（2）根据系统提示，移动鼠标光标，在按住 Ctrl 键的同时选择图 3-1-15 所示的四条边创建倒圆角集。

（3）单击“倒圆角”选项卡中的“确定”按钮 ，完成圆角的创建，结果如图 3-1-16 所示。

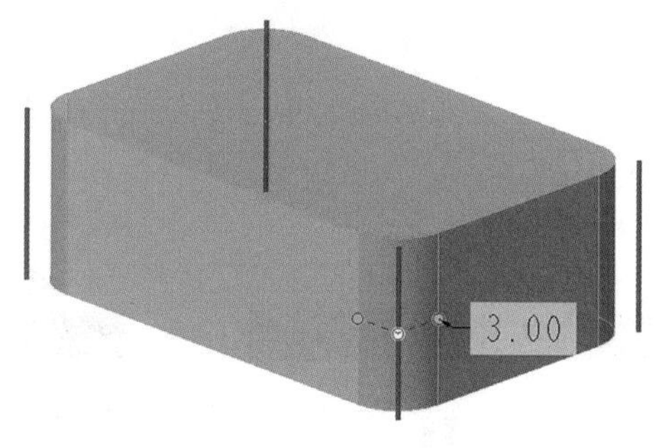

图 3-1-15　选择倒圆角集

图 3-1-16　创建圆角 *R*3

5. 切除凹槽

（1）选择基体上表面为草绘平面。

（2）单击“模型”选项卡“形状”组中的“拉伸”按钮 ，“拉伸”选项卡和“草绘”选项卡同时打开，如图 3-1-17 所示。

（3）单击图形工具栏中的“草绘视图”按钮 ，使草绘平面与屏幕平行。

（4）利用“矩形”“圆角”“尺寸”，绘制图 3-1-18 所示的草图。

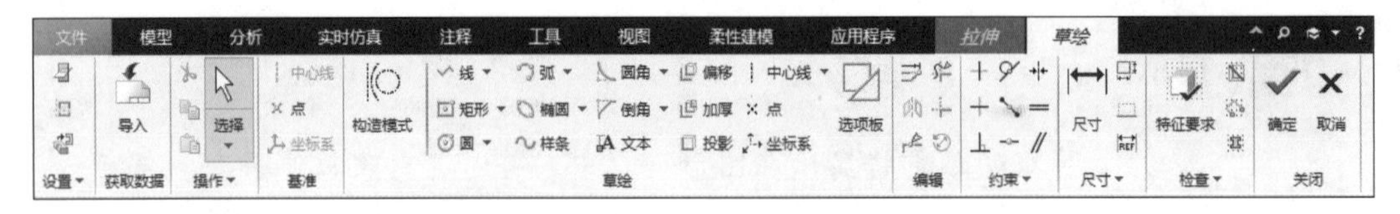

图 3-1-17 “草绘”选项卡

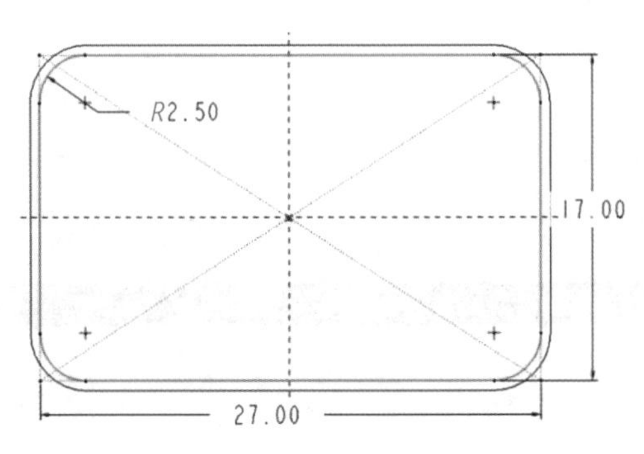

图 3-1-18 绘制草图

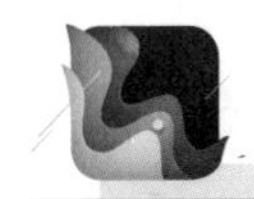

提示

为了方便观察，此处显示样式采用“消隐”模式。

（5）单击“草绘”选项卡“关闭”组中的“确定”按钮 ✔，退出草绘环境，完成凹槽截面线的绘制。

（6）设置“拉伸”选项卡如图 3-1-19 所示，并单击“反向”按钮选择合适的切除方向。

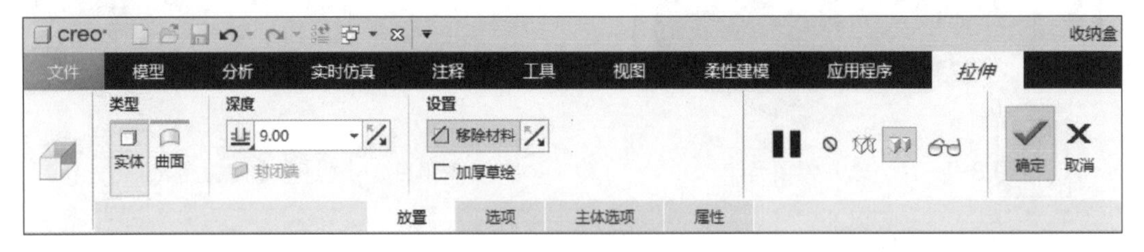

图 3-1-19 设置“拉伸”选项卡

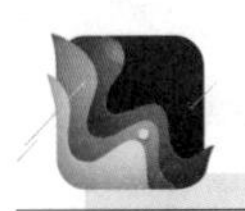

提示

在 Creo Parametric 中可显示特征的预览状态，用户可以观察当前建模是否符合设计意图，并可返回模型进行相应修改。

（7）单击“拉伸”选项卡中的“确定”按钮，完成凹槽的创建，结果如图 3–1–20 所示。

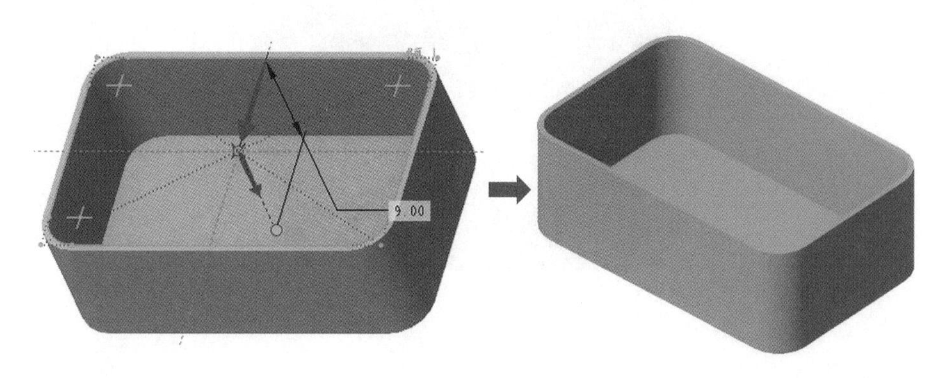

图 3–1–20　切除凹槽

6. 镂空提手

（1）选择基体左侧表面为草绘平面。

（2）单击“模型”选项卡“形状”组中的“拉伸”按钮，“拉伸”选项卡和“草绘”选项卡同时打开。

（3）单击图形工具栏中的“草绘视图”按钮，使草绘平面与屏幕平行。

（4）利用“矩形”“圆角”“尺寸”，绘制图 3–1–21 所示的草图。

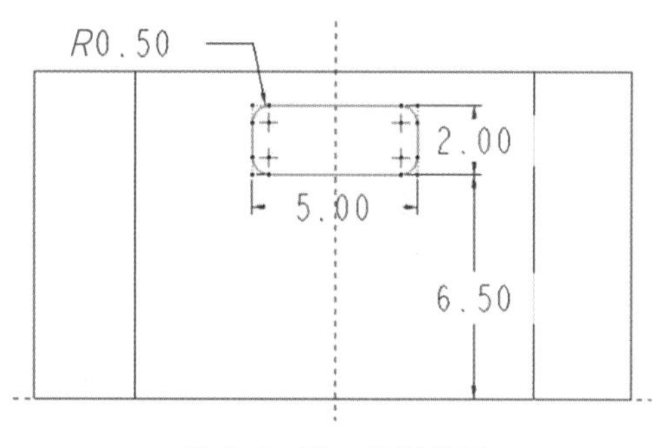

图 3–1–21　绘制草图

（5）单击“草绘”选项卡“关闭”组中的“确定”按钮，退出草绘环境，完成提手截面线的绘制。

（6）设置“拉伸”选项卡如图 3–1–22 所示。

（7）单击“拉伸”选项卡中的“确定”按钮，完成提手的创建，结果如图 3–1–23 所示。

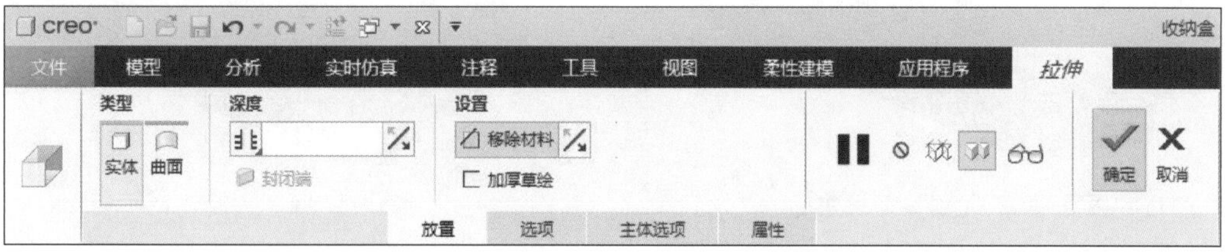

图 3–1–22　设置“拉伸”选项卡

图 3-1-23　镂空提手

7. 创建边倒角

（1）单击“模型”选项卡“工程”组中的“倒角”按钮 ，“边倒角”选项卡随即打开，设置“边倒角”选项卡如图 3-1-24 所示。

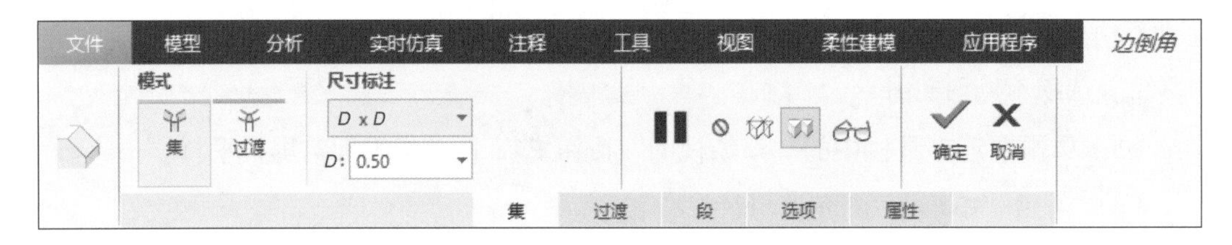

图 3-1-24　设置“边倒角”选项卡

（2）根据系统提示，选择图 3-1-25 所示的边创建倒角集。

（3）单击“边倒角”选项卡中的“确定”按钮 ，完成倒角的创建，结果如图 3-1-26 所示。

图 3-1-25　创建倒角集

图 3-1-26　创建边倒角

8. 保存文件，并退出 Creo 8.0 软件

单击快速访问工具栏中的“保存”按钮，系统弹出“保存对象”对话框，根据需求选择文件保存地址，单击“确定”按钮，完成文件的保存。

单击软件界面右上角的“关闭”按钮 ×，退出 Creo 8.0 软件。

至此，收纳盒模型创建完成。

1. 完成图 3-1-27 所示实体模型 1 的创建。
2. 完成图 3-1-28 所示实体模型 2 的创建。

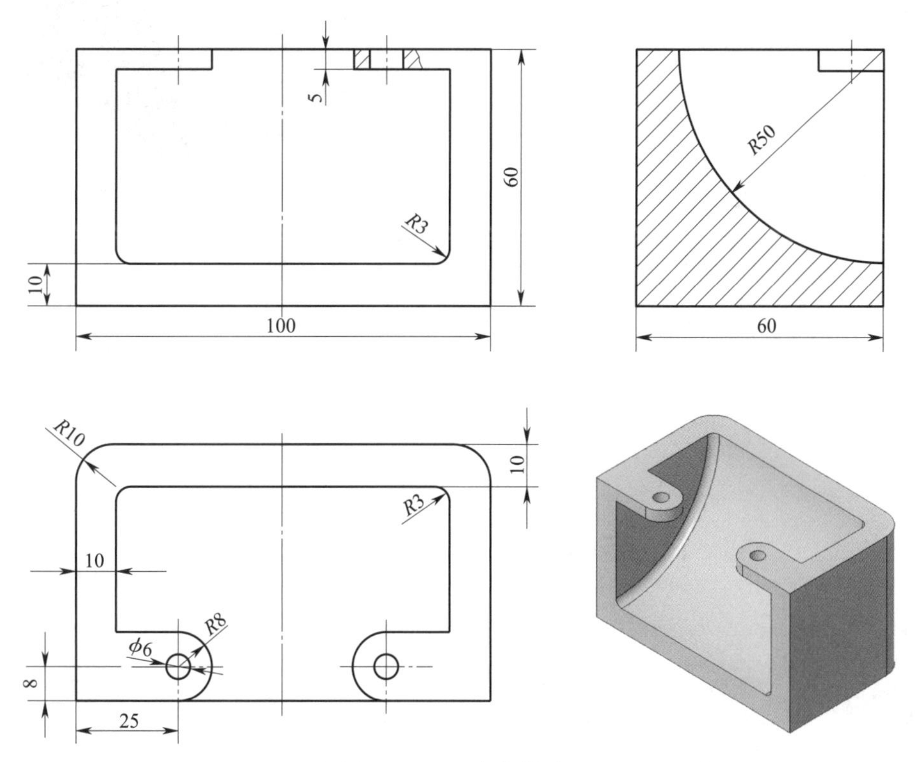

图 3-1-27　实体模型 1

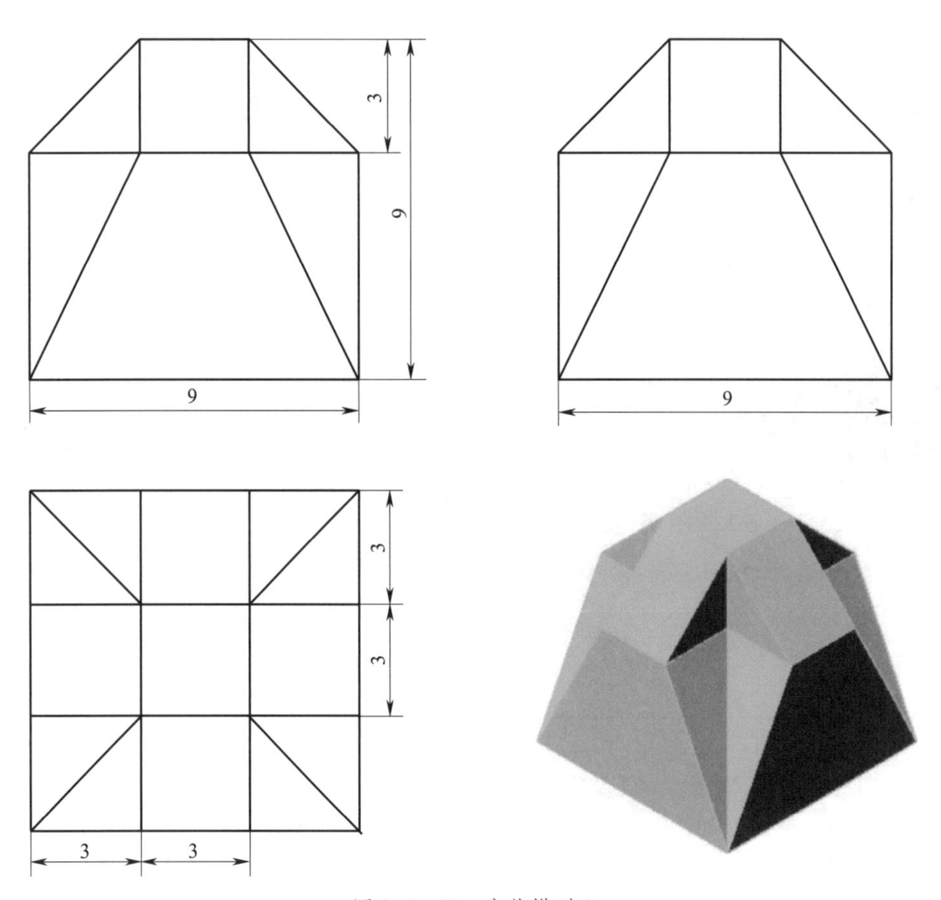

图 3-1-28 实体模型 2

任务 2 创建沙漏造型

1. 能认识“旋转”选项卡中常用的按钮。
2. 能应用“旋转”工具创建实体模型。
3. 能应用“外观”工具对曲面 / 实体进行上色。

旋转是通过绕中心线旋转草绘截面来定义三维几何的一种方法，可添加或移除材料。中心线又称旋转轴，既可利用截面创建，也可通过选择模型几何定义。旋转也是实体造型中常用的工具之一，可创建旋转伸出项、切口等特征。

本任务通过创建图 3–2–1 所示的沙漏实体造型，学习应用“旋转”工具创建和移除实体，能使用“外观”工具对曲面 / 实体上色，并对外观进行管理。

图 3–2–1　沙漏实体造型

1．旋转

激活“旋转”工具有以下三种方法：

方法一：“操作 – 对象”，即单击“模型”选项卡“形状”组中的“旋转”按钮 并创建一个要旋转的草绘。

方法二：“对象 – 操作”，即选择现有草绘，然后单击“模型”选项卡“形状”组中的“旋转”按钮 。

方法三：“平面 – 操作”，即选择一基准平面或平面曲面用作草绘平面，然后单击“模型”选项卡“形状”组中的“旋转”按钮 。

“旋转”选项卡由“类型”“轴”“角度”“设置”和“放置”“选项”“主体选项”“属性”子选项卡及快捷菜单组成，如图 3–2–2 所示。

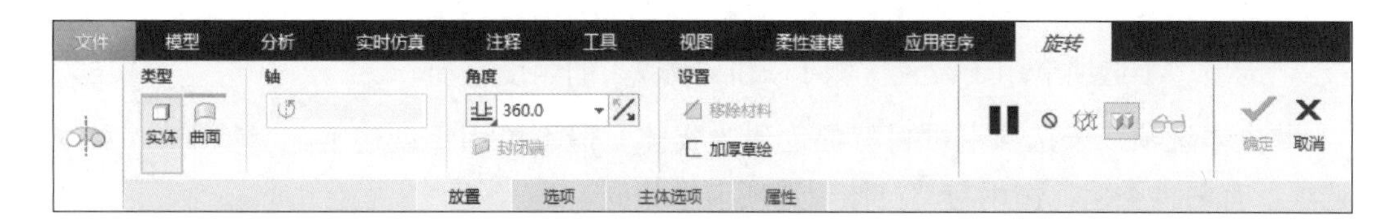

图 3–2–2　“旋转”选项卡

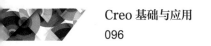

“类型”包含 “实体”和 “曲面”，其中，“实体”可创建实体旋转，“曲面”可创建曲面旋转。

“轴”下的“轴”收集器可显示包含旋转轴的草绘。

“角度”可设置角度选项、角度数值、旋转方向和封闭端。角度选项共有三种，其类型和具体说明见表 3-2-1。反向按钮 可将旋转角度方向反向至草绘的另一侧。当旋转曲面特征时，“封闭端”可封闭曲面特征的每个端点。

表 3-2-1　角度选项的类型和具体说明

类型	图标	具体说明
可变		从草绘平面以指定角度值旋转截面，需设置“侧 1”的角度值
对称		在草绘平面的每一侧以各个方向上指定角度值的一半旋转截面，需设置“侧 1”的角度值
到参考		将截面旋转至选定点、平面或曲面，需选择定义旋转角度的点、平面或曲面

提示

采用捕捉至最近参考的方法可以更改角度选项。

方式一：将角度选项由“可变”更改为“到参考”，在按住 Shift 键的同时将控制滑块拖动到将用作特征末端的参考。

方式二：将角度选项由“到参考”更改为“可变”，在按住 Shift 键的同时拖动控制滑块。拖动时，会显示角度尺寸。

“设置”包含 “移除材料”和 “加厚草绘”。“移除材料”可沿旋转移除材料，以便为实体特征创建切口或为曲面特征创建面组修剪；“加厚草绘”可为草绘添加厚度以创建薄实体、薄实体切口或薄曲面修剪。

“放置”子选项卡中的“草绘”收集器用于显示定义旋转特征的草绘。其后的“定义”按钮可打开“草绘器”以创建内部草绘；“编辑”按钮可在“草绘器”中打开内部草绘进行编辑；“断开链接”按钮可断开与选定草绘的关联，并复制草绘作为内部草绘。“轴”收集器用于显示旋转轴。

“选项”子选项卡用于设置“侧 1”和“侧 2”的角度选项。

“主体选项”子选项卡可将特征创建为实体，但不可用于创建装配级特征。“主体选项”有两种类型，作用与“拉伸”选项卡中相同。

“属性”子选项卡用于设置旋转特征名称。

快捷菜单通过在图形窗口单击鼠标右键激活，大部分命令的功能与“拉伸”选项卡中的快捷菜单相同，这里不再赘述。区别于“拉伸”的命令是“内部 CL”命令，该命令的功能是使用草绘中心线作为旋转轴。用鼠标右键单击旋转特征可访问“放置收集器”“修剪面组收集器”“旋转轴收集器”“相交元件收集器”“角度 1 参考收集器”“角度 2 参考收集器”等命令。用鼠标右键单击拖动控制滑块可访问“反向角度方向”“变量”“对称”“到参考”“另一侧”等命令。

2. 旋转轴

定义旋转轴的方法有两种：外部参考和内部中心线。外部参考即使用现有线性几何来定义旋转轴，比如基准轴、直边和坐标系的轴等；内部中心线即使用在“草绘器”中创建的中心线。

使用在“草绘器”中创建的中心线为旋转轴时，中心线会作为 InternalCL 自动添加到参考收集器。如果草绘中包含一条以上的中心线，则创建的第一条几何中心线作为旋转轴。如果草绘不包含几何中心线，则使用创建的第一条构造中心线。

定义旋转轴时，只在旋转轴的一侧草绘几何，旋转轴（几何参考或中心线）必须位于截面的草绘平面中。

定义旋转特征时，可以更改旋转轴。例如，可以选择外部轴而不是中心线。

1. 启动 Creo 8.0

双击桌面上的“Creo Parametric 8.0”快捷方式图标 ，启动 Creo 8.0。

2. 新建文件

（1）单击“主页”选项卡“数据”组中的“新建”按钮 ，系统弹出“新建”对话框，将类型选为“零件”、子类型选为“实体”、“文件名”改为“沙漏”，并取消勾选“使用默认模板”复选框，单击“确定”按钮，系统弹出“新文件选项”对话框，在“模板”列表框中选择“mmns_part_solid_abs”模板，单击“确定”按钮，完成文件“沙漏”的创建。

（2）单击“视图”选项卡“显示”组中的“坐标系显示”按钮 和“旋转中心”按钮 ，隐藏坐标系和旋转中心。

3. 创建底座

（1）单击“模型”选项卡“形状”组中的“旋转”按钮 ，“旋转”选项卡随即打开，设置“旋转”选项卡如图 3-2-3 所示。

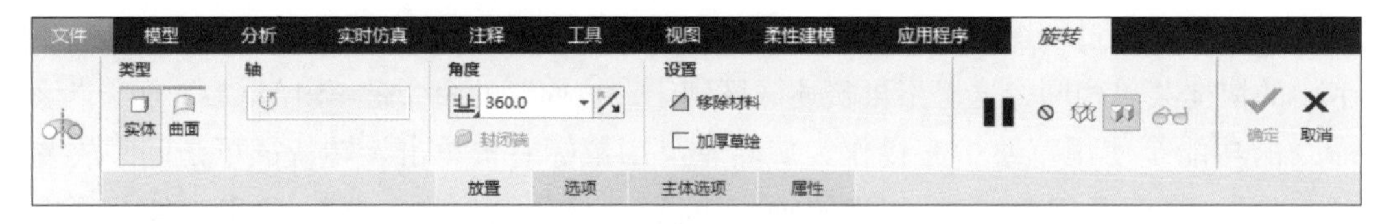

图 3-2-3　设置“旋转”选项卡

（2）单击“放置”子选项卡的“定义”按钮，如图 3-2-4 所示，系统弹出“草绘”对话框。

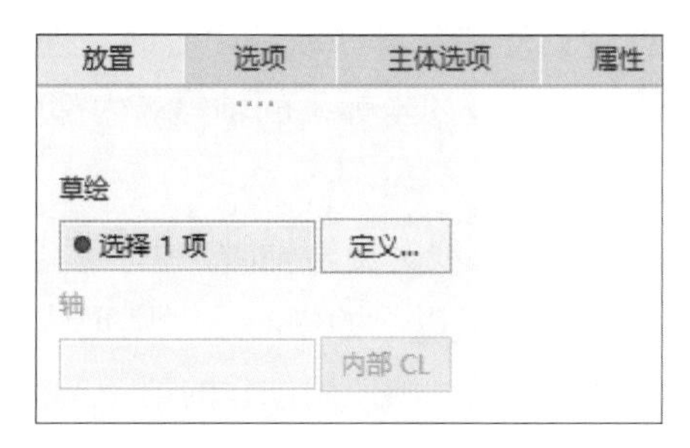

图 3-2-4　“放置”子选项卡

（3）根据提示，选择基准平面 FRONT 为草绘平面，如图 3-2-5 所示。其余选项接受系统默认设置，单击“草绘”按钮，进入草绘环境。

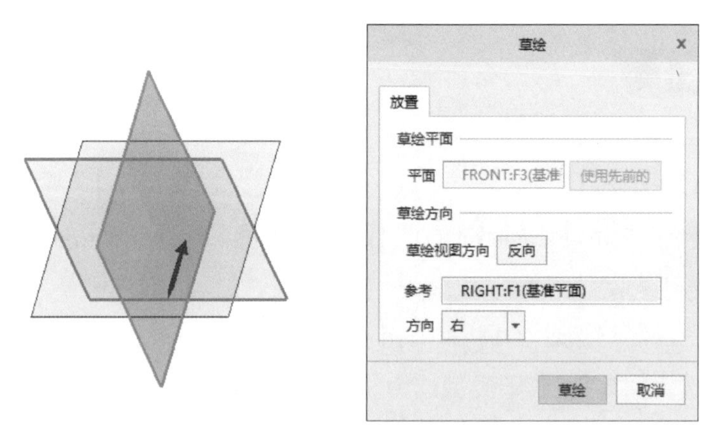

图 3-2-5　定义草绘平面及草绘方向

（4）单击图形工具栏中的“草绘视图”按钮，使草绘平面与屏幕平行。

（5）利用“线链”“中心线”“镜像”“尺寸”，绘制图 3-2-6 所示的草图。

（6）单击“草绘”选项卡“关闭”组中的“确定”按钮 ✔，退出草绘环境，完成底座截面线的绘制。

（7）单击“旋转”选项卡中的“确定”按钮 ✔，完成上下底座的创建，结果如图 3-2-7 所示。

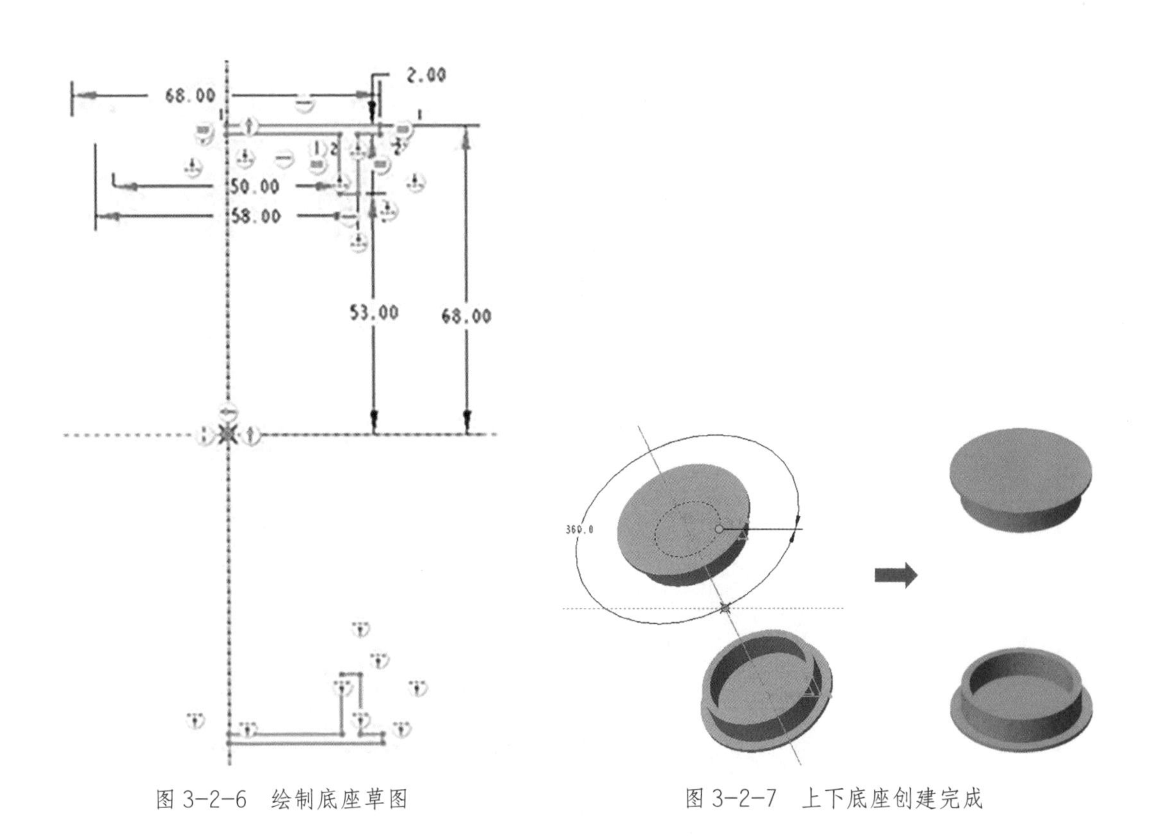

图 3-2-6　绘制底座草图　　　　图 3-2-7　上下底座创建完成

4. 创建立柱

（1）单击“模型”选项卡“形状”组中的“旋转”按钮 ，“旋转”选项卡随即打开，设置“旋转”选项卡如图 3-2-8 所示。

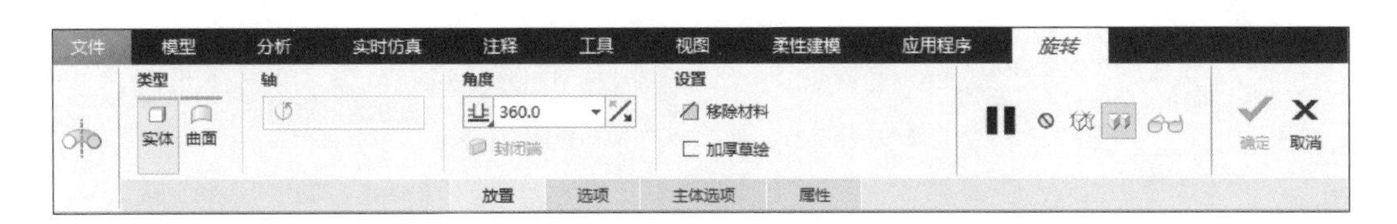

图 3-2-8　设置“旋转”选项卡

（2）单击“放置”子选项卡的“定义”按钮，系统弹出“草绘”对话框。根据提示，选择基准平面 FRONT 为草绘平面，其余选项接受系统默认设置，单击“草绘”按钮，进入草绘环境。

（3）利用“线链”“样条”“对称”“中心线”“尺寸”，绘制图 3-2-9 所示的立柱草图。

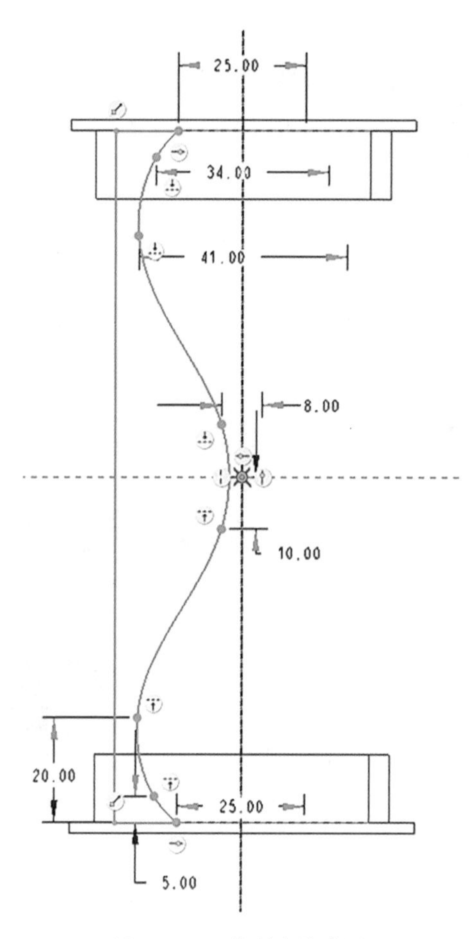

图 3-2-9　绘制立柱草图

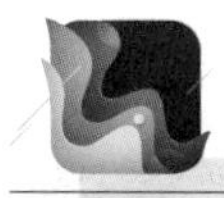

提示

为了方便观察，此处显示样式采用“线框”模式。用户使用时，可以灵活修改显示样式，满足设计的不同需求。

（4）单击“草绘”选项卡“关闭”组中的“确定”按钮 ✓，退出草绘环境，完成立柱截面线的绘制。

（5）单击“旋转”选项卡中的“确定”按钮 ✓，完成立柱实体的创建，结果如图 3-2-10 所示。

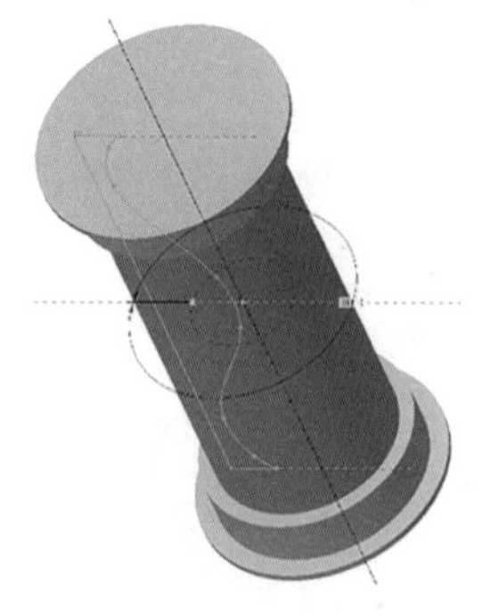

图 3-2-10　完成立柱的创建

（6）单击“视图”选项卡“外观”组中的“外观”下的下拉菜单按钮，打开外观库，并从中选择所需外观，如图 3-2-11 所示。当鼠标光标变为毛笔形状时，在按住 Ctrl 键的同时选择图 3-2-12 所示的圆柱面，单击鼠标中键完成立柱模型的上色，结果如图 3–2–13 所示。

（7）采用同样方法，完成立柱内部曲面的上色，结果如图 3–2–14 所示。

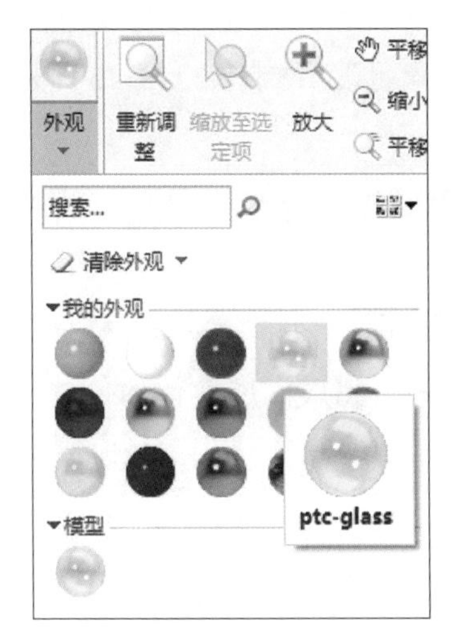

图 3-2-11　选择外观

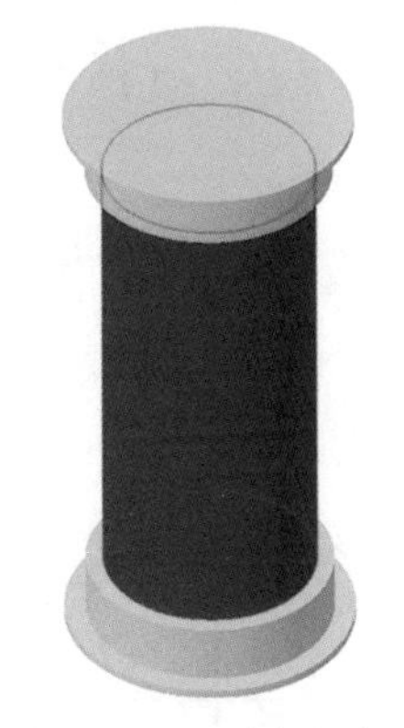

图 3-2-12　选择圆柱面

图 3-2-13　完成立柱外观的上色

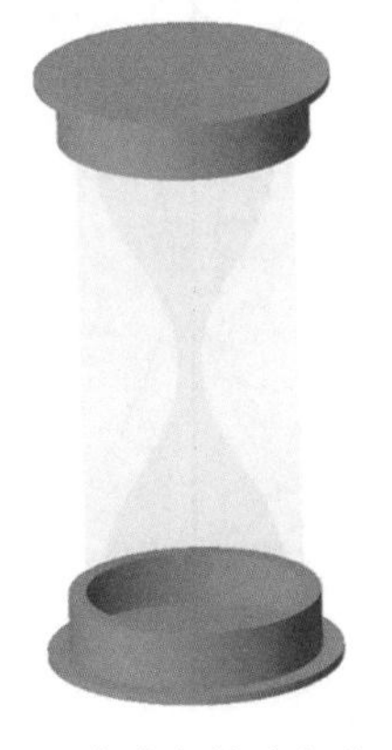

图 3-2-14　完成立柱内部曲面的上色

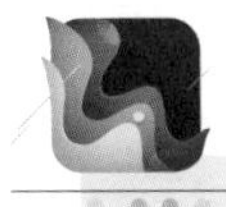

提示

为了方便选择内部曲面，可单击“视图”选项卡“模型显示”组中的“截面”按钮 下的下拉菜单中的“Z 方向”，创建剪切截面辅助显示。

截面的激活和关闭可通过单击“模型树”中的对应截面，在弹出的浮动工具栏中进行操作，其中，为“激活”，为“取消激活”。

5. 创建内层

（1）单击“模型”选项卡“形状”组中的“旋转”按钮 ，“旋转”选项卡随即打开。选择基准平面 FRONT 为草绘平面，进入草绘环境。

（2）利用“投影”“偏移”“线链”“中心线”“尺寸”，绘制图 3-2-15 所示的内层草图。

（3）单击“草绘”选项卡“关闭”组中的“确定”按钮 ，退出草绘环境，完成内层截面线的绘制。

（4）单击“主体选项”子选项卡，选中“创建新主体”复选框。

（5）单击“旋转”选项卡中的“确定”按钮 ，完成内层实体的创建，结果如图 3-2-16 所示。

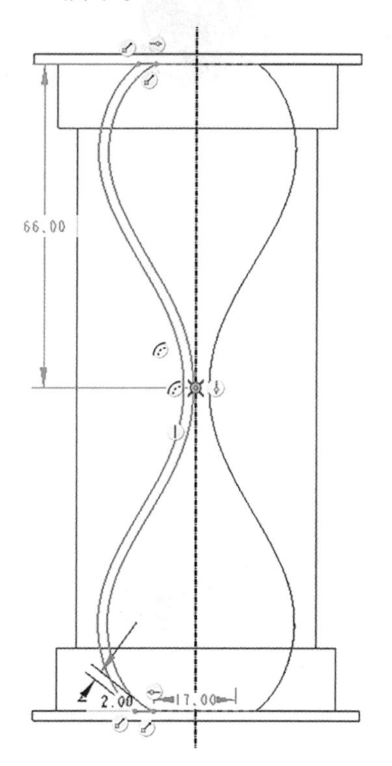

图 3-2-15 绘制内层草图

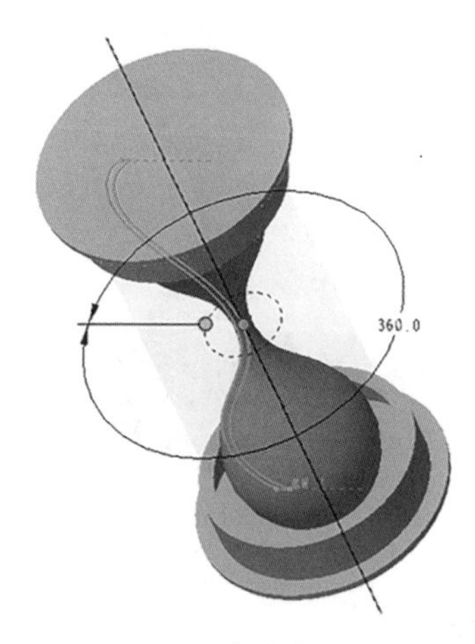

图 3-2-16 完成内层的创建

（6）单击“视图”选项卡“外观”组中的“外观”下的下拉菜单，打开外观库，并从中选择“ptc-glass”外观。当鼠标光标变为毛笔形状时，选择图 3-2-17 所示的内层实体，单击鼠标中键完成内层的上色，结果如图 3-2-18 所示。

6. 创建流沙

（1）单击“模型”选项卡“形状”组中的“旋转”按钮 ，“旋转”选项卡随即打开。选择基准平面 FRONT 为草绘平面，进入草绘环境。

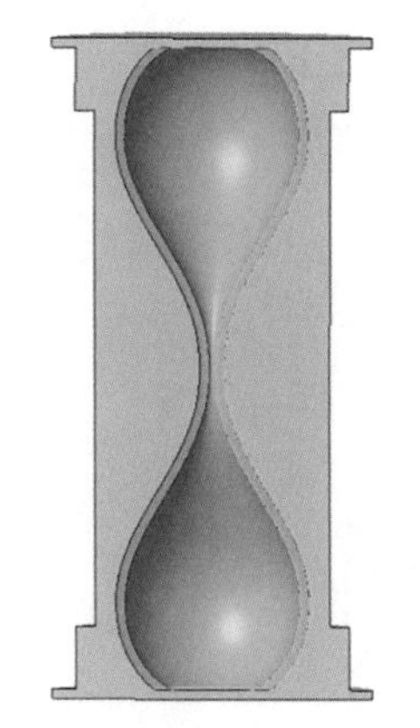

图 3-2-17　选择内层实体

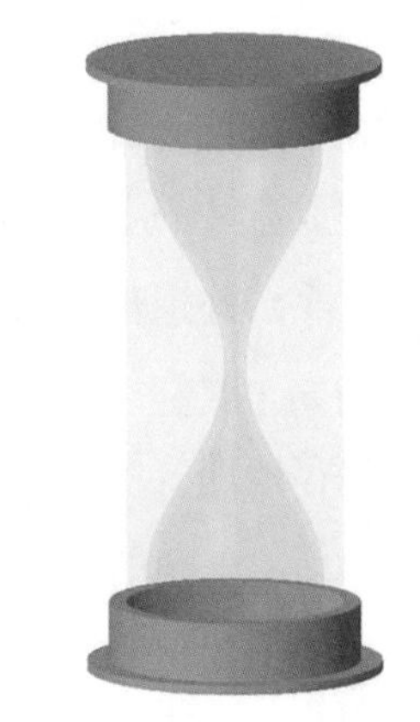

图 3-2-18　完成内层的上色

（2）利用“投影”“样条”“线链”“中心线”“尺寸”，绘制图 3-2-19 所示的草图。

（3）单击“草绘”选项卡“关闭”组中的“确定”按钮 ✔，退出草绘环境，完成流沙截面线的绘制。

（4）单击“主体选项”子选项卡，选中“创建新主体”复选框。

（5）单击“旋转”选项卡中的“确定”按钮 ✔，完成流沙实体的创建，结果如图 3-2-20 所示。

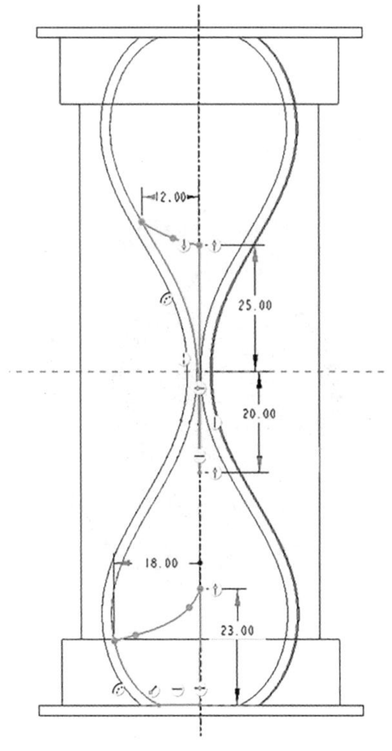

图 3-2-19　绘制流沙草图

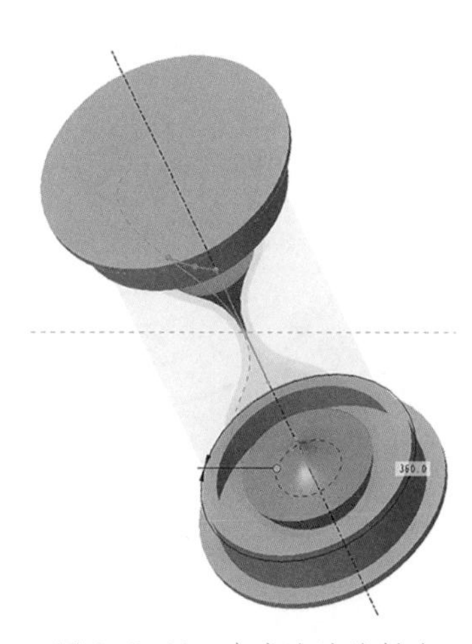

图 3-2-20　完成流沙的创建

（6）单击“视图”选项卡“外观”组中的“外观”下的下拉菜单，打开外观库，并从中选择“ptc-metallic-blue”外观。当鼠标光标变为毛笔形状时，选择流沙实体，单击鼠标中键完成流沙的上色，结果如图 3-2-1 所示。

7. 保存文件，并退出 Creo 8.0 软件

单击快速访问工具栏中的“保存”按钮，系统弹出“保存对象”对话框，根据需求选择文件保存地址，单击“确定”按钮，完成文件的保存。

单击软件界面右上角的“关闭”按钮 ×，退出 Creo 8.0 软件。

至此，沙漏模型创建完成。

1. 完成图 3-2-21 所示实体模型 1 的创建。
2. 完成图 3-2-22 所示实体模型 2 的创建。

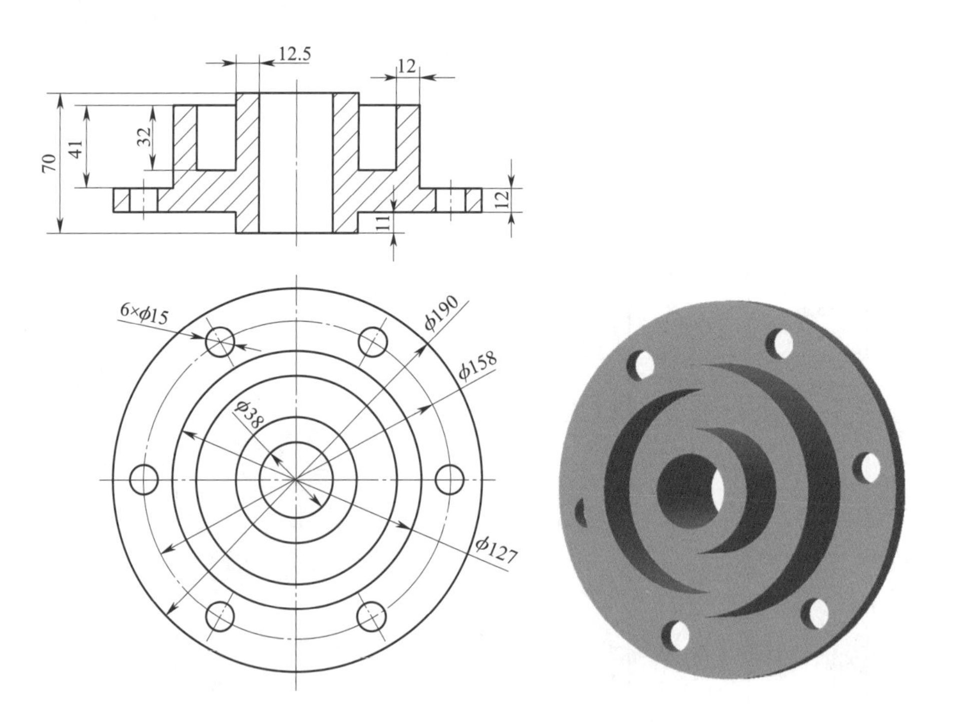

图 3-2-21　实体模型 1

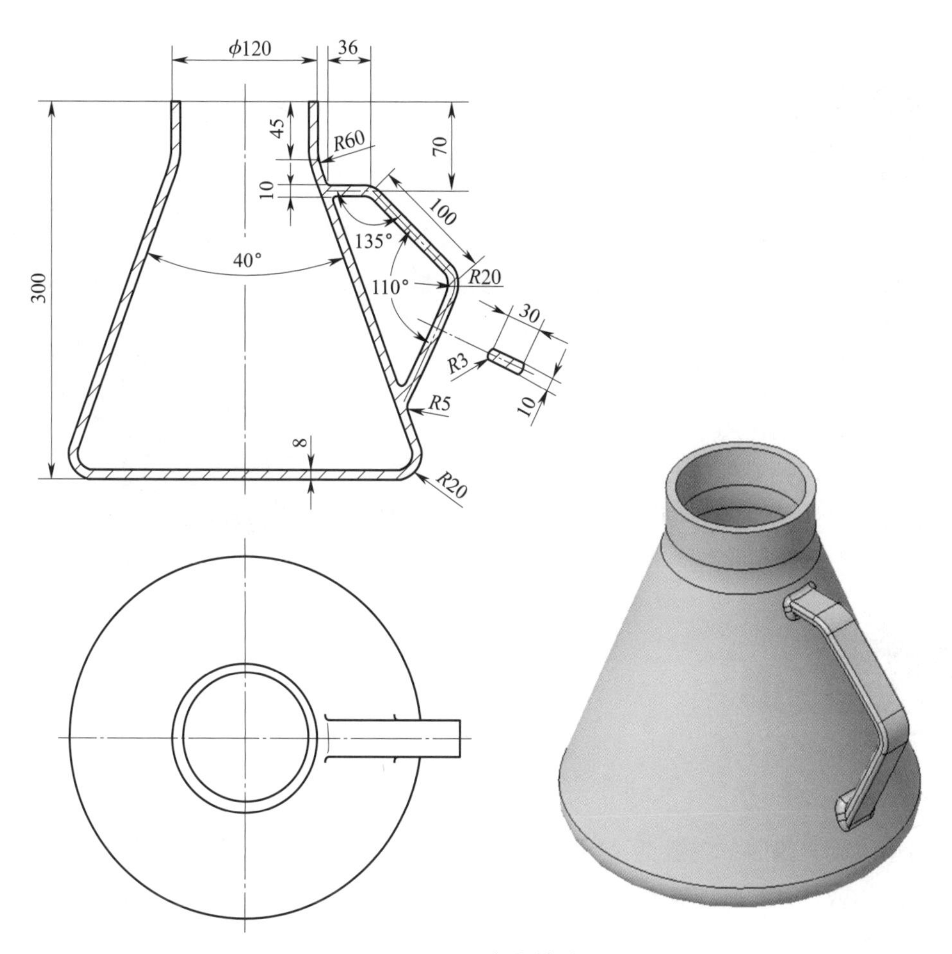

图 3-2-22　实体模型 2

任务 3　创建弹簧造型

1. 能应用“螺旋扫描”工具创建实体模型。
2. 能应用“扫描”工具创建实体模型。
3. 能创建基准平面。

扫描是通过沿一条或多条轨迹扫描横截面草绘来创建三维几何的方法，可添加或移除材料，需绘制扫引轨迹和扫描草绘。螺旋扫描可通过沿着螺旋（螺旋轨迹）扫描截面（横截面草绘）来创建螺旋扫描，需定义螺旋轮廓和螺旋轴（螺旋的旋转轴）。

本任务通过创建图 3–3–1 所示的弹簧实体造型，学习应用“螺旋扫描”工具和“扫描”工具创建实体，练习创建基准平面，复习草绘常用工具。

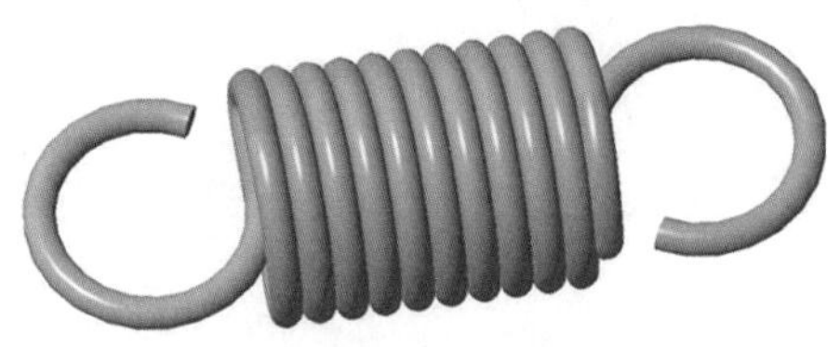

图 3–3–1　弹簧实体造型

1. 螺旋扫描

创建螺旋扫描时，先激活“螺旋扫描”工具，选择草绘平面绘制螺旋轮廓和螺旋轴，再选择或创建草绘平面绘制扫描截面，后设置截面方向、螺距、旋向等参数和选项，完成螺旋特征的创建。

“螺旋扫描”选项卡由“类型”“间距”“截面”“设置”“选项”和“参考”“间距”“选项”“主体选项”“属性”子选项卡及快捷菜单组成，如图 3–3–2 所示。

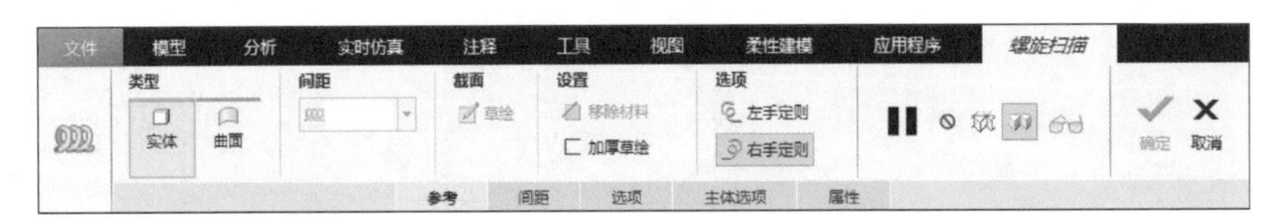

图 3–3–2　“螺旋扫描”选项卡

“类型”包含 “实体”和 “曲面”，其中，“实体”可创建实体扫描特征，“曲面”可创建曲面扫描特征。

“间距”下的“间距”收集器可设置螺距值。

“截面”下的“草绘”可打开草绘器，以创建或编辑扫描横截面。

“设置”包含 “移除材料”和 “加厚草绘”，其中，“移除材料”可沿螺旋扫描移除材料，以便为实体特征创建切口或为曲面特征创建面组修剪；“加厚草绘”可为草绘添加厚度以创建薄实体、薄实体切口或薄曲面修剪。

“选项”包含“左手定则”和“右手定则”，其中，“左手定则”设置螺纹旋向为左旋，“右手定则”设置螺纹旋向为右旋，结果如图 3–3–3 所示。

图 3–3–3　不同旋向的螺旋扫描（左侧为左旋，右侧为右旋）

“参考”子选项卡用于显示扫描轮廓和旋转轴，设置起点位置和截面方向等，如图 3–3–4 所示。“螺旋轮廓”收集器可显示螺旋扫描的草绘轮廓。其后的“定义”按钮可打开“草绘器”，以定义内部草绘；“编辑”按钮可编辑选定螺旋轮廓的草绘；“断开链接”按钮可断开与选定草绘的关联，并复制草绘作为内部草绘。“起点”旁的“反向”按钮可使螺旋扫描的起点在螺旋轮廓的两个端点间切换。“螺旋轴”收集器可显示螺旋的旋转轴。当“螺旋轴”收集器中显示“内部 CL”时表示将在螺旋轮廓草绘中定义的几何中心线设置为扫描的旋转轴。选中“创建螺旋轨迹曲线”复选框可从螺旋轨迹创建一条曲线，该条曲线在 Creo 中可用。“截面方向”可设置扫描截面的方向，有“穿过螺旋轴”和“垂直于轨迹”两种，具体说明见表 3–3–1。

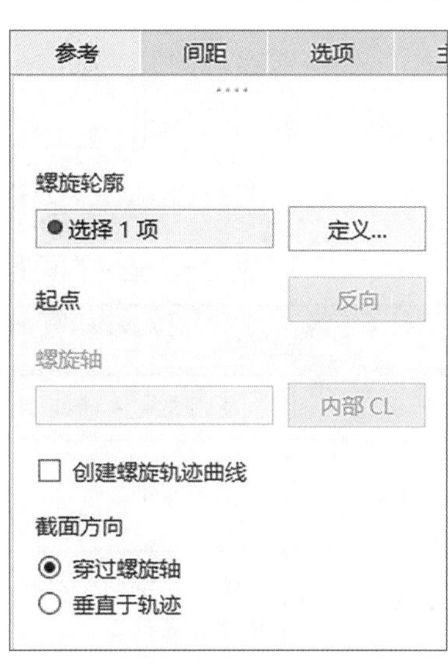

图 3–3–4　“参考”子选项卡

表 3–3–1　螺旋扫描截面方向的具体说明

截面方向	具体说明	图例
穿过螺旋轴	定向截面以通过螺旋轴	
垂直于轨迹	将截面定向为垂直于扫描轨迹	

“间距”子选项卡用于编号、设置螺距和位置类型、添加间距等，如图 3–3–5 所示。“序号”列可显示间距点的编号。“间距”列可显示和设置选定点的螺距值。“位置类型”列可设置第三点以后的间距点放置的方法，有按值、按参考和按比率三种，具体说明见表 3–3–2。“添加间距”可在间距表中添加新行并添加一个新的间距点，从而设置螺旋扫描不同位置的不同螺距，如图 3–3–6 所示。

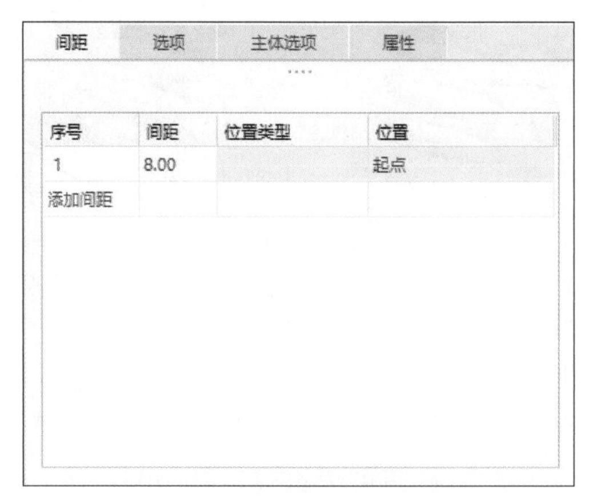

图 3–3–5 “间距”子选项卡

表 3–3–2 “间距”子选项卡中“位置类型”的具体说明

位置类型	具体说明	对应“位置”的设置说明
按值	使用与起点的距离值设置点位置	显示与起点的距离值
按参考	使用参考设置点位置	显示确定间距点位置的点、顶点、平面或曲面
按比率	使用与螺旋轮廓起点的轮廓长度的比率设置点位置	显示与起点的轮廓长度比率

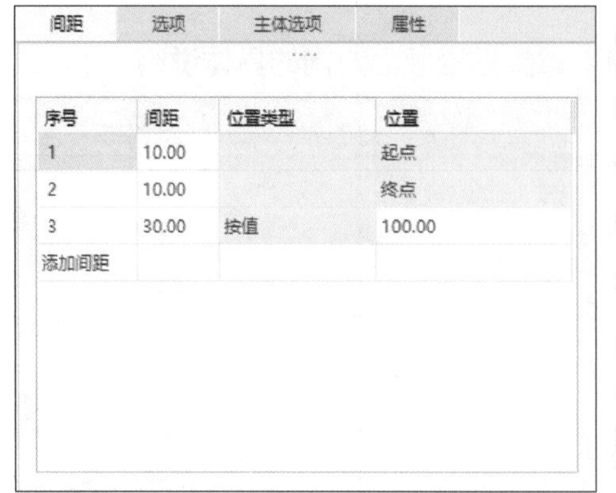

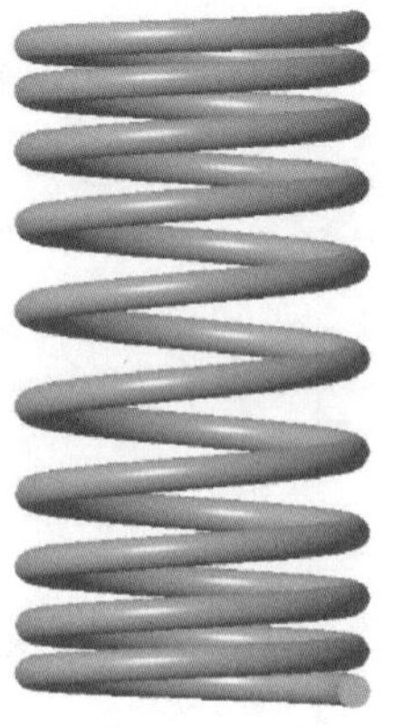

图 3–3–6 可变螺距设置示例

“选项”子选项卡用于设置“沿着轨迹”扫描时扫描截面是否变化，有“常量”和“可变”两种类型。当选择“常量”时，扫描截面恒定不变；当选择“可变”时，扫描截面会沿着原点轨迹在各点处重新生成，并相应更新其形状。

通过“主体选项”子选项卡，可将特征创建为实体。“主体选项”有两种类型，作用与“拉伸”选项卡中相同，这里不再赘述。

“属性”子选项卡用于设置扫描的名称。

快捷菜单通过在图形窗口单击鼠标右键弹出，其命令和具体说明见表 3-3-3，与“拉伸”选项卡相同或与之前命令相同的这里不再赘述。用鼠标右键单击间距点控制滑块或“间距”子选项卡上表中的间距点行可以访问“添加间距点”或“移除间距点”命令，用于添加新的间距点或删除选定的间距点。

表 3-3-3 “螺旋扫描”选项卡中快捷菜单的命令和具体说明

命令	具体说明
穿过螺旋轴	定向截面以通过螺旋轴
垂直于轨迹	将截面定向为垂直于扫描轨迹
螺旋曲线	从螺旋轨迹创建一条曲线，在创建螺旋扫描后，曲线将在 Creo 中可用
螺旋扫描轮廓	激活“螺旋轮廓”收集器
螺旋轴	激活“螺旋轴”收集器
修剪面组收集器	激活“面组”收集器
间距点位置	激活间距点参考集合
螺旋横截面	在“草绘器”中打开扫描截面草绘
添加间距点	在间距表中添加新行
显示截面尺寸	显示扫描横截面尺寸
隐藏截面尺寸	隐藏扫描尺寸

2. 扫描

创建扫描特征时，扫引轨迹和扫描截面缺一不可。扫引轨迹可以是一个原点轨迹，也可以包含一个原点轨迹和多个其他轨迹或其他参考。草绘截面定位于原点轨迹的框架上，并沿轨迹长度方向移动以创建几何。原点轨迹以及其他轨迹和其他参考可定义草绘沿扫描的方向。扫描草绘可以为恒定或可变。创建扫描时，根据所选轨迹数量，扫描草绘类型会自动设置为恒定或可变。单一轨迹设置为恒定扫描，多个轨迹设置为可变截面扫描。如果向扫描特征添加或移除轨迹，扫描类型会相应调整。除此之外，通过单击“恒定截面”按钮 或“可变截面”按钮 可手动设置扫描类型。

“扫描”选项卡由“类型”“截面”“设置”“选项”和“参考”“选项”“相切”“主体选项”“属性”子选项卡及快捷菜单组成，如图 3–3–7 所示。

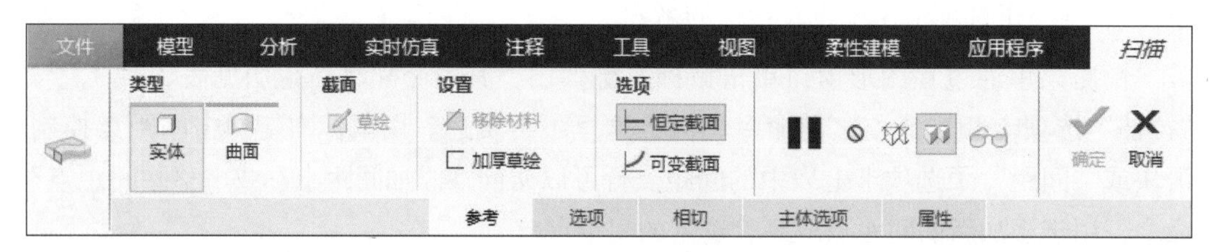

图 3–3–7 “扫描”选项卡

“类型”包含 “实体”和 “曲面”，其中，“实体”可创建实体旋转，“曲面”可创建曲面旋转。

“截面”下的“草绘”可打开内部草绘器，以创建或编辑扫描横截面。

“设置”包含 “移除材料”和 “加厚草绘”，其中，“移除材料”可沿扫描移除材料，以便为实体特征创建切口或为曲面特征创建面组修剪；“加厚草绘”可为草绘添加厚度以创建薄实体、薄实体切口或薄曲面修剪。

“选项”包含 “恒定截面”和 “可变截面”。“恒定截面”用于创建恒定截面扫描。沿轨迹扫描时，截面不会更改其形状，只有截面所在框架的方向发生变化。“可变截面”用于创建可变截面扫描，将截面约束到轨迹，或使用带 trajpar 参数的截面关系来使草绘可变。草绘所约束到的参考可更改截面形状。草绘沿着原点轨迹在各个点处重新生成，并相应更新其形状。

“参考”子选项卡包含“轨迹”表、“细节”按钮、“截平面控制”选项、“方向参考”收集器、“水平 / 竖直控制”选项和“起点的 *X* 方向参考”收集器，如图 3–3–8 所示，其具体说明见表 3–3–4。

“选项”子选项卡包含“封闭端”复选框、“合并端”复选框和“草绘放置点”收集器，如图 3–3–9 所示。激活“合并端”可将实体扫描特征的端点连接到邻近的实体曲面而不留间隙。“草绘放置点”收集器用于指定原点轨迹上的点来草绘截面，不影响扫描的起始点。如果“草绘放置点”为空，扫描的起始点即为草绘截面的默认位置。

“相切”子选项卡包含“轨迹”和“参考”两部分，如图 3–3–10 所示。“轨迹”用于显示扫描特征中的轨迹列表。“参考”可用相切轨迹控制曲面，有无、侧 1、侧 2、选定四个选项，其具体说明见表 3–3–5。

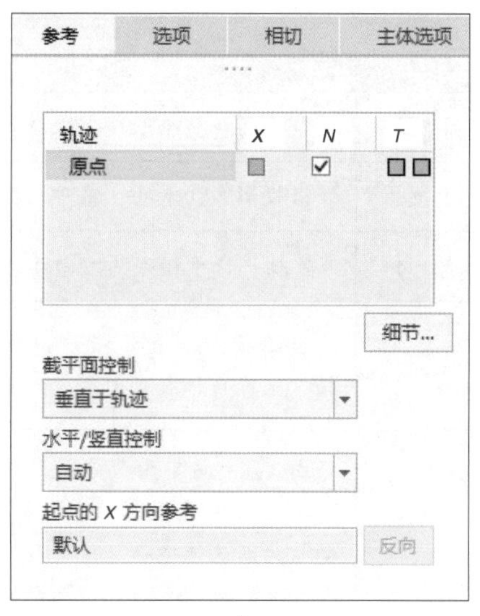

a）

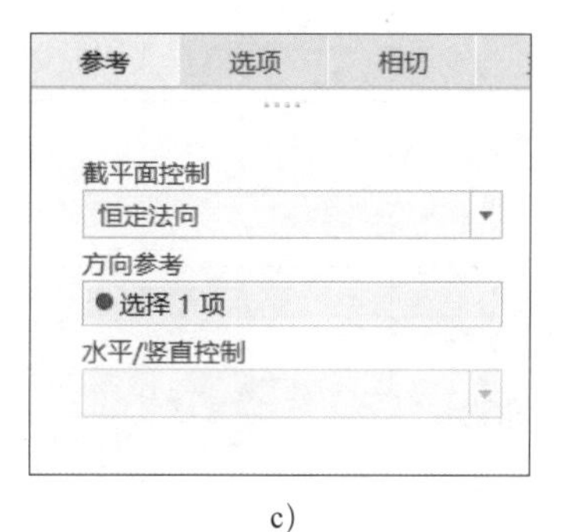

b）　　c）

图 3-3-8　“参考”子选项卡

a）截平面垂直于轨迹时　b）截平面垂直于投影时

c）截平面为恒定法向时

表 3-3-4　“参考”子选项卡中选项的具体说明

选项	包含内容	具体说明
“轨迹”表	轨迹	显示轨迹，包括作为轨迹原点和集类型的轨迹
	X	将轨迹设置为 *X* 轨迹
	N	将轨迹设置为法向轨迹。当 *N* 复选框被选定时，截面垂直于轨迹
	T	将轨迹设置为与“侧 1”“侧 2”或选定的曲面参考相切
“细节”按钮	—	打开“链”对话框，以修改选定链的属性

续表

选项	包含内容	具体说明
截平面控制	垂直于轨迹	截平面在整个长度上保持与原点轨迹垂直
	垂直于投影	沿投影方向看去，截平面保持与原点轨迹垂直
	恒定法向	Z 轴平行于指定的方向参考矢量
“方向参考”收集器	—	当选择“垂直于投影”或“恒定法向”时，显示平面、轴、坐标系轴或直图元以定义投影方向
水平 / 竖直控制	自动	由 XY 方向定向截平面。计算 X 矢量的方向，以使扫描几何扭转程度最低。对于没有参考任何曲面的原点轨迹，“自动”为默认选项
	垂直于曲面	将截平面的 Y 轴设置为垂直于原点轨迹所在的曲面。单击“下一个”可移至下一个法向曲面
	X 轨迹	将截平面的 X 轴设置为通过指定的 X 轨迹和沿扫描的截平面的交点
“起点的 X 方向参考”收集器	—	当选择“垂直于轨迹”或“恒定法向”，且水平 / 竖直控制为“自动”时，显示原点轨迹起点处的截平面 X 轴方向

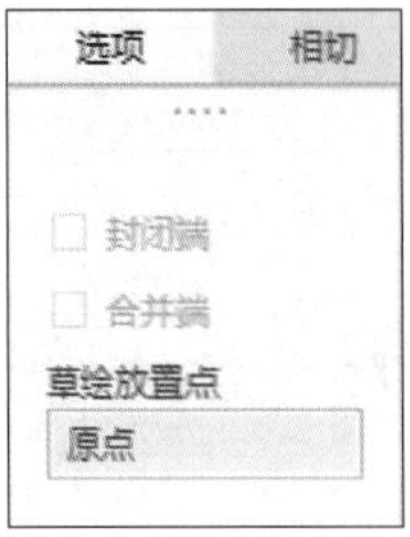

图 3-3-9 “选项”子选项卡

图 3-3-10 “相切”子选项卡

表 3-3-5 “相切”子选项卡中“参考”选项的具体说明

“参考”选项	具体说明
无	禁用相切轨迹
侧 1	扫描截面包含与轨迹侧 1 上的曲面相切的中心线
侧 2	扫描截面包含与轨迹侧 2 上的曲面相切的中心线
选定	手动为扫描截面中的相切中心线指定曲面

“主体选项”子选项卡可将特征创建为实体。“主体选项”有两种类型，作用与“拉伸”选项卡中相同，此处不再赘述。

“属性”子选项卡用于设置扫描的名称。

快捷菜单通过在图形窗口单击鼠标右键弹出，其命令和具体说明见表 3-3-6。与“螺旋扫描”选项卡相同或与之前命令相同的不再赘述。

表 3-3-6 “扫描”选项卡中快捷菜单的命令和具体说明

命令	具体说明
轨迹	激活“轨迹”收集器
起始 *X* 方向	激活“起点的 *X* 方向参考”收集器
放置点	激活“草绘放置点”收集器
清除	清除活动收集器，但不能清除原点轨迹参考或法向、*X* 和相切轨迹
垂直于轨迹	将移动框架设置为始终垂直于指定轨迹
垂直于投影	将移动框架的 *Y* 轴设置为平行于指定方向，并将 *Z* 轴设置为沿指定方向与原点轨迹的投影相切
恒定法向	将移动框架的 *Z* 轴设置为平行于指定方向
自动	将截平面设置为由 *XY* 方向自动定向
草绘	打开内部截面“草绘器”
恒定截面	指定沿轨迹扫描时，截面形状不变
可变截面	指定沿轨迹扫描时，截面形状可变
移除	从选定的轨迹收集器中移除参考，不能移除原点轨迹参考，但可通过在图形窗口中选择新的原点轨迹参考将其替换
下一曲面	移至下一个法向曲面

3. 基准平面

基准平面可用于草绘或放置特征、保留基准标记注释，也可以作为标注参考。基准平面是没有边界的，但可以调整其大小，以拟合零件、特征、曲面、边、轴、点或顶点。基准平面关于其创建时所使用的参考居中放置，可以指定基准平面显示轮廓的高度和宽度值，也可使用显示的控制滑块拖动基准平面的边界，重新调整其显示轮廓的尺寸。“基准平面”对话框如图 3-3-11 所示，其中有“放置”“显示”“属性”三个选项卡。

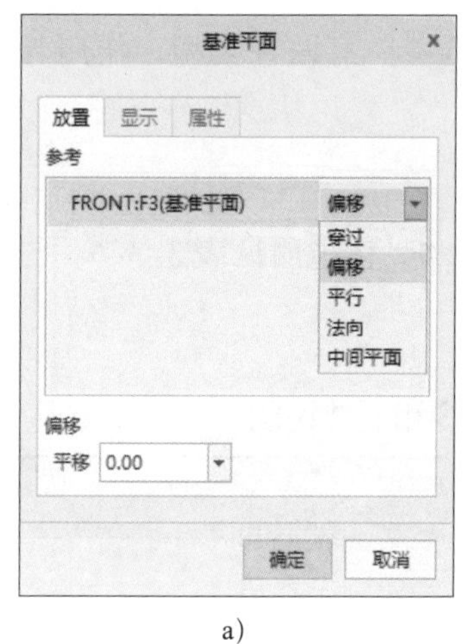

a）

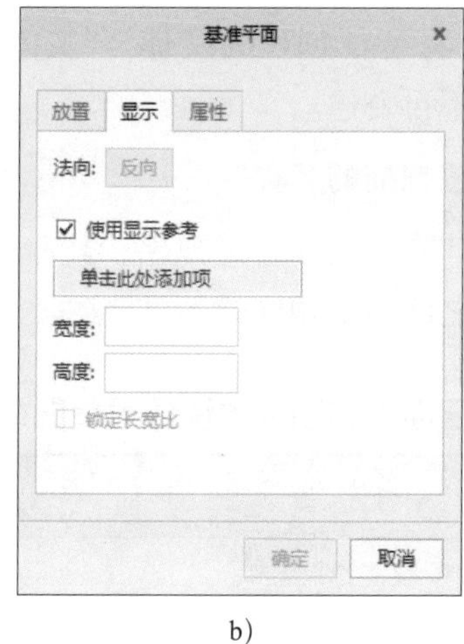

b）

c）

图 3-3-11 “基准平面”对话框
a）“放置”选项卡 b）“显示”选项卡
c）“属性”选项卡

“放置”选项卡由“参考”收集器和“截面”列表构成。“参考”收集器用于通过参考现有平面、曲面、边、点、坐标系、轴、顶点、基于草绘的特征、小平面的面、小平面的边、小平面的顶点、曲线、草绘和导槽来放置新基准平面，也可选择目的对象、基准坐标系、非圆柱曲面。“截面”列表用于指定基于草绘的特征的截面，且基准平面通过该截面。当选择参考后，各个参考旁会显示约束列表，可设置各个参考的约束，约束类型的具体说明见表 3-3-7。

“显示”选项卡用于调整基准平面的方向和设置基准平面轮廓的大小。“属性”选项卡可设置特征名称。

表 3-3-7 “放置”选项卡中约束列表的具体说明

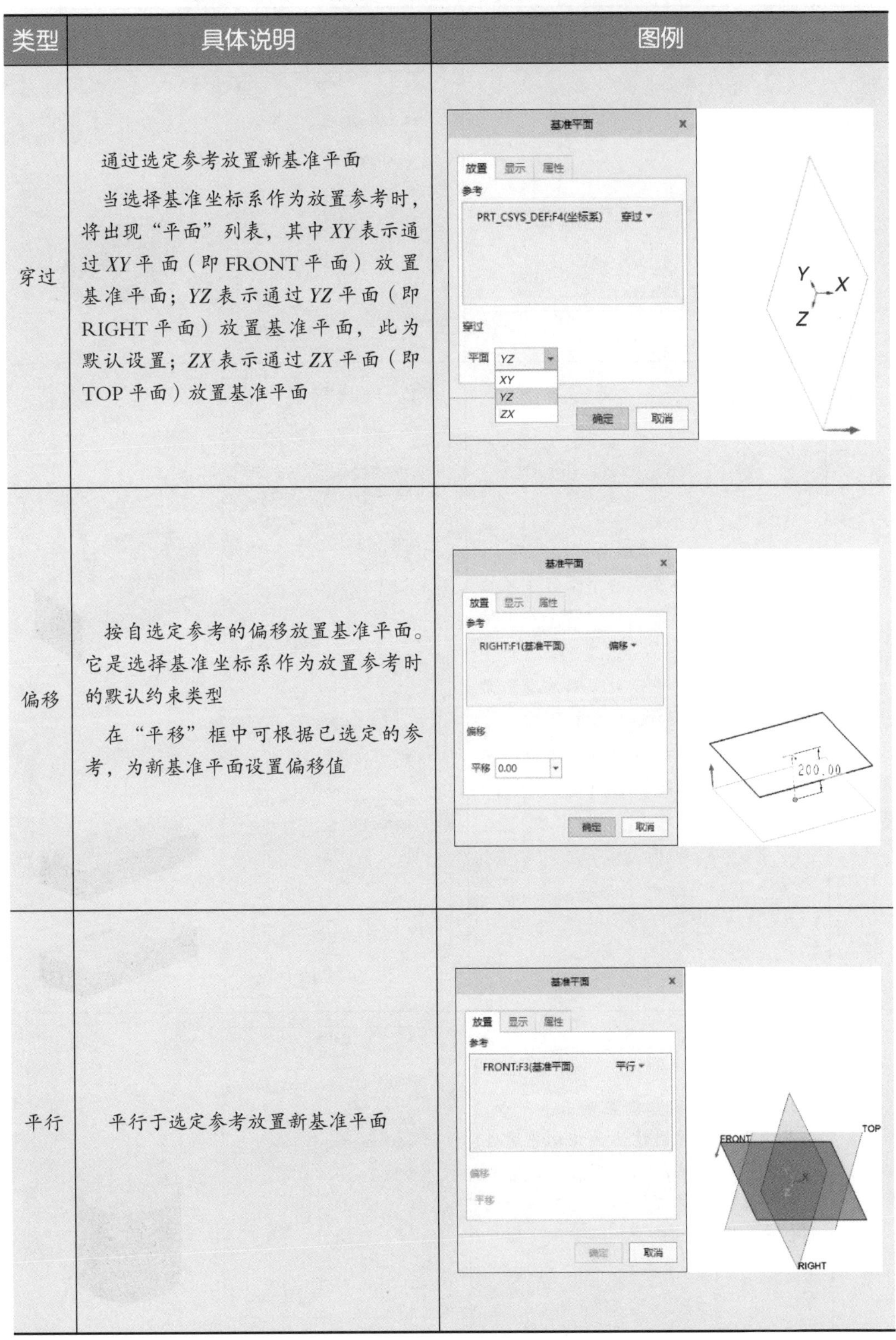

类型	具体说明	图例
穿过	通过选定参考放置新基准平面 当选择基准坐标系作为放置参考时，将出现“平面”列表，其中 *XY* 表示通过 *XY* 平面（即 FRONT 平面）放置基准平面；*YZ* 表示通过 *YZ* 平面（即 RIGHT 平面）放置基准平面，此为默认设置；*ZX* 表示通过 *ZX* 平面（即 TOP 平面）放置基准平面	
偏移	按自选定参考的偏移放置基准平面。它是选择基准坐标系作为放置参考时的默认约束类型 在“平移”框中可根据已选定的参考，为新基准平面设置偏移值	
平行	平行于选定参考放置新基准平面	

续表

类型	具体说明	图例
法向	垂直于选定参考放置新基准平面	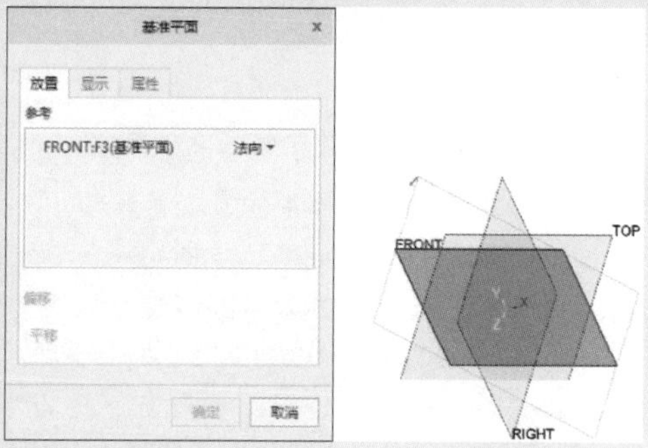
中间平面	将新基准平面置于两个平行参考的中间位置，或使其平分由两个非平行参考构成的角 “二等分线 1”表示放置新基准平面来平分两个参考构成的 α 角 “二等分线 2”表示放置新基准平面来平分两个参考构成的（$180°-\alpha$）角	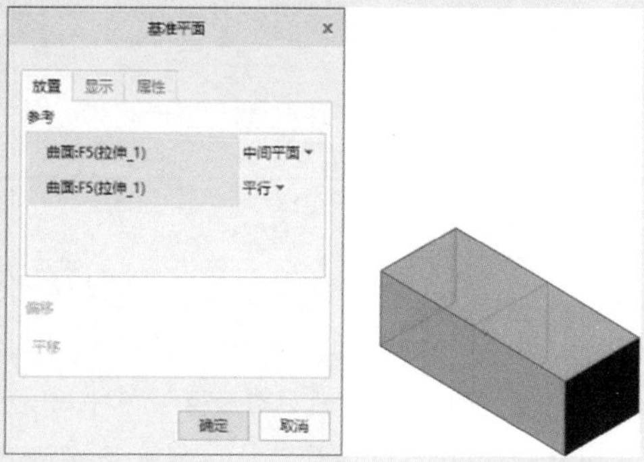 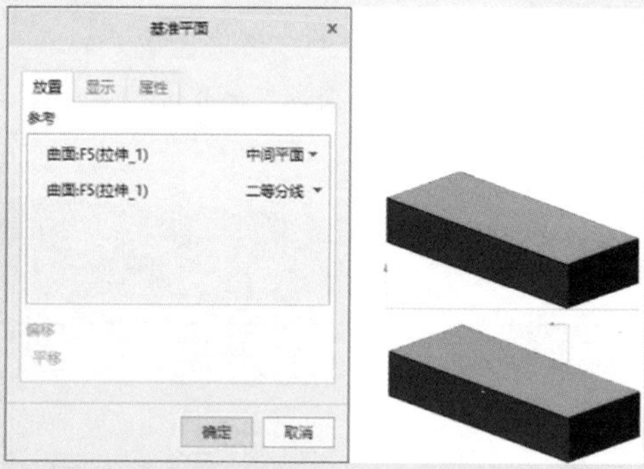
相切	相切于选定参考放置新基准平面。当基准平面与非圆柱曲面相切并通过选定为参考的基准点、顶点或边的端点时，系统会将“相切”约束添加到新创建的基准平面	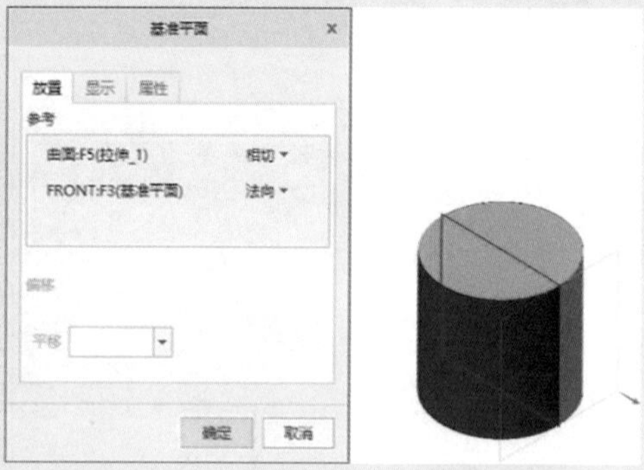

1. 启动 Creo 8.0

双击桌面上的“Creo Parametric 8.0”快捷方式图标，启动 Creo 8.0。

2. 新建文件

（1）单击“主页”选项卡“数据”组中的“新建”按钮，系统弹出“新建”对话框，将类型选为“零件”、子类型选为“实体”、“文件名”改为“弹簧”，并取消勾选“使用默认模板”复选框，单击“确定”按钮，系统弹出“新文件选项”对话框，在“模板”列表框中选择“mmns_part_solid_abs”模板，单击“确定”按钮，完成文件“弹簧”的创建。

（2）单击“视图”选项卡“显示”组中的“平面显示”按钮、“坐标系显示”按钮和“旋转中心”按钮，隐藏基准平面、坐标系和旋转中心。

3. 创建螺旋扫描实体

（1）单击“模型”选项卡“形状”组中的“螺旋扫描”按钮，“螺旋扫描”选项卡随即打开，设置“螺旋扫描”选项卡如图 3-3-12 所示。

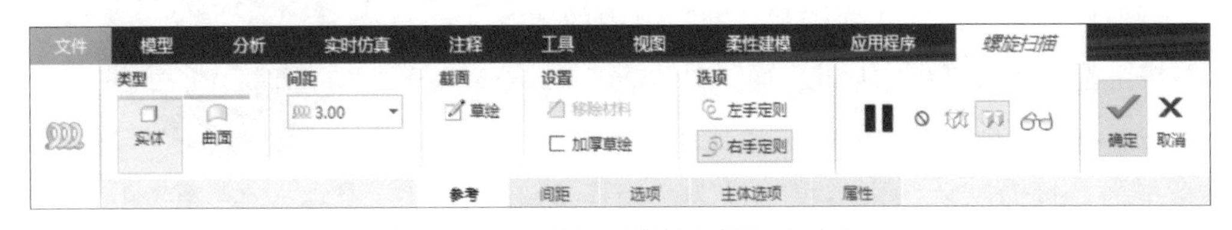

图 3-3-12　设置“螺旋扫描”选项卡

（2）单击“参考”子选项卡的“定义”按钮，系统弹出“草绘”对话框。根据提示，选择基准平面 FRONT 为草绘平面，其余选项接受系统默认设置，单击“草绘”按钮，进入草绘环境。

（3）利用“线链”“中心线”“尺寸”，绘制螺旋轮廓和扫描几何中心线，如图 3-3-13 所示。

（4）单击“草绘”选项卡“关闭”组中的“确定”按钮，退出草绘环境，完成螺旋轮廓和扫描几何中心线的绘制。

（5）单击“螺旋扫描”选项卡“截面”命令下的“草绘”按钮，进入草绘环境。

（6）利用“圆心和点”“尺寸”，绘制扫描截面，如图 3-3-14 所示。

（7）单击“草绘”选项卡“关闭”组中的“确定”按钮，退出草绘环境，完成扫描截面的绘制。

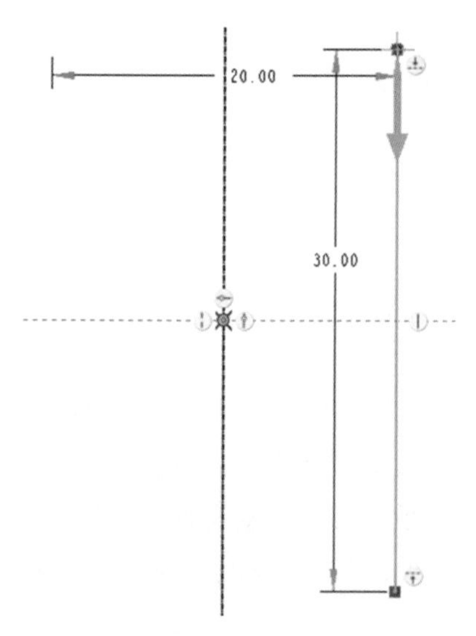

图 3-3-13 绘制螺旋轮廓和扫描几何中心线

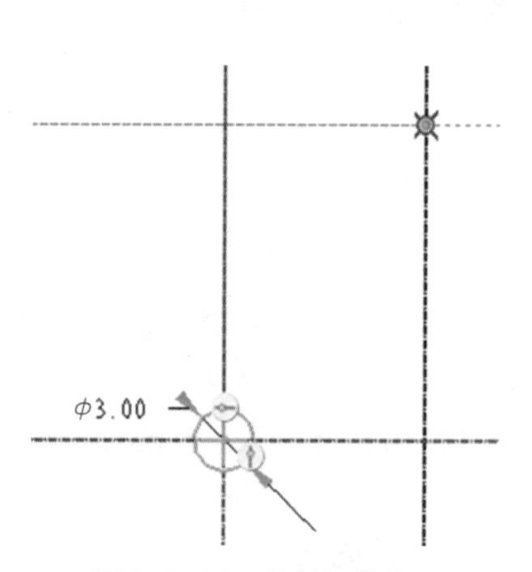

图 3-3-14 绘制扫描截面

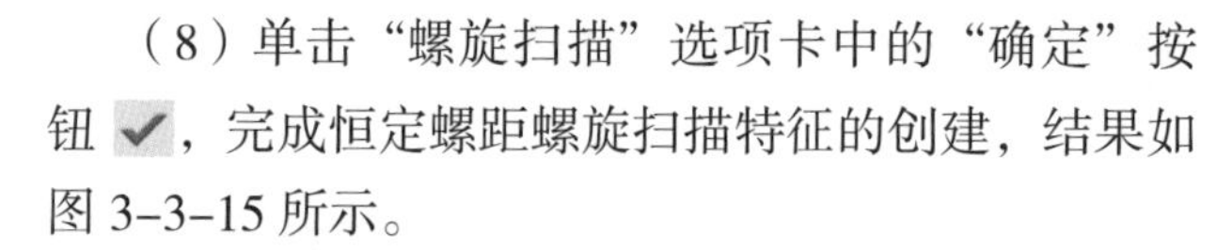

（8）单击“螺旋扫描”选项卡中的“确定”按钮 ✔，完成恒定螺距螺旋扫描特征的创建，结果如图 3-3-15 所示。

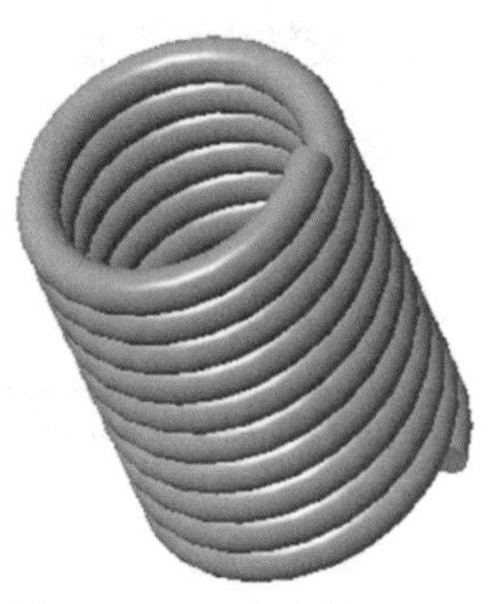

图 3-3-15 完成螺旋扫描实体的创建

4. 创建基准平面

（1）单击“模型”选项卡“基准”组中的“平面”按钮 ▱，系统弹出“基准平面”对话框。

（2）在“模型树”中单击选择基准平面 TOP 为参考平面，接受默认约束类型选项为“偏移”，在“偏移”下的“平移”文本框中输入数值“15”，如图 3-3-16 所示。

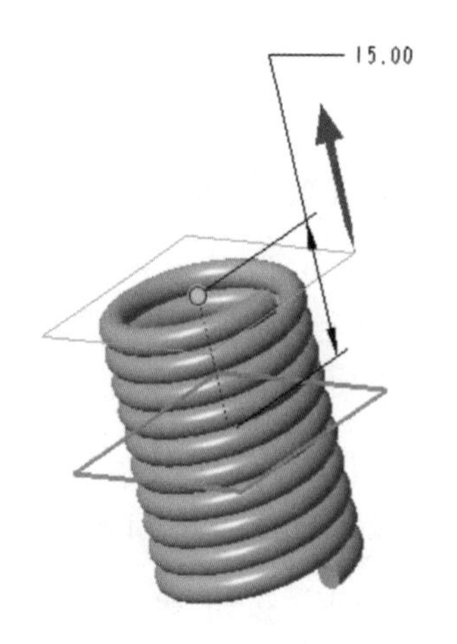

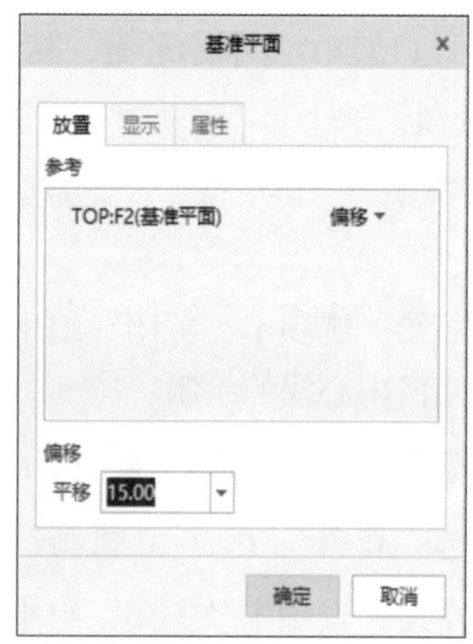

图 3-3-16 偏移基准平面

（3）单击“基准平面”对话框中的“确定”按钮，完成基准平面 DTM1 的创建，如图 3-3-17 所示。

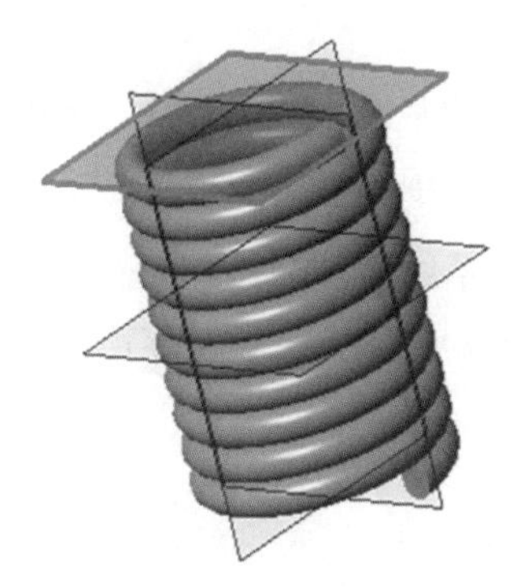

图 3-3-17　完成基准平面 DTM1 的创建

提示

创建基准平面之后，名称将按顺序分配（DTM1、DTM2 等）。如果需要，可在创建过程中使用“基准平面”对话框中的“属性”选项卡为基准平面设置一个初始名称。或者，如果想更改现有基准平面的名称，可在“模型树”中用鼠标右键单击相应基准特征，然后在快捷菜单中选择“重命名”命令，或在“模型树”中双击该基准平面的名称。

（4）单击选择“模型树”中的基准平面 DTM1，再单击“模型”选项卡“基准”组中的“平面”按钮 ▱，系统弹出“基准平面”对话框，输入“平移”数值为“30”，并确定偏移的方向，如图 3-3-18 所示。

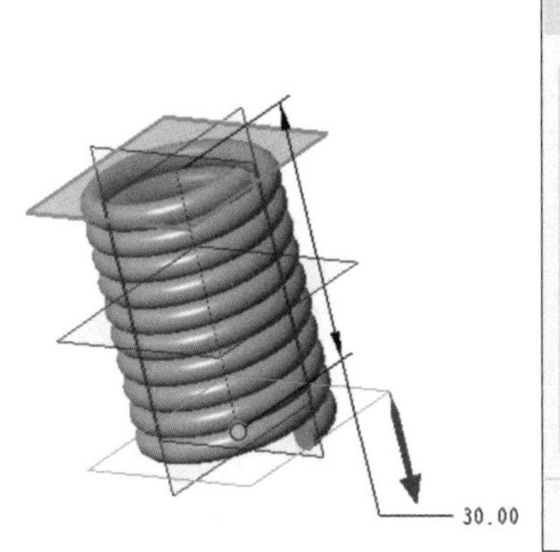

图 3-3-18　设置基准平面的偏移

（5）单击“基准平面”对话框中的“确定”按钮，完成基准平面 DTM2 的创建，如图 3-3-19 所示。

5. 创建弹簧挂钩

（1）单击选择“模型树”中的基准平面 DTM1，再单击“模型”选项卡“基准”组中的“草绘”按钮，“草绘”选项卡随即打开，进入草绘环境。

（2）单击图形工具栏中的“草绘视图”按钮，使草绘平面与屏幕平行。

（3）利用“圆心和点”“线链”“圆角”“删除段”“尺寸”等，绘制挂钩的扫描引导线，如图 3-3-20 所示。

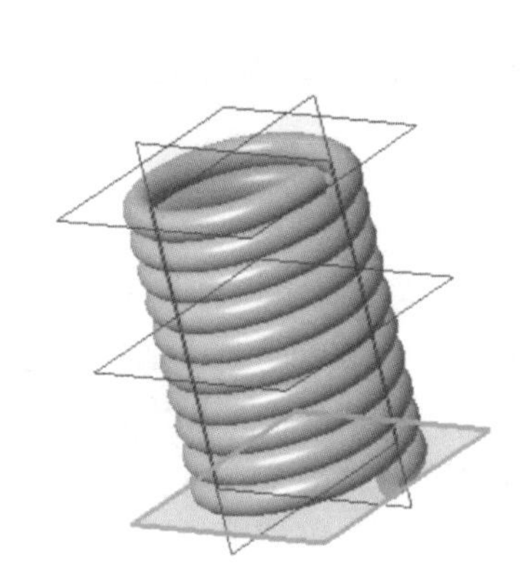

图 3-3-19 完成基准平面 DTM2 的创建

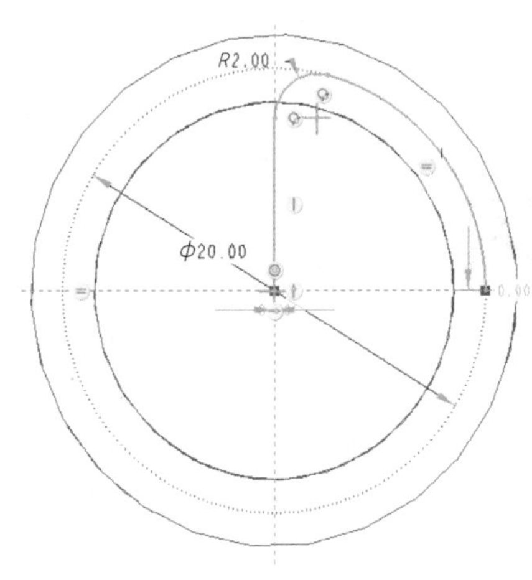

图 3-3-20 草绘 1

（4）单击“草绘”选项卡“关闭”组中的“确定”按钮，退出草绘环境，完成扫描引导线的绘制。

（5）单击选择“模型树”中的基准平面 RIGHT，再单击“模型”选项卡“基准”组中的“草绘”按钮，“草绘”选项卡随即打开，进入草绘环境。

（6）利用“圆心和点”“删除段”“尺寸”等，绘制挂钩的另一段扫描引导线，如图 3-3-21 所示。

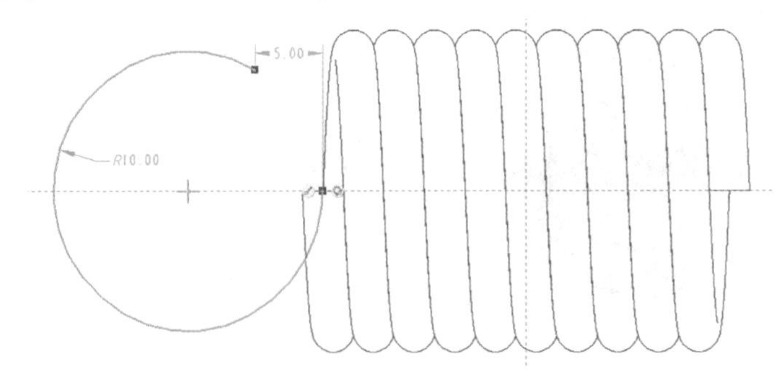

图 3-3-21 草绘 2

（7）单击“草绘”选项卡“关闭”组中的“确定”按钮✔，退出草绘环境，完成该段扫描引导线的绘制。

（8）采用同样方法，分别选择基准平面DTM2和RIGHT，绘制图3-3-22和图3-3-23所示的引导线曲线。

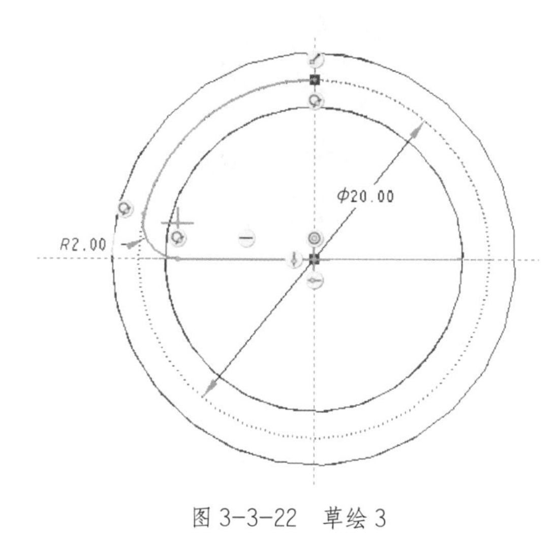

图3-3-22　草绘3

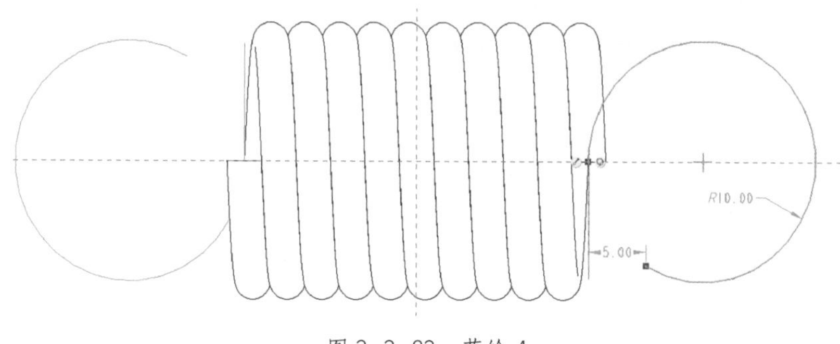

图3-3-23　草绘4

（9）单击“模型”选项卡“形状”组中的“扫描”按钮，“扫描”选项卡随即打开，设置“扫描”选项卡如图3-3-24所示。

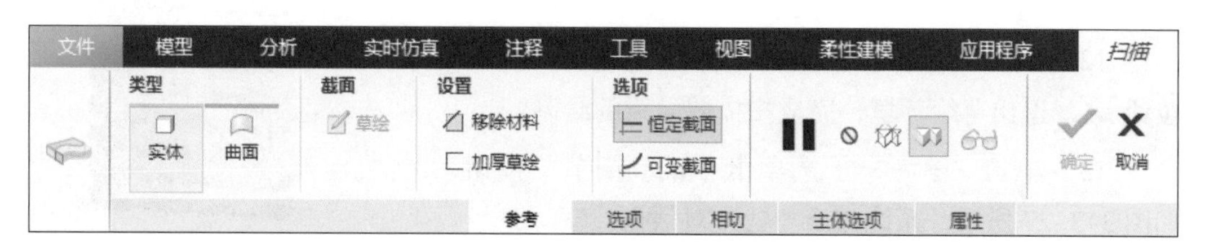

图3-3-24　设置“扫描”选项卡

（10）根据提示，选择“草绘 1”为轨迹线，如图 3–3–25 所示。

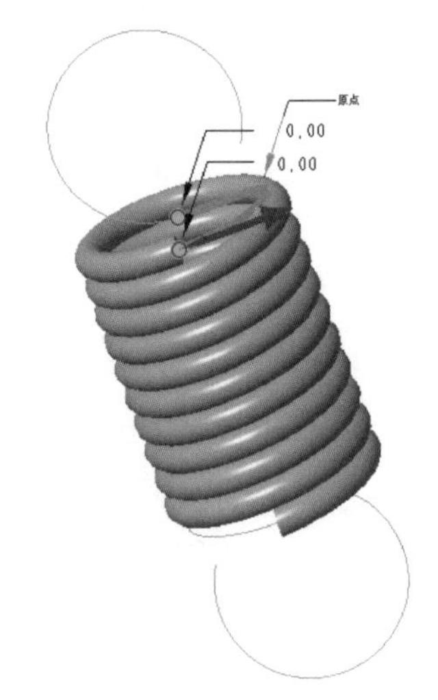

图 3–3–25　选择“草绘 1”为轨迹线

提示

选择扫描轨迹线时，按住 Ctrl 键可同时选择多条轨迹，按住 Shift 键可以选择形成链的多个图元。

选择的第一个链随即变成原始轨迹。一个箭头出现在原始轨迹上，从轨迹的起点指向扫描将要跟随的路径。单击箭头可以更改轨迹的起点位置。

要移除轨迹，可在图形窗口单击鼠标右键，选择快捷菜单中的“移除”命令删除轨迹，该方法对除原点轨迹外的所有轨迹均有效。要移除 *X* 轨迹或法向轨迹，需先取消勾选 *X* 或 *N* 复选框以移除属性，再移除轨迹。存在相切参考的轨迹是不能替换或移除的。

（11）单击“扫描”选项卡“截面”下的“草绘”按钮 草绘，进入草绘环境，绘制图 3–3–26 所示的截面线。

（12）单击“草绘”选项卡“关闭”组中的“确定”按钮 ✓，退出草绘环境，完成扫描截面线的绘制。

（13）单击“参考”子选项卡中的“细节”按钮，如图 3–3–27 所示，系统弹出“链”对话框。

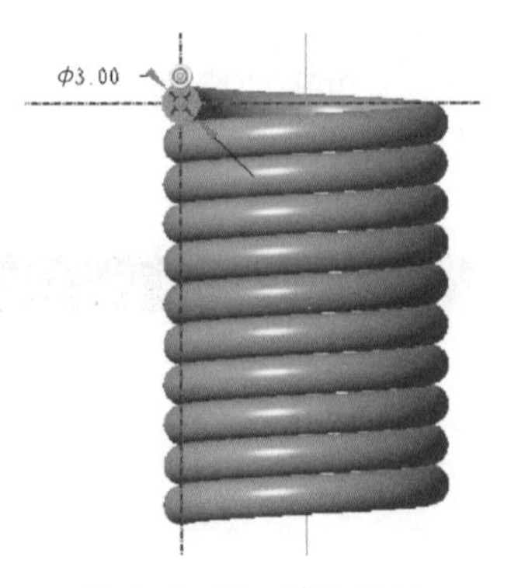

图 3–3–26　草绘截面

（14）按住 Ctrl 键，移动鼠标光标选择“草绘 2”，单击“链”对话框中的“确定”按钮，完成轨迹线“草绘 2”的添加，如图 3-3-28 所示。

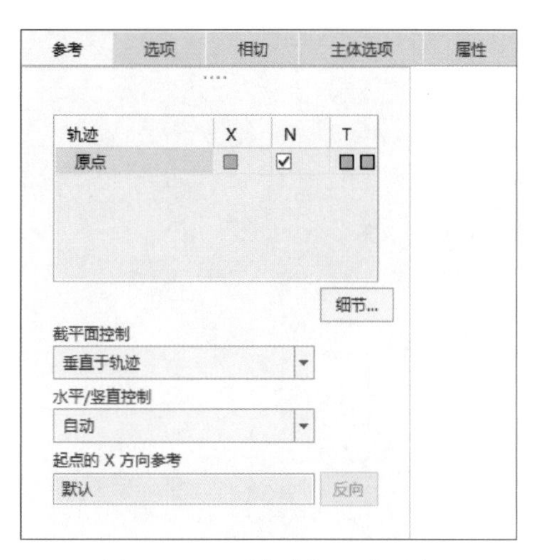

图 3-3-27 “参考”子选项卡

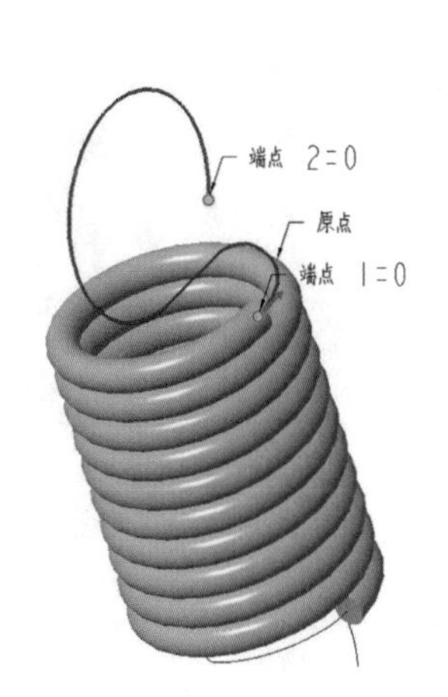

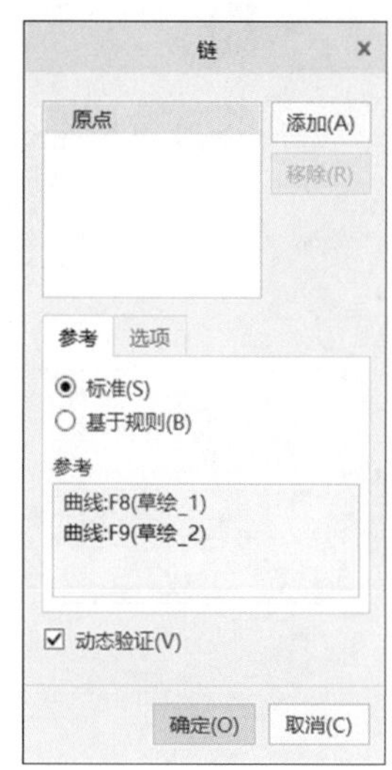

图 3-3-28 添加“草绘 2”为轨迹线

（15）单击“扫描”选项卡中的“确定”按钮 ✓，完成弹簧一端挂钩的创建，结果如图 3-3-29 所示。

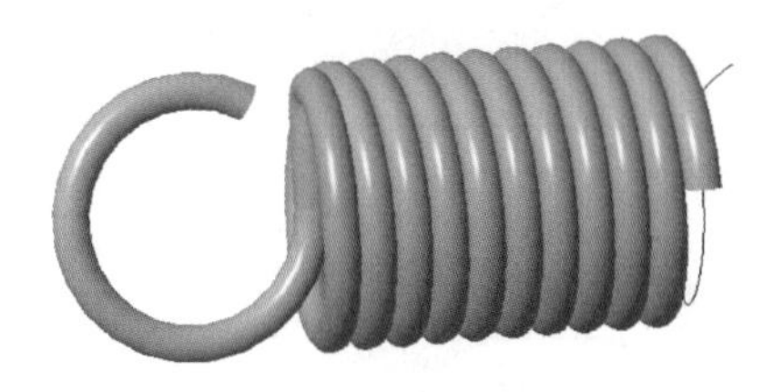

图 3-3-29 完成一端挂钩的扫描

（16）采用同样方法，以“草绘 3”和“草绘 4”为轨迹线、直径 3 mm 的圆为扫描截面，完成弹簧另一端挂钩的创建，结果如图 3-3-1 所示。

6. 保存文件，并退出 Creo 8.0 软件

单击快速访问工具栏中的“保存”按钮 ，系统弹出“保存对象”对话框，根据需求选择文件保存地址，单击“确定”按钮，完成文件的保存。

单击软件界面右上角的“关闭”按钮 ×，退出 Creo 8.0 软件。

至此，弹簧模型创建完成。

1. 完成图 3-3-30 所示实体模型 1 的创建。

图 3-3-30　实体模型 1（尺寸自定）

2. 完成图 3-3-31 所示实体模型 2 的创建。

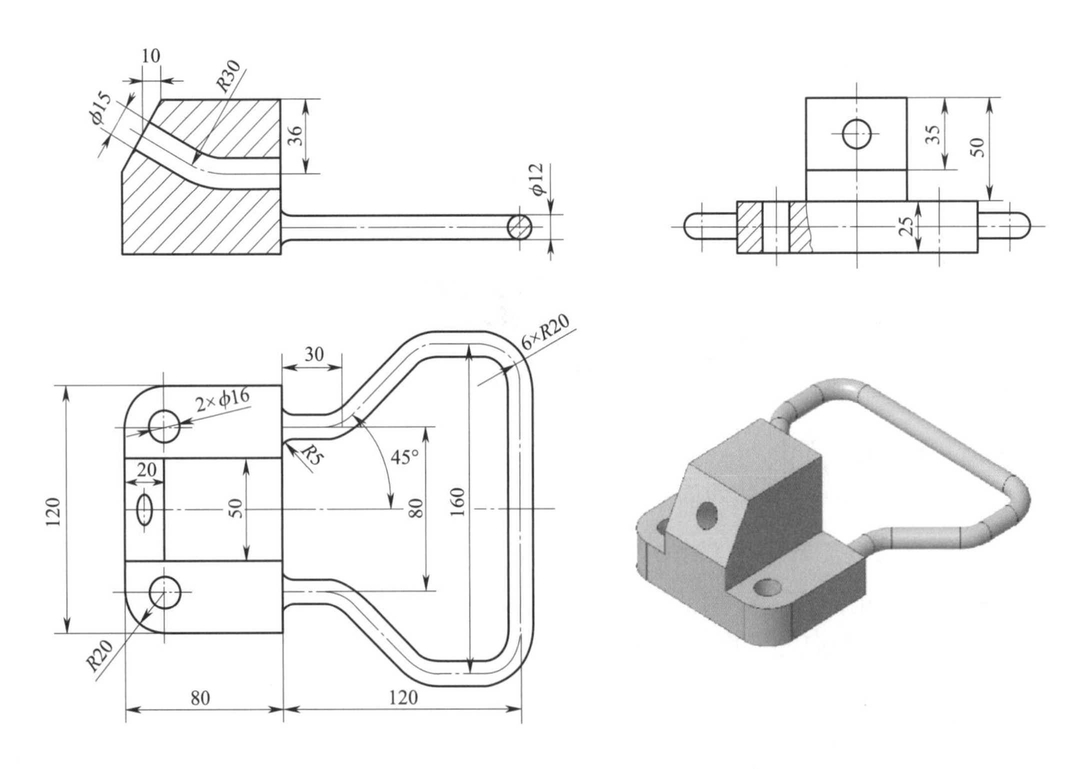

图 3-3-31　实体模型 2

任务 4　创建牙膏管造型

1. 能应用“混合”工具创建实体模型。
2. 能应用“壳”工具移除指定实体。
3. 能完成尺寸阵列。
4. 能镜像指定特征。

混合是已知至少两个平面截面，在其边缘用过渡曲面连接形成一个连续特征的一种造型方法。这些平面截面可以相互平行，也可以有一定的旋转角度。

本任务通过创建图 3-4-1 所示的牙膏管实体造型，学习应用“混合”工具创建复杂实体，能使用“壳”工具移除指定实体和曲面，并完成指定特征的阵列复制和镜像复制。

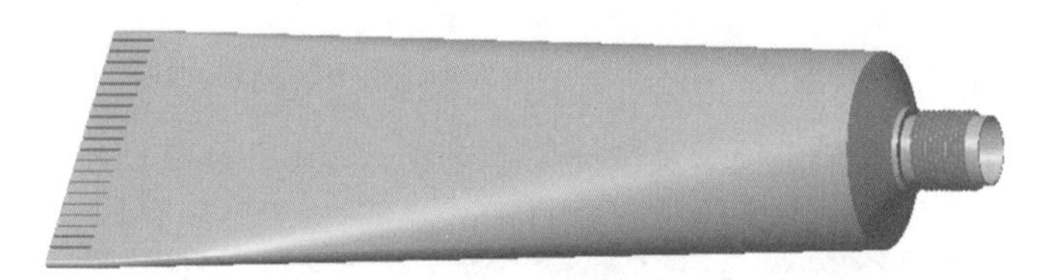

图 3-4-1　牙膏管实体造型

1. 混合

一个混合特征至少由一系列的两个平面截面组成，这些平面截面在其顶点处用过渡曲面连接形成一个连续特征。

（1）混合的特征

混合的特征共有如下三种。

1）平行：所有混合截面均位于平行平面上。

2）旋转：混合截面绕旋转轴旋转。旋转的角度范围为 –120° ~ 120°。

3）常规：一般混合截面可以绕 X 轴、Y 轴和 Z 轴旋转，也可以沿这三个轴平移。每个截面都单独草绘，并用截面坐标系对齐。

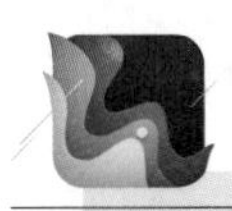

提示

本任务中用到的混合为平行混合，所以仅针对平行混合进行详细介绍。

（2）平行混合的类型

平行混合具有如下两种类型：

1）具有常规截面的平行混合：通过使用至少两个相互平行的平面截面来创建平行混合。这两个平面截面在其边缘用过渡曲面连接形成一个连续特征。

2）具有投影截面的平行混合：投影平行混合包含两个位于相同的平面曲面或基准平面上的截面。这两个截面以垂直于草绘平面的方向投影到两个不同的实体曲面上。第一个截面投影到第一个选定曲面上，第二个截面投影到第二个选定曲面上。每个投影截面都必须完全落在其所选曲面的边界之内。投影平行混合不能与其他曲面相交。

（3）“混合”选项卡

“混合”选项卡由“类型”“混合，使用”“截面 1”“设置”和“截面”“选项”“相切”“主体选项”“属性”子选项卡及快捷菜单组成，如图 3–4–2 所示。

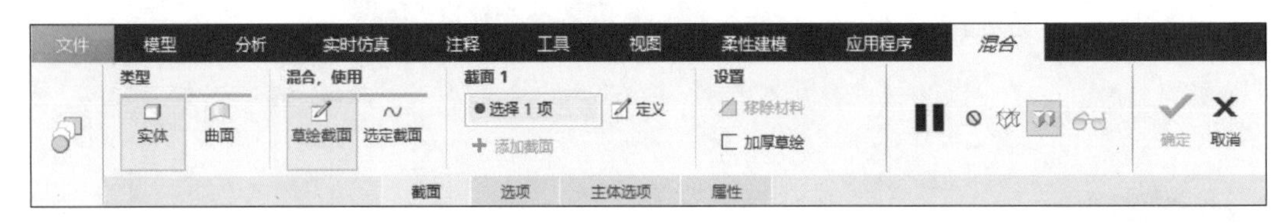

图 3–4–2 “混合”选项卡

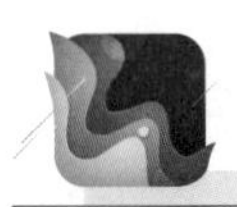

提示

当混合曲面间采用平滑连接时，“相切”子选项卡才会显示。

“类型”包含“实体”和“曲面”，其中，“实体”可创建实体混合，“曲面”可创建曲面混合。

“混合，使用”包含“草绘截面”和“选定截面”。“草绘截面”使用内部或外部草绘截面创建混合。“选定截面”使用选定截面创建混合。

“截面 1”在未定义草绘截面时显示为“截面 1”，当截面 1 定义完成后，“截面 1”显示为“截面 2”，如图 3–4–3 所示。定义截面 2 草绘平面位置的方法有 ⟷“偏移尺寸”和 ⊥⊥“参考”两种。“偏移尺寸”使用相对于另一个草绘平面的偏移定义草绘平面位置，需选择偏移的参考截面和设置偏移值；“参考”通过使用参考来定义草绘平面位置，需选择参考。“编辑草绘”可打开草绘器来定义或编辑启用状态截面的草绘。

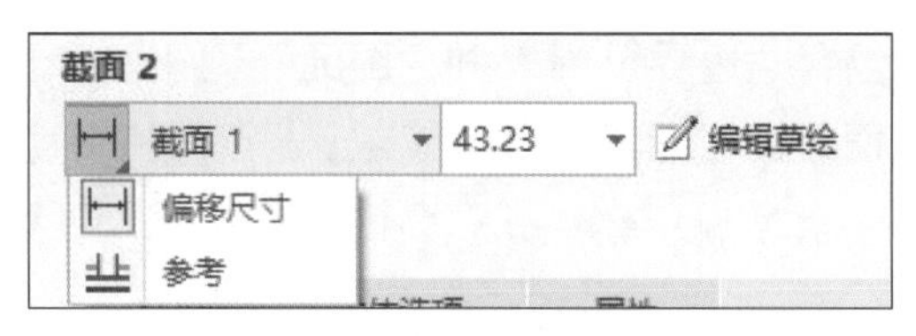

图 3–4–3 “截面 2”命令

“设置”包含“移除材料”和“加厚草绘”。“移除材料”可沿混合移除材料，以便为实体特征创建切口或为曲面特征创建面组修剪；“加厚草绘”可为草绘截面添加厚度。

“截面”子选项卡包含“混合，使用”和“截面”中的所有内容，如图 3–4–4 所示。

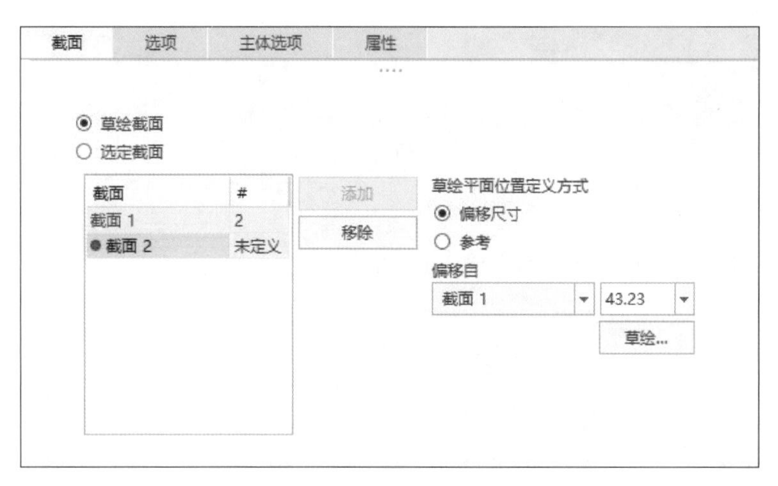

图 3–4–4 “截面”子选项卡

“选项”子选项卡用于选择混合曲面间连接的方式，有“直”混合和“平滑”混合，如图 3–4–5 所示。当混合曲面间的连接方式为“直”混合时，混合模型效果如图 3–4–6 所示；当混合曲面间的连接方式为“平滑”混合时，混合模型效果如图 3–4–7 所示。

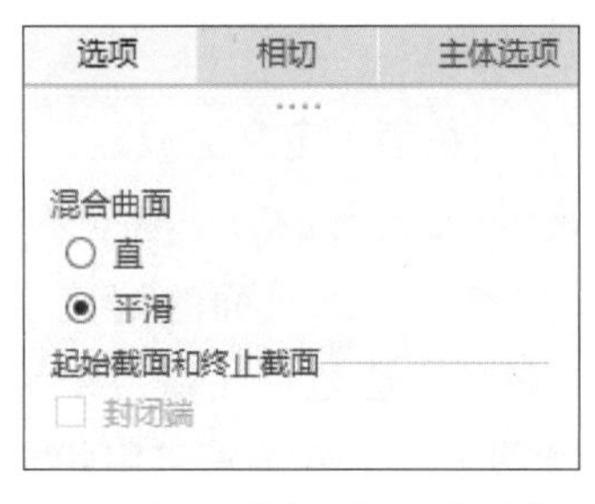

图 3-4-5 “选项”子选项卡

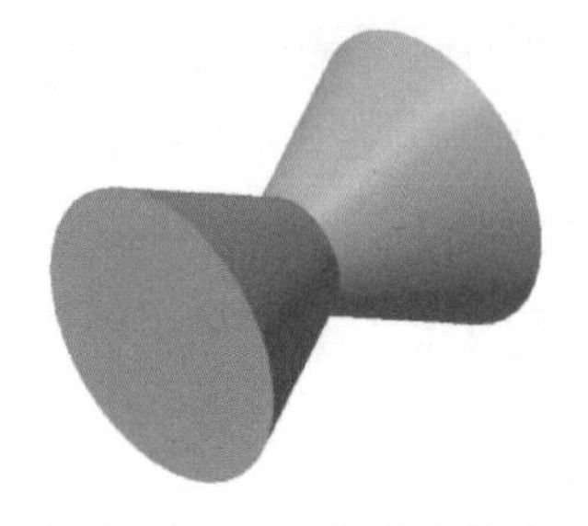

图 3-4-6 “直”混合模型

“相切”子选项卡包含“边界”列表和“图元”列表。如图 3-4-8 所示，“边界”列表可在起始或终止截面处设置混合相切，有自由、相切和垂直三种条件：

自由：将曲面设置为不受侧参考影响。

相切：将曲面设置为与曲面参考相切。

垂直：将曲面设置为与曲面参考垂直。

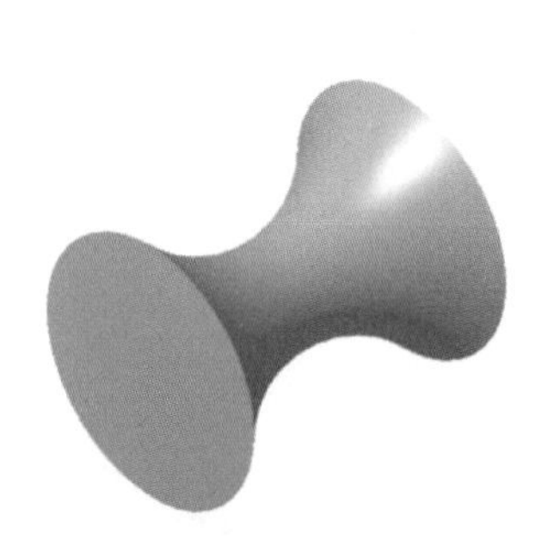

图 3-4-7 “平滑”混合模型

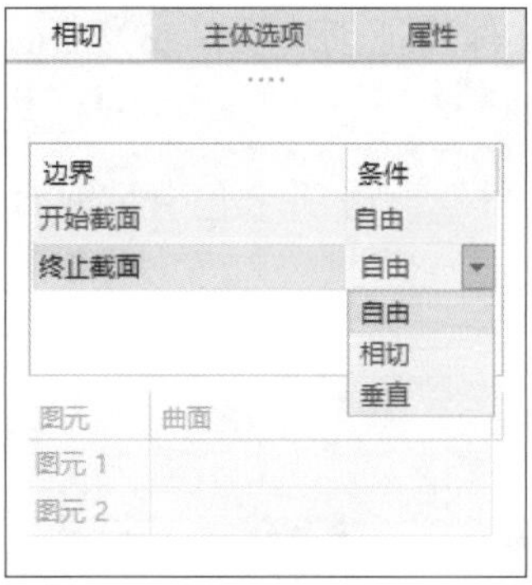

相切 | 主体选项 | 属性

边界	条件
开始截面	自由
终止截面	自由

自由
相切
垂直

图元	曲面
图元 1	
图元 2	

图 3-4-8 “相切”子选项卡

“图元”列表可设置参考曲面作为活动图元。

“主体选项”子选项卡可将特征创建为实体。“主体选项”有两种类型，作用与“拉伸”选项卡中相同，这里不再赘述。

“属性”子选项卡用于设置混合特征名称。

快捷菜单通过在图形窗口单击鼠标右键弹出，其命令和具体说明见表 3-4-1，与“拉伸”选项卡相同或与之前命令相同的这里不再赘述。用鼠标右键单击起始或终止截面上的“相切”符号可访问“自由”“相切”和“垂直”命令。

2. 壳

“壳”工具可将实体内部去除，只留一个特定壁厚的壳。用户可指定要从壳中移除的曲面，也可将实体部分壳化。通过在“排除曲面”收集器中指定曲面来排除一个或

表 3-4-1 “混合”选项卡中快捷菜单的命令和具体说明

命令	具体说明
草绘收集器	激活草绘收集器
曲线收集器	激活“截面”收集器
插入	在活动截面下插入一个新的截面
草绘	打开草绘器
显示所有截面尺寸	显示所有截面直径
隐藏所有截面尺寸	隐藏所有截面直径

多个曲面，以使其不被壳化的过程称为部分壳化。如果未选择要移除的曲面，则会创建一个“封闭”壳，并将主体的整个内部去除，且内部无开口。

在定义壳时，可以选择多个曲面并为它们分配不同的厚度。

“壳”工具允许选择相邻的相切曲面，可移除或偏移（独立地或采用不同的厚度）在一个或多个边界上与其相邻曲面相切的曲面。在发生壳偏移分离的相切边上，将构造垂直封闭曲面以封闭间隙。

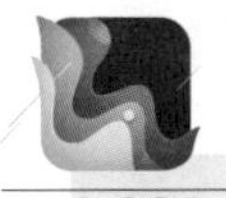

提示

使用“壳”工具时，创建特征的顺序极为重要。“壳”工具可壳化模型中的所有主体或选定主体。

“壳”选项卡由“设置”和“参考”“选项”“属性”子选项卡及快捷菜单组成，如图 3-4-9 所示。

图 3-4-9 “壳”选项卡

“设置”下的“厚度”框用于设置默认壳厚度的值。如果需要反向厚度侧，可通过输入负值或单击“反向”按钮，则壳厚度将被添加至主体的外部。

“参考”子选项卡包含“要壳化的主体”选项、“移除曲面”收集器和“非默认厚度”收集器，如图 3–4–10 所示。“要壳化的主体”有“全部”和“选定”两个选项，“全部”指壳化模型中所有主体的几何，“选定”指壳化选定主体中的几何，可通过“主体收集器”来选择要从中移除几何的主体。“移除曲面”用于显示要移除的曲面。“非默认厚度”用于显示分配有不同厚度的曲面，可为包括在此收集器中的每个曲面指定单独的厚度值。

“选项”子选项卡包含“排除曲面”收集器、“曲面延伸”选项和“防止壳穿透实体”选项，如图 3–4–11 所示。“排除曲面”收集器用于显示一个或多个要从壳中排除的曲面。如果未选择任何要排除的曲面，则将壳化整个主体。“细节”按钮可打开“曲面集”对话框，添加或移除曲面。“曲面延伸”有“延伸内部曲面”和“延伸排除的曲面”两个选项，前者可在壳特征的内部曲面上形成一个盖，后者可在壳特征的排除曲面上形成一个盖。“防止壳穿透实体”有“凹拐角”和“凸拐角”两个选项，前者可防止壳在凹拐角处切割实体，后者可防止壳在凸拐角处切割实体。

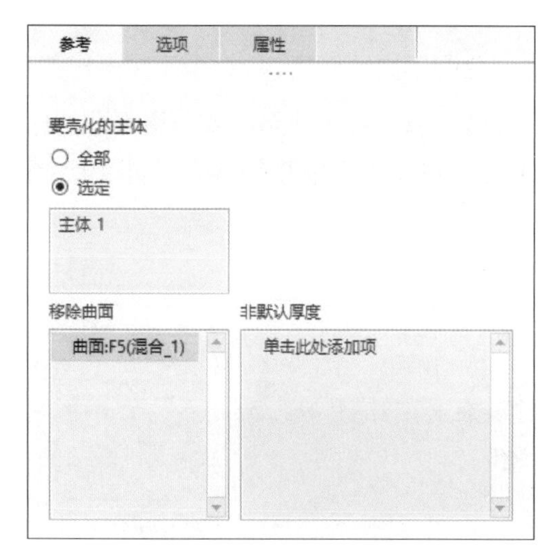

图 3–4–10 “参考”子选项卡

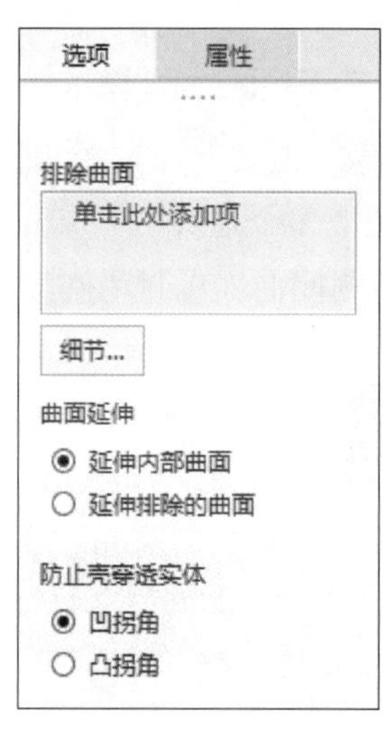

图 3–4–11 “选项”子选项卡

“属性”子选项卡用于设置特征名称。

快捷菜单通过在图形窗口单击鼠标右键弹出，其命令和具体说明见表 3–4–2，与之前相同的这里不再赘述。

表 3–4–2 “壳”选项卡中快捷菜单的命令和具体说明

命令	具体说明
移除曲面	激活“移除曲面”收集器
非默认厚度	激活“非默认厚度”收集器
排除曲面	激活“排除曲面”收集器

3. 阵列特征

阵列有特征阵列和几何阵列两种。特征阵列由多个特征实例组成，通过选择阵列类型并定义尺寸、放置点或填充区域和形状以放置阵列成员。几何阵列可创建所选几何的阵列，包括当前零件中的曲面、主体、曲线、基准或注释等，每个阵列成员都是一个复制几何特征，用于创建参考几何的副本。本任务中采用的是特征阵列中的尺寸阵列。

创建阵列时需考虑阵列类型、阵列方式、单向特征阵列与双向特征阵列三个方面，而这些设置均在“阵列”选项卡中完成。“阵列”选项卡由“类型”“设置”和“尺寸”“选项”“属性”子选项卡及快捷菜单组成，如图 3-4-12 所示。

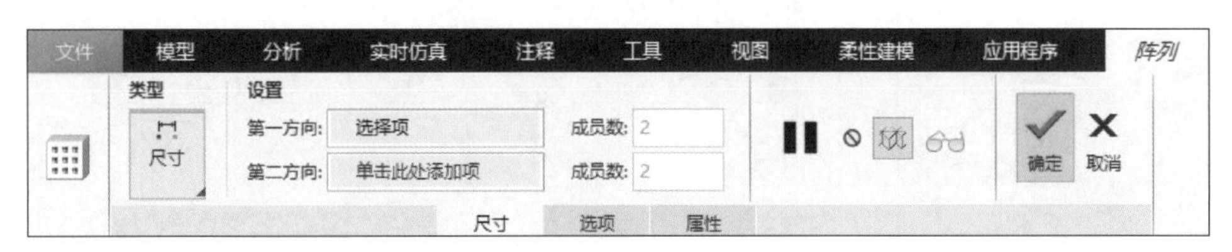

图 3-4-12 “阵列”选项卡

“类型”用于设置阵列类型，包括“尺寸”“方向”“轴”“填充”“表”“参考”“曲线”和“点”共八种，其具体说明见表 3-4-3。

表 3-4-3　阵列类型的具体说明

阵列类型	图标	具体说明
尺寸		通过使用驱动尺寸并指定阵列的增量变化来控制阵列，可以为单向或双向
方向		通过指定方向并使用拖动控制滑块设置阵列增长的方向和增量来创建自由形式阵列，可以为单向或双向
轴		通过使用拖动控制滑块设置阵列的角增量和径向增量来创建自由形式径向阵列，也可将阵列拖动成为螺旋形
填充		通过选定栅格用实例填充区域来控制阵列
表		通过使用阵列表并为每一阵列实例指定尺寸值来控制阵列
参考		通过参考另一阵列来控制阵列
曲线		通过指定沿着曲线的阵列成员间的距离或阵列成员的数目来控制阵列
点		将阵列成员放置在几何草绘点、几何草绘坐标系或基准点上

当阵列类型为“尺寸”时，“设置”用于显示第一、第二方向的尺寸数和成员数，默认值为 2。

当阵列类型为“尺寸”时，“尺寸”子选项卡用于显示“方向 1”和“方向 2”创建阵列的增量的尺寸，至少选择一个尺寸，或使用关系来设置增量，如图 3-4-13 所示。“编辑”按钮仅当选中“按关系定义增量”复选框时可用，可打开“关系”对话框编辑用来驱动选定尺寸增量的关系，如图 3-4-14 所示。

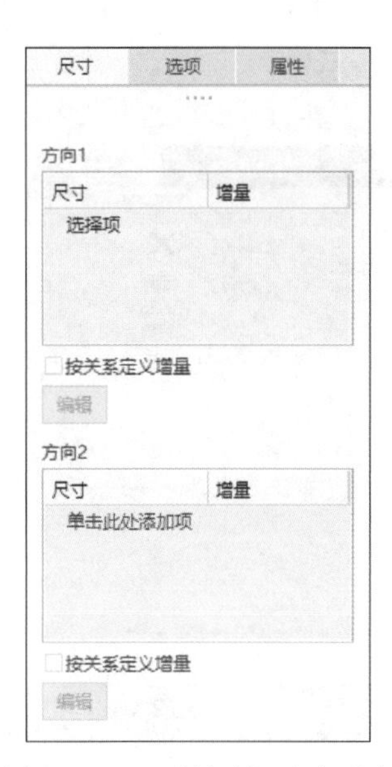

图 3-4-13 “尺寸”子选项卡

图 3-4-14 “关系”对话框

当阵列类型为“尺寸”时，“选项”子选项卡用于设置重新生成选项的阵列方式，分为“相同”“可变”和“常规”三种，其具体说明见表 3-4-4。

表 3-4-4 阵列方式的具体说明

阵列方式	图例	具体说明
相同		阵列特征与原始特征的尺寸相同，且必须在同一放置平面内（不能超出放置平面），彼此之间或与零件边界不相交
可变		阵列特征的尺寸可以改变，可位于不同的放置平面内，但彼此之间或与零件边界不能相交

续表

阵列方式	图例	具体说明
常规		阵列特征的尺寸可以改变，可位于不同的放置平面内，而且各特征之间可相交

“属性”子选项卡用于设置特征名称。

快捷菜单包含的命令与选定的阵列类型相关，本任务中仅针对“尺寸”阵列类型，可通过在图形窗口单击鼠标右键弹出，其命令和具体说明见表 3–4–5，与之前相同的这里不再赘述。

表 3-4-5 “阵列”选项卡中“尺寸”阵列类型快捷菜单的命令和具体说明

命令	具体说明
方向 1 尺寸	激活“第一方向”尺寸收集器
方向 2 尺寸	激活“第二方向”尺寸收集器
显示尺寸	显示尺寸

4.“镜像”工具

“镜像”工具针对平面曲面复制特征或几何。镜像副本可以是独立副本，也可以是随着原始特征或几何更新的从属副本。

“镜像”选项卡由“参考”和“参考”“选项”“属性”子选项卡及快捷菜单组成，如图 3–4–15 所示。

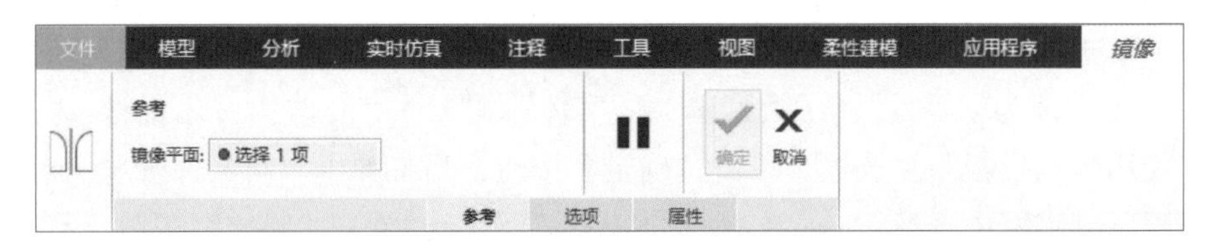

图 3-4-15 “镜像”选项卡

“参考”下的“镜像平面”收集器可显示用于镜像的平面参考。参考平面可以是基准平面、目的基准平面或平面曲面。

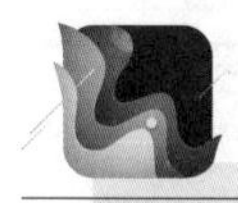

提示

在编辑镜像特征的定义时，“镜像”选项卡中会显示“选项”命令，“选项”命令下的“重新应用镜像”命令可使用源特征的新镜像特征来替换现有目标镜像特征。该命令仅在“零件”模式下可用，可重新定义独立和部分从属的镜像特征。

“参考”子选项卡包含“镜像平面”收集器和“镜像的特征”收集器，可分别显示参考平面和要镜像的特征或几何。

“选项”子选项卡用于镜像特征时，可用于选择从属副本的方式。当选中“从属副本”复选框后，可使所复制特征的尺寸从属于原始特征的尺寸，有“完全从属于要改变的选项”和“部分从属 – 仅尺寸和注释元素细节”两种方式。前者使所复制特征的所有元素完全从属于原始特征，并能够更改尺寸、注释元素细节、参数、草绘和参考的相关性；后者仅使所复制特征的尺寸和注释元素细节从属于原始特征。

“属性”子选项卡用于设置特征名称。

快捷菜单可通过在图形窗口单击鼠标右键弹出，包含“镜像平面收集器”“镜像项收集器”和“清除”三个命令。

1. 启动 Creo 8.0

双击桌面上的“Creo Parametric 8.0”快捷方式图标，启动 Creo 8.0。

2. 新建文件

（1）单击“主页”选项卡“数据”组中的“新建”按钮，系统弹出“新建”对话框，将类型选为“零件”、子类型选为“实体”、“文件名”改为“牙膏管”，并取消勾选“使用默认模板”复选框，单击“确定”按钮，系统弹出“新文件选项”对话框，在“模板”列表框中选择“mmns_part_solid_abs”模板，单击“确定”按钮，完成文件“牙膏管”的创建。

（2）单击“视图”选项卡“显示”组中的“平面显示”按钮、“坐标系显示”按钮和“旋转中心”按钮，隐藏基准平面、坐标系和旋转中心。

3. 创建牙膏管部分

（1）单击“模型”选项卡“形状”组溢出按钮 形状▾，打开按钮列表，单击列表中的“混合”按钮，“混合”选项卡随即打开，如图 3–4–16 所示。

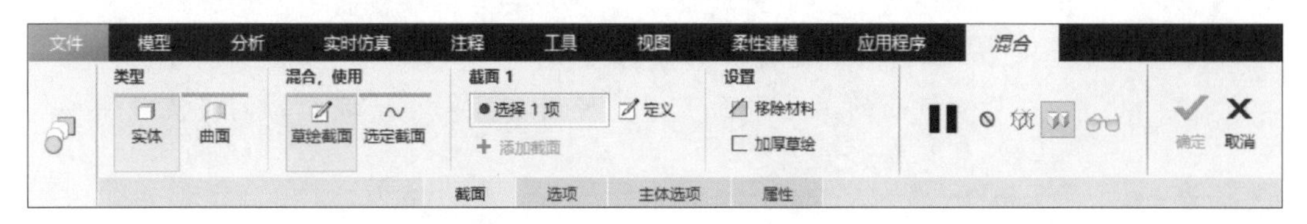

图 3-4-16　“混合”选项卡

（2）单击“截面”子选项卡中的“定义”按钮，如图 3–4–17 所示，系统弹出“草绘”对话框。

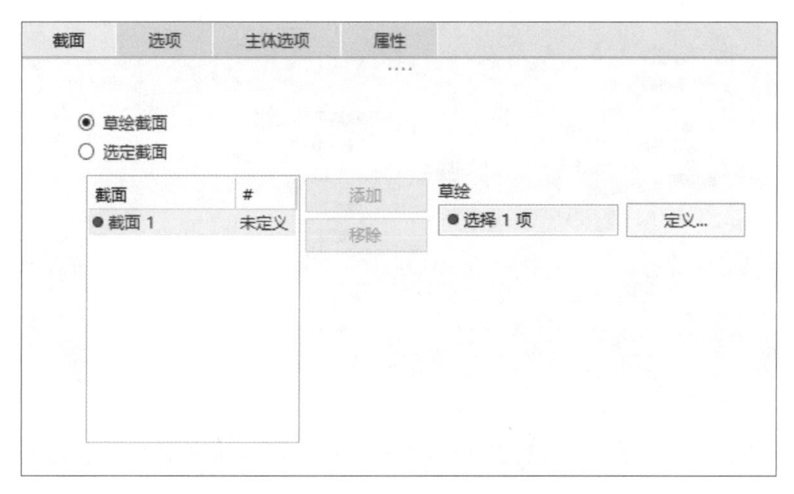

图 3-4-17　“截面”子选项卡

（3）根据提示，选择基准平面 RIGHT 为草绘平面，其余选项接受系统默认设置，单击“草绘”按钮，进入草绘环境。

（4）利用“矩形”“圆角”“尺寸”等，绘制图 3–4–18 所示的截面线 1。

（5）单击“草绘”选项卡“关闭”组中的“确定”按钮，完成第一个截面的绘制。

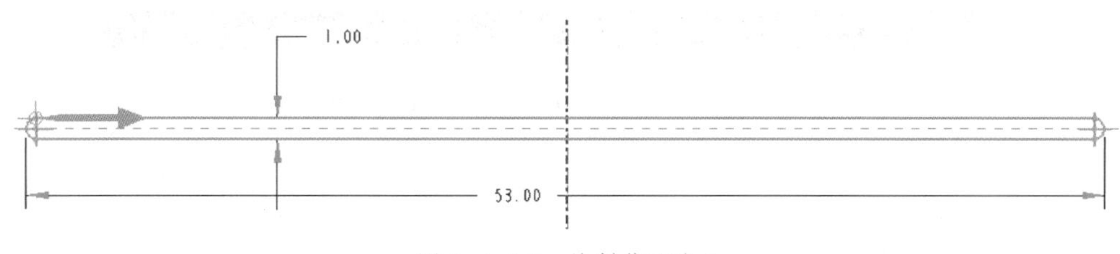

图 3-4-18　绘制截面线 1

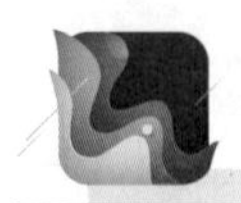

提示

如果混合中的第一个截面是一个内部或外部草绘的话，那么混合中的其余截面必须为内部草绘。如果第一个截面是通过选择链定义的，那么也必须选择其余截面。

草绘截面的草绘平面可通过使用与另一草绘截面的偏移值或使用一个参考来定义。

（6）在“截面”子选项卡上的“偏移自”文本框中输入数值“150”，如图 3-4-19 所示。

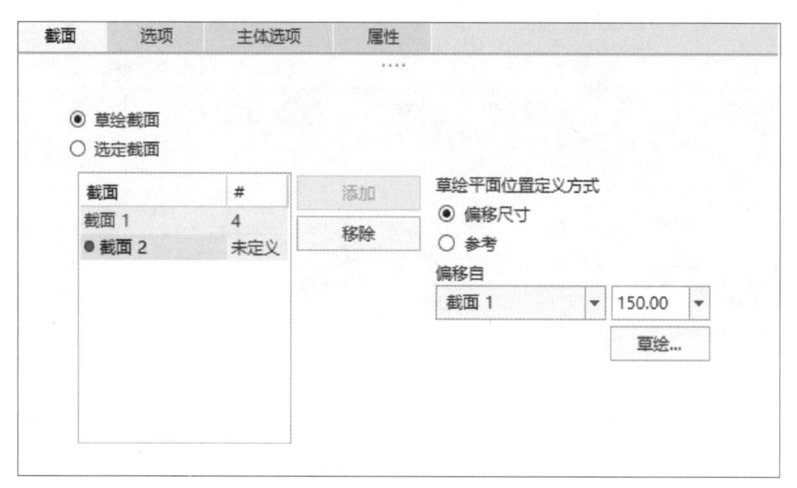

图 3-4-19　设置截面 2 参数

提示

截面 2 的偏移距离设置方法并不唯一，也可以选择在“混合”选项卡中单击“添加截面”按钮，并设置“截面 2”相对于“截面 1”偏移距离为“150”，如图 3-4-20 所示，再单击“编辑草绘”按钮，“草绘”选项卡随即打开，进入草绘环境。

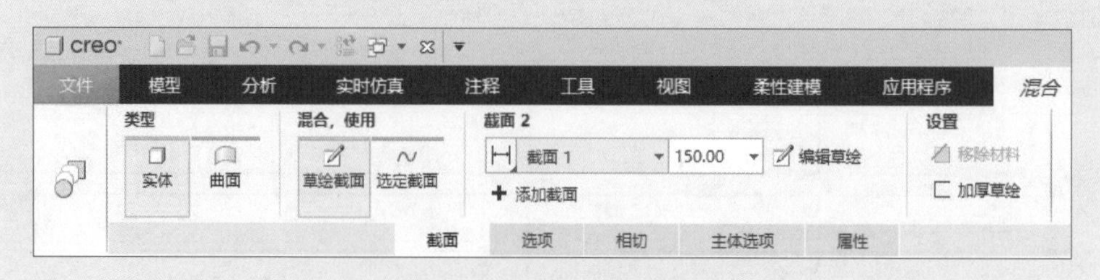

图 3-4-20　添加截面 2

（7）单击“截面”子选项卡上的“草绘”按钮，进入草绘环境。利用“圆心和点”“尺寸”等，绘制图 3-4-21 所示的截面线 2。

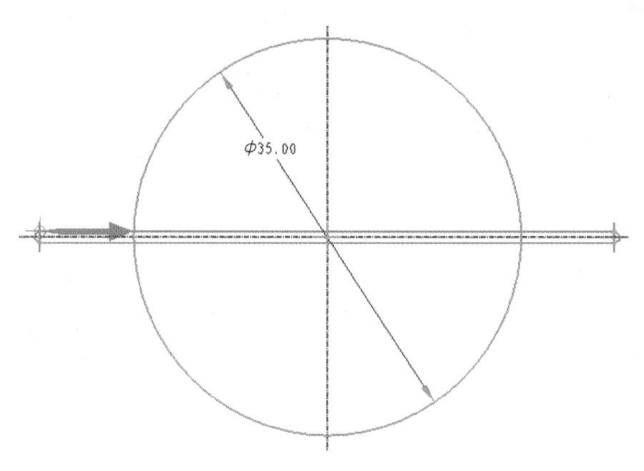

图 3-4-21　绘制截面线 2

（8）单击“草绘”选项卡“编辑”组中的“分割”按钮，在图 3-4-22 所示的位置将圆打断为四段圆弧，第一个打断点处会出现一个表示混合起始点和方向的箭头。

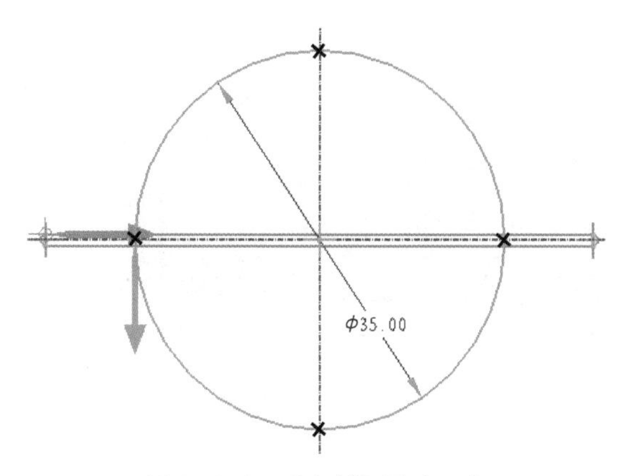

图 3-4-22 “分割”圆为四段

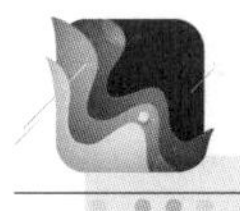

提示

在混合特征中要求所有截面的图元数必须相等。例如，第一截面的图元数为 4，则第二截面的图元数也为 4，所以圆应分为 4 段。

若要改变起始点的方向，则选取起始点，被选取的点会加亮显示，然后单击鼠标右键，在弹出的快捷菜单中选择“起点”命令，如图 3-4-23 所示，则起始点位置改变、箭头反向，如图 3-4-24 所示。

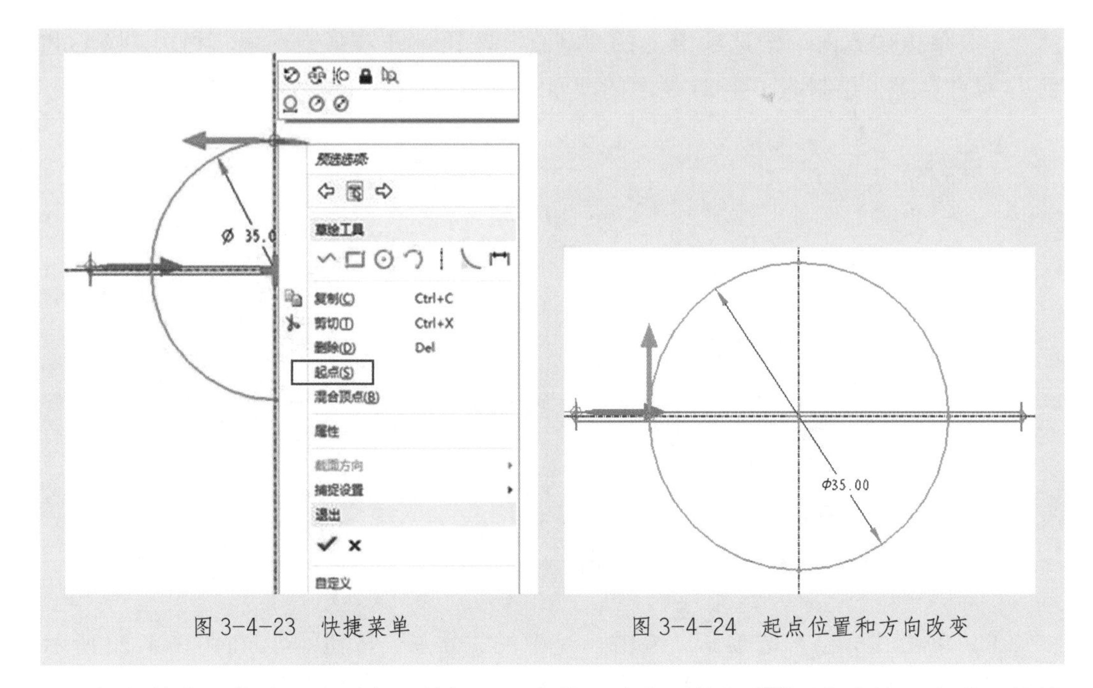

图 3-4-23　快捷菜单　　　图 3-4-24　起点位置和方向改变

（9）单击“草绘”选项卡“关闭”组中的“确定”按钮 ✓，完成第二个截面的绘制。此时，软件自动形成两个截面之间的连接轮廓，如图 3-4-25 所示。

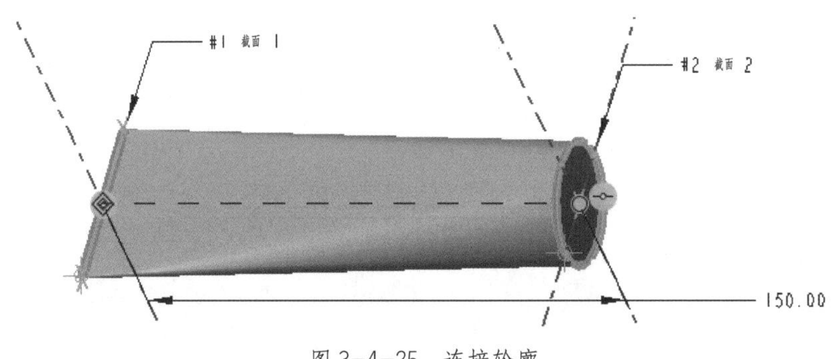

图 3-4-25　连接轮廓

（10）单击“混合”选项卡中的“确定”按钮 ✓，完成牙膏管部分实体的创建。

4. 创建牙膏管头部部分

（1）单击“模型”选项卡“形状”组中的“旋转”按钮 ，“旋转”选项卡随即打开，设置“旋转”选项卡如图 3-4-26 所示。

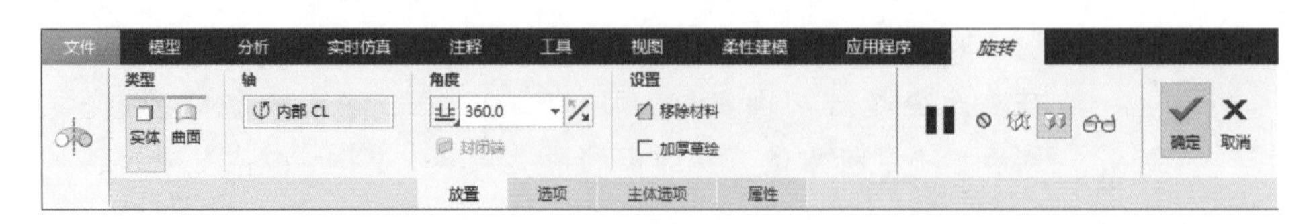

图 3-4-26　设置“旋转”选项卡

（2）单击“放置”子选项卡中的“定义”按钮，系统弹出“草绘”对话框。根据提示，选择基准平面 TOP 为草绘平面，单击“草绘”按钮，进入草绘环境。

（3）利用“线链”“尺寸”等，绘制图 3-4-27 所示的草图。

（4）单击“草绘”选项卡“关闭”组中的“确定”按钮 ✓，退出草图环境，完成旋转截面线的绘制。

（5）单击“旋转”选项卡中的“确定”按钮 ✓，完成牙膏管头部实体的创建，结果如图 3-4-28 所示。

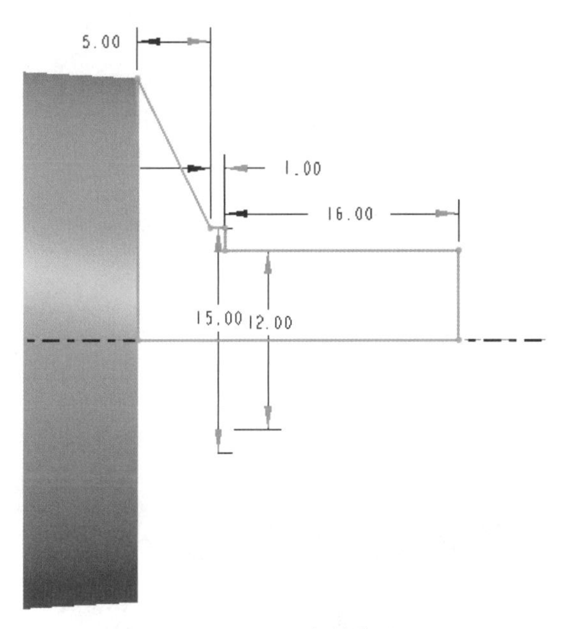

图 3-4-27　绘制草图

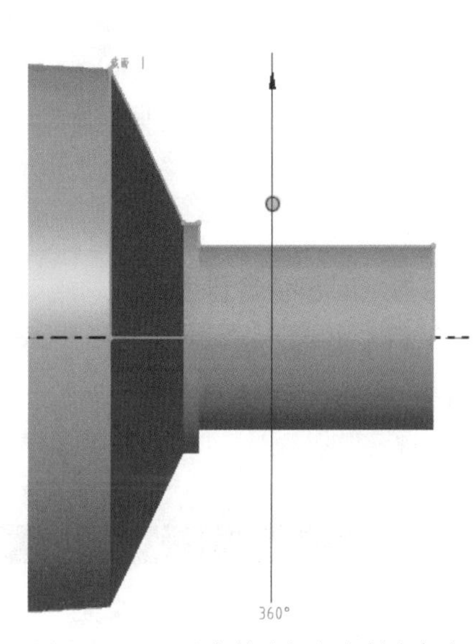

图 3-4-28　牙膏管头部部分创建完成

5. 创建抽壳操作

（1）单击“模型”选项卡“工程”组中的“壳”按钮，“壳”选项卡随即打开，设置“壳”选项卡如图 3-4-29 所示。

图 3-4-29　设置“壳”选项卡

（2）选择牙膏管头部圆柱顶面为移除面，结果如图 3-4-30 所示。

（3）单击“壳”选项卡中的“确定”按钮 ✓，完成牙膏管的抽壳操作。

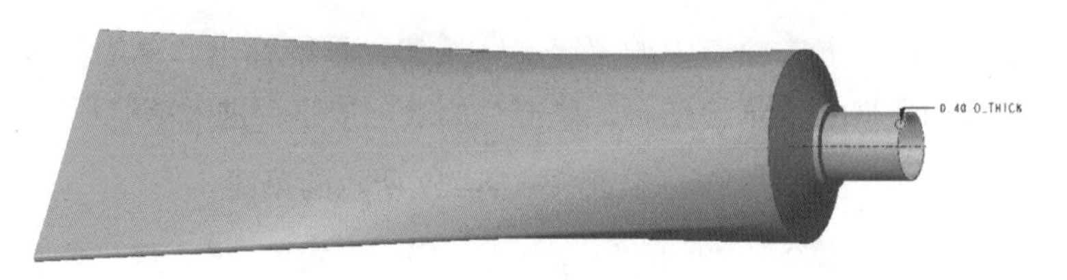

图 3-4-30 设置厚度并选择移除面

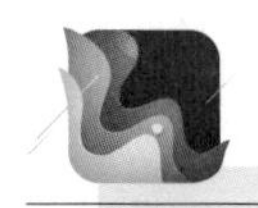

提示

对于抽壳操作，以下几点需要说明：

1. 抽壳操作中的壁厚可以为负值，此时系统将往实体外部增加厚度。

2. 根据需要，可以设置若干移除面。

3. 抽壳的各面可以分别设置不同的厚度。

6. 创建牙膏管底部

（1）单击“模型”选项卡“形状”组中的“拉伸”按钮 ，“拉伸”选项卡随即打开，设置“拉伸”选项卡如图 3-4-31 所示。

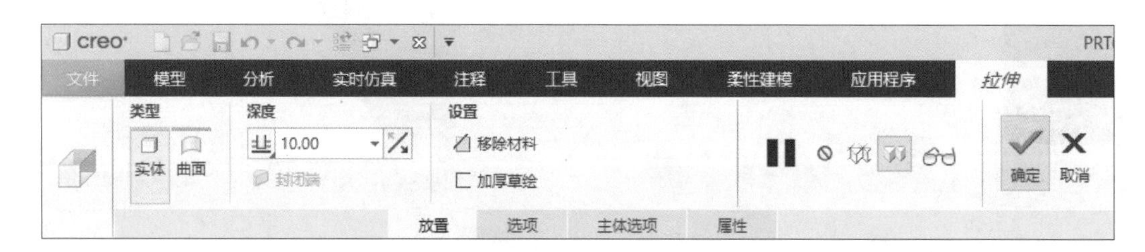

图 3-4-31 设置“拉伸”选项卡

（2）选择基准平面 RIGHT 为草绘平面，利用“投影”绘制图 3-4-32 所示的截面线。

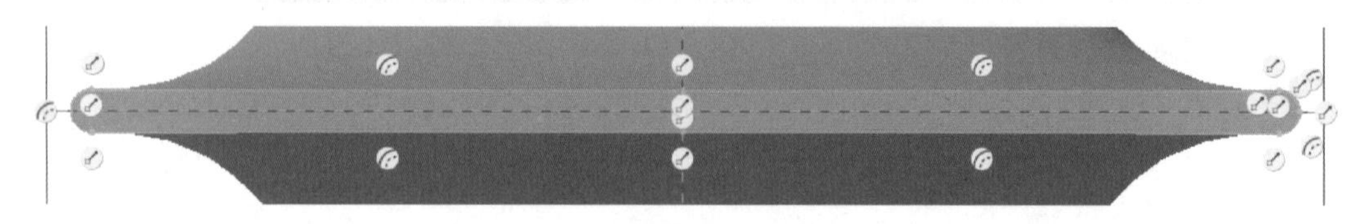

图 3-4-32 绘制草图

（3）单击“草绘”选项卡“关闭”组中的“确定”按钮 ，退出草图环境，完成拉伸截面线的绘制。

（4）单击“拉伸”选项卡中的“确定”按钮 ✔，完成牙膏管底部实体的创建，结果如图 3-4-33 所示。

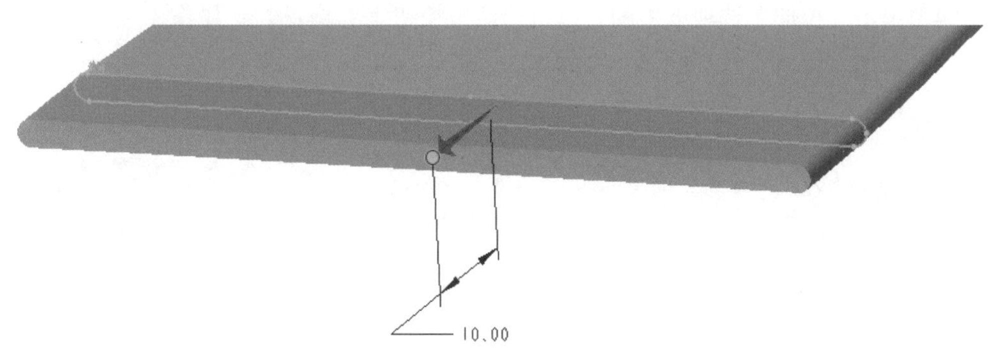

图 3-4-33　牙膏管底部实体创建完成

7. 创建牙膏管底部压痕

（1）单击“模型”选项卡“形状”组中的“拉伸”按钮 ，“拉伸”选项卡随即打开，设置“拉伸”选项卡如图 3-4-34 所示。

图 3-4-34　设置“拉伸”选项卡

（2）单击“拉伸”选项卡最右侧“基准”溢出菜单，选择“平面”按钮 ，系统弹出“基准平面”对话框，选择基准平面 TOP 为参考平面，设置“偏移”值为“0.20”，如图 3-4-35 所示。

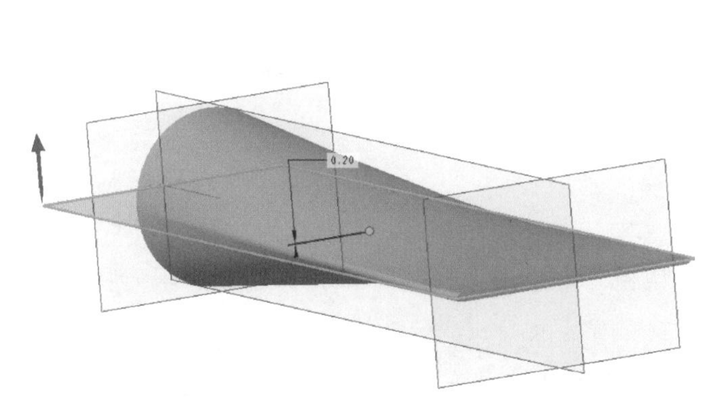

图 3-4-35　创建草绘平面

（3）单击“基准平面”对话框中的“确定”按钮，完成基准平面 DTM1 的创建。

（4）单击“拉伸”选项卡中的“退出暂停”按钮 ▶，继续拉伸操作。

（5）利用“矩形”“尺寸”等，绘制图 3-4-36 所示的截面线。

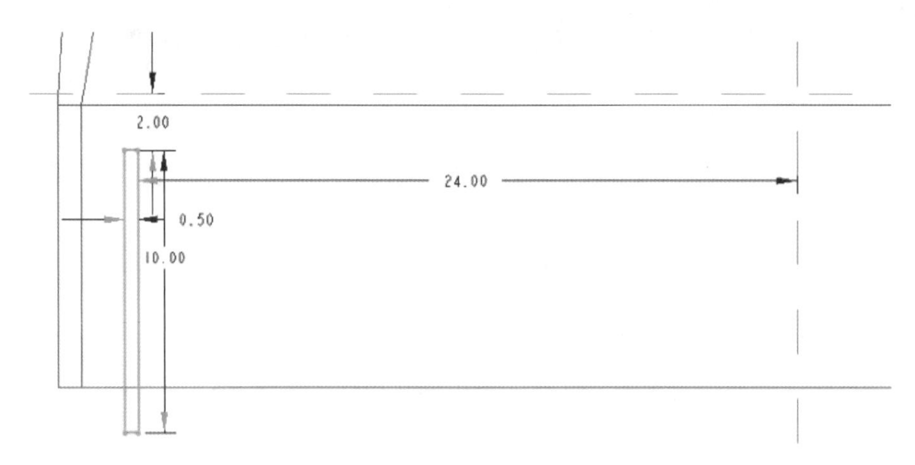

图 3-4-36 绘制截面线

（6）单击“草绘”选项卡下“关闭”组中的“确定”按钮 ✔，退出草图环境，完成拉伸截面线的绘制。

（7）单击“拉伸”选项卡中的“确定”按钮 ✔，完成牙膏管底部修饰槽的创建，结果如图 3-4-37 所示。

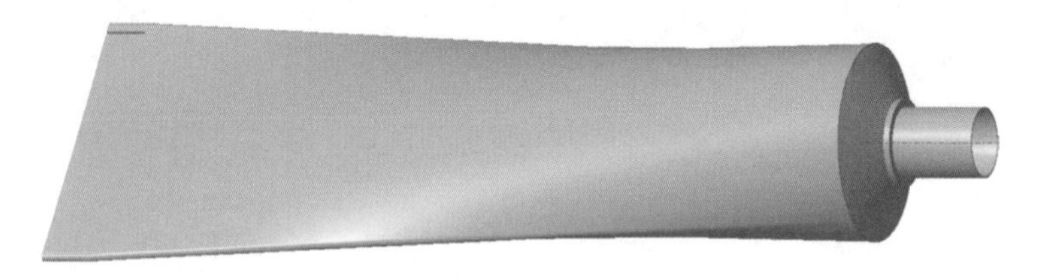

图 3-4-37 牙膏管底部压痕创建完成

8. 阵列底部压痕

（1）在“图形窗口”或“模型树”中单击选择牙膏管底部创建的压痕特征，即“拉伸 2”特征。

（2）单击“模型”选项卡“编辑”组中的“阵列”按钮 ▦，“阵列”选项卡随即打开，设置“阵列”选项卡如图 3-4-38 所示。

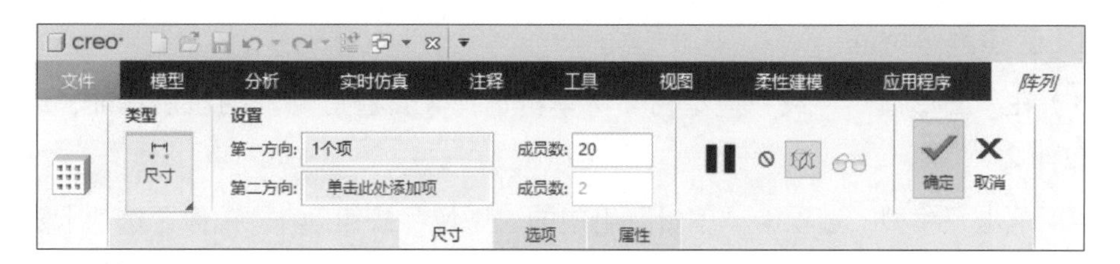

图 3-4-38　设置“阵列”选项卡

（3）单击图形窗口中所选特征显示数值为“24”的距离尺寸，然后将“尺寸”子选项卡“方向 1”组中的“增量”设置为“-2.5”，如图 3-4-39 所示。

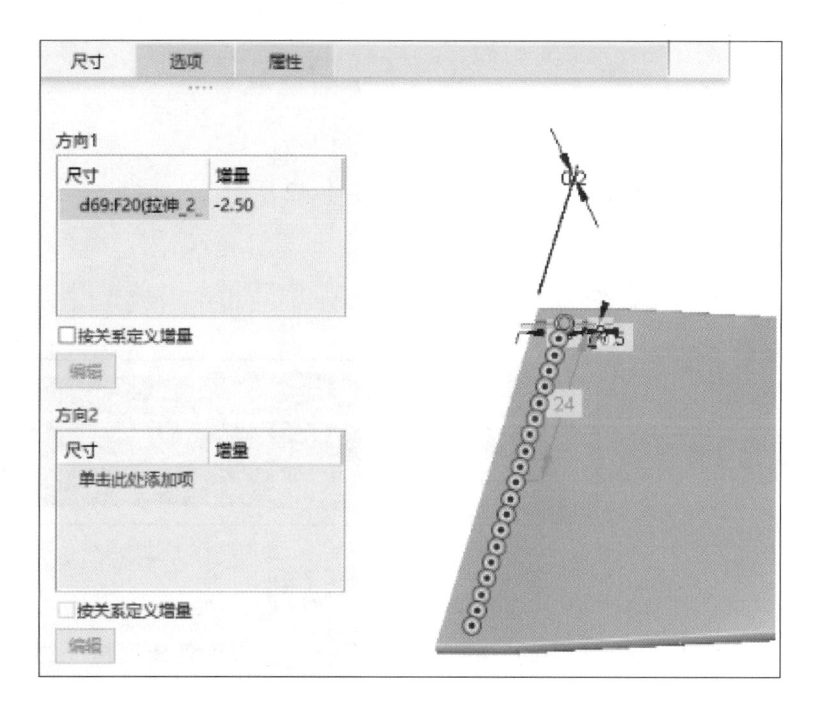

图 3-4-39　设置阵列方向和参数

（4）单击“阵列”选项卡中的“确定”按钮 ✓，完成底部压痕的单向尺寸阵列，结果如图 3-4-40 所示。

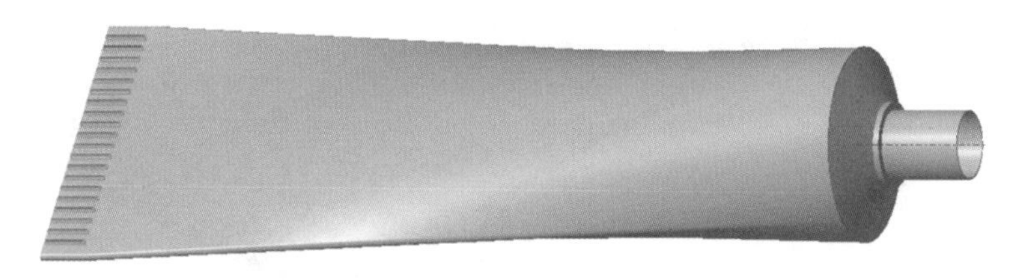

图 3-4-40　完成底部压痕的阵列

9. 创建镜像特征

（1）在“图形窗口”或“模型树”中单击选择牙膏管底部阵列压痕特征，即“阵列 1/ 拉伸 2”特征。

（2）单击“模型”选项卡“编辑”组中的“镜像”按钮，“镜像”选项卡随即打开，如图 3-4-41 所示。

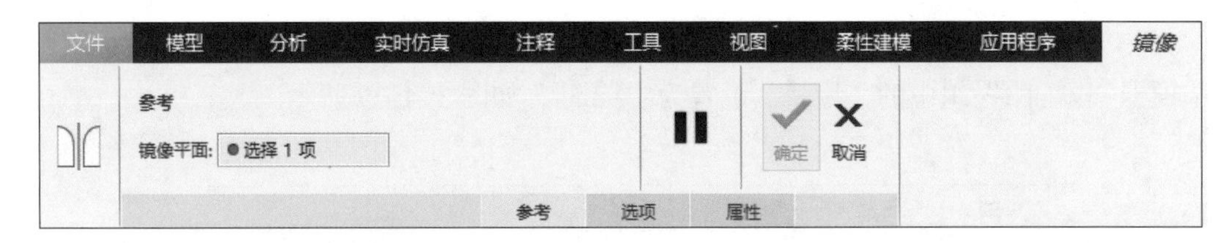

图 3-4-41 “镜像”选项卡

（3）选择基准平面 TOP 为镜像平面，如图 3-4-42 所示。

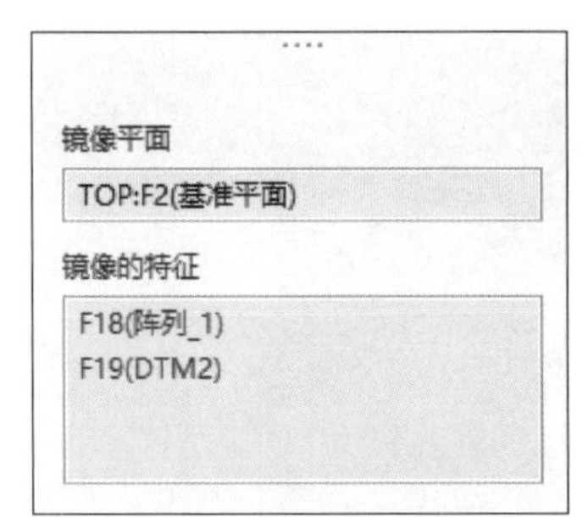

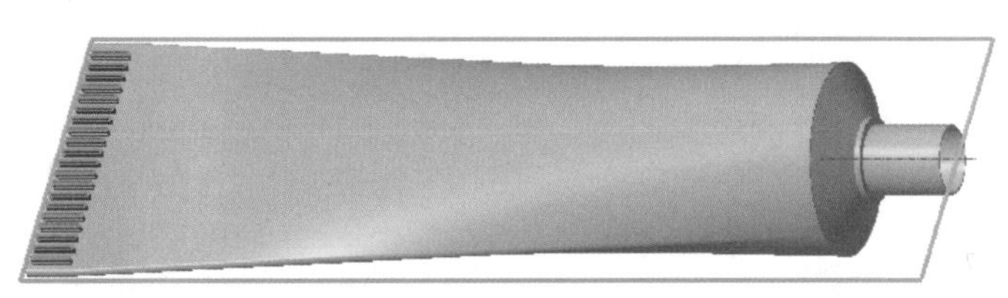

图 3-4-42 选择镜像平面

（4）单击“镜像”选项卡中的“确定”按钮，完成镜像压痕特征的创建，结果如图 3-4-43 所示。

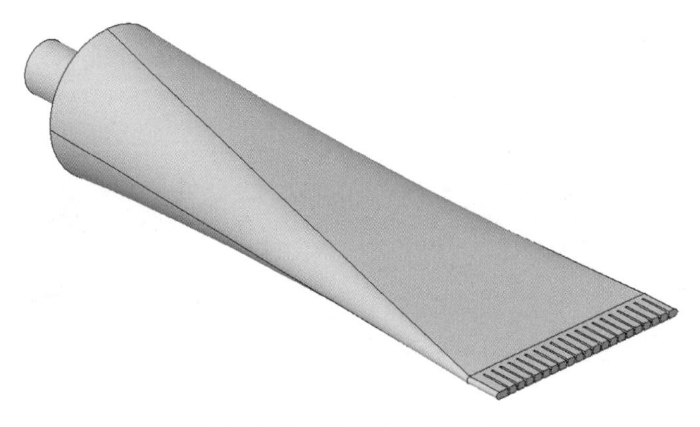

图 3-4-43 镜像压痕特征

10. 创建牙膏管螺纹部分

（1）单击“模型”选项卡“形状”组中的“螺旋扫描”按钮，“螺旋扫描”选项卡随即打开，设置“螺旋扫描”选项卡如图 3–4–44 所示。

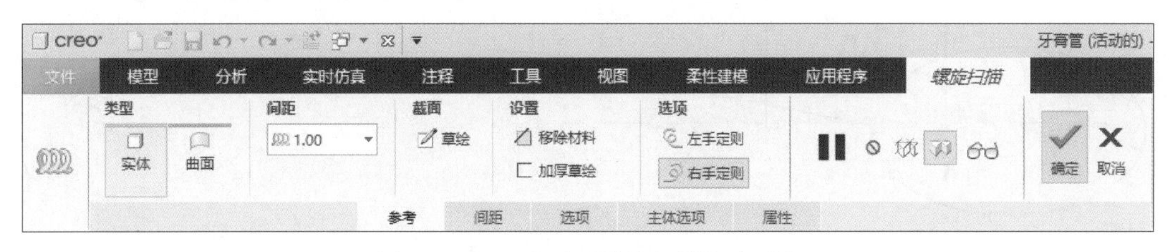

图 3–4–44　设置“螺旋扫描”选项卡

（2）单击“参考”子选项卡的“定义”按钮，系统弹出“草绘”对话框。根据提示，选择基准平面 TOP 为草绘平面，其余选项接受系统默认设置，单击“草绘”按钮，进入草绘环境。

（3）利用“线链”“中心线”“尺寸”，绘制螺旋轮廓和扫描几何中心线，如图 3–4–45 所示。

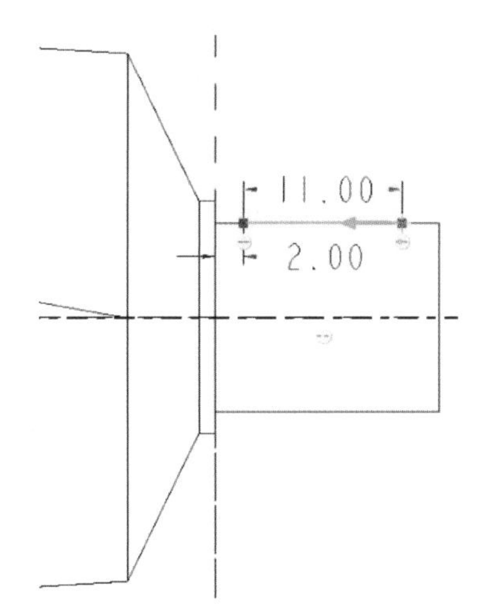

图 3–4–45　绘制螺旋轮廓和扫描几何中心线

（4）单击“草绘”选项卡“关闭”组中的“确定”按钮，退出草绘环境，完成螺旋轮廓和扫描几何中心线的绘制。

（5）单击“螺旋扫描”选项卡“截面”下的“草绘”按钮 草绘，进入草绘环境。

（6）利用“线链”“圆角”“尺寸”等，绘制扫描截面，如图 3–4–46 所示。

（7）单击“草绘”选项卡“关闭”组中的“确定”按钮，退出草绘环境，完成扫描截面的绘制。

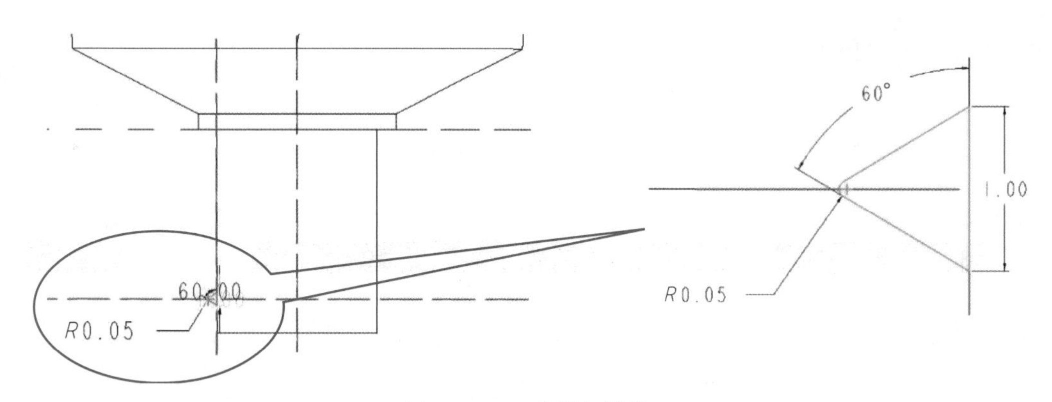

图 3-4-46　绘制扫描截面

（8）单击“螺旋扫描”选项卡中的“确定”按钮 ✔，完成恒定螺距螺纹特征的创建，结果如图 3-4-1 所示。

11. 保存文件，并退出 Creo 8.0 软件

单击快速访问工具栏中的“保存”按钮 ，系统弹出“保存对象”对话框，根据需求选择文件保存地址，单击“确定”按钮，完成文件的保存。

单击软件界面右上角的“关闭”按钮 ×，退出 Creo 8.0 软件。

至此，牙膏管实体造型创建完成。

1. 完成图 3-4-47 所示实体模型 1 的创建。
2. 完成图 3-4-48 所示实体模型 2 的创建。

图 3-4-47　实体模型 1（尺寸自定）

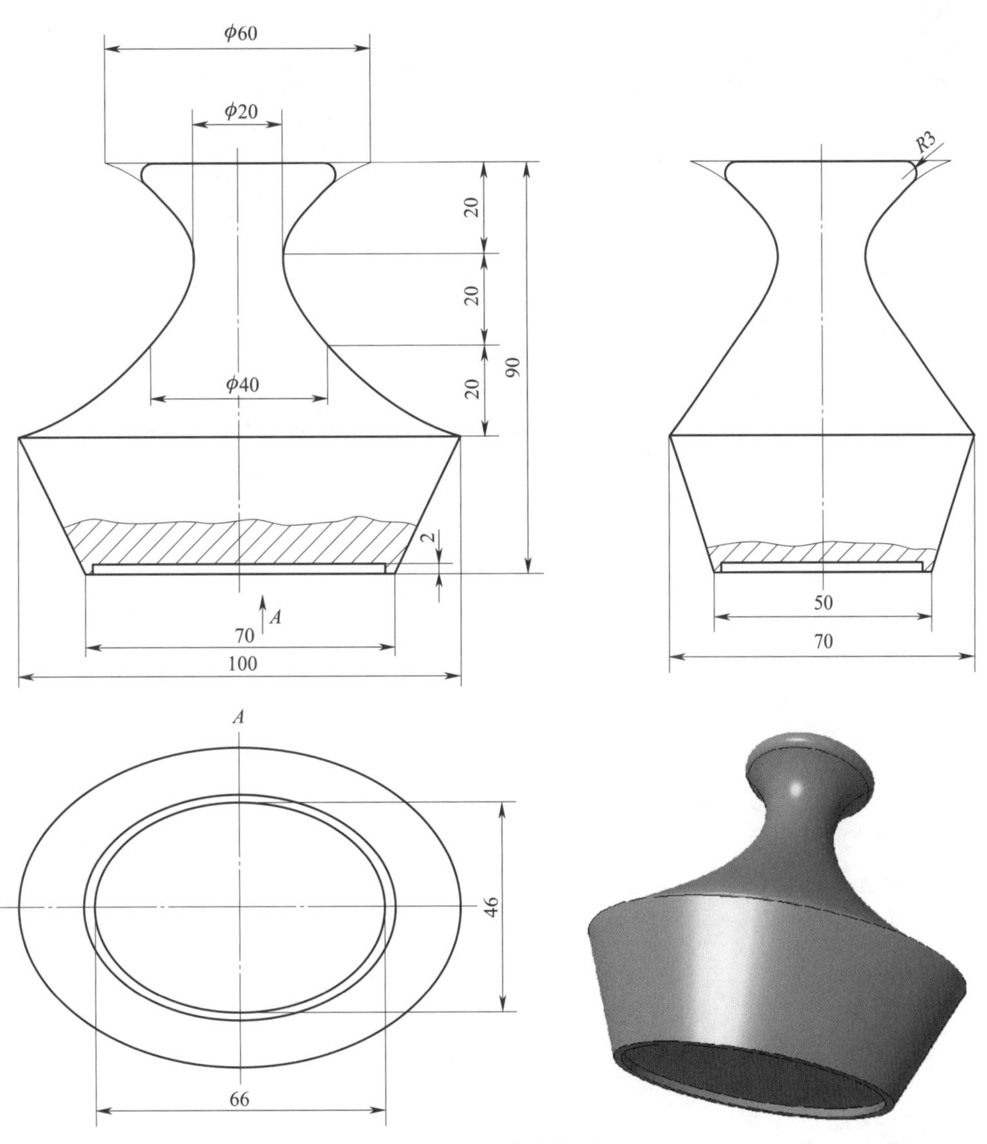

图 3-4-48　实体模型 2

任务 5　创建门把手造型

1. 能应用“扫描混合”工具创建实体。
2. 能实现所需特征的镜像复制。
3. 能创建倒圆角。

扫描混合是已知平面截面沿着指定轨迹延伸，从而生成实体的一种造型方法。扫描截面是可变的，必须至少有两个截面，且可在这两个截面间继续添加截面。扫描混合可具有两种轨迹：原点轨迹（必需）和第二轨迹（可选）。要定义扫描混合的轨迹，可选择一条草绘曲线、基准曲线或边的链。每次只有一个轨迹是活动的。

本任务通过创建图 3-5-1 所示的门把手实体造型，学习应用“扫描混合”工具创建复杂实体，能使用“镜像”工具实现特征复制，并创建倒圆角。

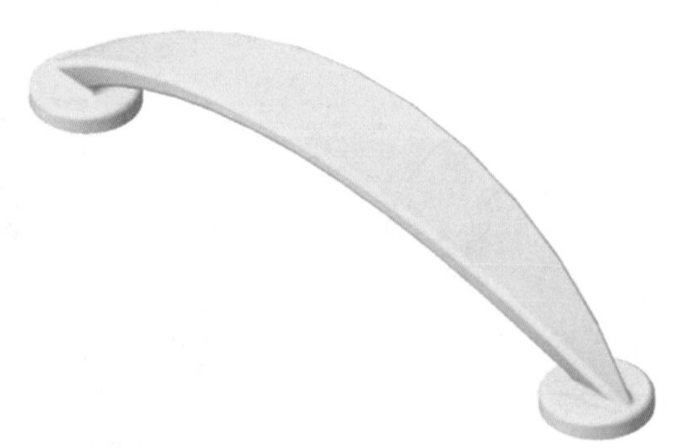

图 3-5-1　门把手实体造型

1．创建扫描混合特征的限制条件

创建扫描混合特征时，需注意以下限制条件：

（1）对于闭合轨迹轮廓，在起始点和其他位置必须至少各有一个扫描截面。

（2）轨迹的链起点和终点处的截面参考是动态的，并且在修剪轨迹时会更新。

（3）截面位置可以参考模型几何，但修改轨迹会使参考无效，从而导致扫描混合特征创建失败。

（4）所有扫描截面必须包含相同的图元数。

2.“扫描混合”选项卡

“扫描混合”选项卡由“类型”“设置”和“参考”“截面”“相切”“选项”“主体选项”“属性”子选项卡及快捷菜单组成，如图 3–5–2 所示。

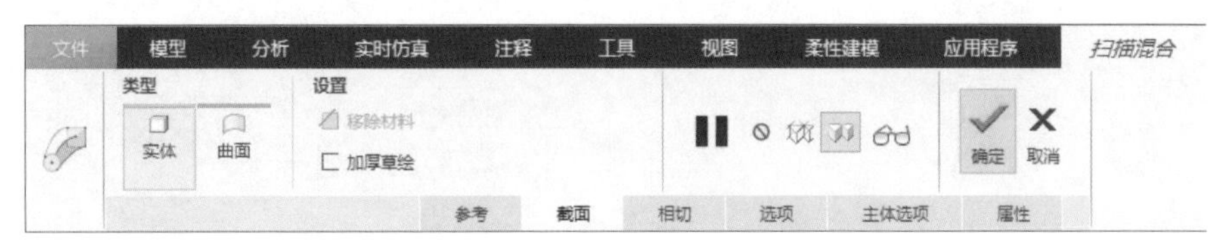

图 3–5–2 “扫描混合”选项卡

“类型”包含“实体”和“曲面”，“设置”包含“移除材料”和“加厚草绘”，其作用与“扫描”选项卡中相同，这里不再赘述。

“参考”子选项卡包含“轨迹”表、“细节”按钮、“截平面控制”选项、“水平 / 竖直控制”选项和“起点的 X 方向参考”收集器，如图 3–5–3 所示。“轨迹”表可最多显示两条链作为扫描混合的轨迹，并设置轨迹类型。其他选项的作用与“扫描”选项卡中相同，这里不再赘述。

“截面”子选项卡包含横截面类型选项、“截面”表、“截面位置”收集器、“旋转”输入框、“截面 X 轴方向”收集器和“添加混合顶点”按钮，如图 3–5–4 所示。横截面类型有“草绘截面”和“选定截面”两种，不能组合截面类型。“草绘截面”用于在轨迹上选择一点，并单击“草绘”按钮可定义扫描混合的横截面；“选定截面”用于将先前定义的截面选择为扫描混合横截面。“截面”表可列出为扫描混合定义的横截面表，表格的每一行起参考收集器的作用，每次只有一个截面是活动的。当将截面添加到列表时，会按时间顺序对其编号和排序。标记为“#”的列中显示草绘横截面中的图元数。

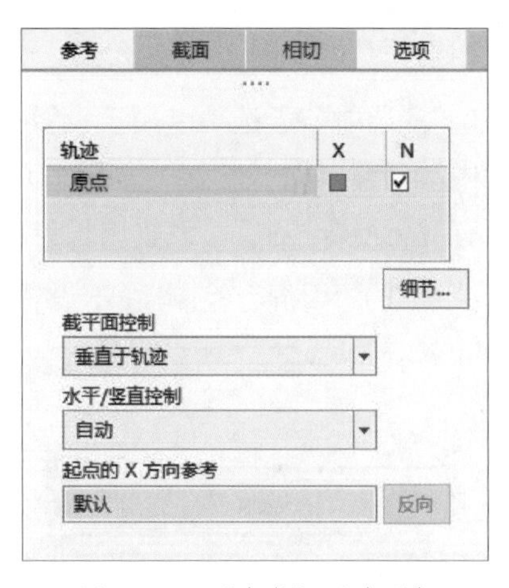

图 3–5–3 “参考”子选项卡

“截面位置”收集器可显示链端点、顶点或基准点以定位截面。“旋转”输入框可指定截面关于 Z 轴的旋转角度（在 –120° 和 +120° 之间）。截面 X 轴方向可为活动截面设置 X 轴方向。“添加混合顶点”按钮可在选定截面的顶点放置一个控制滑块，并将控制滑块拖动到所需顶点。

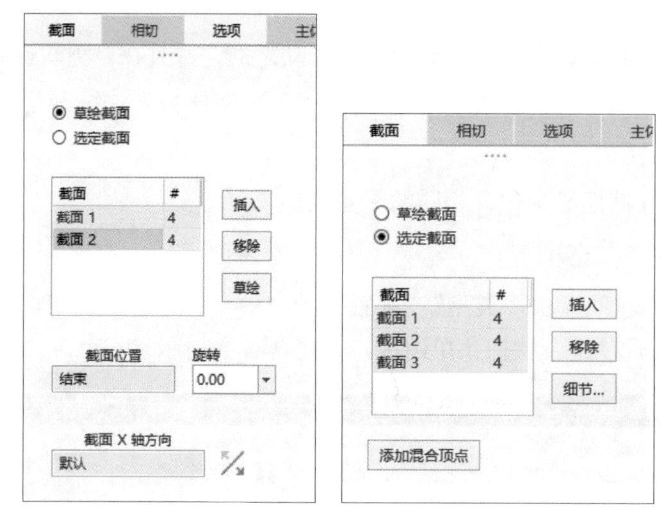

图 3-5-4 “截面”子选项卡

提示

添加混合顶点时，不能在截面的起始点处添加，也不能向中间截面添加，只能向轨迹顶点处的起止截面添加混合顶点。

包含草绘点的截面必须为起止截面，而不能是中间截面。

“相切”子选项卡用于在由开始截面或终止截面图元和元件曲面生成的几何间定义相切关系，如图 3-5-5 所示。

“选项”子选项卡用于设置控制截面间扫描混合形状的选项，如图 3-5-6 所示。选中“调整以保持相切”复选框可在截面混合后保持所创建的曲面相切。混合控制选项有“无混合控制”“设置周长控制”和“设置横截面面积控制”三种。

（1）“无混合控制”：不设置混合控制。

图 3-5-5 “相切”子选项卡

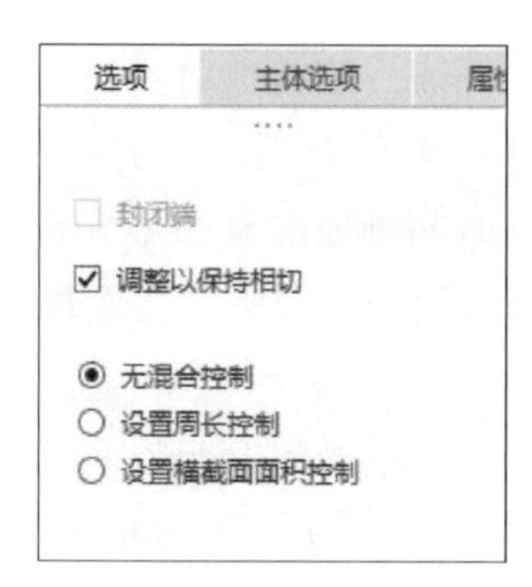

图 3-5-6 “选项”子选项卡

（2）“设置周长控制”：将混合的周长设置为在截面之间线性变化。

（3）“设置横截面面积控制”：在扫描混合的指定位置指定横截面面积。

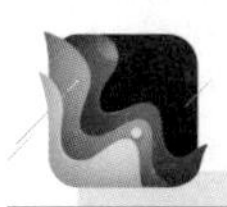

提示

如果保持相切会造成混合不遵循轨迹，可取消勾选“调整以保持相切”复选框。之后扫描混合将遵循轨迹，但可能无法保持相切。

通过“主体选项”子选项卡，可将特征创建为实体。“主体选项”有两种类型，作用与“拉伸”选项卡中相同，这里不再赘述。

“属性”子选项卡用于设置扫描混合的名称。

快捷菜单通过在图形窗口单击鼠标右键打开，其命令和具体说明见表 3-5-1，与之前命令相同的这里不再赘述。用鼠标右键单击“相切”标记，可为该端点设置相切条件。

表 3-5-1 “扫描混合”选项卡中快捷菜单的命令和具体说明

命令	具体说明
截面位置	激活“截面位置”收集器，从中可选择位置点或者顶点
截面 *X* 方向	选择垂直于 *X* 方向的曲面或基准平面
创建新主体	在新主体中创建特征

1. 启动 Creo 8.0

双击桌面上的“Creo Parametric 8.0”快捷方式图标，启动 Creo 8.0。

2. 新建文件

（1）单击“主页”选项卡“数据”组中的“新建”按钮，系统弹出“新建”对话框，将类型选为“零件”、子类型选为“实体”、“文件名”改为“门把手”，并取消勾选“使用默认模板”复选框，单击“确定”按钮，系统弹出“新文件选项”对话框，在“模板”列表框中选择“mmns_part_solid_abs”模板，单击“确定”按钮，完成文件“门把手”的创建。

（2）单击“视图”选项卡“显示”组中的“平面显示”按钮、“坐标系显示”按钮和“旋转中心”按钮，隐藏基准平面、坐标系和旋转中心。

3. 创建轨迹草图和截面草图

（1）单击“模型”选项卡“基准”组中的“草绘”按钮，系统弹出“草绘”对话框。根据提示，选择基准平面 FRONT 为草绘平面，其余选项接受系统默认设置，单击“草绘”按钮，进入草绘环境。单击图形工具栏中的“草绘视图”按钮，使草绘平面与屏幕平行。利用“圆心和端点”“对称”“尺寸”等，绘制图 3-5-7 所示的草图。

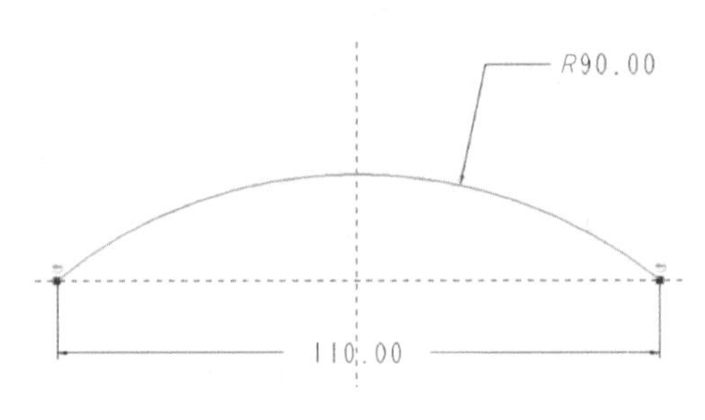

图 3-5-7　绘制扫描轨迹草图

（2）单击“草绘”选项卡“关闭”组中的“确定”按钮，退出草绘环境，完成扫描轨迹的绘制。

（3）采用同样方法，选择基准平面 TOP 为草绘平面，利用“拐角矩形”“尺寸”“中心线”“镜像”等，绘制图 3-5-8 所示的草图。

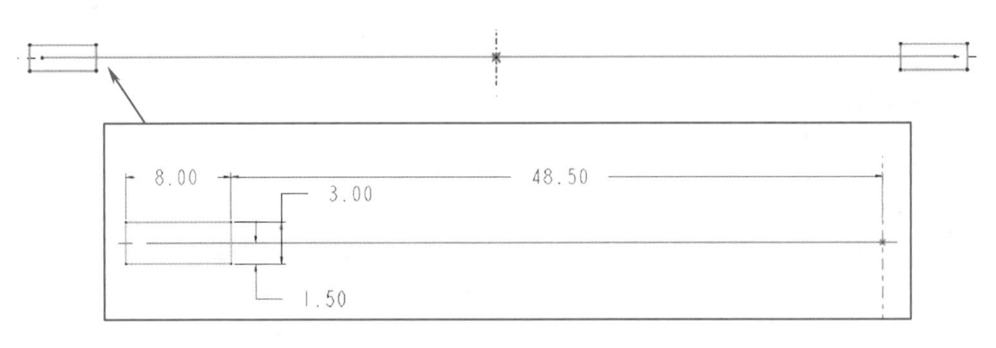

图 3-5-8　绘制扫描截面草图

（4）采用同样方法，选择基准平面 RIGHT 为草绘平面，利用“拐角矩形”“尺寸”等，绘制图 3-5-9 所示的草图。所有草图的位置关系如图 3-5-10 所示。

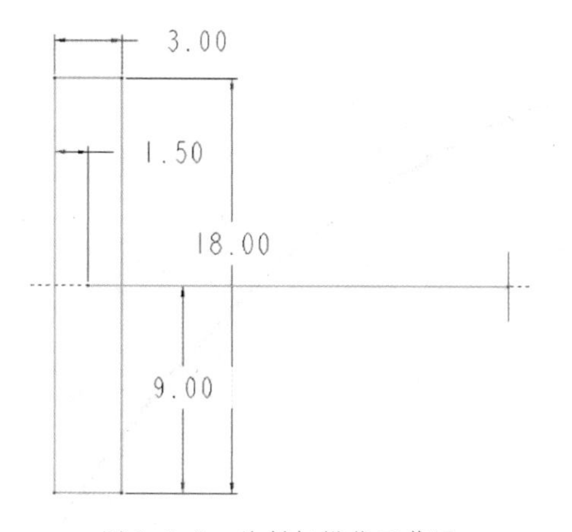

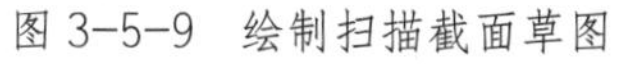
图 3-5-9　绘制扫描截面草图

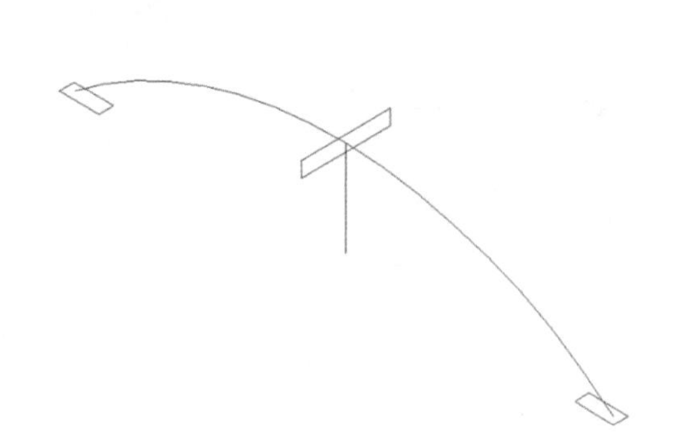
图 3-5-10　轨迹草图和截面草图的位置关系

4. 创建基体

（1）单击“模型”选项卡“形状”组中的“扫描混合”按钮，“扫描混合”选项卡随即打开。选择圆弧为扫描轨迹，即“草绘 1”，并设置起始点位置和扫描方向，如图 3-5-11 所示。

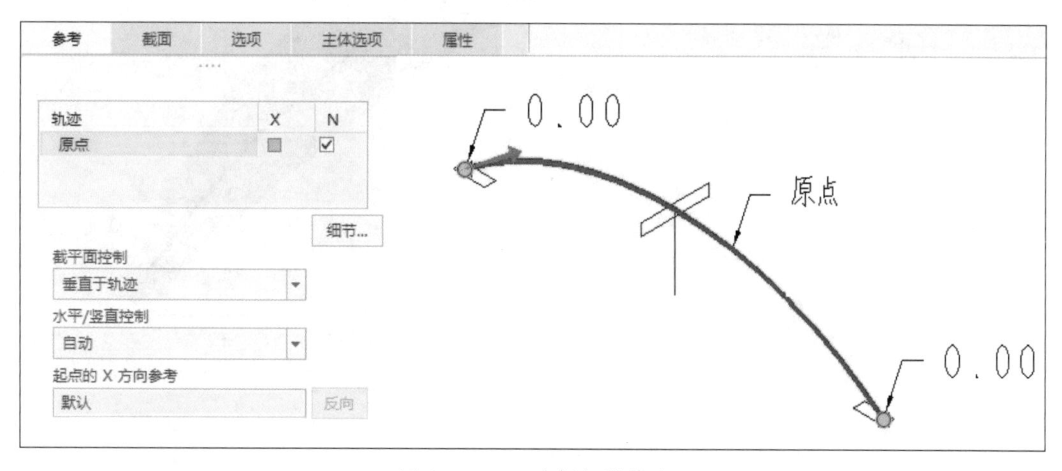

图 3-5-11　选择扫描轨迹

（2）单击“截面”子选项卡，选中“选定截面”单选框，并选择起始点处的草图为截面 1，如图 3-5-12 所示。

（3）单击“截面”子选项卡中的“插入”按钮，按照扫描方向依次选择截面 2 和截面 3，如图 3-5-13 所示。

（4）单击“扫描混合”选项卡中的“确定”按钮，完成门把手基体的创建，结果如图 3-5-14 所示。

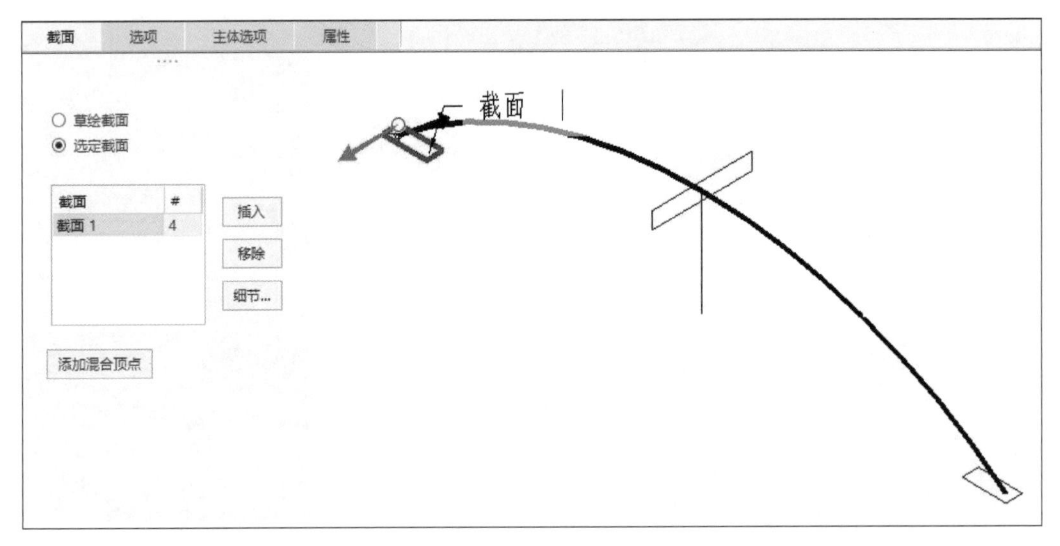

图 3-5-12　选择截面 1

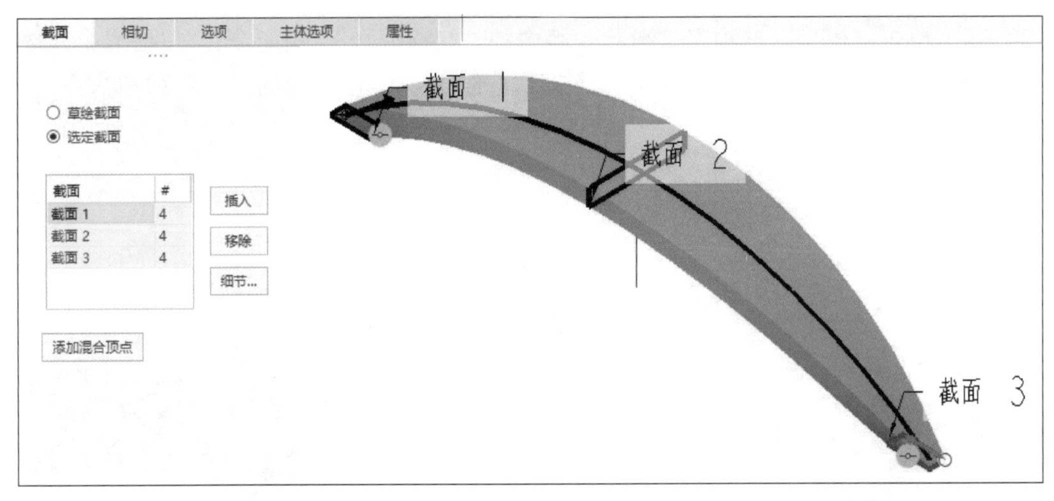

图 3-5-13　选择截面 2 和截面 3

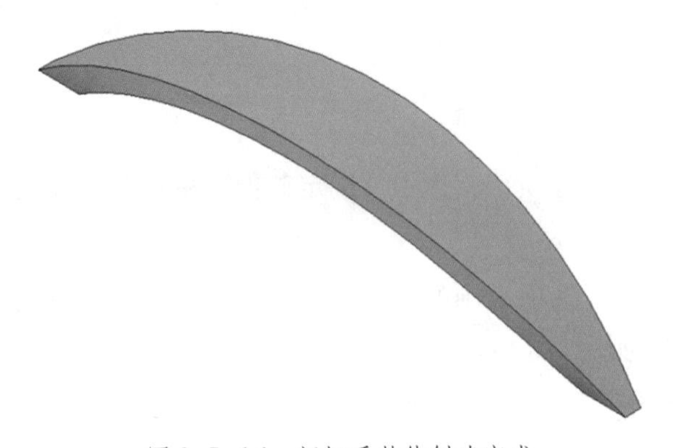

图 3-5-14　门把手基体创建完成

5. 创建底座

（1）单击“模型”选项卡“形状”组中的“拉伸”按钮，“拉伸”选项卡随即打开，设置“拉伸”选项卡如图 3–5–15 所示。

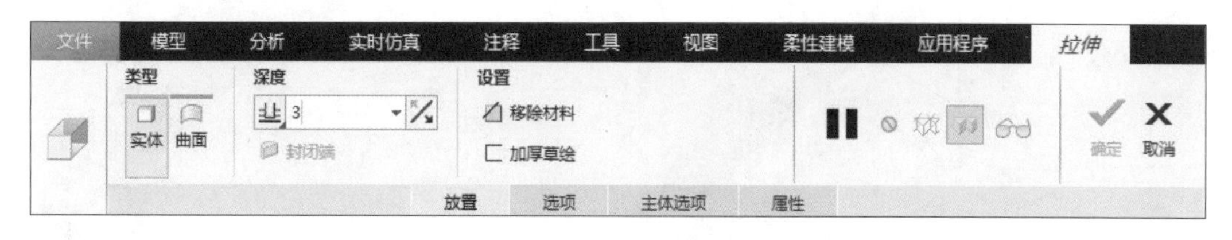

图 3–5–15　设置“拉伸”选项卡

（2）选择基准平面 TOP 为草绘平面，利用“圆心和点”“尺寸”等，绘制图 3–5–16 所示的截面线。

（3）单击“草绘”选项卡下“关闭”组中的“确定”按钮，退出草图环境，完成拉伸截面线的绘制。

（4）单击“拉伸”选项卡中的“确定”按钮，完成门把手底座实体的创建，结果如图 3–5–17 所示。

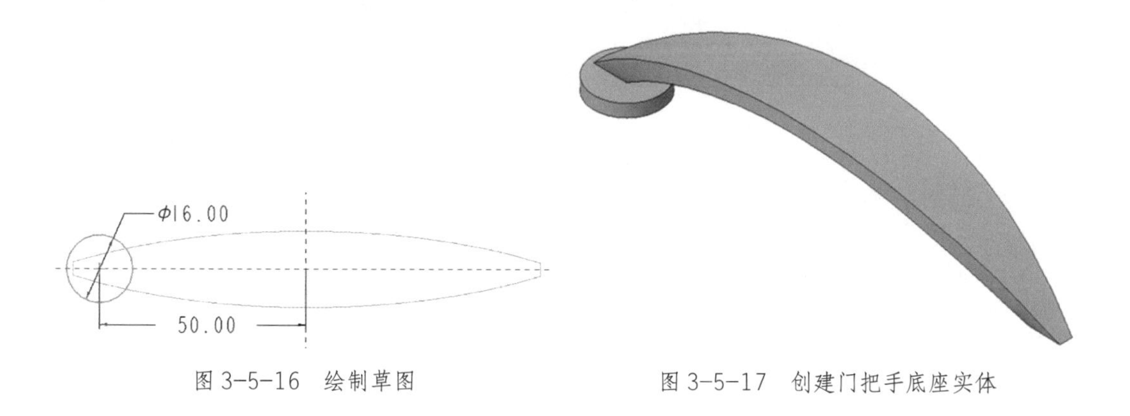

图 3–5–16　绘制草图　　　图 3–5–17　创建门把手底座实体

（5）在“图形窗口”或“模型树”中单击选择门把手底座特征，即“拉伸 1”特征。

（6）单击“模型”选项卡“编辑”组中的“镜像”按钮，“镜像”选项卡随即打开。选择基准平面 RIGHT 为镜像平面，如图 3–5–18 所示。

（7）单击“镜像”选项卡中的“确定”按钮，完成镜像底座特征的创建，结果如图 3–5–19 所示。

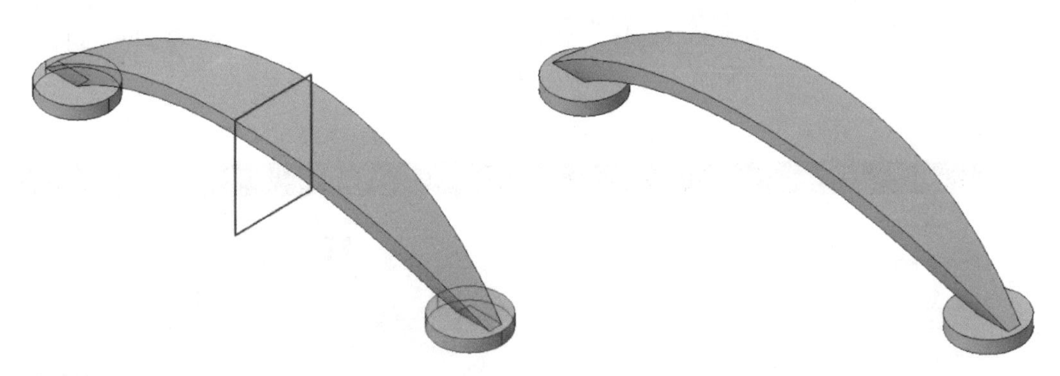

图 3-5-18　选择镜像平面　　　　图 3-5-19　镜像底座创建完成

6. 创建倒圆角

（1）单击“模型”选项卡下“工程”组中的“倒圆角”按钮 ，“倒圆角”选项卡随即打开，设置“倒圆角”选项卡如图 3-5-20 所示。

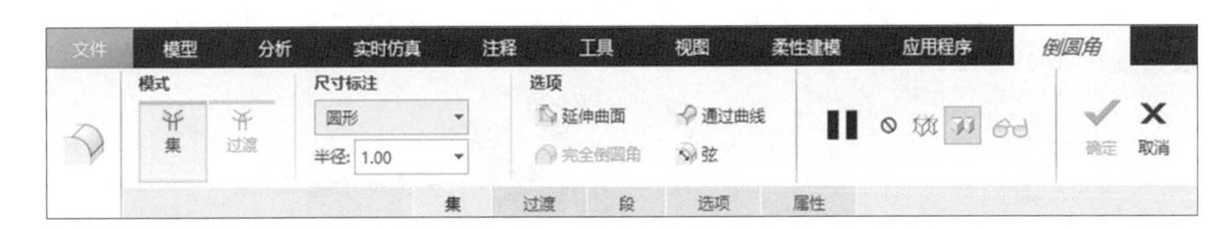

图 3-5-20　设置“倒圆角”选项卡

（2）根据系统提示移动鼠标，在按住 Ctrl 键的同时选择图 3-5-21 所示的边创建倒圆角集。

（3）单击“倒圆角”选项卡中的“确定”按钮 ，完成圆角的创建，结果如图 3-5-22 所示。

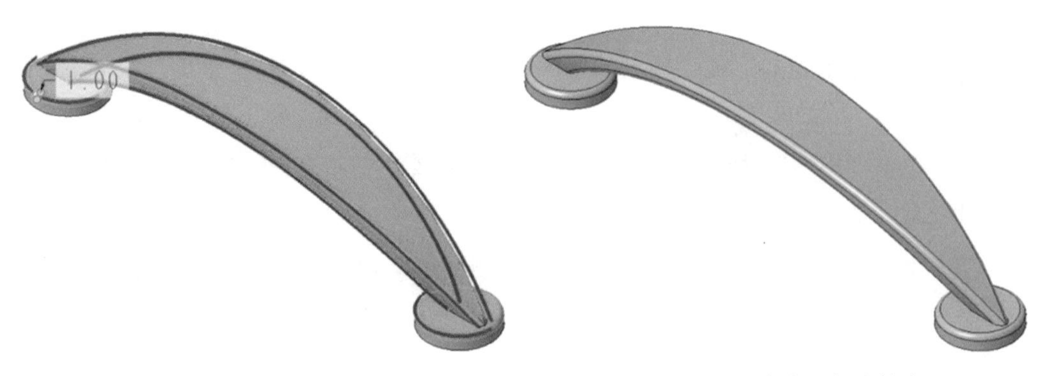

图 3-5-21　创建倒圆角集　　　　图 3-5-22　完成圆角的创建

（4）采用同样方法，完成图 3-5-23 所示倒圆角集对应圆角的创建，结果如图 3-5-24 所示。

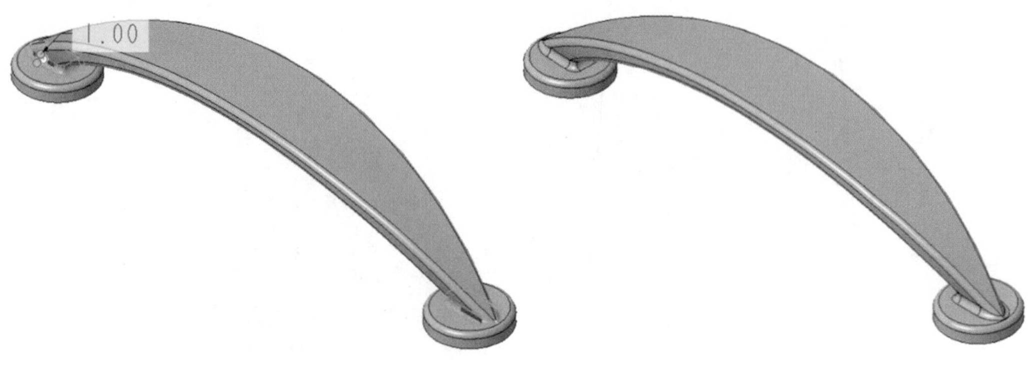

图 3-5-23　创建倒圆角集　　　图 3-5-24　完成圆角的创建

7. 编辑外观

单击“视图”选项卡“外观”组中的“外观”下的下拉菜单，打开外观库，并从中选择“ptc-painted-yellow”外观。当鼠标光标变为毛笔形状时，选择门把手实体，单击鼠标中键完成上色，结果如图 3-5-1 所示。

8. 保存文件，并退出 Creo 8.0 软件

单击快速访问工具栏中的“保存”按钮，系统弹出“保存对象”对话框，根据需求选择文件保存地址，单击“确定”按钮，完成文件的保存。

单击软件界面右上角的“关闭”按钮 ×，退出 Creo 8.0 软件。

至此，门把手实体造型创建完成。

1. 完成图 3-5-25 所示实体模型 1 的创建。

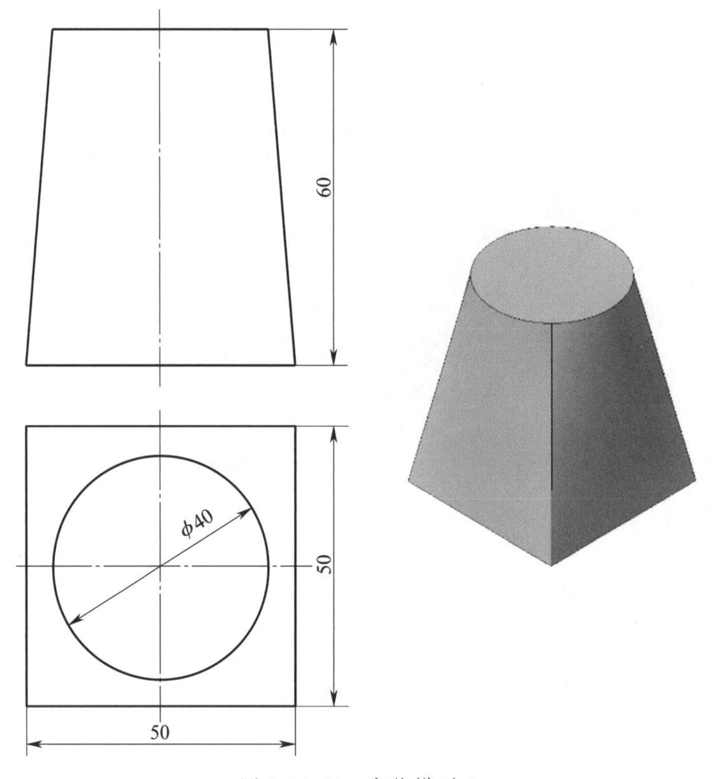

图 3-5-25　实体模型 1

2. 完成图 3-5-26 所示实体模型 2 的创建。

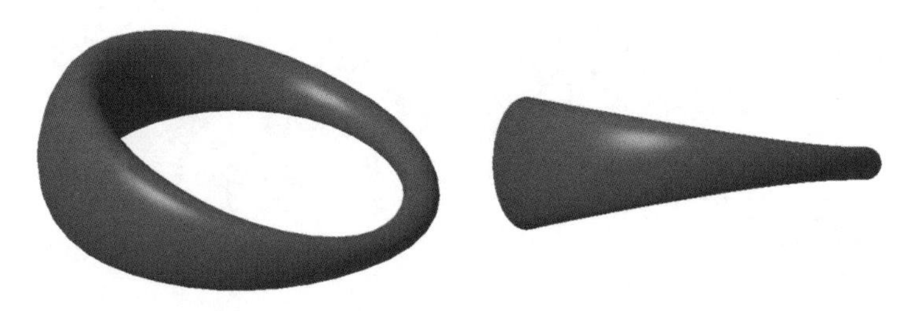

图 3-5-26　实体模型 2（尺寸自定）

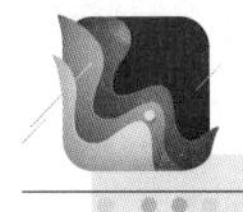

提示

本练习中的实体模型需绘制图 3-5-27 所示的两条轨迹线和两个扫描截面，再应用“扫描混合”工具创建实体。

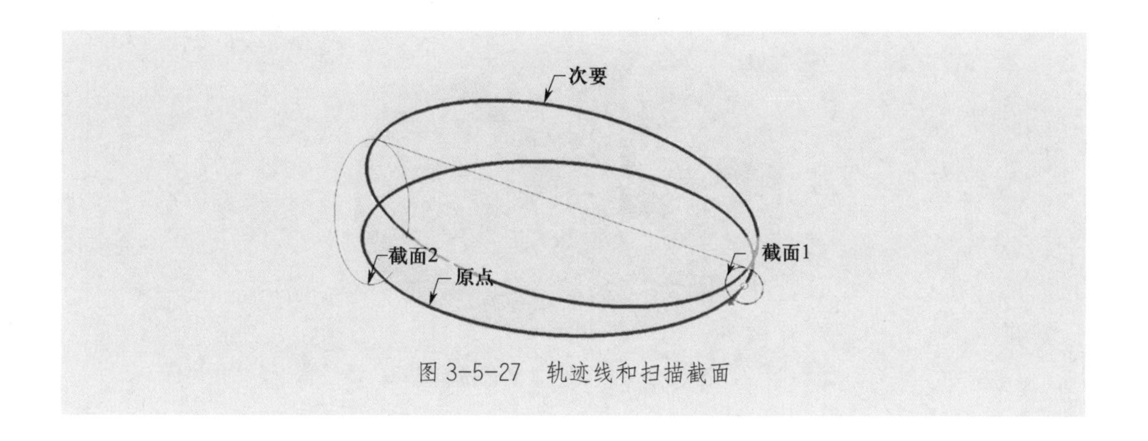

图 3-5-27　轨迹线和扫描截面

任务 6　创建法兰盘造型

1. 能应用“孔”工具创建简单孔。
2. 能应用“轮廓筋”工具创建加强筋特征。
3. 能完成实体特征的阵列复制。

孔特征和筋特征可以利用拉伸或旋转的方法通过移除材料来创建，但操作方法一般比较复杂，效率较低。为了使孔和筋的创建便利化、标准化，Creo 8.0 提供了“孔”和“筋”等工程特征工具。

本任务通过创建图 3-6-1 所示的法兰盘实体造型，学习应用“孔”工具创建简单孔，练习使用“轮廓筋”工具完成加强筋的添加，并能完成孔特征和筋特征的阵列复制。

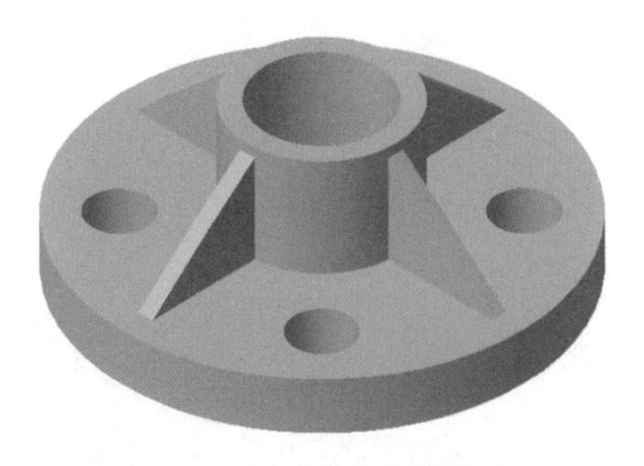

图 3-6-1　法兰盘实体造型

1. 孔

通过“孔”特征，可在模型中添加简单孔、自定义孔和工业标准孔。用户可通过定义放置参考、偏移参考、可选孔方向参考以及孔的特定特征来添加孔。孔的放置参考位置即为深度的起点位置，所有参数均可直接在图形窗口和“孔”选项卡中操控及定义。

“孔”选项卡由“类型”“轮廓”“尺寸”“深度”“选项”和“放置”“形状”“主体选项”“属性”子选项卡及快捷菜单组成，如图 3-6-2 所示。

图 3-6-2　“孔”选项卡

“类型”包含“简单”和“标准”，“轮廓”根据孔类型的不同，所显示的轮廓特征也不同，其具体说明见表 3-6-1。

“尺寸”用于设置孔的大小、轮廓形状等参数。创建简单孔，轮廓为“平整”或“钻孔”时，“尺寸”用于设置孔的直径；轮廓为“草绘”时，“尺寸”包含“打开”和“草绘”，前者可打开现有草绘轮廓，后者可打开草绘器以创建轮廓。创建标准孔时，“尺寸”包含“螺纹类型”和“螺钉尺寸”，前者可设置螺纹类型，后者可设置螺钉尺寸。

表 3-6-1　孔类型的具体说明

<table>
<tr><th>孔类型</th><th>孔类型说明</th><th colspan="2">轮廓特征</th><th>轮廓特征说明</th></tr>
<tr><td rowspan="3">“简单”</td><td rowspan="3">由不与任何行业标准直接关联的拉伸或旋转切口组成</td><td colspan="2">“平整”</td><td>使用预定义矩形作为钻孔轮廓。默认情况下，系统将创建单侧简单孔。双侧简单直孔可以使用“形状”选项卡来创建</td></tr>
<tr><td colspan="2">“钻孔”</td><td>使用标准孔轮廓作为钻孔轮廓，可以为孔指定沉头孔、沉孔和尖端角</td></tr>
<tr><td colspan="2">“草绘”</td><td>使用在“草绘器”中创建的草绘轮廓为孔轮廓</td></tr>
<tr><td rowspan="5">“标准”</td><td rowspan="5">由基于行业标准紧固件表的旋转切口组成</td><td rowspan="3">“直孔”</td><td>“攻丝”</td><td>创建螺纹孔</td></tr>
<tr><td>“钻孔”</td><td>创建不带螺纹的钻孔</td></tr>
<tr><td>“间隙”</td><td>创建间隙孔</td></tr>
<tr><td rowspan="2">“锥形”</td><td>“沉头孔”</td><td>添加沉头孔</td></tr>
<tr><td>“沉孔”</td><td>添加沉孔</td></tr>
</table>

“深度”可设置深度选项和钻孔肩部深度选项。深度选项有六种类型，钻孔肩部深度选项有两种类型，具体说明见表 3-6-2。

表 3-6-2　深度选项的类型和具体说明

<table>
<tr><th colspan="2">类型</th><th>图标</th><th>具体说明</th></tr>
<tr><td rowspan="3">深度选项</td><td>盲孔</td><td></td><td>将放置参考的深度设置为指定的深度值，需设置深度值</td></tr>
<tr><td>对称</td><td></td><td>将放置参考的每一侧均设置为深度值的一半，需设置深度值</td></tr>
<tr><td>到下一个</td><td></td><td>将深度设置为到实体的下一个曲面</td></tr>
</table>

续表

类型		图标	具体说明
深度选项	穿透		设置穿透所有曲面的深度
	穿至		设置到选定曲面的深度，需选择设置孔深度的曲面
	到参考		将深度设置为到选定点、曲线、平面、曲面、面组或主体，需设置孔深度的点、曲线、平面、曲面、面组或主体
钻孔肩部深度选项	肩		测量到圆柱末端的深度
	刀尖		测量到孔顶端的深度

“选项”下的“轻量化”可设置孔的轻量化表示，以提高性能。

“放置”子选项卡包含“类型”列表、“放置”收集器、“偏移参考”表和“孔方向”等选项，如图 3-6-3 所示。“类型”列表有六种不同的放置类型，具体说明见表 3-6-3。“放置”收集器可收集主放置参考。“偏移参考”表可显示偏移放置参考信息，当放置类型为“线性”“径向”或“直径”时可用。“孔方向”收集器可显示平面、轴或线性参考来选择性定义孔的方向，孔方向选项可设置相对于方向参考的孔方向，有“平行”和“垂直”两种。

图 3-6-3 “放置”子选项卡

表 3-6-3 “放置”子选项卡中放置类型的具体说明

放置类型	图标	具体说明
线性		使用两个线性尺寸在曲面上放置孔。选择基准平面或平面、圆柱或圆锥实体曲面作为主放置参考时可用
径向		使用一个线性尺寸和一个角度尺寸放置孔。选择基准平面或平面、圆柱或圆锥实体曲面作为主放置参考时可用
直径		通过绕直径参考旋转孔来放置孔。选择实体曲面或基准平面作为主放置参考时可用

续表

放置类型	图标	具体说明
同轴		在轴与曲面的相交处放置孔。选择曲面、基准平面或轴作为主放置参考时可用
点上		将孔与基准点对齐来放置孔。仅当选择基准点作为主放置参考时可用
草绘		将孔放置在草绘基准点的任意组合以及草绘直线的端点和中点上。将草绘选为放置参考时可用

“形状”子选项卡定义孔几何并对其进行说明，所包含选项与孔类型上下文相关，简单平整孔的“形状”子选项卡如图 3-6-4 所示。当需要修改孔的几何参数时，用户可直接单击“形状”子选项卡中显示的相关尺寸进行编辑。

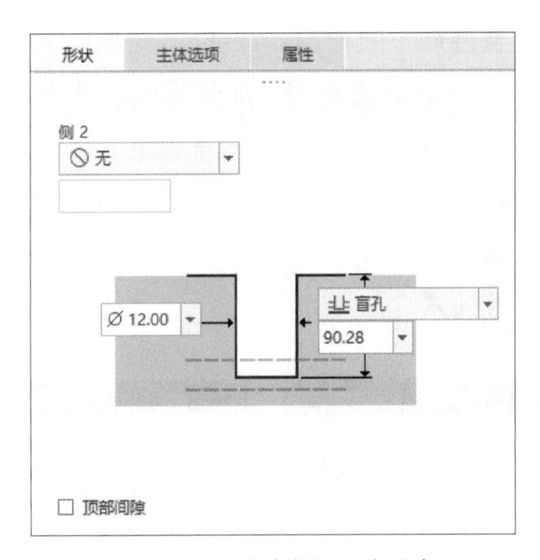

图 3-6-4　“形状”子选项卡

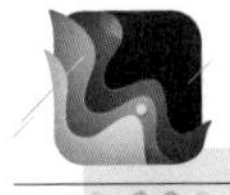

提示

如果用户想要了解更多孔类型对应的“放置”子选项卡和“形状”子选项卡中的具体选项，可单击 Creo 8.0 软件界面右上角的“帮助”按钮 ? 或使用 F1 键打开软件帮助中心，找到相关内容深入学习。

“主体选项”子选项卡可将特征创建为实体，仅可“从主体切割几何”。

“属性”子选项卡用于设置孔特征的名称。

快捷菜单通过在图形窗口单击鼠标右键弹出，以简单平整孔为例，其命令和具体说明见表 3–6–4。

表 3–6–4 “孔”选项卡中快捷菜单的命令和具体说明（简单平整孔）

命令	具体说明
放置参考收集器	激活“放置”参考收集器
偏移参考收集器	激活“偏移参考”收集器
孔方向参考收集器	激活“孔方向”收集器
选择主体	激活主体收集器，以便可以选择主体

2. 筋

筋有“轮廓筋”和“轨迹筋”两种实体特征。“轮廓筋”特征是零件中连接到实体曲面的薄翼或腹板伸出项。轮廓筋通常用于加强零件，并防止出现非预期折弯，通常在两个垂直曲面之间使用。“轨迹筋”特征是一条轨迹，可包含任意数量和任意形状的段，常用于加固塑料零件。本任务中使用的筋特征为“轮廓筋”。

“轮廓筋”选项卡由“深度”“宽度”和“参考”“主体选项”“属性”子选项卡及快捷菜单组成，如图 3–6–5 所示。

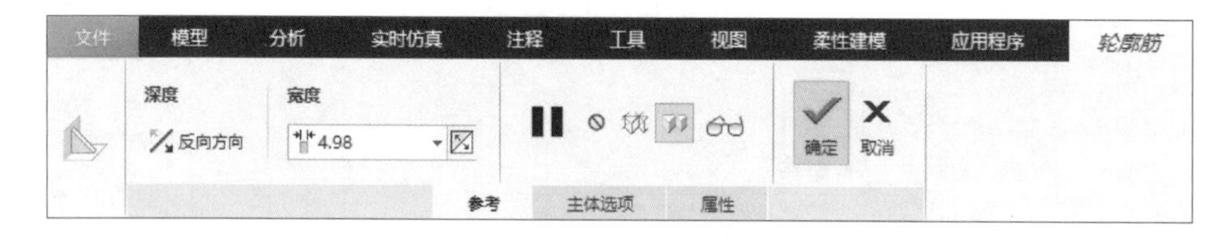

图 3–6–5 “轮廓筋”选项卡

“深度”下的“反向方向”按钮 可将筋的深度方向更改为草绘的另一侧。“宽度”可控制筋特征的材料宽度。

“参考”子选项卡中的“草绘”收集器可显示有效“草绘”参考。

“主体选项”子选项卡中的主体收集器可选择要添加几何的主体。

“属性”子选项卡用于设置特征的名称。

快捷菜单通过在图形窗口单击鼠标右键弹出，其命令和具体说明见表 3–6–5。

表 3-6-5 “轮廓筋”选项卡中快捷菜单的命令和具体说明

命令	具体说明
截面	激活“草绘”收集器，以定义或编辑横截面草绘
切换材料侧	切换筋特征的几何，可使得几何在位于草绘平面的一侧、位于草绘平面的另一侧、相对于草绘平面对称之间进行循环
显示截面尺寸	在图形窗口中显示草绘尺寸

1. 启动 Creo 8.0

双击桌面上的“Creo Parametric 8.0”快捷方式图标，启动 Creo 8.0。

2. 新建文件

（1）单击“主页”选项卡“数据”组中的“新建”按钮，系统弹出“新建”对话框，将类型选为“零件”、子类型选为“实体”、“文件名”改为“法兰盘”，并取消勾选“使用默认模板”复选框，单击“确定”按钮，系统弹出“新文件选项”对话框，在“模板”列表框中选择“mmns_part_solid_abs”模板，单击“确定”按钮，完成文件“法兰盘”的创建。

（2）单击“视图”选项卡“显示”组中的“平面显示”按钮、“坐标系显示”按钮和“旋转中心”按钮，隐藏基准平面、坐标系和旋转中心。

3. 创建基体

（1）单击“模型”选项卡“形状”组中的“旋转”按钮，“旋转”选项卡随即打开，设置“旋转”选项卡如图 3-6-6 所示。

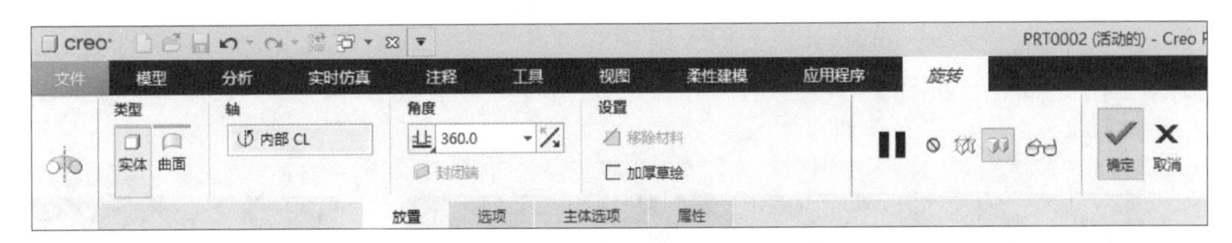

图 3-6-6 设置“旋转”选项卡

（2）单击“放置”子选项卡中的“定义”按钮，系统弹出“草绘”对话框。根据提示，选择基准平面 FRONT 为草绘平面，单击“草绘”按钮，进入草绘环境。

（3）利用“线链”“尺寸”等，绘制图 3–6–7 所示的草图。

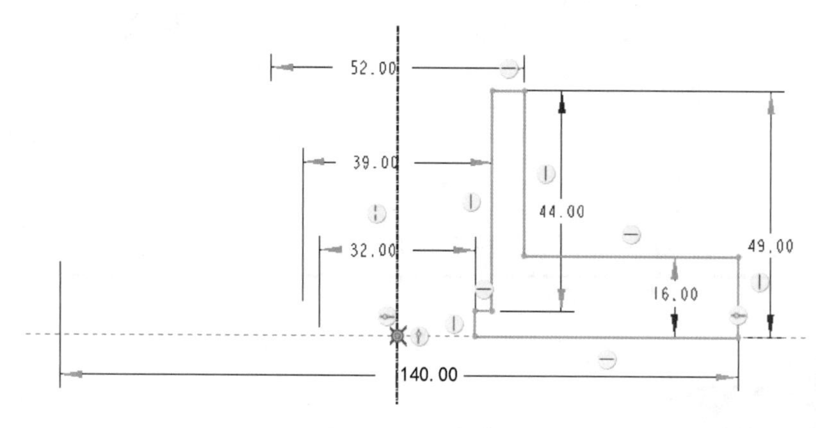

图 3–6–7　绘制草图

（4）单击“草绘”选项卡“关闭”组中的“确定”按钮 ✓，退出草图环境，完成旋转截面线的绘制。

（5）单击“旋转”选项卡中的“确定”按钮 ✓，完成法兰盘基体的创建，结果如图 3–6–8 所示。

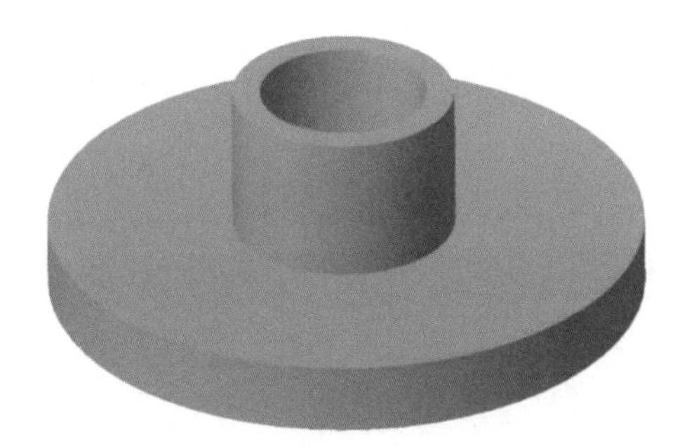

图 3–6–8　法兰盘基体

4. 创建孔

（1）单击“模型”选项卡“工程”组中的“孔”按钮，“孔”选项卡随即打开，设置“孔”选项卡如图 3–6–9 所示。

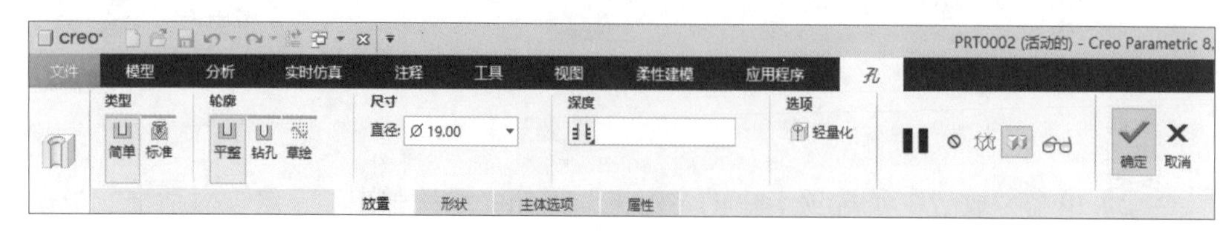

图 3–6–9　设置“孔”选项卡

（2）根据提示，选择图 3-6-10 所示的平面为孔的放置平面。

（3）在“放置”子选项卡中设置“类型”为“径向”，如图 3-6-11 所示。

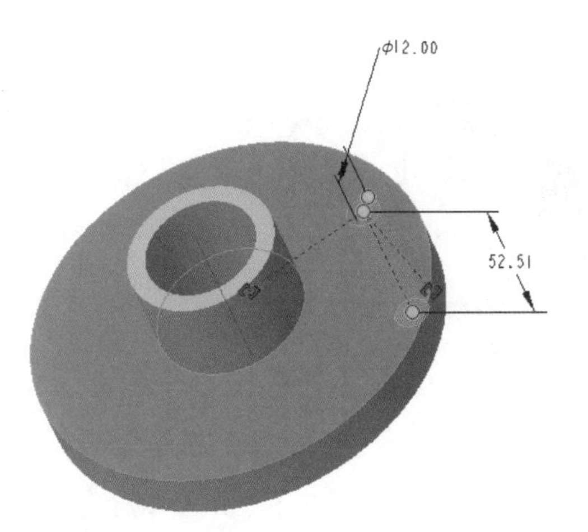

图 3-6-10　选择孔的放置平面

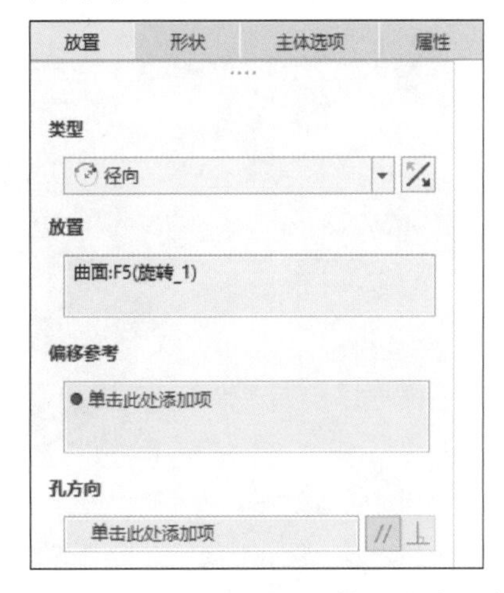

图 3-6-11　设置“放置”子选项卡中的类型

提示

类型包括线性、径向、直径、同轴等。线性是指确定放置面和直径后，指定参考面或边与孔的距离来创建孔；径向则是指确定放置面和直径后，指定参考轴与角度，并且输入圆孔轴与基准轴的距离。

（4）单击“视图”选项卡“显示”组中的“平面显示”按钮，显示基准平面。

（5）单击“放置”子选项卡中的“偏移参考”收集器，根据提示，按住 Ctrl 键，同时选择基准轴“中心轴 A_1”和基准平面 FRONT 为偏移参考，并设置相应的尺寸值，如图 3-6-12 所示。

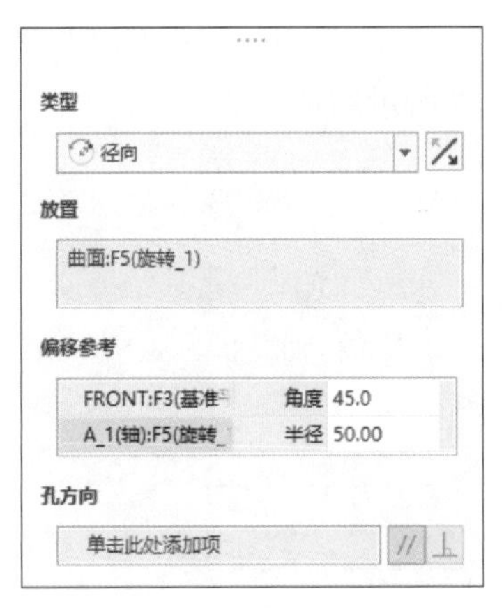

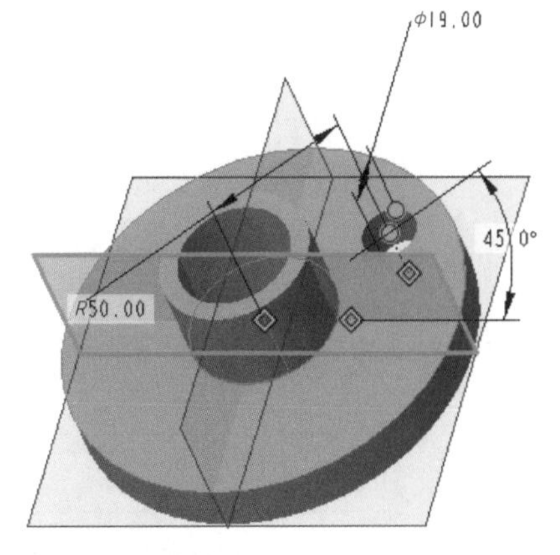

图 3-6-12　定义偏移参考

（6）单击“孔”选项卡中的“确定”按钮 ✓，完成孔特征的创建，如图 3-6-13 所示。

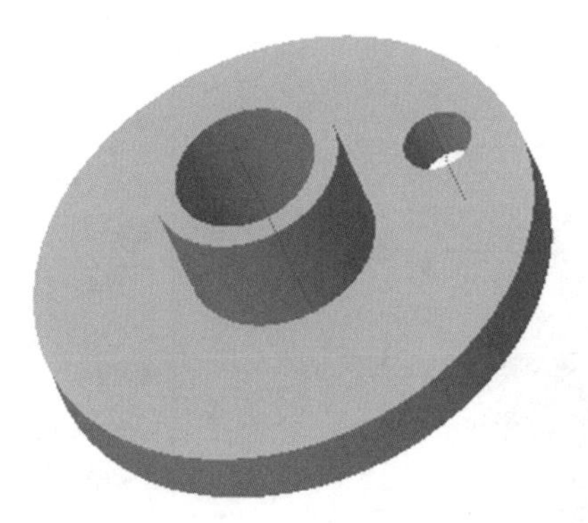

图 3-6-13　创建孔特征

5. 创建加强筋板

（1）单击“模型”选项卡“工程”组中的“筋”溢出按钮，打开按钮列表，单击列表中的“轮廓筋”按钮，“轮廓筋”选项卡随即打开，设置“轮廓筋”选项卡如图 3-6-14 所示。

图 3-6-14　设置“轮廓筋”选项卡

（2）单击“参考”子选项卡中的“定义”按钮，系统弹出“草绘”对话框。根据提示，选择基准平面 FRONT 为草绘平面，单击“草绘”按钮，进入草绘环境。

（3）利用“线链”“尺寸”等，绘制图 3-6-15 所示的草图。

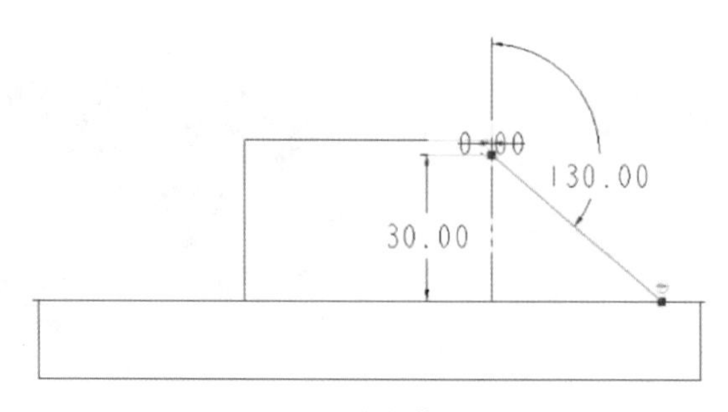

图 3-6-15　绘制筋的截面线

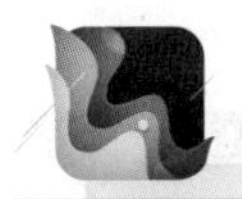

提示

截面线不封闭，且两端点应与实体的边线对齐。

（4）单击“草绘”选项卡“关闭”组中的“确定”按钮 ✔，退出草图环境，完成筋截面线的绘制。

（5）单击“轮廓筋”选项卡中的“确定”按钮 ✔，完成轮廓筋的创建，结果如图 3-6-16 所示。

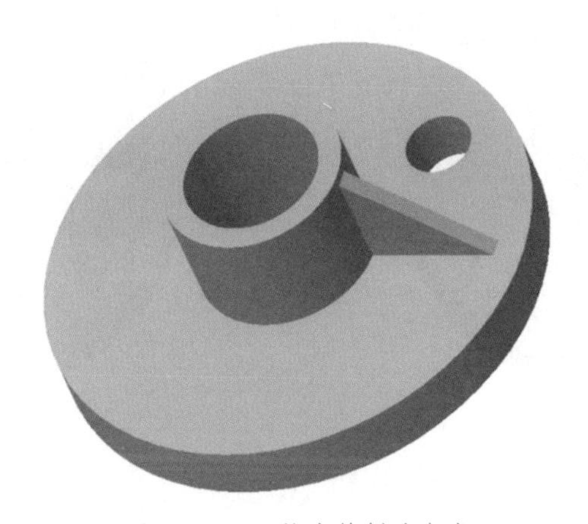

图 3-6-16　轮廓筋创建完成

提示

筋的生成方向可以直接单击箭头来调整；筋的宽度拉伸侧也可以通过单击“反向”按钮 来选择。

6. 阵列孔和加强筋特征

（1）在“图形窗口”或“模型树”中移动鼠标单击选择孔特征，即“孔 1”。

（2）单击“模型”选项卡“编辑”组中的“阵列”按钮 ，“阵列”选项卡随即打开，设置“阵列”选项卡如图 3-6-17 所示。

（3）根据提示，选择基体中心轴为阵列中心轴，如图 3-6-18 所示。

（4）单击“阵列”选项卡中的“确定”按钮 ✔，完成孔特征的圆形阵列，结果如图 3-6-19 所示。

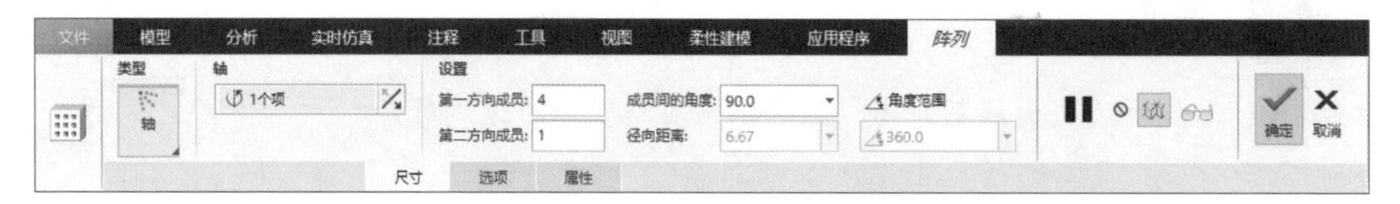

图 3-6-17 设置“阵列”选项卡

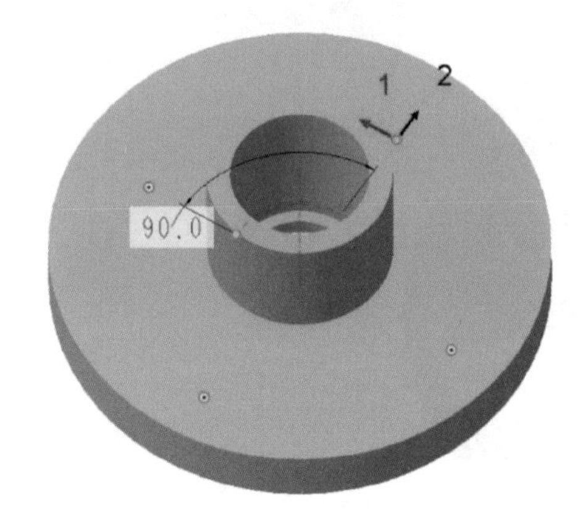

图 3-6-18 选择阵列中心轴

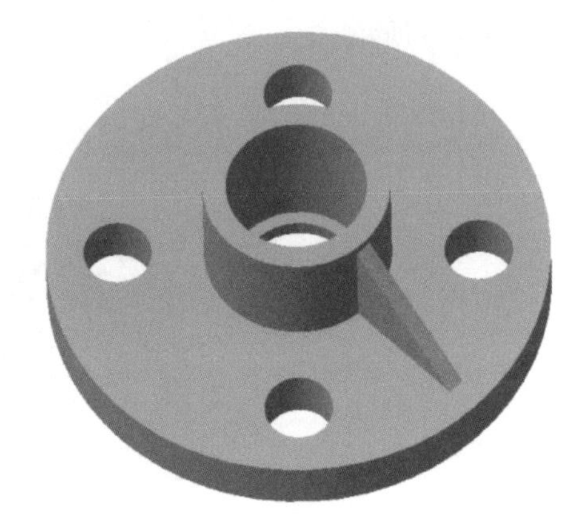

图 3-6-19 完成孔特征的圆形阵列

（5）采用同样方法，完成加强筋特征的圆形阵列，结果如图 3-6-1 所示。

7. 保存文件，并退出 Creo 8.0 软件

单击快速访问工具栏中的“保存”按钮，系统弹出“保存对象”对话框，根据需求选择文件保存地址，单击“确定”按钮，完成文件的保存。

单击软件界面右上角的“关闭”按钮，退出 Creo 8.0 软件。

至此，法兰盘实体造型创建完成。

1. 完成图 3-6-20 所示实体模型 1 的创建。

2. 完成图 3-6-21 所示实体模型 2 的创建，已知拔模角度为 3°。

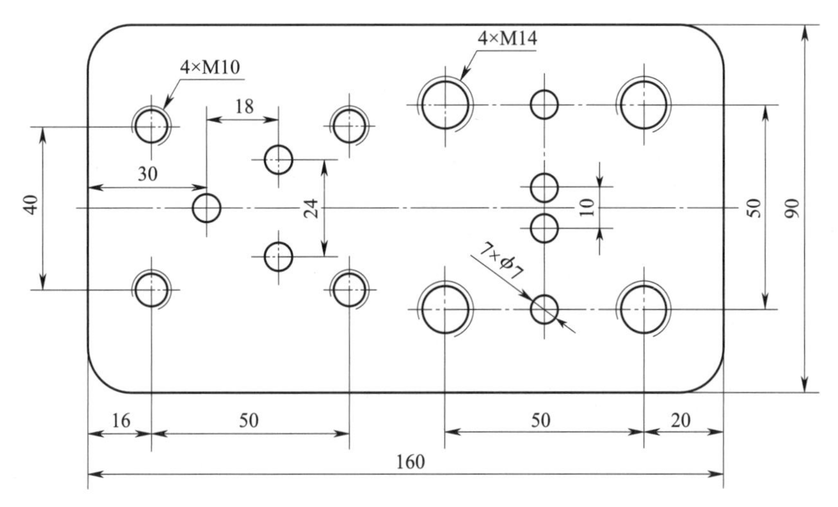

图 3-6-20　实体模型 1（模型厚度自定，所有孔均为通孔）

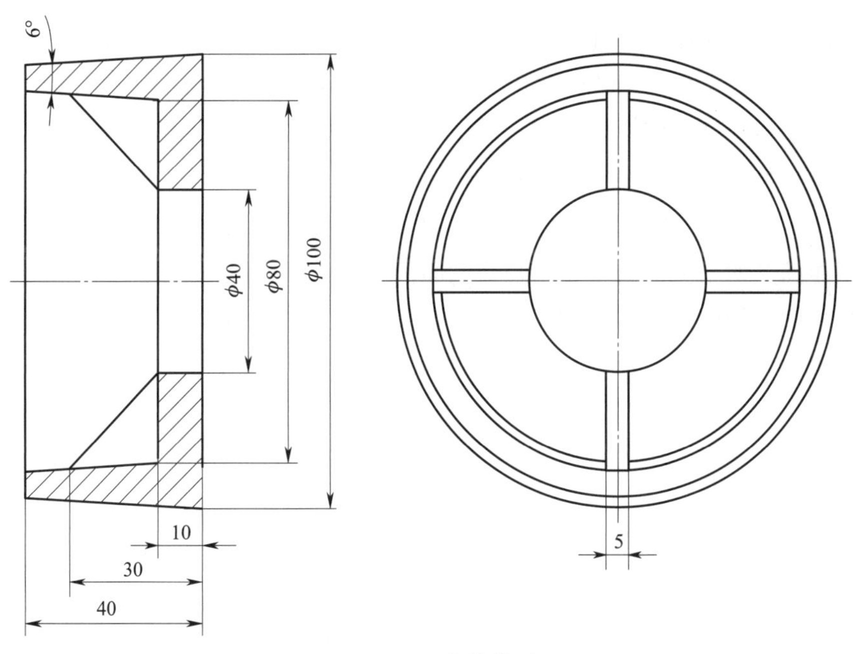

图 3-6-21　实体模型 2

项目四
曲面造型

创建外形复杂的零件时，仅用实体设计特征和工程特征创建模型往往是十分困难的。Creo Parametric 提供了多种非常强大的曲面设计特征，用于完成各种规则或不规则常规曲面的设计，比如边界混合曲面、可变截面扫描曲面等。采用曲面造型，需先构建所需的曲线，根据相关曲线创建出符合要求的多个曲面，再通过曲面编辑命令对各个曲面进行偏移、合并或修改处理获得最终的曲面，之后应用相关命令将曲面转化为实体，从而完成比较复杂、美观的实体零件造型。

本项目通过完成“创建旋钮造型”“创建花边果盘造型”“创建鸟巢造型”等任务，认识常用曲面造型工具，学会应用合适的曲面造型工具完成不同规则曲面的创建，实现平面与曲面间的曲线投影，能够通过修改参数改变曲面的形状，并实现多个单独曲面的合并和实体化。

任务 1　创建旋钮造型

1. 能应用“旋转”工具完成曲面创建。
2. 能应用“扫描”工具完成曲面创建。
3. 能完成多个曲面的合并。

任务描述

创建实体特征的命令大部分也可以用来创建曲面特征，例如“拉伸”“旋转”“扫描”等，丰富了基本曲面造型的设计方法。曲面模型的创建流程与对应实体造型的创建流程基本相同，仅特征类型的选择不同。

本任务通过创建图 4–1–1 所示的旋钮曲面造型，学习应用“旋转”和“扫描”工具创建曲面模型，区分两者在创建实体模型和曲面模型时的不同之处，并练习使用“合并”工具正确组合曲面面组。

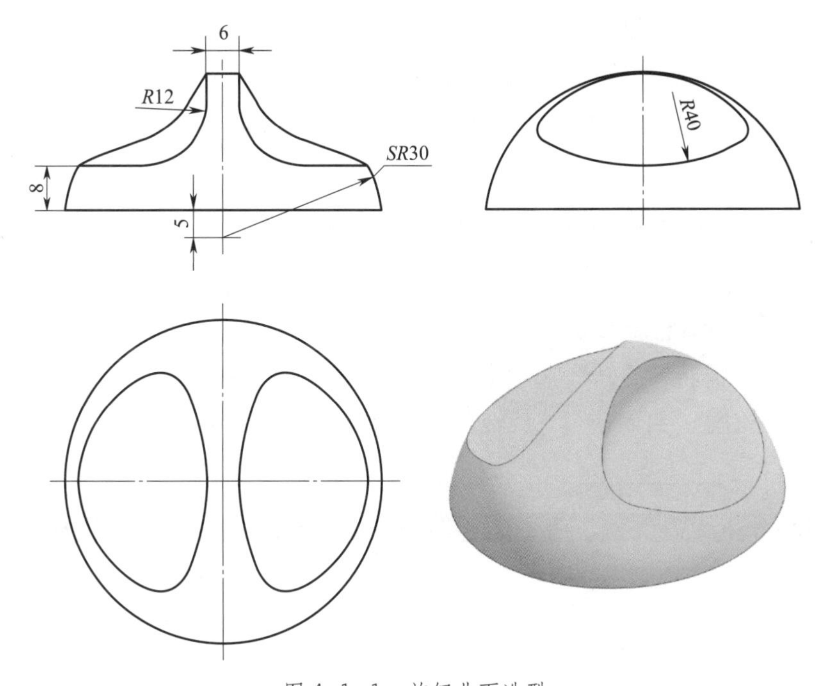

图 4-1-1　旋钮曲面造型

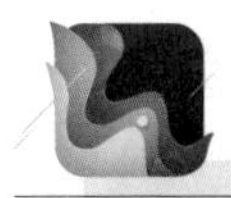

提示

面组代表相连非实体曲面的“拼接体”。面组可由单个曲面或多个曲面集合组成，一个零件可以包含多个面组，可使用曲面造型工具创建或处理面组。

1. 曲面造型的创建过程

曲面就是零厚度面，是直线或者曲线在特定约束条件下的运动轨迹。根据运动约束条件的不同，曲面可分为规则曲面和不规则曲面。本项目中所创建的曲面都是规则曲面。

曲面造型不仅用于创建曲面，也常用于创建实体，其创建过程遵循一定的规律，具体步骤如下：

（1）根据要求，创建所需的截面曲线。

（2）选择相关截面曲线创建多个主要曲面。

（3）采用曲面编辑方法对各个曲面进行偏移、合并等修改，获得完整的合成曲面。

（4）通过加厚曲面或者实体化工具，将曲面转化为实体。

2. 旋转曲面和扫描曲面

旋转曲面和扫描曲面的创建方法与旋转实体和扫描实体的创建方法基本相同。创建旋转曲面时，需将“旋转”选项卡上“类型”改为“曲面”，并根据需求编辑“角度”，选择是否创建“封闭端”，“旋转”选项卡的设置如图 4-1-2 所示。

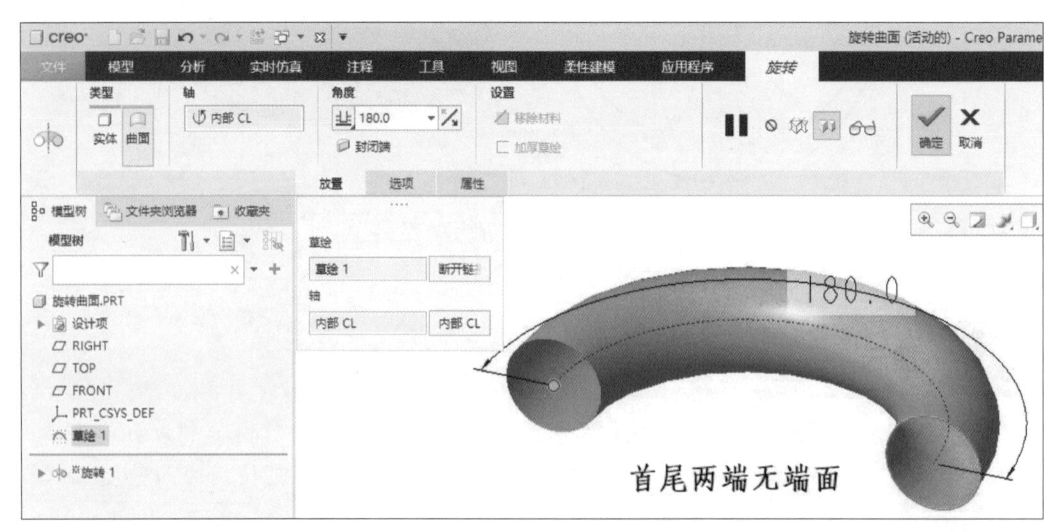

a)

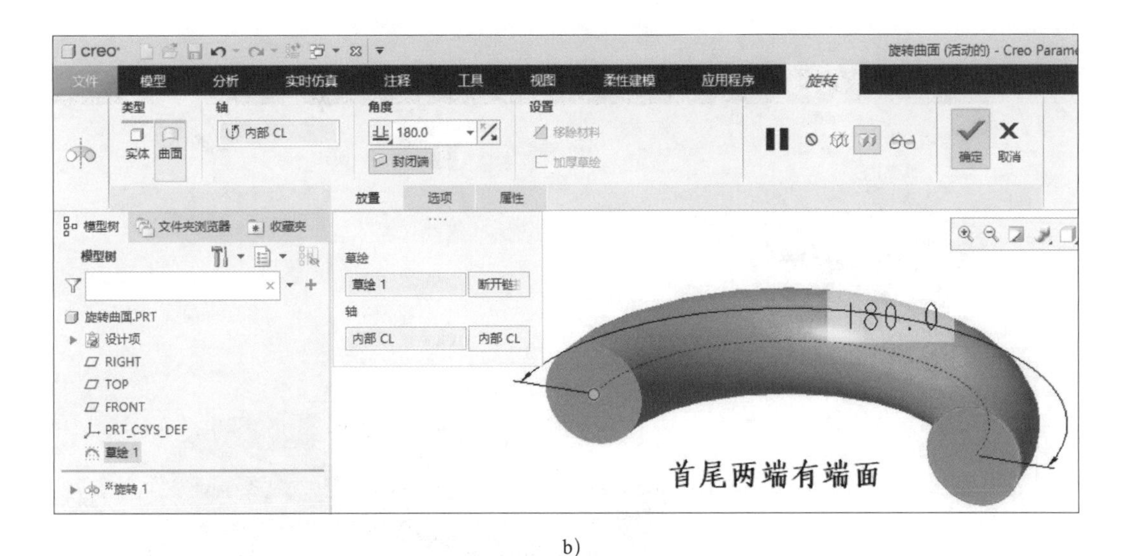

b)

图 4-1-2 创建旋转曲面时“旋转”选项卡的设置

a）未创建“封闭端” b）创建“封闭端”

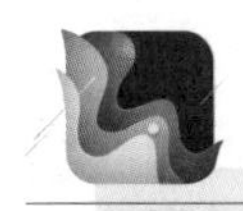

提示

旋转曲面可具有开放端，也可具有闭合端。要从旋转曲面创建封闭体积块，需选择“封闭端”以在两端创建闭合曲面。

创建扫描曲面时，需将“扫描”选项卡上“类型”改为“曲面”，选择截面类型，在“选项”子选项卡中选择是否创建“封闭端”，“扫描”选项卡的设置如图 4-1-3 所示。

3. 合并面组

“合并”工具可采用让两个面组相交或连接的方式来合并两个面组，或是通过连接两个以上的面组来合并两个以上的面组。使用“相交”的方式来创建一个面组时，生成的面组由两个相交面组的修剪部分组成，也可以生成单侧边重合的多个面组；“连接”方式仅用于一个面组的边位于另一个面组的曲面上的情况。选择面组时，默认选取的第一个面组为主面组，合并生成的面组会继承主面组的 ID。如果隐含主面组，合并生成的面组也被隐含。如果删除合并特征，原始面组仍会保留。

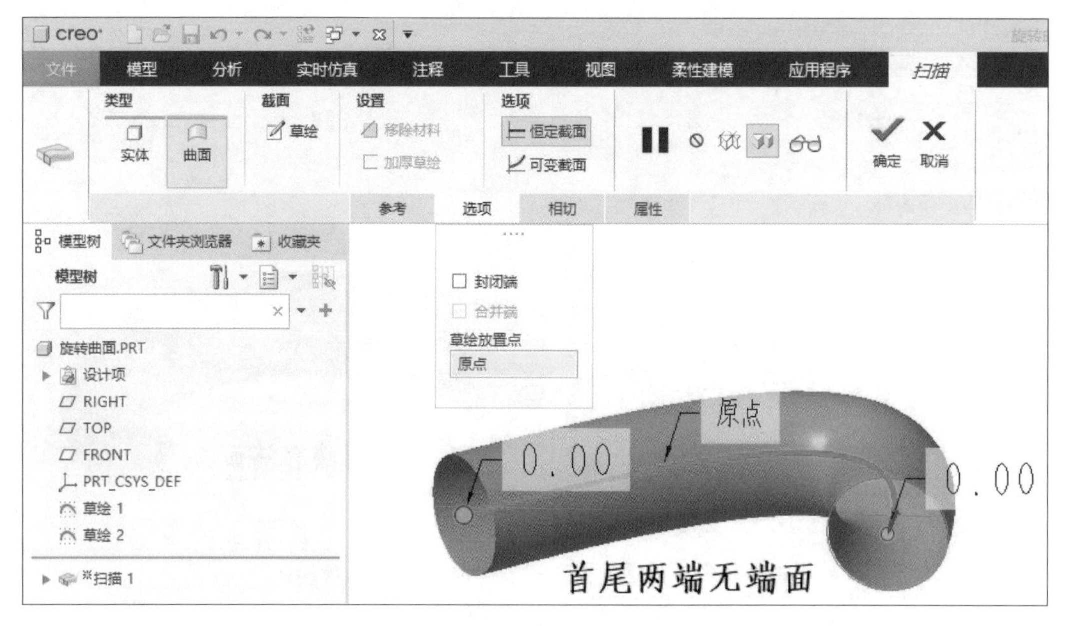

a)

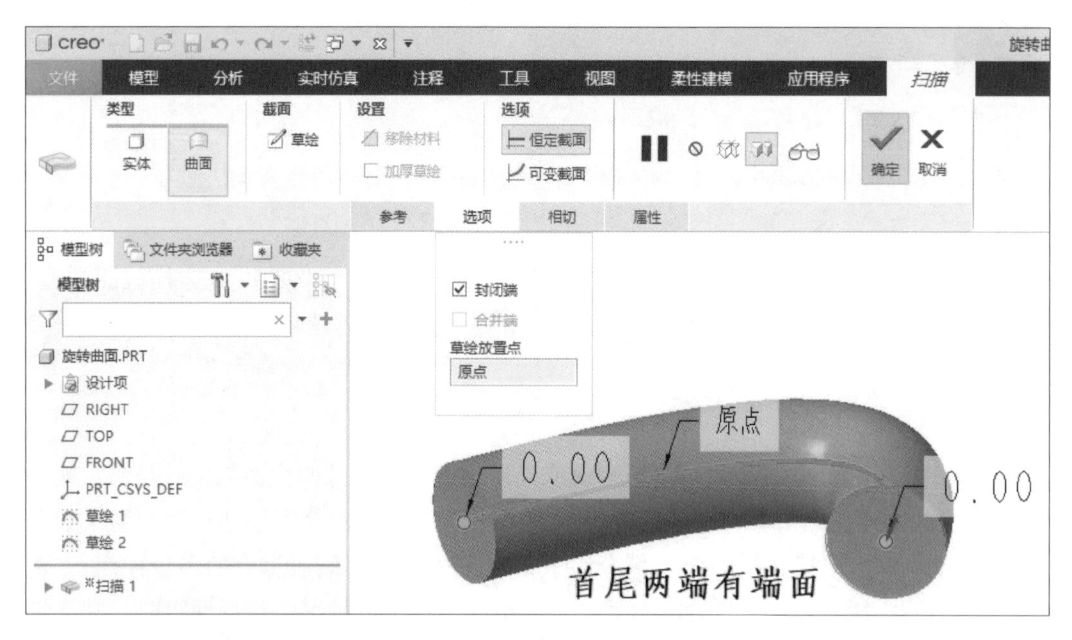

b)

图 4-1-3 创建扫描曲面时“扫描”选项卡的设置

a）未创建“封闭端” b）创建“封闭端”

提示

如果要合并两个以上的面组，这些面组的单侧边应彼此邻接且不重叠。在“装配”模式下，只可合并装配级面组。如果要创建元件级合并特征，需先激活元件，再进行合并操作。

“合并”选项卡由“设置”和“参考”“选项”“属性”子选项卡及快捷菜单组成，如图 4-1-4 所示。

图 4-1-4 “合并”选项卡

“设置”包含 “保留的第一面组的侧”和 “保留的第二面组的侧”，其中“保留的第一面组的侧”可以反转要保留的第一面组的侧；“保留的第二面组的侧”可以反转要保留的第二面组的侧。通过单击“设置”中的两个不同按钮，可以调节两个面组相交处的箭头指向，从而决定保留侧。箭头指向不同，合并面组的结果也各不相同，具体效果见表 4-1-1。

表 4-1-1 “合并”两个面组的各种效果（方式为“相交”）

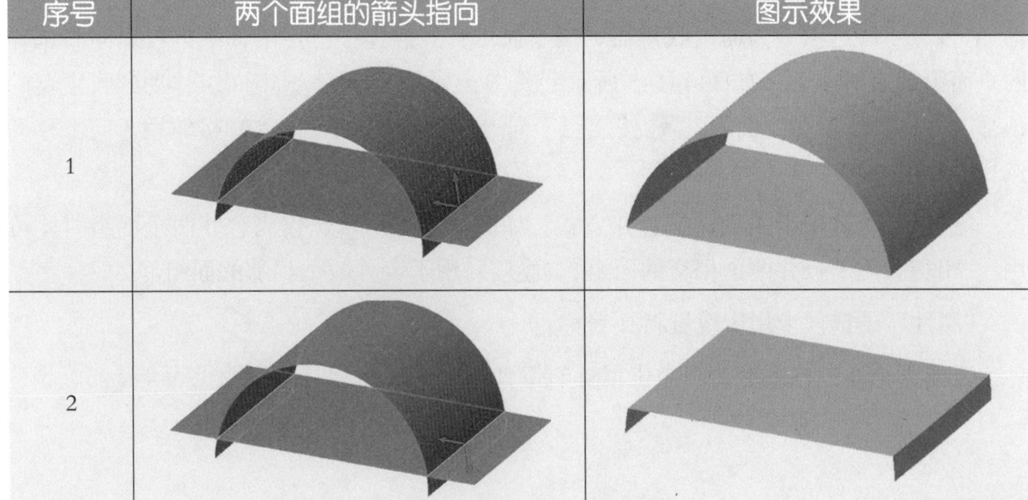

序号	两个面组的箭头指向	图示效果
1		
2		

续表

序号	两个面组的箭头指向	图示效果
3		
4		

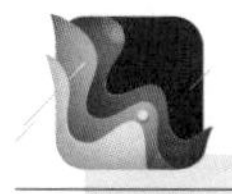

提示

要预览面组的合并效果，可以通过单击“合并”选项卡上的“动态预览”按钮 来查看。如果“合并”工具出现错误，图形窗口将显示已合并面组的预览。

“参考”子选项卡为面组收集器，用于显示合并操作中选定的面组，可以同时选择两个面组或者更多项，如图 4–1–5 所示。其中， 按钮可将选定面组移动到收集器的顶部，并将其设置为主面组； 按钮用于向上移动选择的面组； 按钮用于向下移动选择的面组。

“选项”子选项卡用于选择合并方式，如图 4–1–6 所示，仅当合并两个面组时才可用。“相交”用于合并两个相交的面组，“连接”用于合并两个相邻的面组。

“属性”子选项卡用于设置特征名称。

快捷菜单通过在图形窗口单击鼠标右键弹出，其命令和具体说明见表 4–1–2。

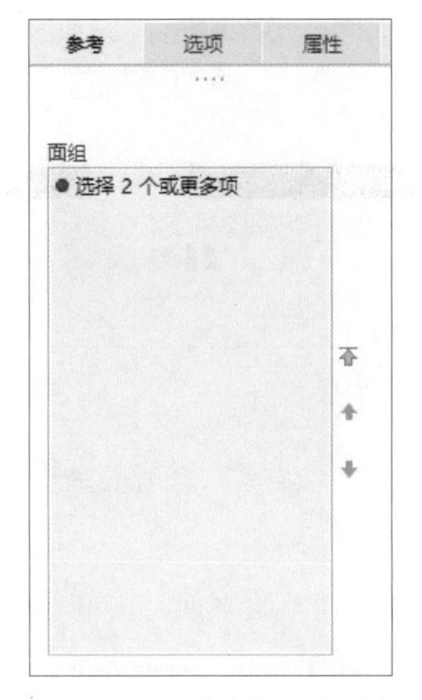

图 4-1-5 “参考”子选项卡

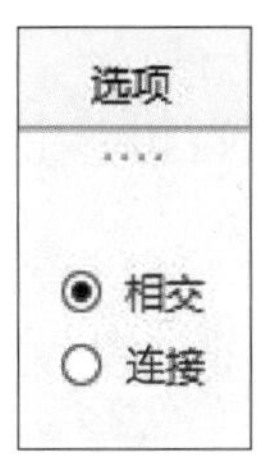

图 4-1-6 “选项”子选项卡

表 4-1-2 “合并”选项卡中快捷菜单的命令和具体说明

命令	具体说明
相交	在交点处合并两个面组
连接	连接两个面组

1. 启动 Creo 8.0

双击桌面上的“Creo Parametric 8.0”快捷方式图标，启动 Creo 8.0。

2. 新建文件

（1）单击“主页”选项卡“数据”组中的“新建”按钮，系统弹出“新建”对话框，将类型选为“零件”、子类型选为“实体”、“文件名”改为“旋钮”，并取消勾选“使用默认模板”复选框，单击“确定”按钮，系统弹出“新文件选项”对话框，在“模板”列表框中选择“mmns_part_solid_abs”模板，单击“确定”按钮，完成文件“旋钮”的创建。

（2）单击“视图”选项卡“显示”组中的“平面显示”按钮、“坐标系显示”按钮和“旋转中心”按钮，隐藏基准平面、坐标系和旋转中心。

3. 创建旋转曲面

（1）单击“模型”选项卡下“形状”组中的“旋转”按钮 ，“旋转”选项卡随即打开，设置“旋转”选项卡如图 4–1–7 所示。

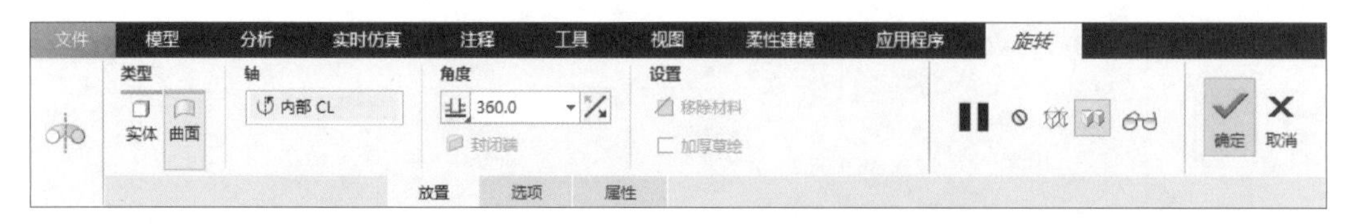

图 4–1–7　设置“旋转”选项卡

（2）在“模型树”中单击选择基准平面 FRONT，“草绘”选项卡随即打开，进入草绘环境。

（3）单击图形工具栏中的“草绘视图”按钮 ，使草绘平面与屏幕平行。

（4）利用“中心线”“圆心和端点”“尺寸”，绘制图 4–1–8 所示的旋转草图。

（5）单击“草绘”选项卡“关闭”组中的“确定”按钮 ，退出草绘环境，完成旋转曲面截面线的绘制。

（6）单击“旋转”选项卡中的“确定”按钮 ，完成旋转曲面的创建，如图 4–1–9 所示。

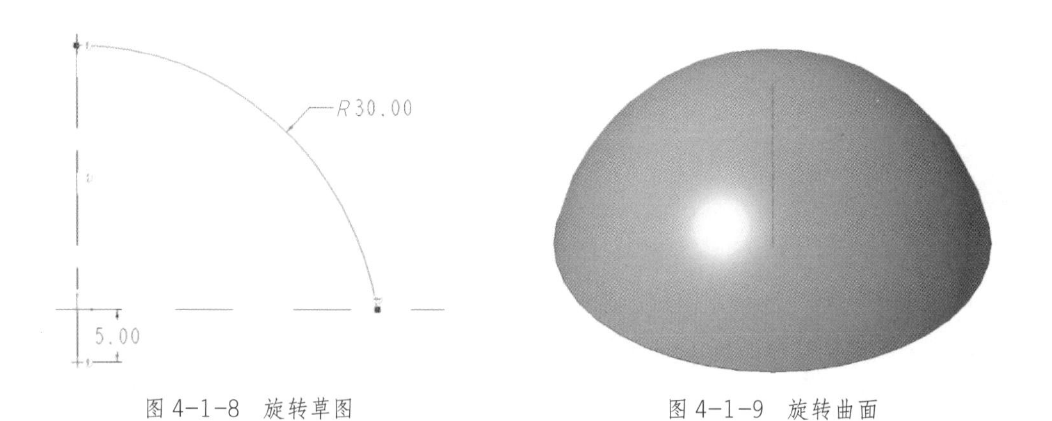

图 4–1–8　旋转草图

图 4–1–9　旋转曲面

4. 创建扫描曲面

（1）创建扫描轨迹

单击“模型”选项卡“基准”组中的“草绘”按钮 ，系统弹出“草绘”对话框。根据提示，选择基准平面 FRONT 为草绘平面，其余选项接受系统默认设置，单击“草绘”按钮，进入草绘环境。单击图形工具栏中的“草绘视图”按钮 ，使草绘平面与屏幕平行。利用“线链”“圆角”“尺寸”，绘制图 4–1–10 所示的草图。

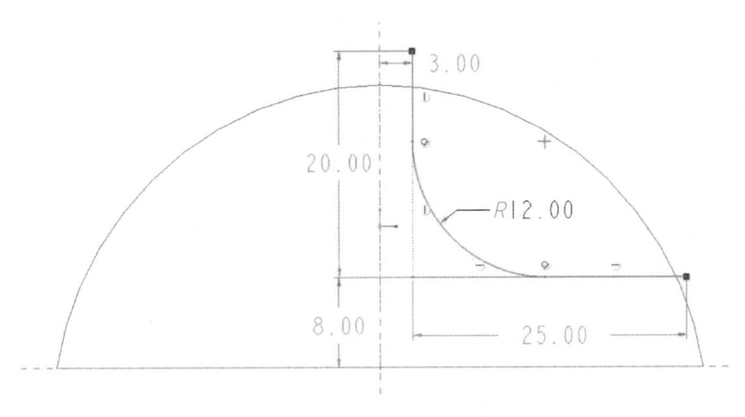

图 4-1-10　绘制扫描轨迹

单击“草绘”选项卡下“关闭”组中的“确定”按钮 ✔，退出草绘环境，完成扫描轨迹线的绘制。

（2）创建扫描截面

单击“模型”选项卡“形状”组中的“扫描”按钮 ，“扫描”选项卡随即打开，设置“扫描”选项卡如图 4-1-11 所示。

选择图形窗口中的轨迹线，扫描起点和方向如图 4-1-12 所示。

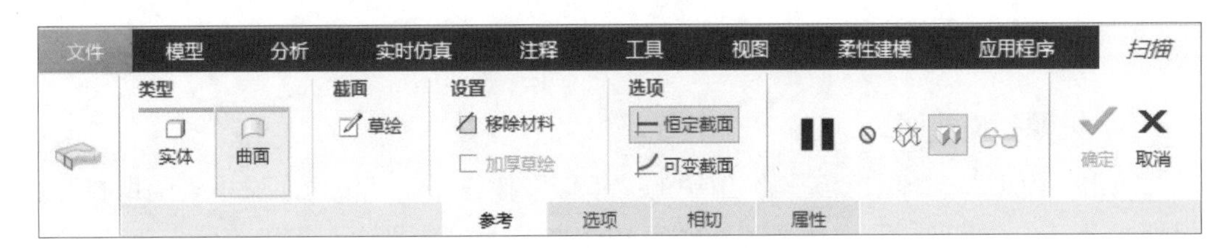

图 4-1-11　设置“扫描”选项卡

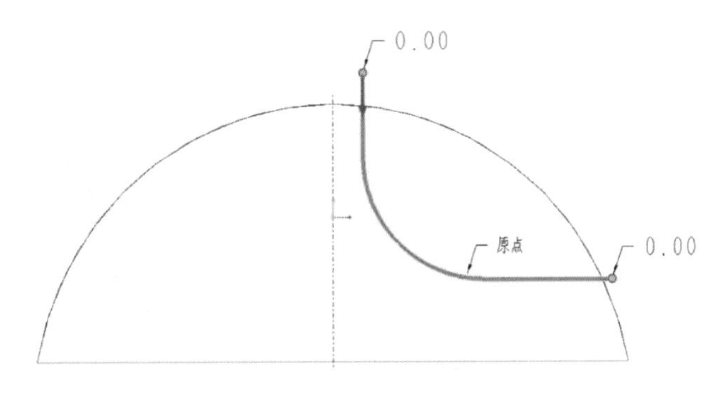

图 4-1-12　选择扫描轨迹线

单击“扫描”选项卡“截面”命令下的“草绘”按钮，进入草绘环境，再单击图形工具栏中的“草绘视图”按钮，使草绘平面与屏幕平行。利用“3 点 / 相切端”“尺寸”，绘制图 4–1–13 所示的草图。

单击“草绘”选项卡“关闭”组中的“确定”按钮，退出草绘环境，完成扫描截面的绘制。

不对其他参数进行设置，单击“扫描”选项卡中的“确定”按钮，完成扫描曲面的创建，如图 4–1–14 所示。

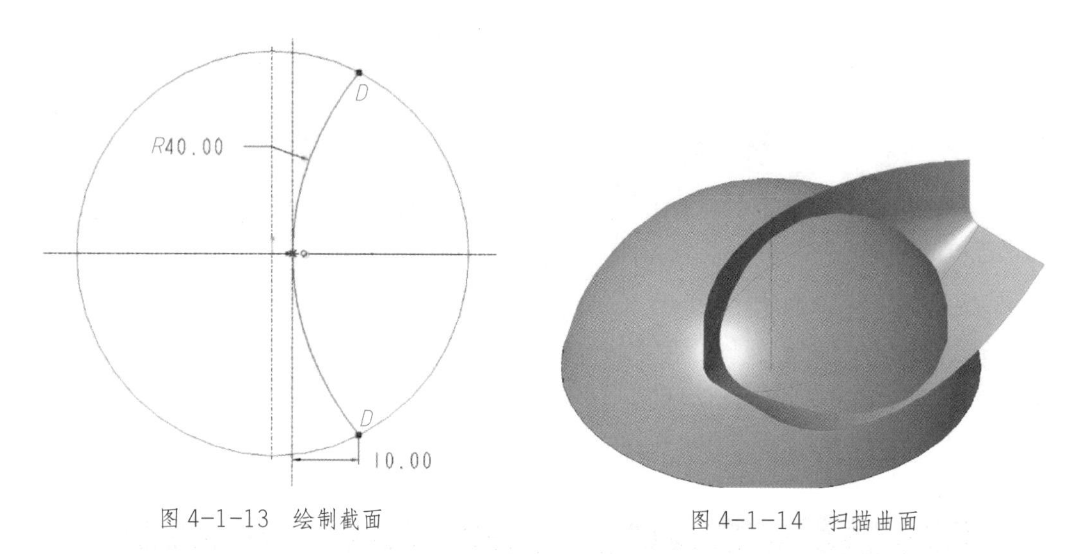

图 4–1–13　绘制截面　　　　图 4–1–14　扫描曲面

5. 镜像扫描曲面

单击“模型”选项卡“编辑”组中的“镜像”按钮，“镜像”选项卡随即打开。根据提示，在“模型树”中选择基准平面 RIGHT 作为镜像平面，扫描曲面为镜像的特征，不对其他参数进行设置，单击“镜像”选项卡中的“确定”按钮，完成镜像曲面的创建，如图 4–1–15 所示。

6. 合并曲面

（1）单击“模型”选项卡“编辑”组中的“合并”按钮，“合并”选项卡随即打开。

（2）根据提示，先后选择扫描曲面和旋转曲面作为要合并的面组，如图 4–1–16 所示。

（3）单击“合并”选项卡“设置”命令下的“保留的第二面组的侧”按钮，再单击“确定”按钮，完成面组的第一次合并，结果如图 4–1–17 所示。

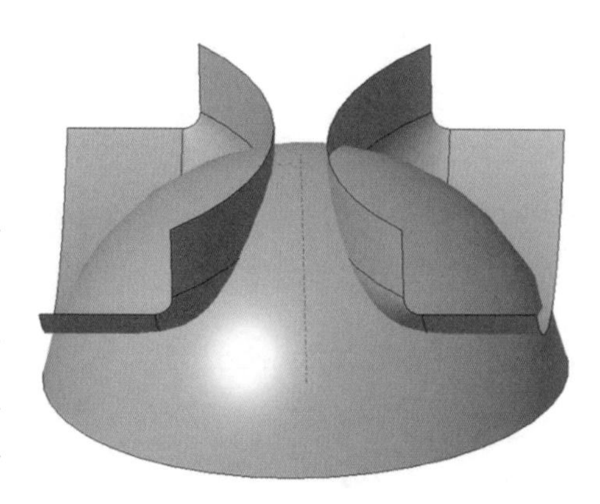

图 4–1–15　镜像曲面

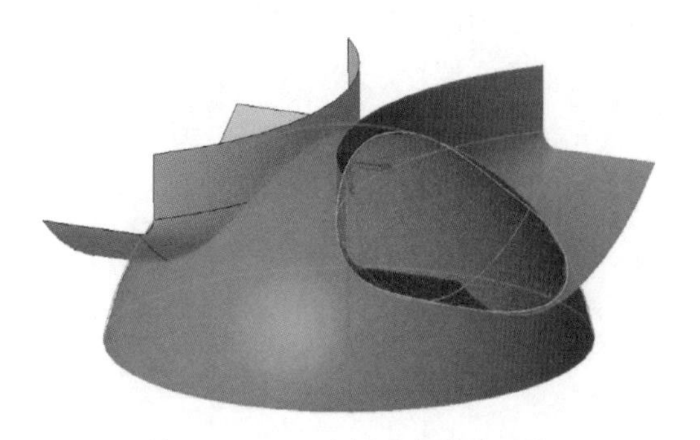

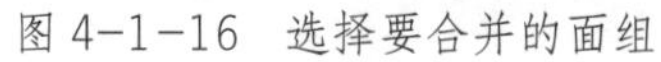

图 4-1-16　选择要合并的面组

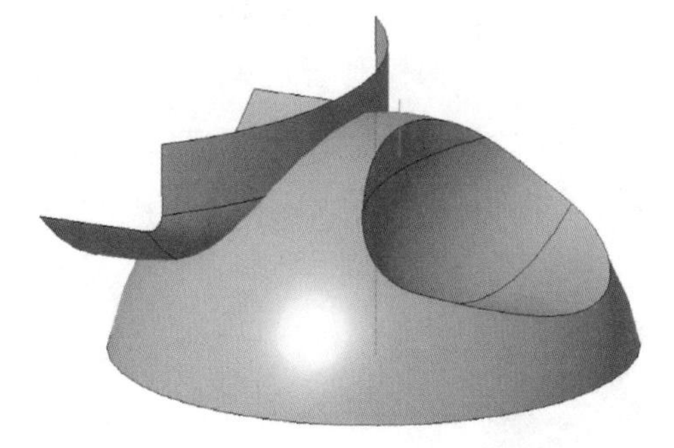

图 4-1-17　第一组曲面合并

（4）采用同样的方法，完成镜像曲面与旋转曲面的合并，结果如图 4-1-18 所示。

（5）单击“视图”选项卡“显示”组中的“轴显示”按钮 ，隐藏旋转轴，并单击“模型树”中的“草绘 1”，系统弹出浮动工具栏，如图 4-1-19 所示。单击浮动工具栏中的“隐藏”按钮 ，隐藏草图，最终结果如图 4-1-20 所示。

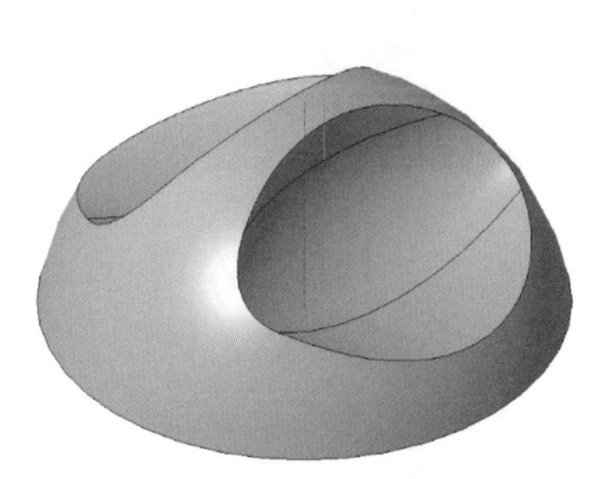

图 4-1-18　第二组曲面合并

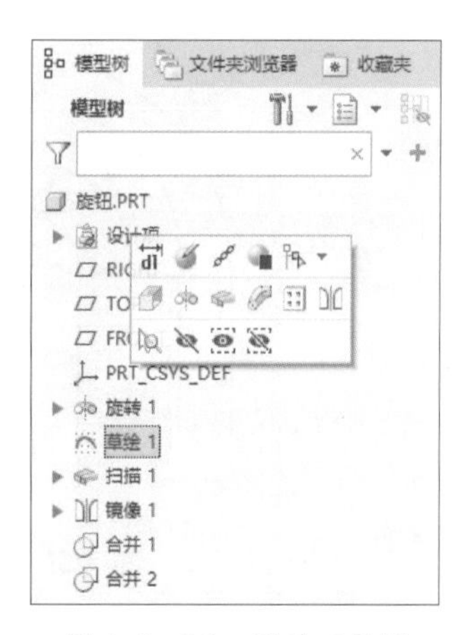

图 4-1-19　浮动工具栏

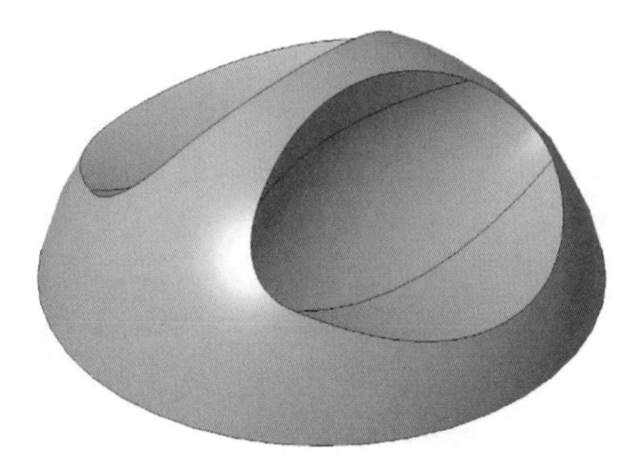

图 4-1-20　旋钮曲面造型

7. 保存文件，并退出 Creo 8.0 软件

单击快速访问工具栏中的“保存”按钮，系统弹出“保存对象”对话框，根据需求选择文件保存地址，单击“确定”按钮，完成文件的保存。

单击软件界面右上角的“关闭”按钮，退出 Creo 8.0 软件。

至此，旋钮曲面造型创建完成。

1. 完成图 4-1-21 所示曲面模型 1 的创建。

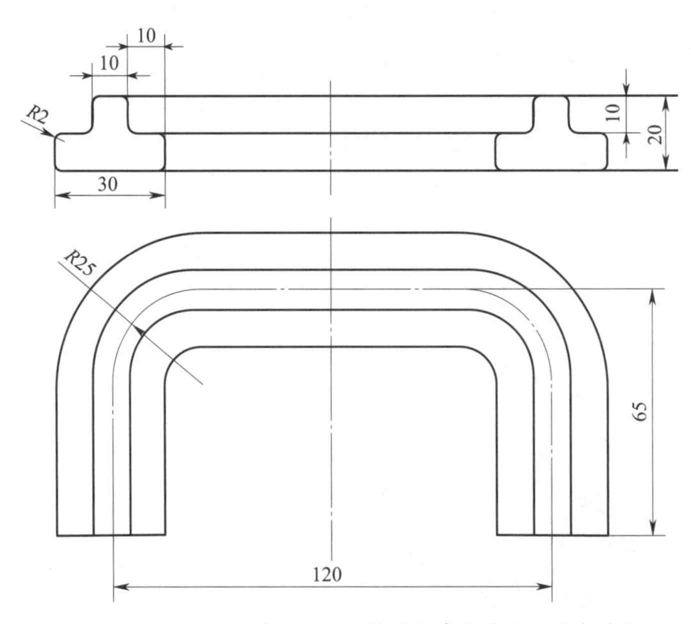

图 4-1-21 曲面模型 1（该模型为片体管道，非实体）

2. 完成图 4-1-22 所示曲面模型 2 的创建。

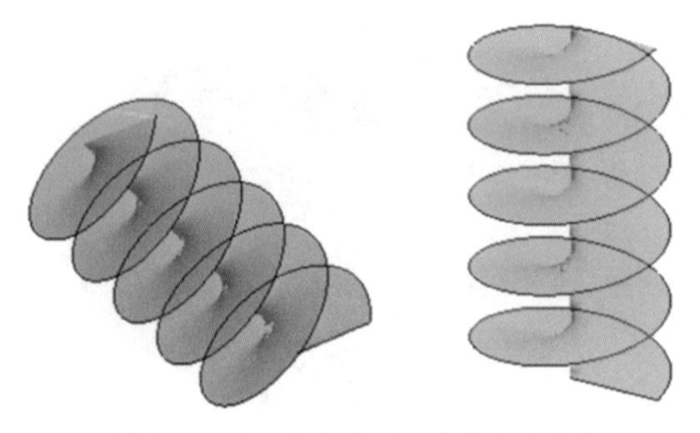

图 4-1-22 曲面模型 2（尺寸自定）

任务 2　创建花边果盘造型

1. 能应用“填充”工具完成有界平面的创建。
2. 能应用“边界混合”工具完成复杂曲面的创建。
3. 能应用“加厚”工具将曲面模型实体化。

对于有边界的平面或者复杂曲面造型，采用“拉伸”“旋转”或“扫描”等工具已经无法直接完成创建，这时就要使用高级曲面特征工具。

本任务通过创建图 4–2–1 所示的花边果盘造型，练习应用“填充”工具创建有界平面，认识“边界混合”工具的用户界面，学习应用“边界混合”工具创建复杂曲面的具体步骤和注意点，并实现曲面到实体的转化方式。

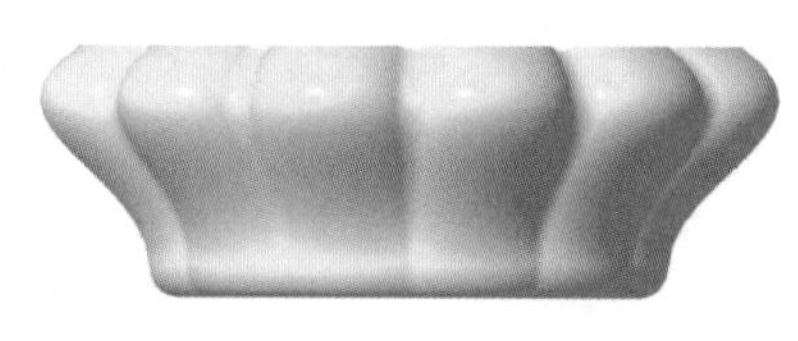

图 4–2–1　花边果盘造型

1. 填充曲面

“填充”工具仅用于创建有封闭边界的平整曲面特征，不能用于创建三维曲面特征，主要用于合并、修剪或者加厚曲面。

创建“填充”特征有以下两种操作方法：

（1）选择现有“草绘”特征（可从当前模型或另一模型中选择），之后打开“填充”工具完成该有界平面的创建。此草绘截面与其所属模型的父草绘特征完全关联。

（2）当“填充”工具处于打开状态时，用内部草绘器创建“填充”特征的独立截面。

“填充”选项卡由“参考”和“参考”“属性”子选项卡及快捷菜单组成，如图 4–2–2 所示。

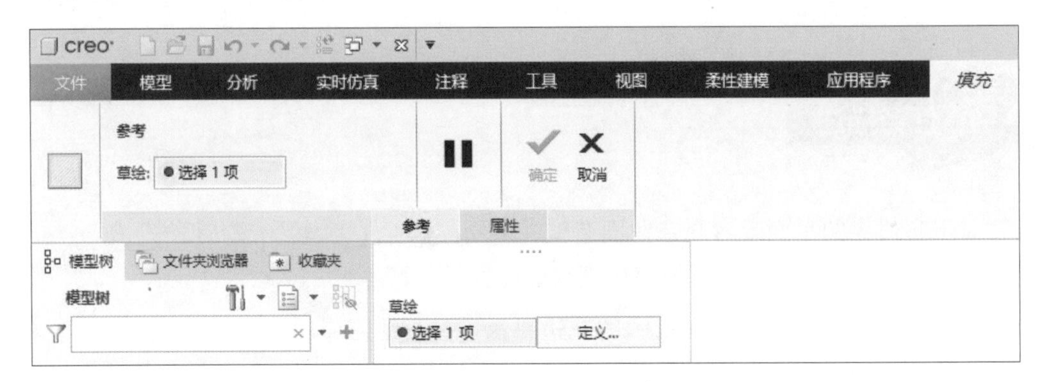

图 4-2-2 “填充”选项卡

“参考”中的“草绘”收集器用于显示“填充”特征的有效草绘截面。

“参考”子选项卡下的“草绘”收集器与“参考”命令中的“草绘”收集器显示同步，其中可包含从属或独立截面。当有效草绘截面为从属截面时，“草绘”收集器后会显示“断开链接”按钮，用于中断从属截面与父草绘特征之间的关联性，将“草绘”特征参考复制到新的独立截面，如图 4–2–3 所示，之后按照独立截面的重定义方法进行截面的编辑。当有效草绘截面为独立截面时，需应用“定义”按钮打开“草绘”对话框，完成独立截面的定义，该按钮仅当“草绘”收集器为空时才可用，如图 4–2–2 所示。当独立截面定义完成后，“定义”按钮会转变为“编辑”按钮，用于重新定义独立截面，如图 4–2–4 所示。

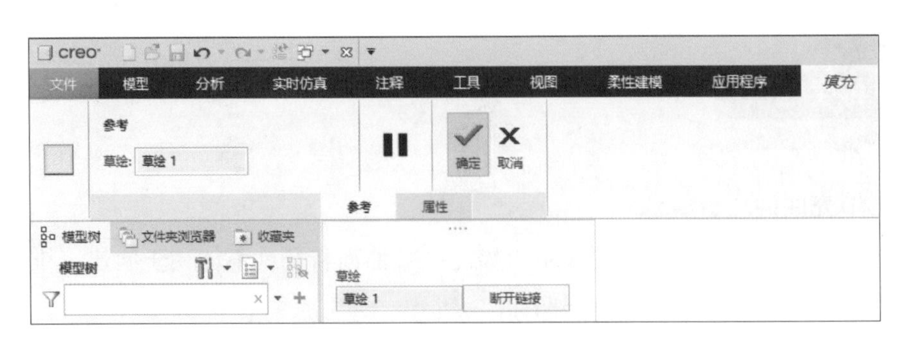

图 4-2-3 显示“断开链接”按钮

图 4-2-4 显示“编辑”按钮

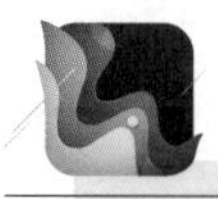

提示

从属截面的名称与其父草绘特征的名称相同，独立截面的名称由系统分配，名称唯一。

“属性”子选项卡用于设置特征名称。

快捷菜单通过在图形窗口单击鼠标右键弹出，其命令和具体说明见表 4–2–1。

表 4-2-1 “填充”选项卡中快捷菜单的命令和具体说明

命令	具体说明
定义内部草绘	打开“草绘器”以定义内部草绘
编辑内部草绘	打开“草绘器”以编辑内部草绘
显示截面尺寸	显示草绘尺寸
隐藏截面尺寸	移除草绘尺寸的显示

2. 边界混合曲面

利用“边界混合”工具，可在参考图元之间创建边界混合的特征。

（1）参考图元的选择规则

参考图元可以只有一个方向，也可以来自两个方向。每个方向上选定的参考图元均用于定义曲面的边界。参考图元（如控制点和边界条件）添加得越多，用户定义的曲面形状越完整。此外，还可以选择边界混合曲面将试图逼近的附加曲线作为参考图元。

总的来说，选择参考图元的规则归纳如下：

1）曲线、零件边、基准点、曲线或边的端点可作为参考图元使用。基准点或顶点只能出现在收集器的最前面或最后面。

2）在每个方向上都必须按连续的顺序选择参考图元，但顺序排列不唯一，可根据用户需求对参考图元重新排序。

3）对于在两个方向上定义的混合曲面来说，其外部边界必须形成一个封闭的环，这意味着外部边界必须相交。若边界不终止于相交点，系统将自动修剪这些边界，并使用有关部分。

4）如果要使用连续边或一条以上的基准曲线作为边界，可按住 Shift 键来选择曲线链。

5）为混合而选定的曲线不能包含相同的图元数。

6）当指定曲线或边来定义混合曲面形状时，系统会记住参考图元选定的顺序，并给每条链分配一个适当的号码，可通过在参考表中单击曲线集并将其拖动到所需位置来调整顺序。

（2）“边界混合”选项卡

“边界混合”选项卡由“参考”和“曲线”“约束”“控制点”“选项”“属性”子选项卡及快捷菜单组成，如图 4–2–5 所示。

图 4–2–5 “边界混合”选项卡

“参考”包含“第一方向”收集器和“第二方向”收集器。“第一方向”收集器用于显示第一方向上的曲线或边链参考，“第二方向”收集器用于显示第二方向上的曲线或边链参考。

“曲线”子选项卡包含“第一方向”和“第二方向”收集器、“细节”按钮和“闭合混合”复选框，如图 4–2–6 所示。“第一方向”和“第二方向”收集器用于显示第一方向和第二方向上用于创建混合曲面的曲线或边链参考，并可以通过按钮或按钮在连接序列中向上或向下调整链的顺序。单击“细节”按钮，系统弹出“链”对话框，可以对链属性进行编辑，如图 4–2–7 所示。选中“闭合混合”复选框后，可将最后一条曲线与第一条曲线混合来形成封闭环曲面，但只适用于仅收集一个方向线链的情况。

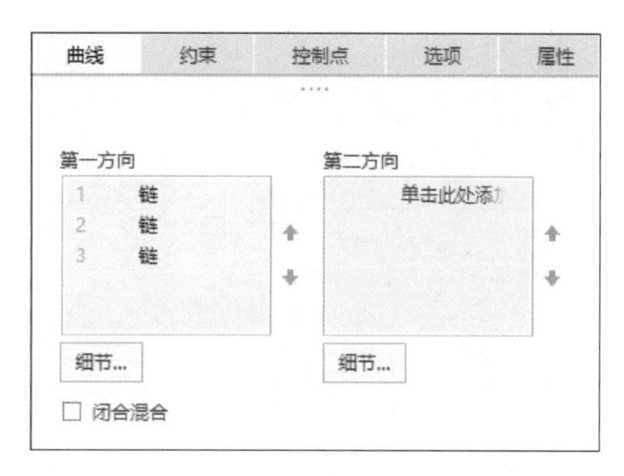

图 4-2-6 “曲线”子选项卡

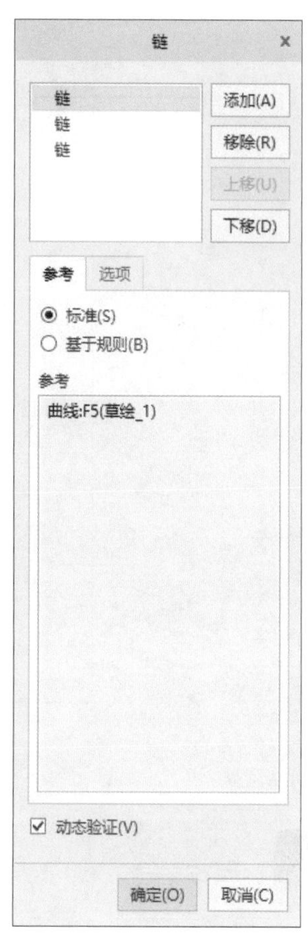

图 4-2-7 “链”对话框

“约束”子选项卡用于设置和定义边界条件，如图 4-2-8 所示。“边界”列表用于列出边界混合中的链。“条件”列表包含“自由”“相切”“曲率”“垂直”四个选项，其中“自由”表示沿边界没有设置相切条件，“相切”表示混合曲面边界与参考曲面相切，“曲率”表示混合曲面沿边界具有曲率连续性，“垂直”表示混合曲面与参考平面或基准平面垂直。

当边界条件设为“相切”“曲率”或“垂直”时，如有必要，选择“显示拖动控制滑块”来控制边界拉伸因子，或者在“拉伸值”中键入拉伸数值，默认拉伸因子为 1，拉伸因子的值会影响曲面的方向。选中“添加侧曲线影响”复选框可启用侧曲线影响功能。选中“添加内部边相切”复选框可设置混合曲面单向或双向的相切内部边条件，仅适用于具有多段边界的曲面。选中“优化曲面形状”复选框可对生成曲面的形状进行自动优化。

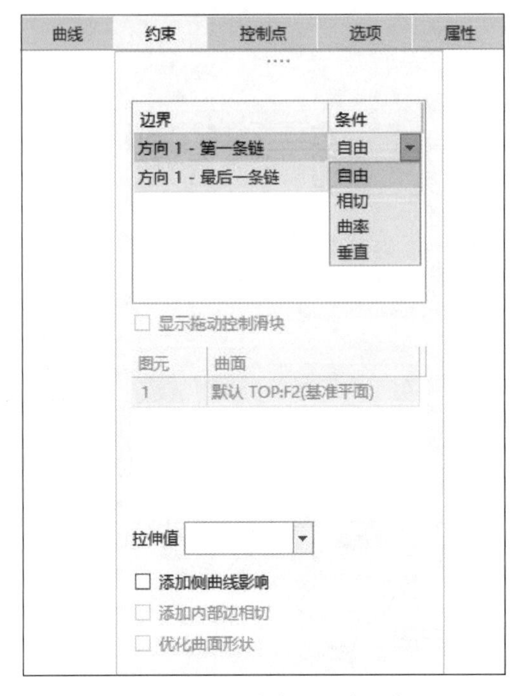

图 4-2-8 “约束”子选项卡

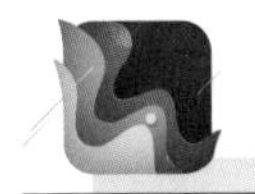

提示

如果设置了边界条件为“相切”或“曲率”，并且边界由单侧边的一条链或单侧边上的一条曲线组成，则被参考的图元将被设置为默认值，同时边界自动具有与单侧边相同的参考曲面。

如果设置了边界条件为“垂直”，并且边界由草绘曲线组成，则参考图元被设置为草绘平面，且边界自动具有与曲线相同的参考平面。如果设置了边界条件为“垂直”，并且边界由单侧边的一条链或单侧边上的一条曲线组成，则使用默认参考图元，并且边界自动具有与单侧边相同的参考曲面。

对于所有其他边界条件和边界的组合，被参考图元都将被设置为选定曲面，系统将提示用户为边界的每个段选择一个参考曲面或平面。

“控制点”子选项卡用于指定各个方向上要彼此连接的曲线的点，以便于控制曲面的形状，清除不必要的小曲面和多余边，从而得到较平滑的曲面形状，避免曲面不必要的扭曲和拉伸，创建具有最优数量的边和小曲面的曲面，如图 4-2-9 所示。

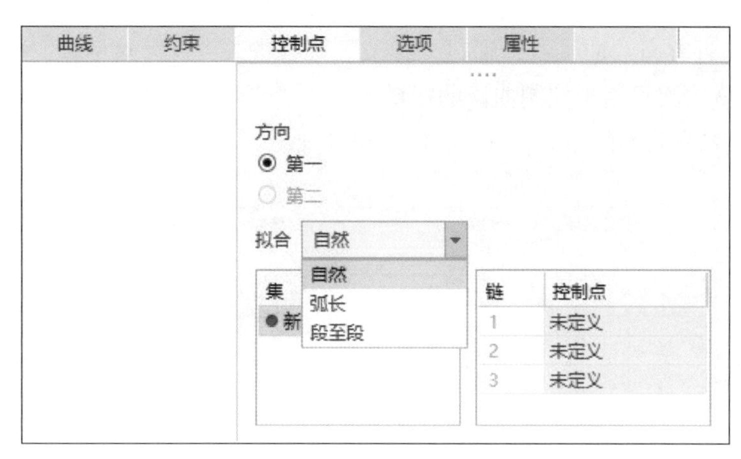

图 4-2-9 “控制点”子选项卡

可选为控制点的点有两种：一种是用于定义边界的基准曲线顶点或边顶点，另一种是曲线上的基准点。通过单击选中“方向”中的“第一”或“第二”单选框，可以分别添加或移除第一方向或第二方向上的控制点。

“拟合”列表包含五个预定义的控制参数选项，分别是“自然”“弧长”“点到点”“段至段”和“可延展”，其具体说明见表 4-2-2。

表 4-2-2 “拟合”控制参数选项的具体说明

控制参数选项	参数说明	应用情况
自然	使用原始曲线参数化混合选定曲线集，并使用相同方法来重置输入曲线的参数，可获得最逼近的曲面	任意情况
弧长	选定曲线集使用圆弧长度（恒定速度）参数化进行混合，其中每条曲线上位于等长分段处的点都彼此对应	任意情况
点到点	连接相应的点集以创建曲面	只可用于具有相同样条点数量的样条曲线
段至段	混合相应的曲线段组以创建曲面	只可用于具有相同段数的曲线
可延展	混合相应的控制点集，以使曲面能够展平	用于两条相切的连续曲线

“集”列表用于列出控制点集，默认的控制点集对第一方向有效。“新建集”用于添加控制点的新集。“控制点”通过在输入曲线上映射控制点位置来形成曲面。

“选项”子选项卡包含“影响曲线”收集器、“平滑度”因子输入框和“在方向上的曲面片”数量输入框，如图 4-2-10 所示。“影响曲线”收集器用于显示影响混合曲面的形状或逼近方向的曲线链，通过“细节”按钮进入“链”对话框，可以修改链组属性。“平滑度”因子用于控制曲面的粗糙度、不规则性或投影。“在方向上的曲面片”用于控制形成结果曲面的沿 *U* 和 *V* 方向的曲面片数。

图 4-2-10 “选项”子选项卡

“属性”子选项卡用于设置特征名称。

快捷菜单通过在图形窗口单击鼠标右键弹出，其命令和具体说明见表 4-2-3。在每个外部边界（第一方向和第二方向）旁的敏感区域单击鼠标右键，可以访问带有以下控制边界条件的命令：“自由”“相切”“垂直”“曲率”。

表 4-2-3 “边界混合”选项卡中快捷菜单的命令和具体说明

命令	具体说明
第一方向曲线	通过在一个方向上指定边界曲线、边或基准点来创建曲面特征
第二方向曲线	通过在两个方向上指定边界曲线、边或基准点来创建曲面特征
影响曲线	使用边界曲线或边以及附加曲线来创建混合曲面。系统估算曲线或边并创建接近参考图元的混合曲面，还允许用户控制曲线的偏差量
控制点	添加控制点以控制混合曲面的形状
清除	从活动的收集器中移除所有项

3. 曲面加厚

当使用常规的实体特征创建复杂几何较为困难时，常采用“加厚”工具来创建，以更好地满足设计需求。

设计“加厚”特征要求执行以下操作：

（1）选择一个开放的或闭合的面组作为参考。

（2）确定使用参考几何的方法：添加或移除薄材料部分。

（3）定义加厚特征几何的厚度方向。

“加厚”选项卡由“类型”“厚度”和“参考”“选项”“主体选项”“属性”子选项卡及快捷菜单组成，如图 4-2-11 所示。

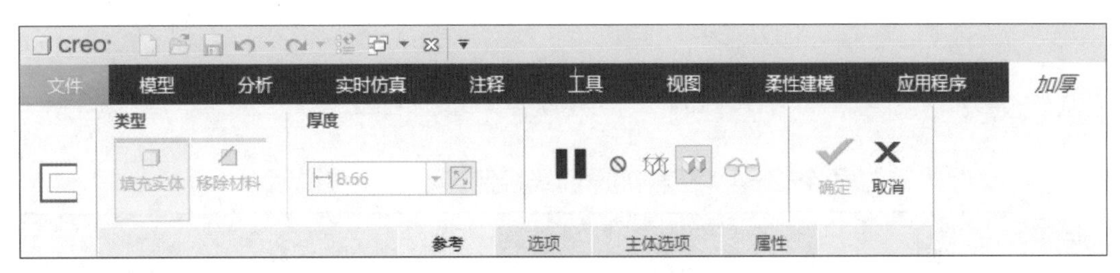

图 4-2-11　“加厚”选项卡

提示

要进入“加厚”工具，必须已选择了一个曲面特征或面组。进入“加厚”工具前，只能选择有效的几何。进入该工具时，系统会检查曲面特征选择，如果它满足“加厚”特征条件之一，即被放置到“面组”收集器中。当该工具处于活动状态时，可选择新的曲面或面组参考。“面组”收集器一次只能接受一个有效曲面或面组参考。

“类型”包含 □“填充实体”和 ◿“移除材料”。“填充实体”可使用曲面特征或面组几何作为边界创建实体体积块。“移除材料”可使用曲面特征或面组几何作为边界移除材料。

“厚度”用于定义特征的材料厚度和方向。⟷ 后输入的是总加厚偏移值，单击“反向”按钮 ⊠，可在以下三种材料侧之间进行切换：一侧、另一侧和两侧。

“参考”子选项卡中的“面组”收集器用于显示要加厚的曲面或面组。

“选项”子选项卡中有三种加厚曲线控制选项，分别为“垂直于曲面”（见图 4-2-12a）、“自动拟合”（见图 4-2-12b）和“控制拟合”（见图 4-2-12c），具体说明见表 4-2-4。

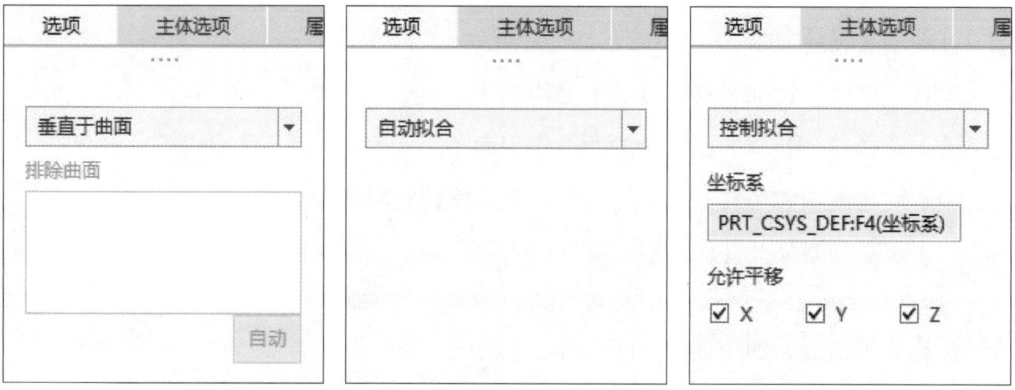

a）

b）

c）

图 4-2-12 “选项”子选项卡界面
a）“垂直于曲面” b）“自动拟合” c）“控制拟合”

表 4-2-4 三种加厚曲线控制选项的具体说明

控制选项	具体说明	备注
垂直于曲面	垂直于原始曲面偏移加厚曲面	“排除曲面”收集器用于显示要从加厚操作中排除的曲面。 注：当涉及由单一曲面构成的面组且排除了所有（而不是一个）面组曲面时，不能排除最后剩余的面组曲面
自动拟合	相对于自动确定的坐标系，缩放和平移加厚的曲面	—
控制拟合	绕选定坐标系缩放原始曲面，然后沿指定轴对其平移	“坐标系”收集器可显示用于缩放和调整偏移的坐标系。 选中“允许平移”下的 *X*、*Y*、*Z* 复选框后，可沿选定轴平移和缩放。默认情况下，选择 *X*、*Y* 和 *Z* 轴作为平移轴。如果不允许沿特定轴平移，需取消勾选相应的复选框

根据加厚类型的不同，“主体选项”子选项卡界面显示的内容和复选框也不同。当加厚类型为“填充实体”时，“主体选项”子选项卡如图 4-2-13 所示，用于将几何添加到主体，在将特征添加到现有主体时，选择要添加几何的主体。除非选择了其他主体，否则会显示默认主体。选中“创建新主体”复选框后，可在新主体中创建特征，并显示新主体的名称。

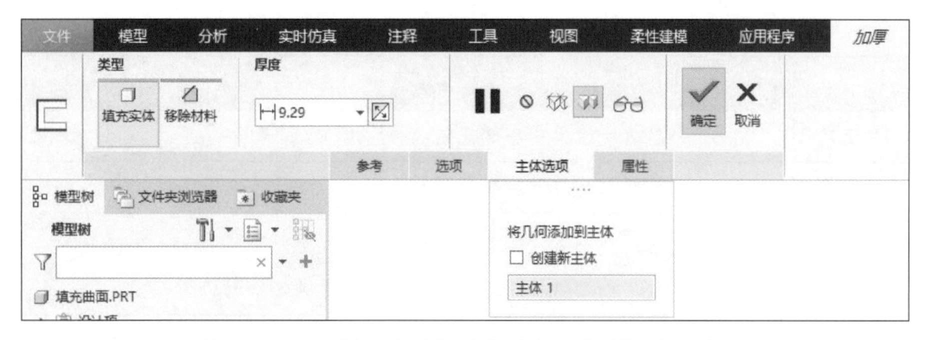

图 4-2-13 “填充实体”时的“主体选项”子选项卡

当加厚类型为“移除材料”时，“主体选项”子选项卡如图 4-2-14 所示，用于从主体切割几何，其中“全部”表示从特征所通过的所有主体中切割几何，“选定”表示从选定主体中切割几何。“主体选项”子选项卡不可用于创建装配级特征。

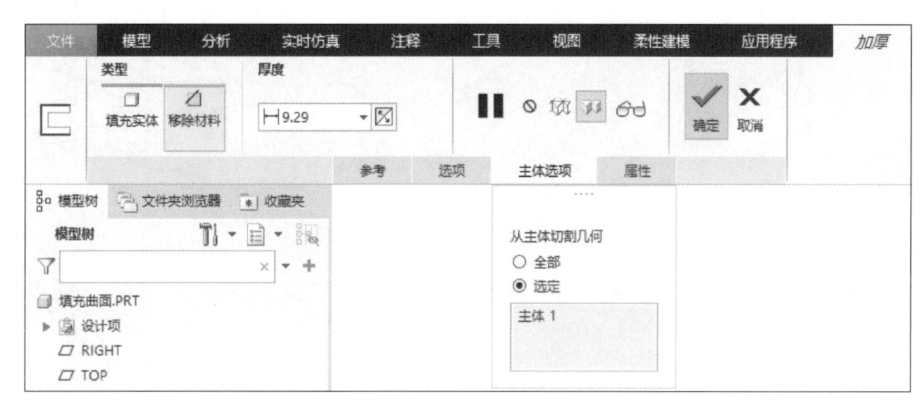

图 4-2-14 “移除材料”时的“主体选项”子选项卡

“属性”子选项卡用于设置特征名称。

快捷菜单通过在图形窗口单击鼠标右键弹出，其命令和具体说明见表 4-2-5。

表 4-2-5 “加厚”选项卡中快捷菜单的命令和具体说明

命令	具体说明
加厚面组	激活“面组”收集器
坐标系	激活“坐标系”收集器
排除曲面	激活“排除曲面”收集器
选择主体	激活主体收集器，以便可以选择主体
创建新主体	在新主体中创建特征
全部	从特征所通过的所有主体中移除几何

续表

命令	具体说明
选定	从选定主体中移除几何
反向	更改“加厚”特征的材料方向
移除材料	使用曲面特征或面组几何作为边界来移除材料
添加材料	使用曲面特征或面组几何作为边界来添加材料

提示

对于“加厚”特征，可执行普通的特征操作，包括阵列、修改、编辑参考和重新定义等。

如果由于模型更改而使选定的曲面特征或面组几何变为无效，则在重新生成模型时“加厚”特征会失败。

在“装配”模式中，只能创建移除材料的“加厚”特征。

1. 启动 Creo 8.0

双击桌面上的“Creo Parametric 8.0”快捷方式图标，启动 Creo 8.0。

2. 新建文件

（1）单击“主页”选项卡“数据”组中的“新建”按钮，系统弹出“新建”对话框，将类型选为“零件”、子类型选为“实体”、“文件名”改为“花边果盘”，并取消勾选“使用默认模板”复选框，单击“确定”按钮，系统弹出“新文件选项”对话框，在“模板”列表框中选择“mmns_part_solid_abs”模板，单击“确定”按钮，完成文件“花边果盘”的创建。

（2）单击“视图”选项卡“显示”组中的“平面显示”按钮、“坐标系显示”按钮和“旋转中心”按钮，隐藏基准平面、坐标系和旋转中心。

3. 创建边界混合曲面

（1）绘制第一方向链

单击“模型”选项卡“基准”组中的“草绘”按钮，系统弹出“草绘”对话框。根据提示，选择基准平面 TOP 为草绘平面，其余选项接受系统默认设置，单击“草绘”按钮，进入草绘环境。单击图形工具栏中的“草绘视图”按钮 ，使草绘平面与屏幕平行。利用“圆”“尺寸”，绘制图 4–2–15 所示的草图。

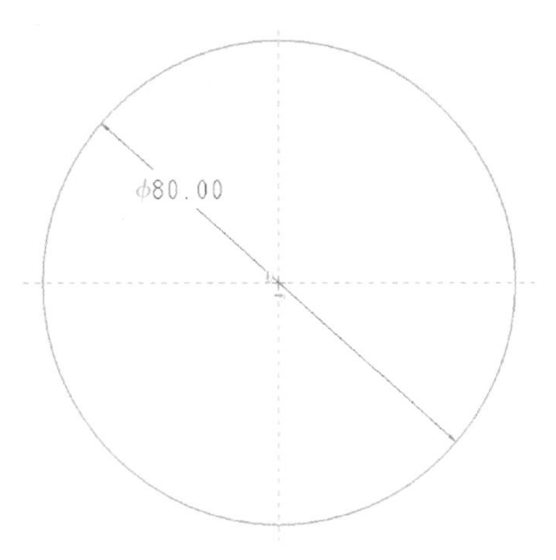

图 4–2–15　第一方向链草图 1

单击“草绘”选项卡“关闭”组中的“确定”按钮 ，退出草绘环境，完成第一条第一方向链草图的绘制。

单击“模型”选项卡“基准”组中的“平面”按钮 ，系统弹出“基准平面”对话框。选择基准平面 TOP 为参考，输入偏移距离为“30”，如图 4–2–16 所示。单击“确定”按钮，完成基准面 DTM1 的创建。

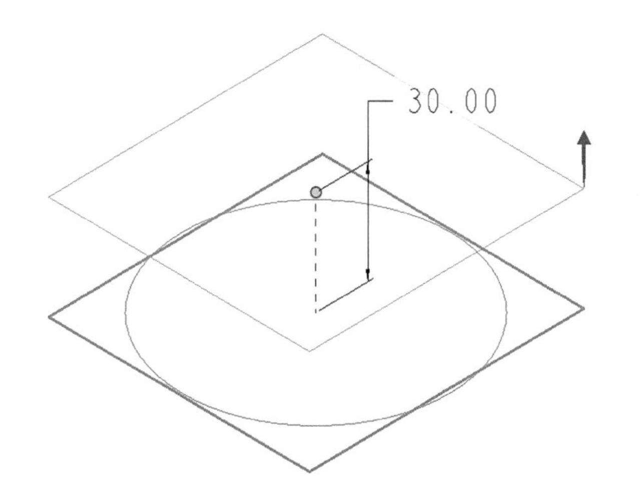

图 4–2–16　创建基准面

单击“模型”选项卡“基准”组中的“草绘”按钮 ，系统弹出“草绘”对话框。根据提示，选择基准面 DTM1 为草绘平面，其余选项接受系统默认设置，单击

“草绘”按钮，进入草绘环境。单击图形工具栏中的“草绘视图”按钮，使草绘平面与屏幕平行。利用“中心线”“3 点 / 相切端”“尺寸”等，绘制图 4–2–17 所示的草图。

单击“草绘”选项卡“关闭”组中的“确定”按钮，退出草绘环境，完成第二条第一方向链草图的绘制，结果如图 4–2–18 所示。

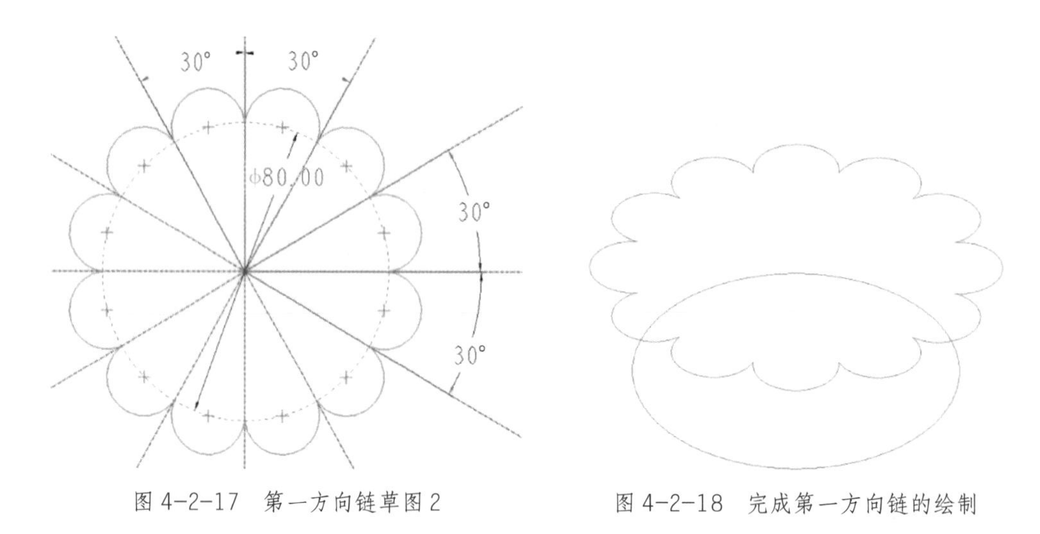

图 4-2-17　第一方向链草图 2　　　图 4-2-18　完成第一方向链的绘制

（2）绘制第二方向链

单击“模型”选项卡“基准”组中的“轴”按钮，系统弹出“基准轴”对话框。根据提示，选择“草绘 _1”为参考，如图 4–2–19 所示。单击“确定”按钮，完成中心基准轴的创建。

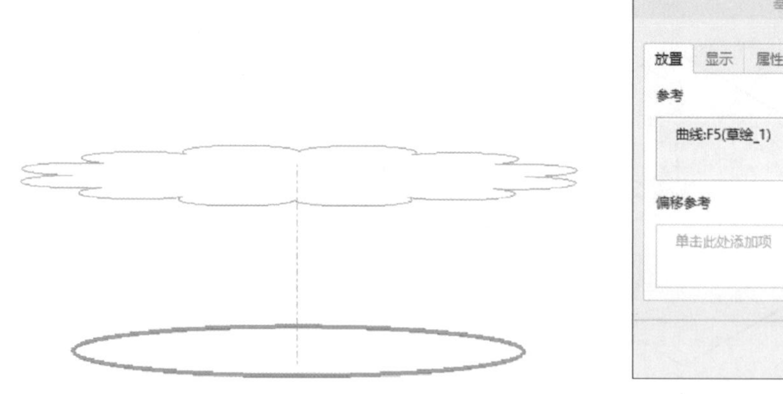

图 4-2-19　创建基准轴

单击“模型”选项卡“基准”组中的“草绘”按钮，系统弹出“草绘”对话框。根据提示，选择基准平面 RIGHT 为草绘平面，其余选项接受系统默认设置，单击

“草绘”按钮，进入草绘环境。单击图形工具栏中的“草绘视图”按钮，使草绘平面与屏幕平行。利用“投影”“样条”“尺寸”，绘制图 4–2–20 所示的草图。

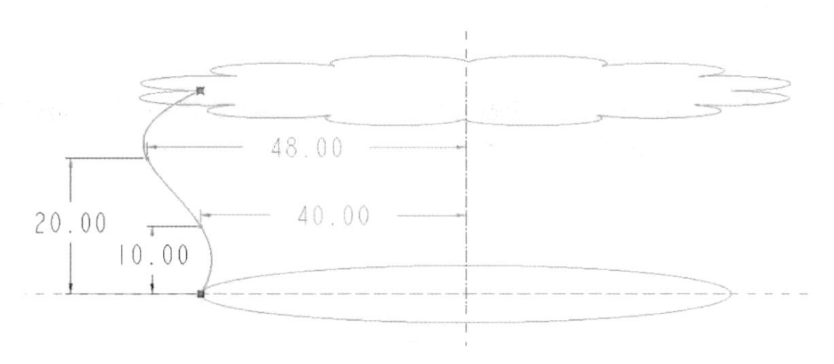

图 4–2–20　绘制第一条第二方向链

单击“草绘”选项卡“关闭”组中的“确定”按钮，退出草绘环境，完成第一条第二方向链草图的绘制。

单击第一条第二方向链，再单击“模型”选项卡“编辑”组中的“阵列”按钮，“阵列”选项卡随即打开，设置“阵列”选项卡如图 4–2–21 所示。

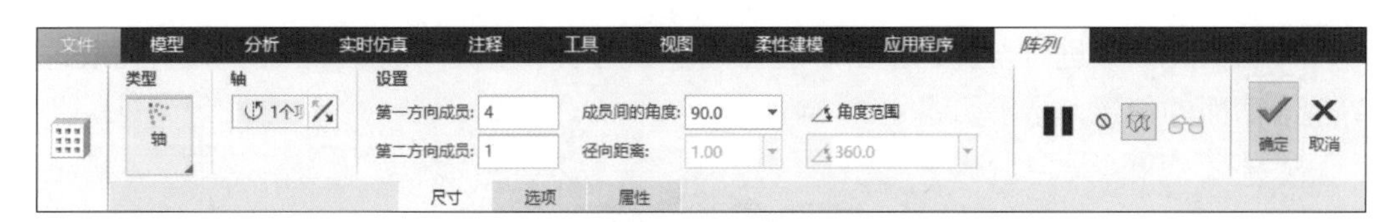

图 4–2–21　设置“阵列”选项卡

不对其他参数进行设置，单击“阵列”选项卡中的“确定”按钮，完成第二方向链的阵列，如图 4–2–22 所示。

图 4–2–22　阵列第二方向链

（3）创建边界混合曲面

单击“模型”选项卡“曲面”组中的“边界混合”按钮，“边界混合”选项卡随即打开。根据提示，按下 Ctrl 键先后选择“草绘 1”和“草绘 2”为第一方向链，再单击激活“第二方向链收集器”，按下 Ctrl 键先后选择四条阵列样条曲线为第二方向链，如图 4–2–23 所示。

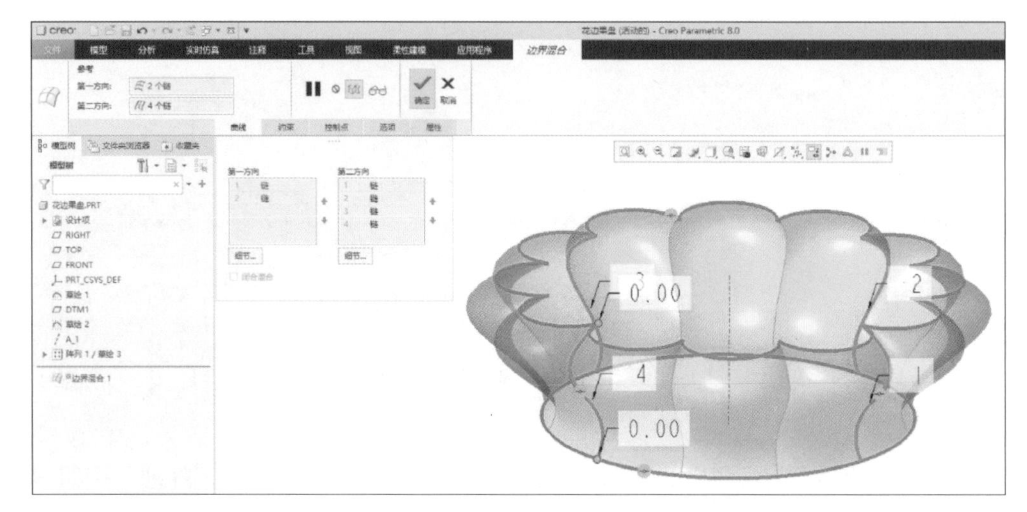

图 4–2–23　选择方向链

不对其他参数进行设置，单击“边界混合”选项卡中的“确定”按钮 ✔，完成边界混合曲面的创建，结果如图 4–2–24 所示。

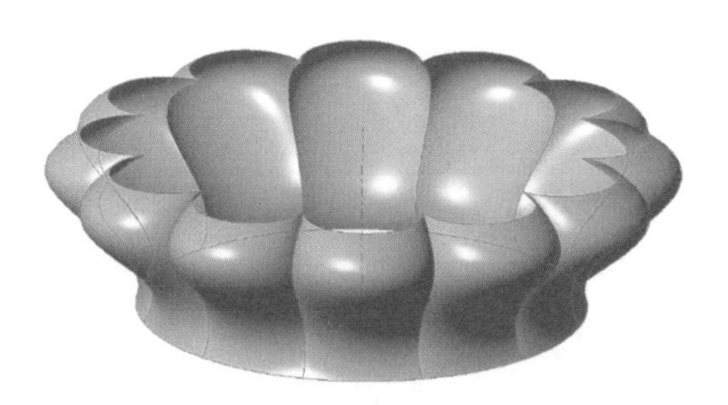

图 4–2–24　创建边界混合曲面

4. 创建过渡圆角

单击“模型”选项卡“工程”组中的“倒圆角”按钮，“倒圆角”选项卡随即打开。选中图 4–2–25 中所示的绿色曲线，并按图设置好半径，不对其他参数进行设置，单击“倒圆角”选项卡中的“确定”按钮 ✔，完成过渡圆角的创建，结果如图 4–2–26 所示。

5. 创建有界平面

单击“模型”选项卡“曲面”组中的“填充”按钮 □，“填充”选项卡随即打开。根据提示，选择“草绘 1”为参考，单击“填充”选项卡中的“确定”按钮 ✔，完成有界平面的创建，结果如图 4–2–27 所示。

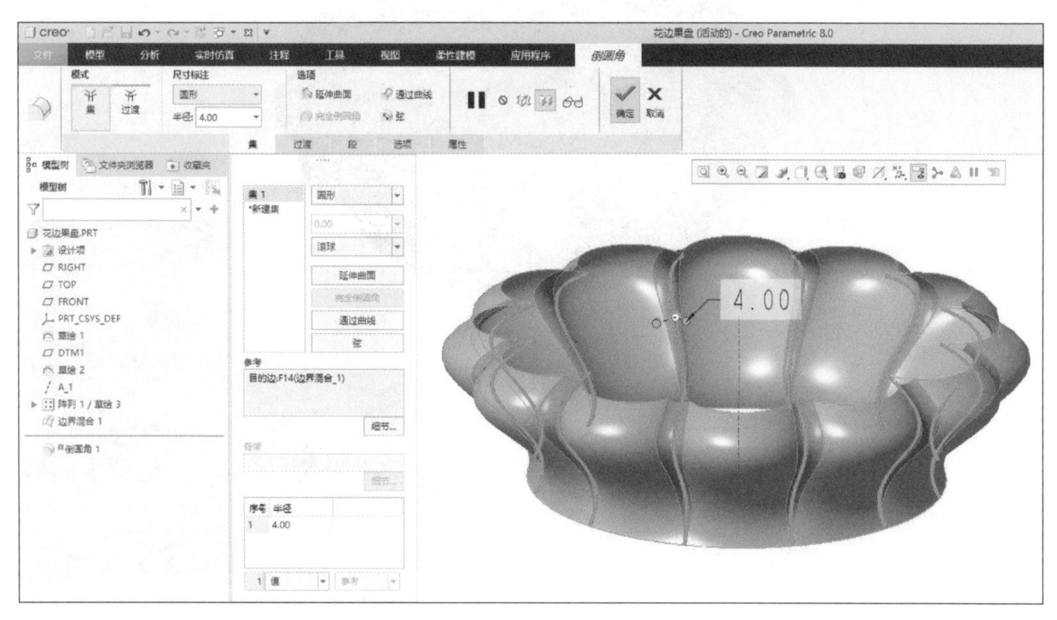

图 4-2-25　设置“倒圆角”选项卡

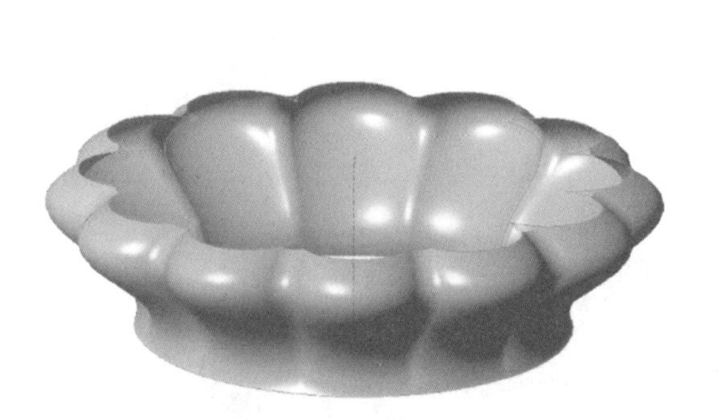

图 4-2-26　创建过渡圆角

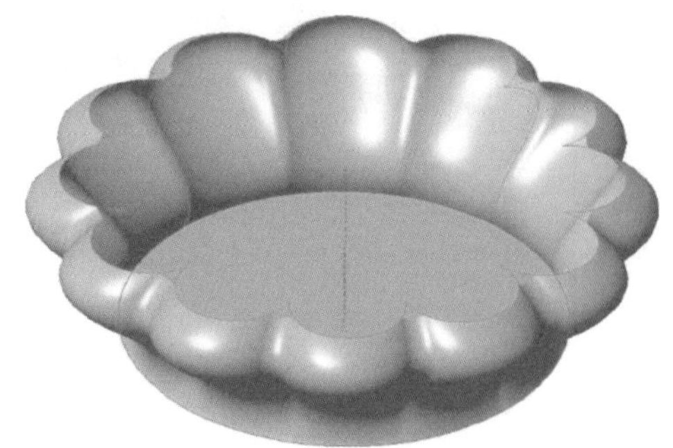

图 4-2-27　创建有界平面

6. 合并面组

（1）单击“模型”选项卡“编辑”组中的“合并”按钮 ，“合并”选项卡随即打开。

（2）根据提示，先后选择边界混合曲面和有界平面作为要合并的面组，如图 4-2-28 所示。

（3）单击“合并”选项卡中的“确定”按钮 ，完成面组的合并。

图 4-2-28　合并面组

7. 曲面实体化

（1）单击“模型”选项卡“编辑”组中的“加厚”按钮 ，“加厚”选项卡随即打开。

（2）根据提示，选择合并面组，并设置厚度的大小和加厚方向，如图 4-2-29 所示。

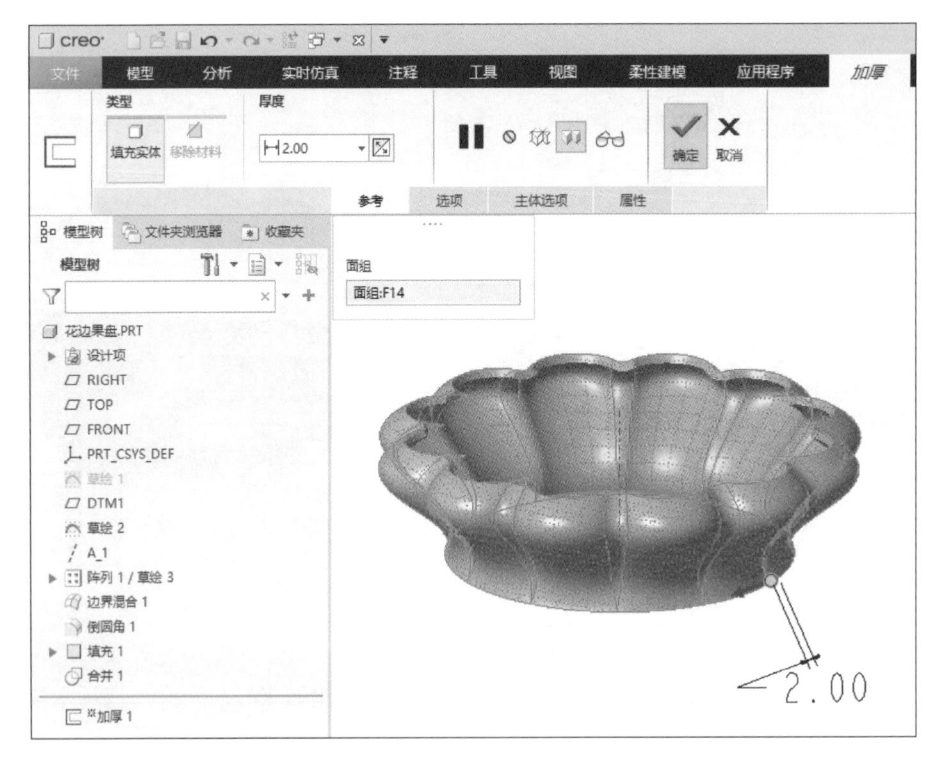

图 4-2-29　设置“加厚”选项卡

（3）单击“加厚”选项卡中的“确定”按钮 ，完成曲面实体化，结果如图 4-2-30 所示。

8. 倒圆角

单击“模型”选项卡“工程”组中的“倒圆角”按钮 ，“倒圆角”选项卡随即打开。选中图 4–2–31 中所示绿色曲线，并设置半径为“2”，再选中图 4–2–32 中所示绿色曲线，并设置半径为“4”，单击“倒圆角”选项卡中的“确定”按钮 ，完成圆角的创建，结果如图 4–2–33 所示。

图 4–2–30　曲面实体化

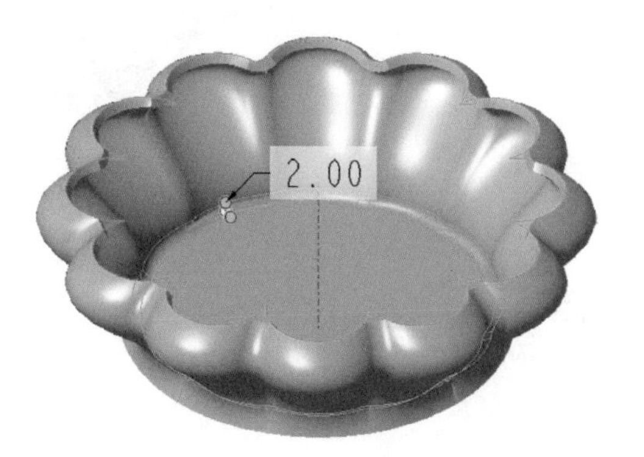

图 4–2–31　倒内部圆角

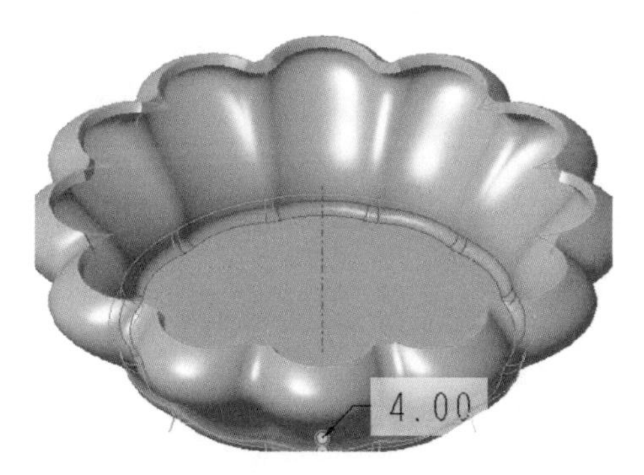

图 4–2–32　倒外部圆角

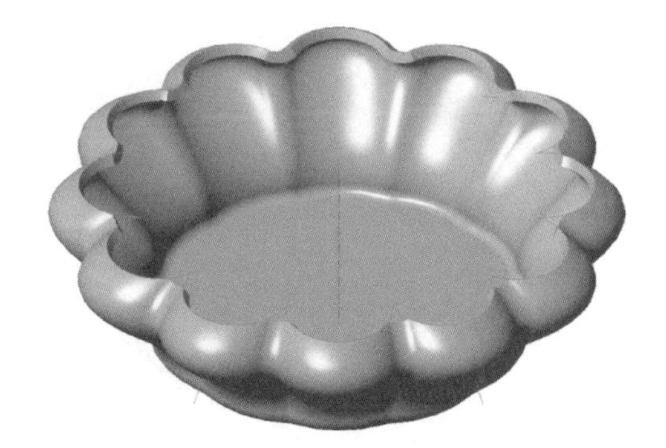

图 4–2–33　创建倒圆角

9. 修饰外观、保存文件，并退出 Creo 8.0 软件

隐藏所有基准、草绘，并打开“视图”选项卡“外观”组中的“外观库”，修饰花边果盘的外观，结果如图 4–2–34 所示。

单击快速访问工具栏中的“保存”按钮 ，系统弹出“保存对象”对话框，根据需求选择文件保存地址，单击“确定”按钮，完成文件的保存。

单击软件界面右上角的“关闭”按钮 ，退出 Creo 8.0 软件。

至此，花边果盘造型创建完成。

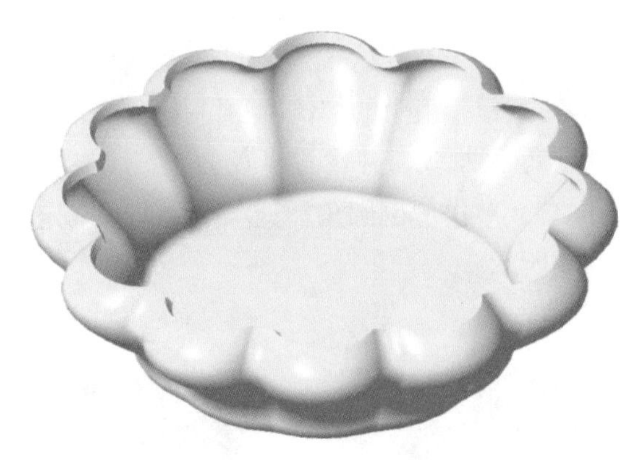
图 4-2-34　花边果盘造型

1. 以“实践操作”中的花边果盘为基础，通过调整所选方向链和设置参数，将其修改为图 4-2-35 和图 4-2-36 所示的外形效果。

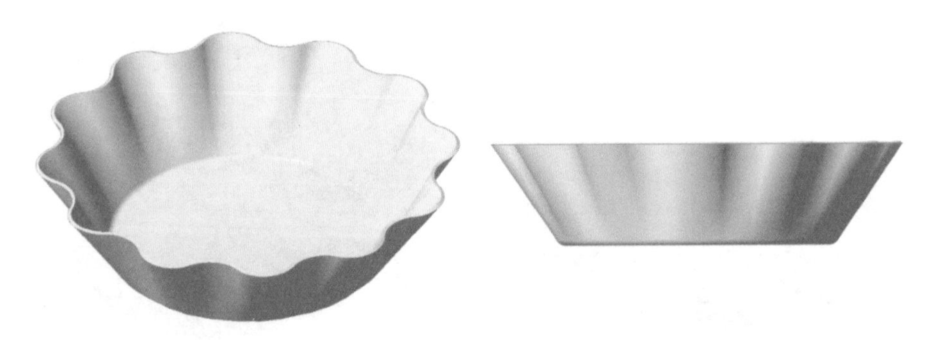
图 4-2-35　外形效果 1

图 4-2-36　外形效果 2

2. 完成图 4–2–37 所示三维模型的创建。

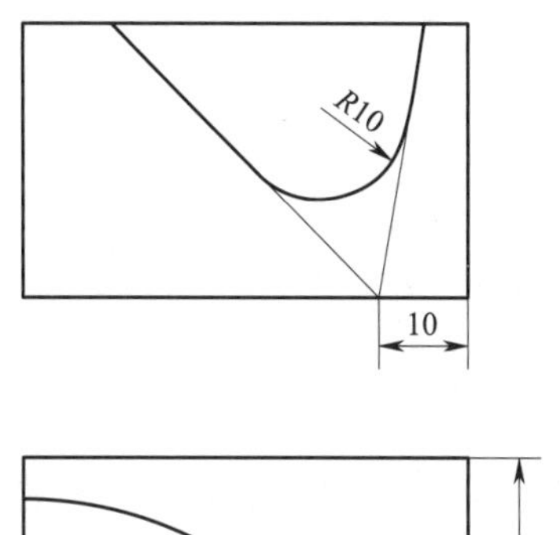

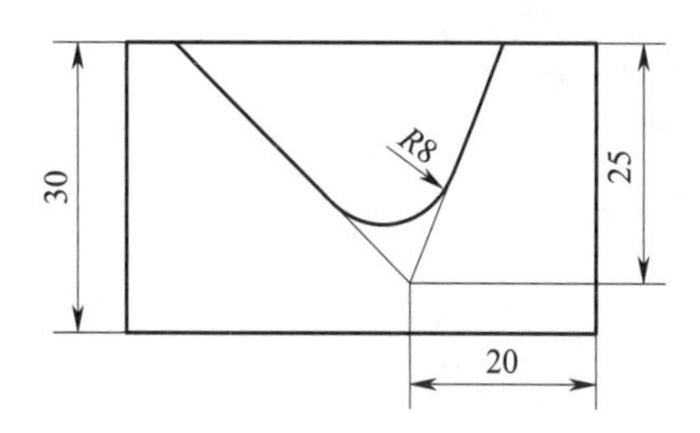

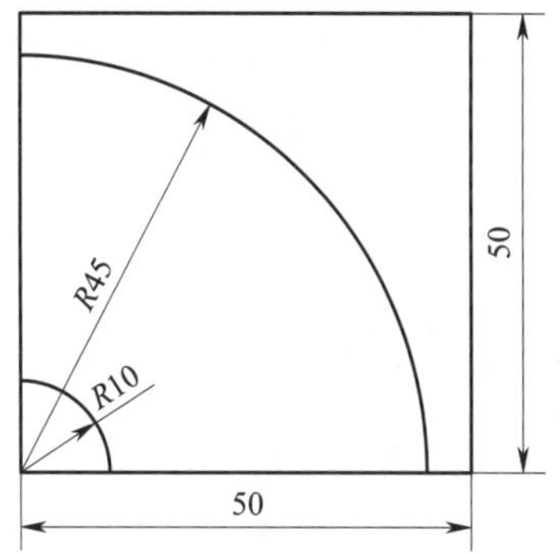

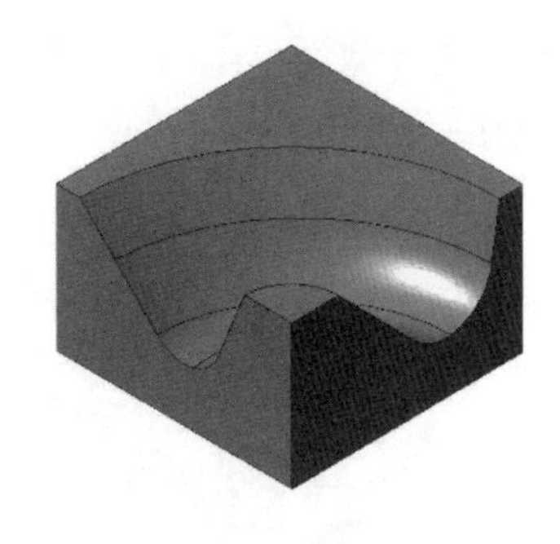

图 4–2–37　三维模型

任务 3　创建鸟巢造型

1. 能应用“扫描”工具创建可变截面扫描曲面。
2. 能将平面上的草图投影到曲面上。
3. 能修剪曲面。

Creo 可变截面扫描特征的功能很强大，它能够反映几何的多样性和复杂性。与“扫描”工具中的恒定截面扫描相比，两者的操作方法大致相同，不同的是可变截面扫描的截面的形状和方向是可以改变的。

本任务通过创建图 4–3–1 所示的鸟巢造型，练习应用“扫描”工具创建可变截面扫描曲面，学习创建截面草图与轨迹的约束关系，完成草图从平面到曲面的投影，并利用“曲面修剪”工具实现曲面的修剪，巩固曲面加厚成实体的操作方法。

图 4–3–1　鸟巢造型

1. 可变截面扫描

创建可变截面扫描时，截面草绘图元与扫描轨迹存在着约束关系，这些约束关系会影响草绘图元在扫描过程中尺寸发生改变，从而改变截面的形状。除此之外，通过使用截面关系（由 trajpar 参数设置）定义尺寸标注形式也能使草绘图元可变。

trajpar 参数在 Creo 中表示轨迹路径，其值范围介于 0 到 1，0 表示轨迹起点，1 表示轨迹终点，其在关系中作为自变量。当“草绘”选项卡打开绘制截面草图时，可使用 trajpar 参数键入关系。

扫描工具的主元件是截面轨迹。扫描截面定位于原点轨迹的框架上，并沿轨迹长度方向移动以创建几何，如图 4-3-2 所示。原点轨迹以及其他轨迹和其他参考（如平面、轴、边或坐标系的轴）决定截面扫描的方向及形状变化规律。

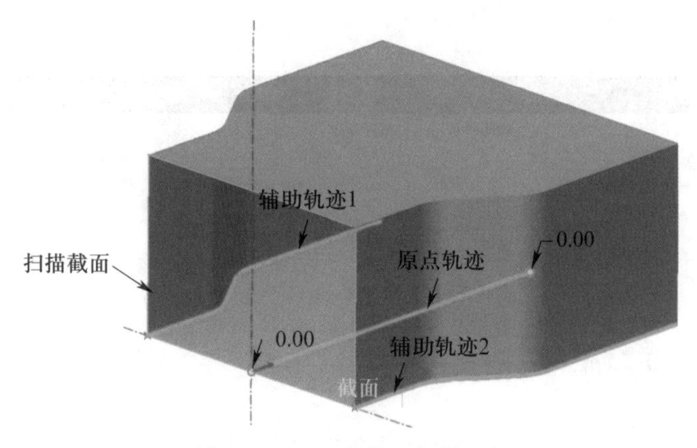

图 4-3-2 可变截面扫描示例

框架实质上是沿着原点轨迹滑动并且自身带有扫描截面的坐标系。坐标系的轴由辅助轨迹和其他参考定义。框架非常重要，因为它决定着草绘沿原点轨迹移动时的方向。框架由附加约束和参考（如“垂直于轨迹”“垂直于投影”和“恒定法向”）定向（沿轴、边或平面）。

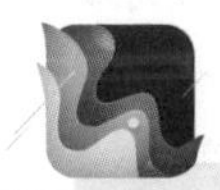

提示

选择扫描轨迹时，有以下注意点：

选择轨迹可以在进入“扫描”工具前，也可以在进入“扫描”工具后。轨迹可以有一条或多条，按住 Ctrl 键可以选择多个轨迹，按住 Shift 键可以选择形成链的多个图元。

选择的第一个链即为原始轨迹。一个箭头出现在原始轨迹上，从轨迹的起点指向扫描将要跟随的路径。单击该箭头可以改变轨迹的起点和扫描方向。

2. 投影特征

“投影”工具可以在实体或非实体曲面、面组或基准平面上投影链、草绘或修饰草绘。投影草绘不能为剖面线形式，如果选择剖面线草绘来投影，系统会忽略该剖面线。

草绘的投影方法有以下三种：

（1）投影链，用于选择要投影的曲线或链。

（2）投影草绘，即创建草绘或将现有草绘复制到模型中以进行投影。

（3）投影修饰草绘，即创建修饰草绘或将现有修饰草绘复制到模型中进行投影。

“投影曲线”选项卡包含“投影”“投影目标”“投影方向”和“参考”“属性”子选项卡及快捷菜单，如图 4–3–3 所示。

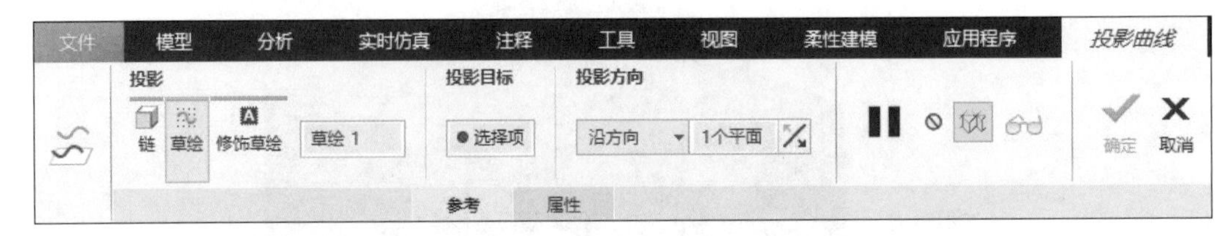

图 4–3–3 “投影曲线”选项卡

各按钮的具体说明见表 4–3–1。

表 4–3–1 “投影曲线”选项卡中各按钮的具体说明

按钮	选项或收集器图标	具体说明
投影		“链”：投影曲线或边链
		“草绘”：投影草绘
	A	“修饰草绘”：投影修饰草绘
	草绘 1	投影项收集器：显示要投影的曲线、链、草绘或修饰草绘
投影目标	● 选择项	曲面收集器：显示要在其上投影草绘或链的一个或多个主体、面组或基准平面构成的曲面
投影方向	沿方向 ▾ 1个平面	“沿方向”：沿着指定方向投影 方向参考收集器：显示要作为方向参考的平面、轴、坐标系轴或直图元 ：反向投影的方向
	投影方向 垂直于曲面 ▾ 沿方向 垂直于曲面	“垂直于曲面”：垂直于曲线平面、指定平面或指定曲面投影

“参考”子选项卡的界面如图 4–3–4 所示。

在“参考”子选项卡中，通过投影项列表可选择投影方法。当投影链时，“链”收集器显示要投影的曲线链或边链，其后的“细节”按钮能打开“链”对话框以修改链

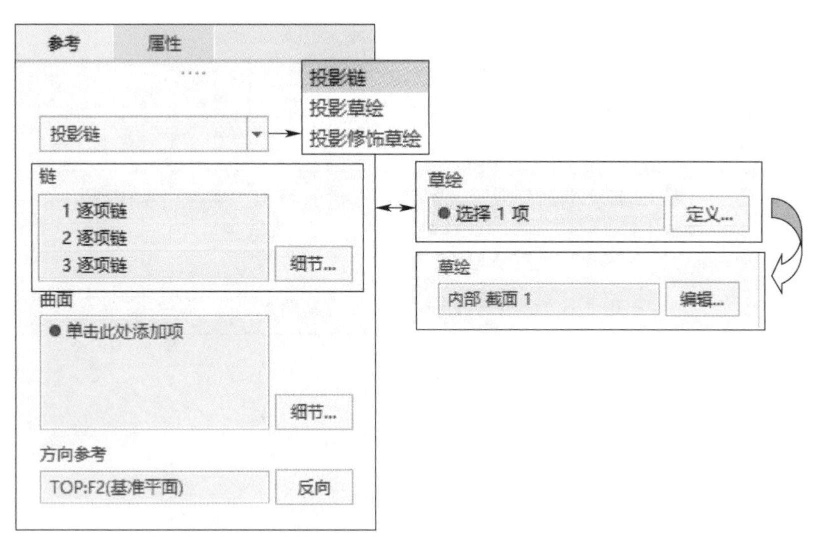

图 4-3-4　“参考”子选项卡

属性。当投影草绘或修饰草绘时，“草绘”收集器显示要投影的草绘或修饰草绘，其后的“定义”按钮能打开“草绘”对话框以创建内部草绘，“编辑”按钮能打开“草绘”对话框以编辑内部草绘。

“曲面”收集器可显示要在其上投影草绘或链的一个或多个主体、面组或基准平面构成的曲面。其后的“细节”按钮可打开“曲面集”对话框，以修改曲面集属性。

“方向参考”收集器可显示一个平面、轴、坐标系轴或直图元以指定投影方向，其后的“反向”按钮可调节方向参考。

“属性”子选项卡用于设置投影名称。

快捷菜单通过在图形窗口单击鼠标右键弹出，其命令和具体说明见表 4–3–2。

表 4–3–2　“投影曲线”选项卡中快捷菜单的命令和具体说明

命令	具体说明
选择草绘	选择“草绘”或“修饰草绘”时，激活“参考”子选项卡上的“草绘”收集器
选择链	选择“链”时，激活“参考”子选项卡上的“链”收集器
选择曲面	激活“曲面”收集器以选择要在其上投影草绘或链的曲面，这些曲面由一个或多个主体、面组或基准平面构成
选择方向参考	激活“投影方向”收集器
清除	清除活动收集器

续表

命令	具体说明
定义内部草绘	选择“草绘”或“修饰草绘”时，打开“草绘”对话框
编辑内部草绘	选择“草绘”或“修饰草绘”时，打开“草绘”对话框
沿方向	沿指定的方向投影选定的链或草绘
垂直于曲面	垂直于目标曲面投影选定的链或草绘

3. 曲面修剪

（1）修剪面组的方法

面组是曲面的集合，可用以下几种方法修剪面组：

1）通过添加切口或槽，从实体特征中移除材料。

2）当面组显示于特定视图时，在其与另一面组的相交之处进行修剪，或将其修剪到自身的轮廓边。

3）通过对面组拐角进行圆角过渡。

4）通过沿面组上的基准曲线修剪。

（2）修剪面组的工具

修剪面组时，可以在该面组与其他面组或基准平面相交处修剪，也可以使用该面组上的基准曲线修剪。修剪曲面可以通过以下两个工具来实现：

使用“模型”选项卡“编辑”组中的“修剪”工具 。

通过单击“模型”选项卡“曲面”组中的“样式”按钮 打开“样式”选项卡，随后使用“样式”选项卡“曲面”组中的“曲面修剪”工具 。

1）“修剪”工具。“修剪”工具可剪切 / 分割面组或曲线，也可从面组或曲线中移除 / 分割材料以创建特定形状。在修剪过程中，可对修剪的面组或曲线指定要保留的部分。

“修剪”选项卡包含“类型”“设置”和“参考”“选项”“属性”子选项卡及快捷菜单，如图 4-3-5 所示。

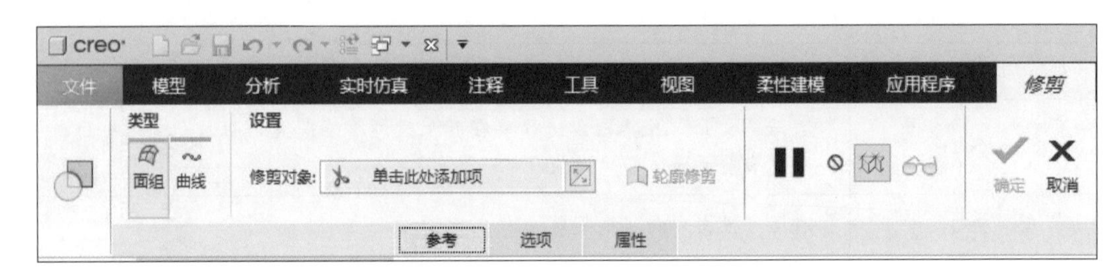

图 4-3-5 “修剪”选项卡

“修剪”的类型有“面组”和“曲线”两种，使用时可以通过单击对应的按钮来激活。“设置”包括“修剪对象”收集器、“反向”按钮和“轮廓修剪”按钮。“修剪对象”收集器可以收集用于修剪面组的曲面、曲线、边链或平面，也可以收集用于修剪曲线的点、曲线或平面。“反向”按钮可在要保留的修剪对象的一侧、另一侧或双侧之间反向。“轮廓修剪”按钮可沿面组的法向修剪该修剪对象的投影轮廓，当修剪的对象为弯曲面组且修剪对象为平面时可用。

当修剪面组时，“参考”子选项卡中的“修剪的面组”收集器用于收集要修剪的面组，“交换”按钮仅当保留修剪面组的两侧时可用，“修剪对象”收集器可收集用于修剪面组的曲面、曲线、边链或平面，“细节”按钮可打开“链”对话框以修改链组属性。当修剪曲线时，“参考”子选项卡中的“修剪的曲线”收集器用于收集要修剪的曲线，“修剪对象”收集器可收集用于修剪曲线的点、曲线或平面。

“选项”子选项卡仅在修剪面组时可用，可指定修剪厚度尺寸、列出要从加厚修剪中排除的曲面，以及确定控制拟合对曲面的要求。仅当使用面组作为修剪对象时，“加厚修剪”选项才可用。

“属性”子选项卡用于设置特征名称。

快捷菜单通过在图形窗口单击鼠标右键弹出，其命令和具体说明见表 4–3–3。

表 4–3–3 “修剪”选项卡中快捷菜单的命令和具体说明

命令	具体说明
修剪的面组	激活“修剪的面组”收集器，以指定要修剪的面组
修剪对象	激活“修剪对象”收集器，以指定作为修剪器的对象
排除曲面	激活“排除曲面”收集器，以从加厚修剪操作中排除选定的曲面
清除	清除活动收集器
反向	指定箭头方向，以指出曲面中要保留或者要应用厚度值的部分
薄修剪	激活加厚选项，仅在修剪面组时可用

2）“曲面修剪”工具。“曲面修剪”工具包含在“模型”选项卡“曲面”组的“样式”选项卡的“曲面”组中。在“样式”中，“曲面修剪”工具可以使用一组曲线来修剪选定的曲面或面组，为修剪曲面而选择的曲线必须位于曲面或面组上。被修剪面组部分可以保留或删除，在默认情况下，“样式”不删除任何被修剪的部分。

使用基准曲线定义曲面修剪的规则如下：

可以使用基准曲线、内部曲面边或实体模型边的连续链来修剪面组。

作为修剪的基准曲线位于要修剪的面组上，并且不应延伸超过该面组的边界。

如果曲线未延伸到面组的边界，系统将计算其到面组边界的最短距离，并在该方向继续修剪。

“造型：曲面修剪”选项卡包含“曲面”“参考”和“参考”子选项卡及快捷菜单，如图 4–3–6 所示。

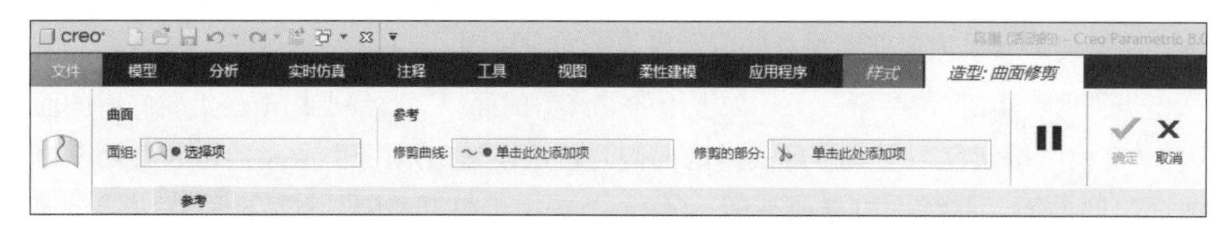

图 4–3–6 “造型：曲面修剪”选项卡

“曲面”中的“面组”收集器用于收集要修剪的面组，“参考”中的“修剪曲线”收集器可选择要用于修剪面组的曲线，“修剪的部分”收集器可选择要删除的曲面部分。

“参考”子选项卡用于显示收集面组或曲线的详细信息。

快捷菜单通过在图形窗口单击鼠标右键弹出，其命令和具体说明见表 4–3–4。

表 4–3–4 “造型：曲面修剪”选项卡中快捷菜单的命令和具体说明

命令	具体说明
面组收集器	激活“面组”收集器
曲线收集器	激活“修剪曲线”收集器
删除收集器	激活“修剪的部分”收集器
清除	清除活动收集器
曲线	打开“曲线”选项卡
曲面	打开“曲面”选项卡
标准方向	将视图设置为其标准位置
活动平面方向	使活动基准平面平行于屏幕来显示模型
设置活动平面	将当前基准平面设置为用于创建几何的活动平面
显示所有视图	显示模型的全部四个视图
全部显示	显示所有先前隐藏的特征或“样式”图元

1. 启动 Creo 8.0

双击桌面上的“Creo Parametric 8.0”快捷方式图标，启动 Creo 8.0。

2. 新建文件

（1）单击“主页”选项卡“数据”组中的“新建”按钮，系统弹出“新建”对话框，将类型选为“零件”、子类型选为“实体”、“文件名”改为“鸟巢”，并取消勾选“使用默认模板”复选框，单击“确定”按钮，系统弹出“新文件选项”对话框，在“模板”列表框中选择“mmns_part_solid_abs”模板，单击“确定”按钮，完成文件“鸟巢”的创建。

（2）单击“视图”选项卡“显示”组中的“平面显示”按钮、“坐标系显示”按钮和“旋转中心”按钮，隐藏基准平面、坐标系和旋转中心。

3. 创建可变截面扫描曲面

（1）绘制扫描轨迹

单击“模型”选项卡“基准”组中的“草绘”按钮，系统弹出“草绘”对话框。根据提示，选择基准平面 TOP 为草绘平面，其余选项接受系统默认设置，单击“草绘”按钮，进入草绘环境。单击图形工具栏中的“草绘视图”按钮，使草绘平面与屏幕平行。利用“圆”“中心和轴椭圆”“尺寸”，绘制图 4-3-7 所示的草图。

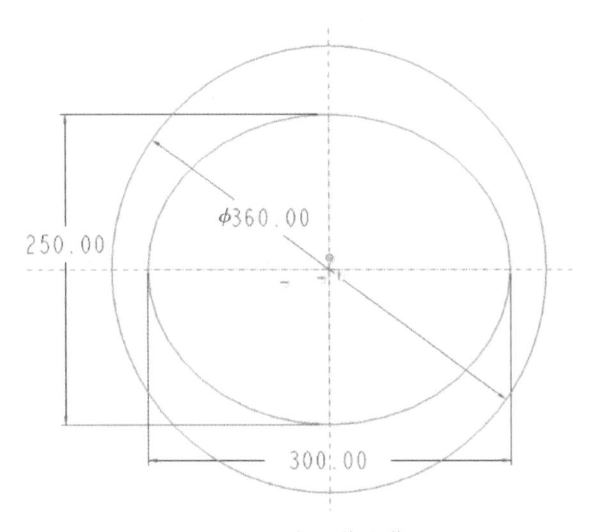

图 4-3-7　扫描轨迹草图

单击“草绘”选项卡“关闭”组中的“确定”按钮 ✓，退出草绘环境，完成扫描轨迹草图的绘制。

（2）创建可变截面扫描曲面

单击“模型”选项卡“形状”组中的“扫描”按钮，“扫描”选项卡随即打开，设置“扫描”选项卡如图 4–3–8 所示。

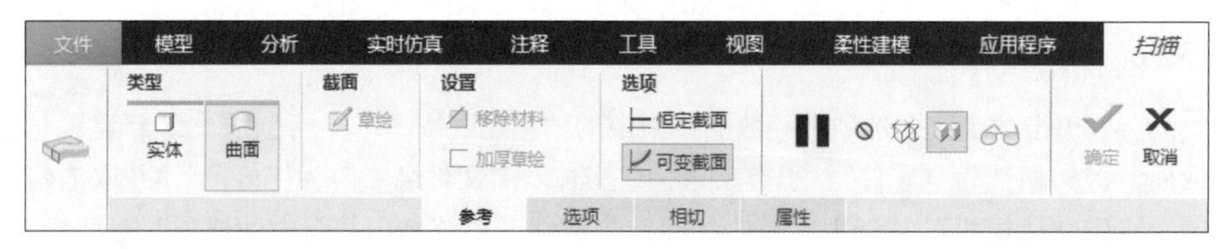

图 4–3–8 设置“扫描”选项卡

根据提示，选择图形窗口中的椭圆为原点轨迹线，扫描起点和方向如图 4–3–9 所示。按下 Ctrl 键，选择圆为另一条轨迹线，如图 4–3–10 所示。

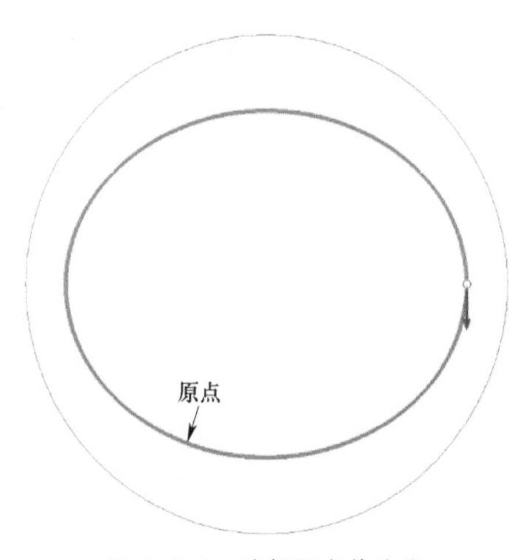

图 4–3–9 选择原点轨迹线

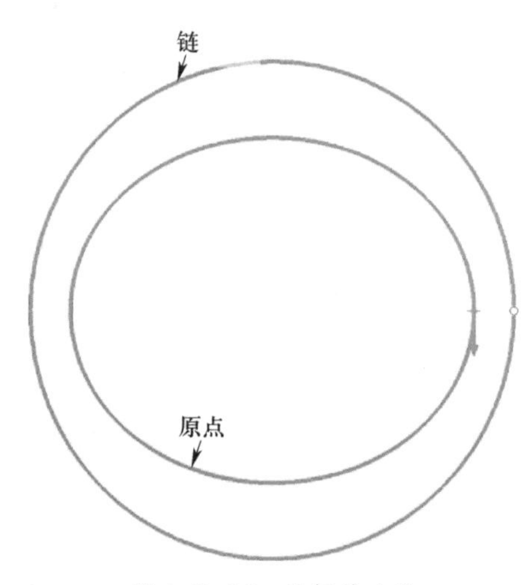

图 4–3–10 选择轨迹线

单击“扫描”选项卡“截面”命令下的“草绘”按钮，进入草绘环境，再单击图形工具栏中的“草绘视图”按钮，使草绘平面与屏幕平行。利用“样条”“线链”“尺寸”“约束”，绘制图 4–3–11 所示的草图，其中框出的两条直线段等长。为了不影响扫描截面的生成，需要将框出的两条直线设为构造线，最终草图如图 4–3–12 所示。

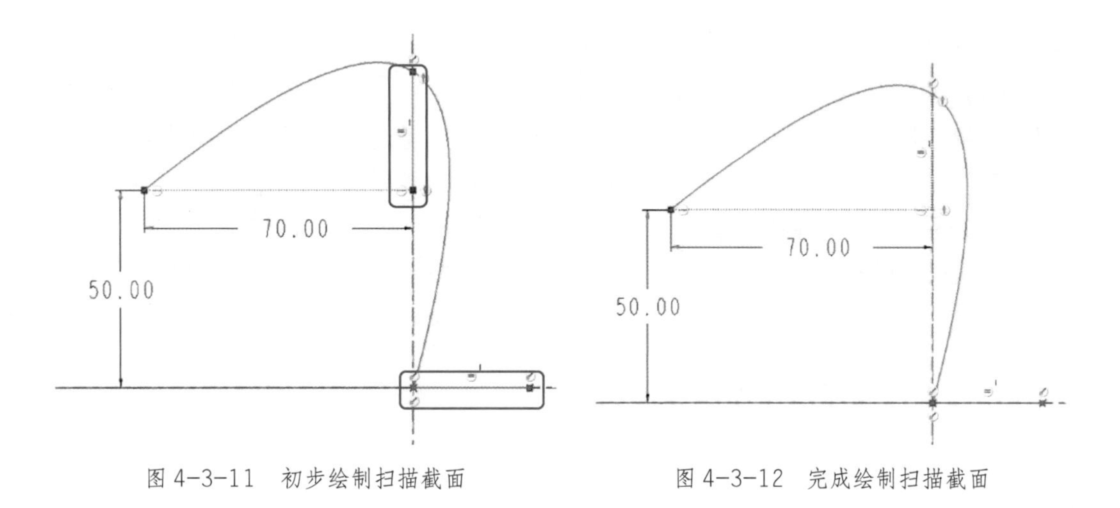

图 4-3-11　初步绘制扫描截面　　　　图 4-3-12　完成绘制扫描截面

提示

进入扫描截面的草图时，草图中每条曲线上都有一个以小“×”的方式显示的点，如图 4-3-11 下方框中显示的两个 点，所绘制的扫描截面必须经过这些点或与其有所联系。

单击“草绘”选项卡“关闭”组中的“确定”按钮 ，退出草绘环境，完成扫描截面的绘制。

不对其他参数进行设置，单击“扫描”选项卡中的“确定”按钮 ，完成可变截面扫描曲面的创建，如图 4-3-13 所示。

图 4-3-13　创建可变截面扫描曲面

4. 创建投影曲线

（1）绘制草图

单击“模型”选项卡“基准”组中的“草绘”按钮 ，系统弹出“草绘”对话框。根据提示，选择基准平面 TOP 为草绘平面，其余选项接受系统默认设置，单击“草绘”按钮，进入草绘环境。单击图形工具栏中的“草绘视图”按钮 ，使草绘平面与屏幕平行。利用“投影”“偏移”“线链”“删除段”“镜像”“尺寸”，绘制图 4–3–14 所示的投影草图。

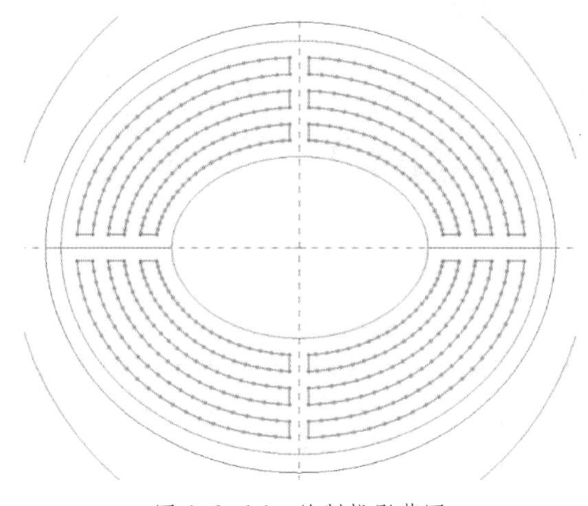

图 4–3–14　绘制投影草图

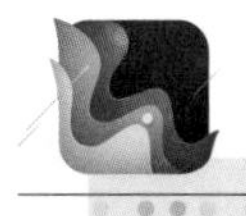

提示

在图 4–3–14 中，以中间的椭圆为基准，偏移距离为 10、20、30、40、50、60，其他尺寸可自行决定。

单击“草绘”选项卡“关闭”组中的“确定”按钮 ，退出草绘环境，完成草图的绘制。

（2）投影曲线

单击“模型”选项卡“编辑”组中的“投影”按钮 ，“投影曲线”选项卡随即打开，选择“投影”类型为“草绘”。根据提示，选择“草绘 2”为投影草图，选择可变截面扫描曲面为投影曲面，方向参考如图 4–3–15 所示。

单击“投影曲线”选项卡中的“确定”按钮 ，完成投影曲线的创建，如图 4–3–16 所示。

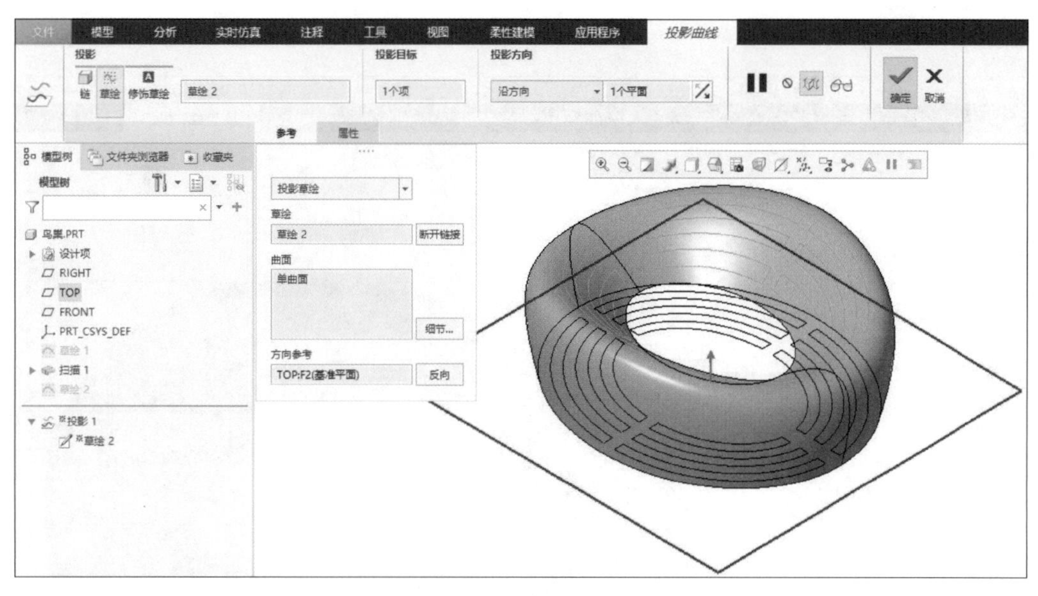

图 4-3-15　设置“投影曲线”选项卡

图 4-3-16　创建投影曲线

5. 修剪曲面

单击“模型”选项卡“曲面”组中的“样式”按钮 ，“样式”选项卡随即打开。单击“样式”选项卡“曲面”组中的“曲面修剪”按钮 ，“造型：曲面修剪”选项卡随即打开。根据提示，选择可变截面扫描曲面为要修剪的面组，按下 Ctrl 键选择任一封闭投影曲线为修剪面组的曲线，并选择封闭投影曲线的内部为修剪部分，如图 4-3-17 所示。

单击“造型：曲面修剪”选项卡中的“确定”按钮 ，完成曲面的修剪，结果如图 4-3-18 所示。

再次单击“样式”选项卡“曲面”组中的“曲面修剪”按钮 ，采用同样的方法将所有封闭投影曲线的内部都剪去，并单击“样式”选项卡中的“确定”按钮 ，完成所有曲面的修剪，结果如图 4-3-19 所示。

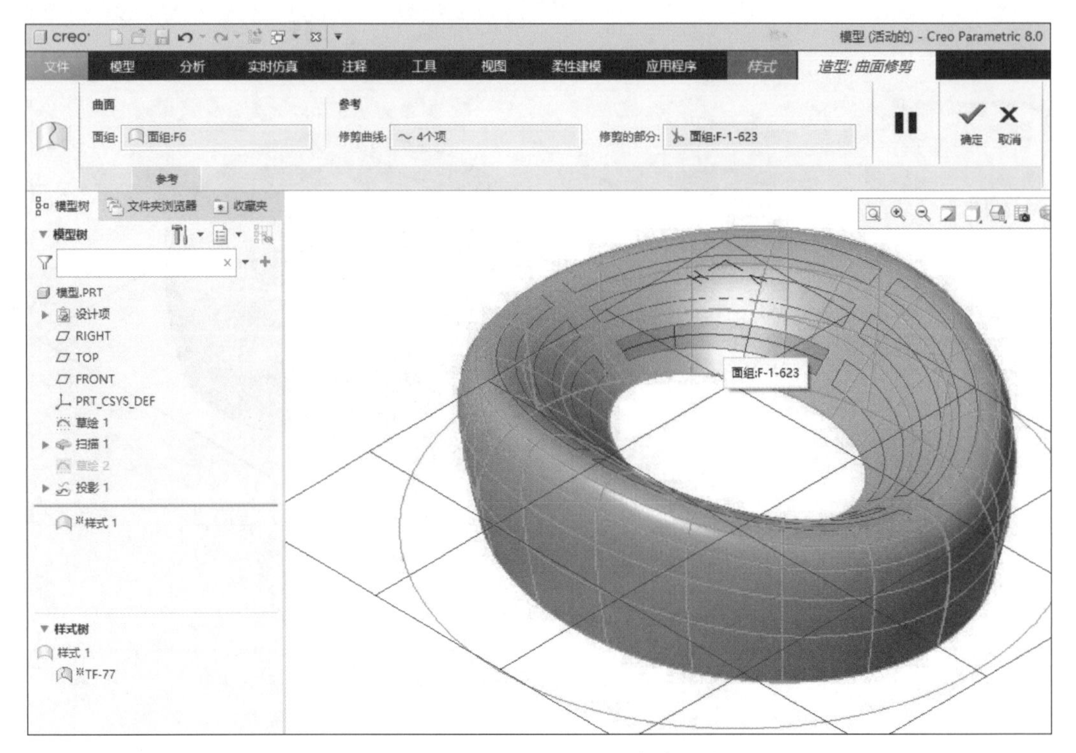

图 4-3-17　设置“造型：曲面修剪”选项卡

图 4-3-18　修剪曲面

图 4-3-19　修剪全部曲面

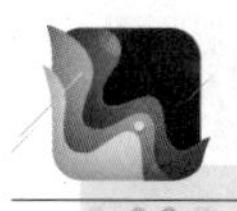

提示

通过单击“模型”选项卡“编辑”组中的“修剪”按钮，在打开的“修剪”选项卡中按照提示先后选择要修剪的面组和用于修剪的对象，也能完成图 4-3-19 所示所有曲面的修剪。

6. 曲面实体化

（1）单击“模型”选项卡“编辑”组中的“加厚”按钮，“加厚”选项卡随即打开。

（2）根据提示，选择修剪后的曲面为要加厚的曲面，并设置厚度的大小和加厚方向，如图 4-3-20 所示。

（3）单击“加厚”选项卡中的“确定”按钮，完成曲面实体化，结果如图 4-3-21 所示。

7. 修饰外观、保存文件，并退出 Creo 8.0 软件

隐藏所有基准、草绘，并打开“视图”选项卡“外观”组中的“外观库”，修饰鸟巢造型的外观，结果如图 4-3-1 所示。

单击快速访问工具栏中的“保存”按钮，系统弹出“保存对象”对话框，根据需求选择文件保存地址，单击“确定”按钮，完成文件的保存。

单击软件界面右上角的“关闭”按钮，退出 Creo 8.0 软件。

至此，鸟巢造型创建完成。

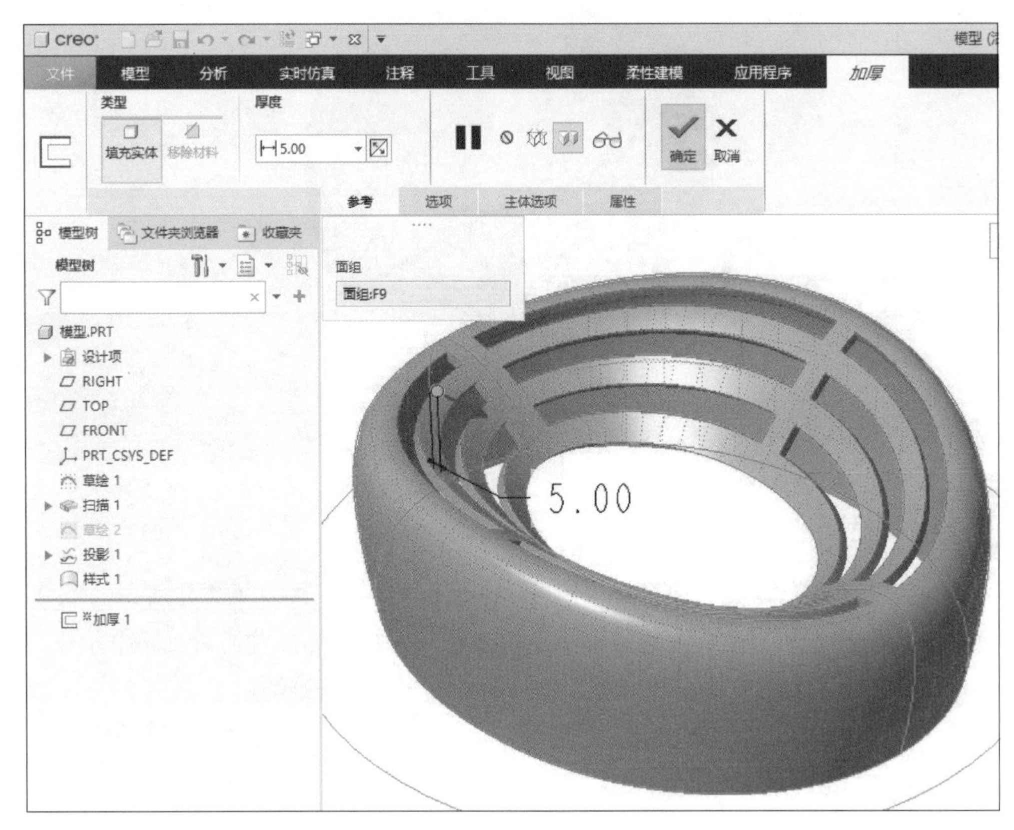

图 4-3-20　设置“加厚”选项卡

图 4-3-21　曲面实体化

1. 根据图 4–3–22 所示进行可变截面扫描曲面的操作练习，并注意截面位置对操作结果的影响。

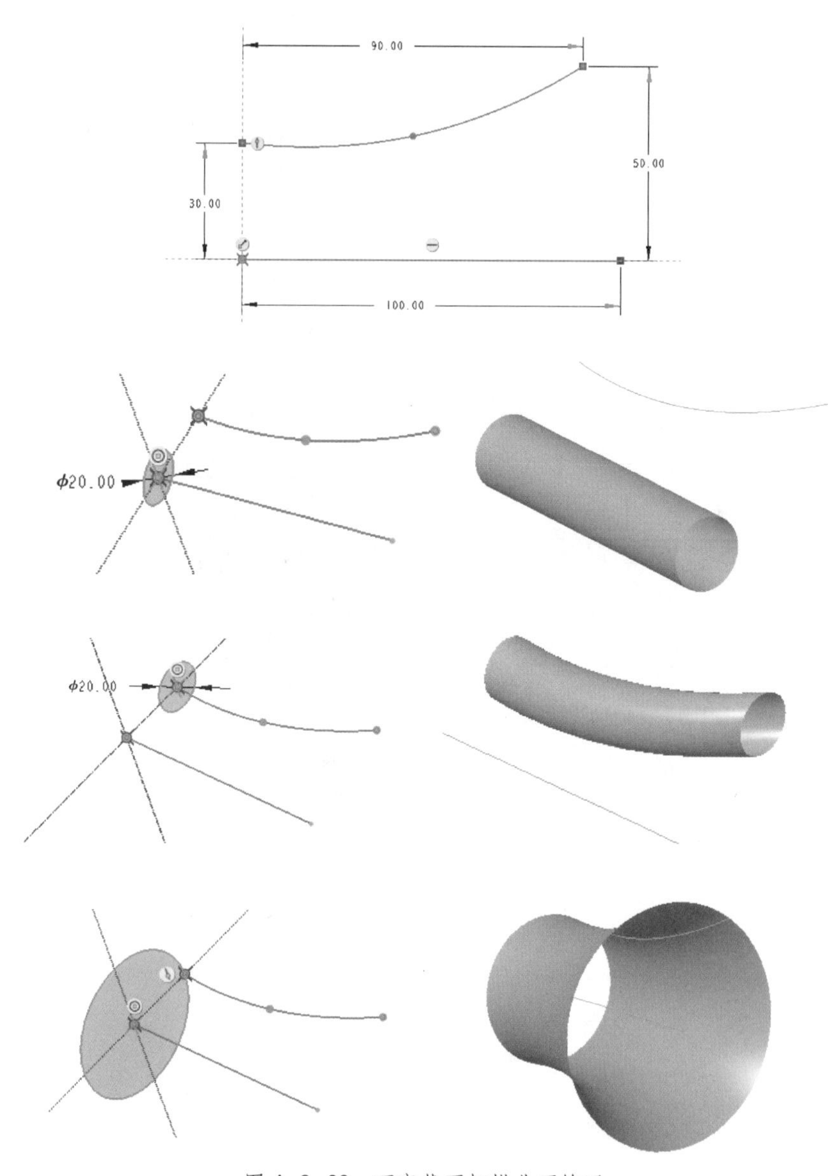

图 4–3–22　可变截面扫描曲面练习

2. 如图 4–3–23 所示，分别以直线、螺旋线为原点轨迹线和 X 轨迹线，创建可变截面扫描曲面，并注意观察截面是否始终与原点轨迹线保持垂直。

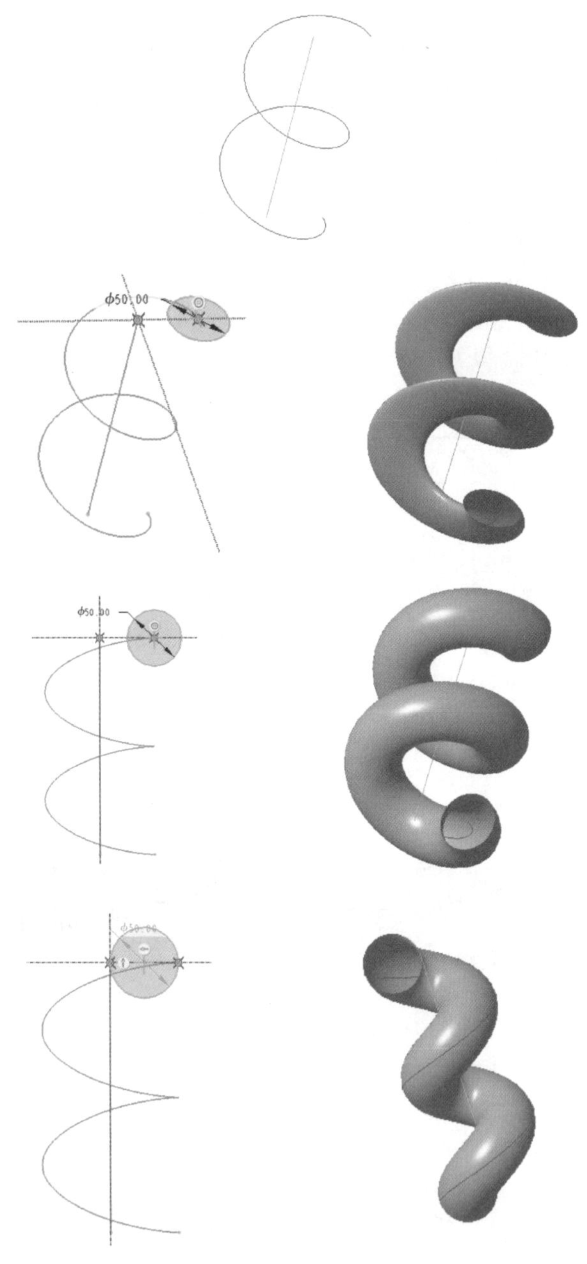

图 4–3–23 扫描曲面练习

项目五
零部件装配

Creo Parametric 除了配置了强大的建模模块用以完成各种特征模型的创建外，还搭载了装配模块，用以将多个元件装配成机构组件。组成组件的元件之间通过若干约束来控制位置关系，且这些约束关系可以进行修改、删除等后期操作，从而满足了用户多变的设计需求。为了更加清楚地展示组件中所包含的元件，用户还可通过分解视图对机构组件进行爆炸显示。

本项目通过完成“装配球阀”“生成球阀爆炸视图”等任务，学习装配元件的操作步骤，实现各元件的导入，通过选择合适的约束类型创建相连元件间的连接关系，完成组件的装配，并学会创建、编辑、保存和关闭爆炸视图。

任务 1　装配球阀

1. 能应用“组装”工具打开元件文件。
2. 能合理选择约束进行元件的装配。
3. 能应用“阵列”工具批量装配元件。

多个元件或子装配通过一定的约束关系建立联系，组成一个完整的组件，这个过程称为装配。装配约束类型多种多样，实现相同的位置关系可以采用的约束类型也不唯一，用户可以根据个人理解和使用习惯进行操作。

本任务通过完成图 5-1-1 所示球阀的装配，学会打开和导入元件，创建元件间的约束关系以满足装配位置要求，并练习应用“阵列”工具批量装配元件。

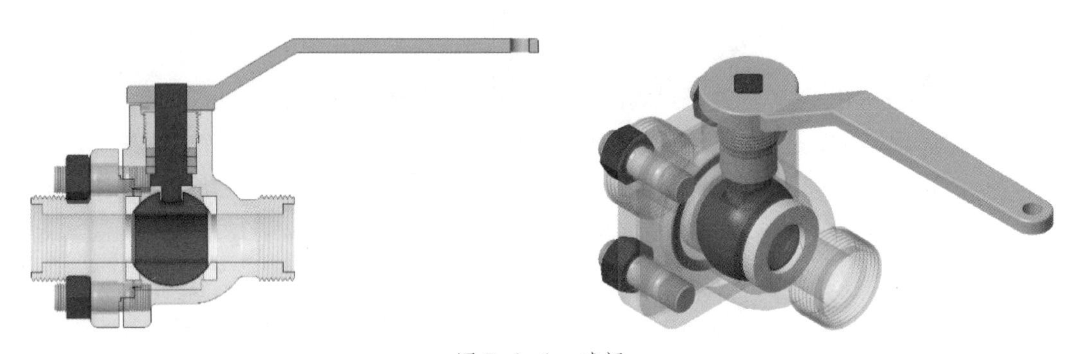

图 5-1-1　球阀

1．组装元件的方法

（1）相对于装配中的基础元件、其他元件或基准特征的位置，指定元件位置，可实现参数方式组装该元件。

（2）使用预定义的元件接口自动或手动组装元件。

（3）用封装作为一种临时措施，以非参数化的方式来装配一个元件，然后用装配指令确定其位置。

（4）在“装配”中创建零件或子装配。

（5）可以使用记事本并指定声明，以自动组装元件。

（6）可将元件作为装配中的一个元素，而无须放置在装配窗口中。

移除元件时，可以直接删除，也可以用另一个元件来替换。组装好的元件可通过删除、添加或修改约束关系来重新定义其位置。

2. 元件放置

装配中元件的放置决定于定义的所有集中的约束。单个约束集可定义单个元件的放置。如果来自某一集的约束与另一集中的约束相冲突，则放置状况变为无效，必须重新定义、禁用或移除约束直到放置状况变为有效。在用户定义的约束集中可随意添加或删除约束，并无任何预定义的约束。

使用“元件放置”选项卡，可通过建立用于定义装配中元件位置的约束来参数化组装元件。元件位置随着元件或装配特征更改而更新为约束设置值。

“元件放置”选项卡由“方法”“约束”“移动”“元件显示”“状况”和“放置”“移动”“属性”子选项卡及快捷菜单组成，如图 5–1–2 所示。

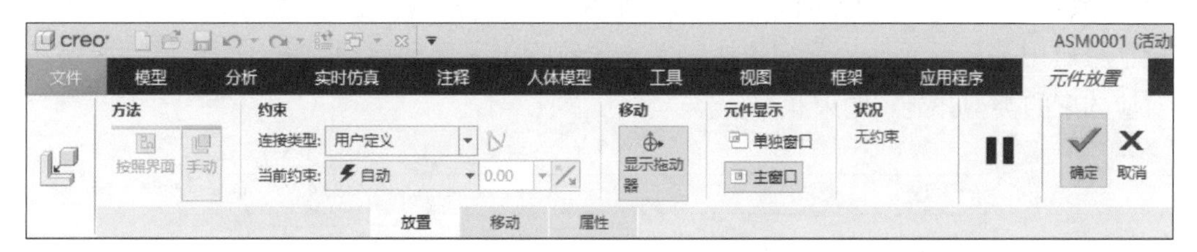

图 5–1–2 “元件放置”选项卡

各按钮的具体说明见表 5–1–1。

表 5–1–1 “元件放置”选项卡中按钮的具体说明

按钮	选项或收集器图标	具体说明
方法	[按照界面图标]	“按照界面”：使用界面放置元件
	[手动图标]	“手动”：手动放置元件
约束	连接类型: 用户定义	“连接类型”包含预定义约束集列表，有用户定义、刚性等 13 种，默认类型为“用户定义”，其含义为将用户定义集转换为预定义集，或相反
	当前约束: 自动 0.00	“当前约束”列表可查看适用于选定连接集的约束，共有 11 种，默认约束为“自动” 对于具有偏移的约束可用值框，可键入偏移值 用于更改预定义约束集的定向
移动	[显示拖动器图标]	显示拖动器：切换拖动器的显示

续表

按钮	选项或收集器图标	具体说明
元件显示		“单独窗口”：定义约束时，元件将在其自己的窗口中显示
		“主窗口”：定义约束时，将在图形窗口中显示元件并更新元件放置，为默认元件显示形式
状况		显示放置状况，包含无约束、不完全约束、完全约束、未完成连接定义等

“放置”子选项卡的界面如图 5–1–3 所示，其包含导航收集区和约束属性区两个区域，可启用并显示元件放置和连接定义。导航收集区显示集和约束，约束属性区定义对应约束的类型并显示约束状况。

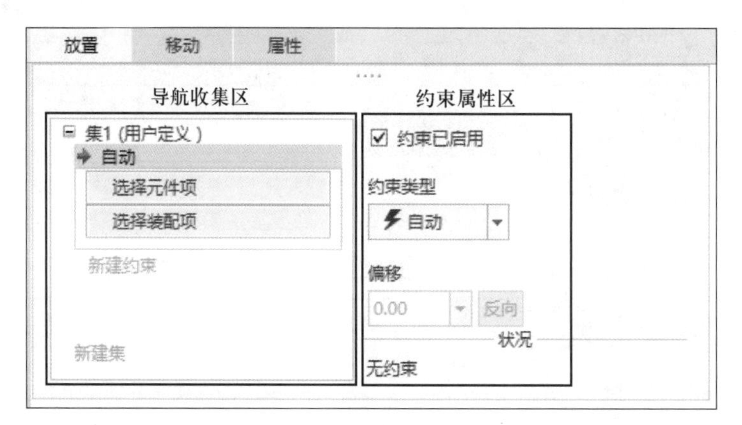

图 5-1-3 “放置”子选项卡

“移动”子选项卡可移动正在组装的元件，以方便访问。当“移动”子选项卡处于活动状态时，将暂停所有其他元件的放置操作。在“移动”子选项卡中，可对运动类型、运动参考等进行设置，如图 5–1–4 所示。

运动类型有“定向模式”（重定向视图）、“平移”（移动元件）、“旋转”（旋转元件）和“调整”（调整元件的位置）四种，默认值是“平移”。选中“在视图平面中相对”复选框时，用户可相对于视图平面移动元件。选中“运动参考”复选框时，可相对于元件或参考移动元件，并激活“参考”收集器。“参考”收集器可收集元件运动的参考，最多可收集两个参考。选取一个参考后，可激活“垂直”（垂直于选定参考移动元件）和“平行”（平行于选定参考移动元件）选项。

“属性”子选项卡用于显示元件名称。

快捷菜单通过在图形窗口单击鼠标右键弹出，其命令和具体说明见表 5–1–2。

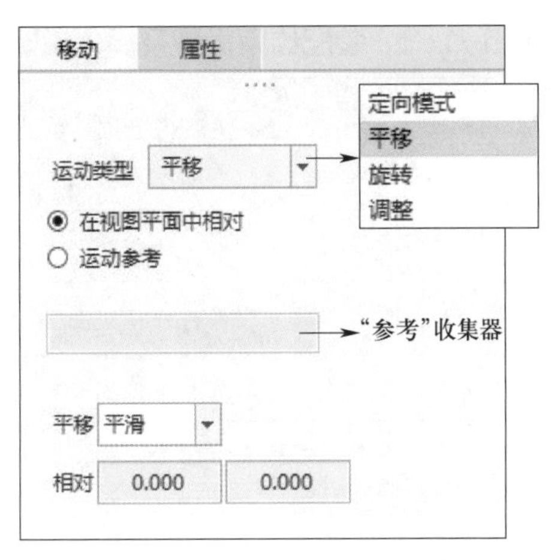

图 5-1-4 “移动”子选项卡

表 5-1-2 “元件放置”选项卡中快捷菜单的命令和具体说明

命令	具体说明
两个收集器、选择元件项、选择装配项	提供相应的收集器
移动元件	可移动正在放置的元件
清除	清除活动收集器
禁用所有约束	取消激活所有集中的所有约束
启用捕捉	启用捕捉到某个界面放置选项
反向约束	反向元件定向
反向连接	反转连接中的所有运动轴的原始方向
新建约束	添加新约束
默认约束	配置默认约束（仅适用于装配中的第一个元件）
固定的约束	使约束成为固定的约束
检索参考	当简化表示在会话中时，从主表示中检索缺失参考
添加集	添加新约束集
另存为界面	将活动约束集另存为界面
转换为连接	将用户定义集转换为预定义集
转换为用户定义	将预定义集转换为用户定义集
假设	允许或禁止应用约束相关系统规则

3. 装配约束类型

元件在空间存在 6 个自由度，其中有 3 个移动自由度和 3 个旋转自由度。为了约束其自由度，并能与装配文件中的其他元件形成连接关系，Creo 软件配置了 11 种装配约束类型，其具体说明见表 5-1-3。

表 5-1-3　装配约束类型及具体说明

约束类型	图标	具体说明
自动		选取参考后，系统自行确定合适的可用约束类型
距离		元件参考偏离装配参考一定距离
角度偏移		元件参考偏转装配参考成一定角度
平行		元件参考方向与装配参考方向平行
重合		元件参考与装配参考重合
法向		元件参考方向与装配参考方向垂直
共面		元件参考定位为与装配参考共面
居中		元件参考与装配参考同心
相切		定位两种不同类型的参考，使其彼此相对，其接触点为切点
固定		将被移动或封装的元件固定到当前位置
默认		用默认的装配坐标系对齐元件坐标系

提示

约束集将在“模型树”的“放置”文件夹中显示。显示层次遵照定义这些约束集时所确定的顺序。约束图标和“元件放置”选项卡中的图标相同。如果仅定义了一个集，则只显示约束。要查看“放置”文件夹，必须激活“模型树”的“放置文件夹”过滤器。

1. 启动 Creo 8.0

双击桌面上的“Creo Parametric 8.0”快捷方式图标，启动 Creo 8.0。

2. 新建装配文件

（1）单击“主页”选项卡“数据”组中的“新建”按钮，系统弹出“新建”对话框，将类型选为“装配”、子类型选为“设计”、“文件名”改为“球阀”，并取消勾选“使用默认模板”复选框，单击“确定”按钮，系统弹出“新文件选项”对话框，在“模板”列表框中选择“mmns_asm_design_abs”模板，单击“确定”按钮，完成装配文件“球阀”的创建。

（2）单击“视图”选项卡“显示”组中的“平面显示”按钮 、“坐标系显示”按钮 和“旋转中心”按钮 ，隐藏基准平面、坐标系和旋转中心。

3. 安装阀体

（1）单击“模型”选项卡“元件”组中的“组装”按钮 ，系统弹出“打开”对话框，并按路径找到“阀体”所在文件夹，如图 5-1-5 所示。

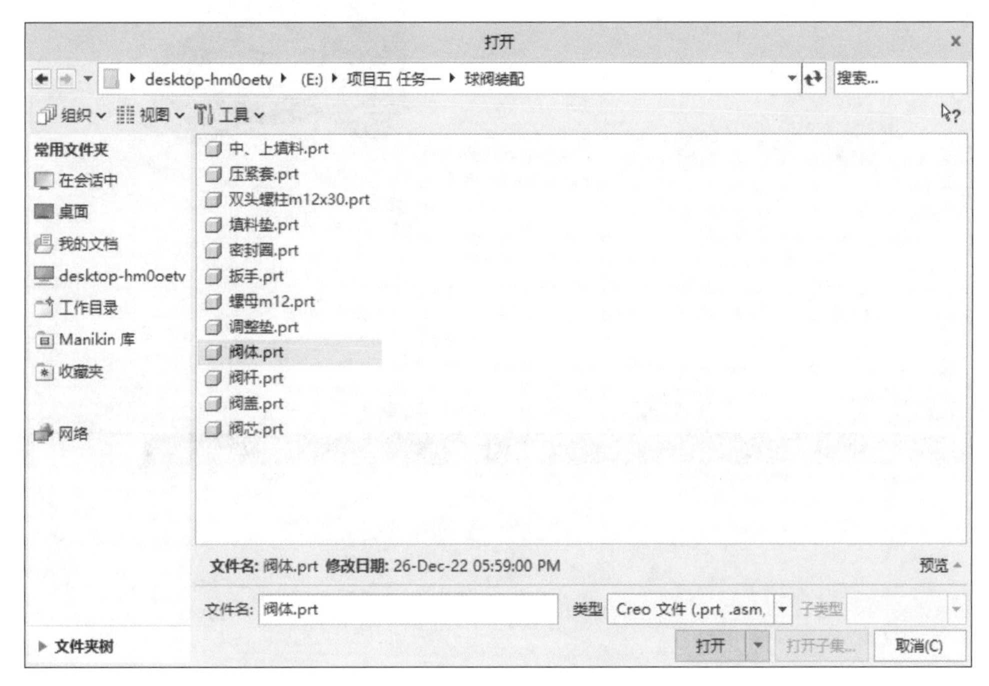

图 5-1-5 “打开”对话框

（2）选择“阀体”文件，单击“打开”按钮，将元件添加到球阀装配文件中，“元件放置”选项卡同时打开，如图 5-1-6 所示。

（3）选择当前约束为“默认”，不对其他参数进行设置，如图 5-1-7 所示。

（4）单击“元件放置”选项卡中的“确定”按钮 ，完成阀体的安装，结果如图 5-1-8 所示。

4. 安装第一个密封圈

（1）单击“模型”选项卡“元件”组中的“组装”按钮 ，系统弹出“打开”对话框，并按路径找到“密封圈”所在文件夹。选择“密封圈”文件，单击“打开”按钮，将元件添加到球阀装配文件中，“元件放置”选项卡同时打开，如图 5-1-9 所示。

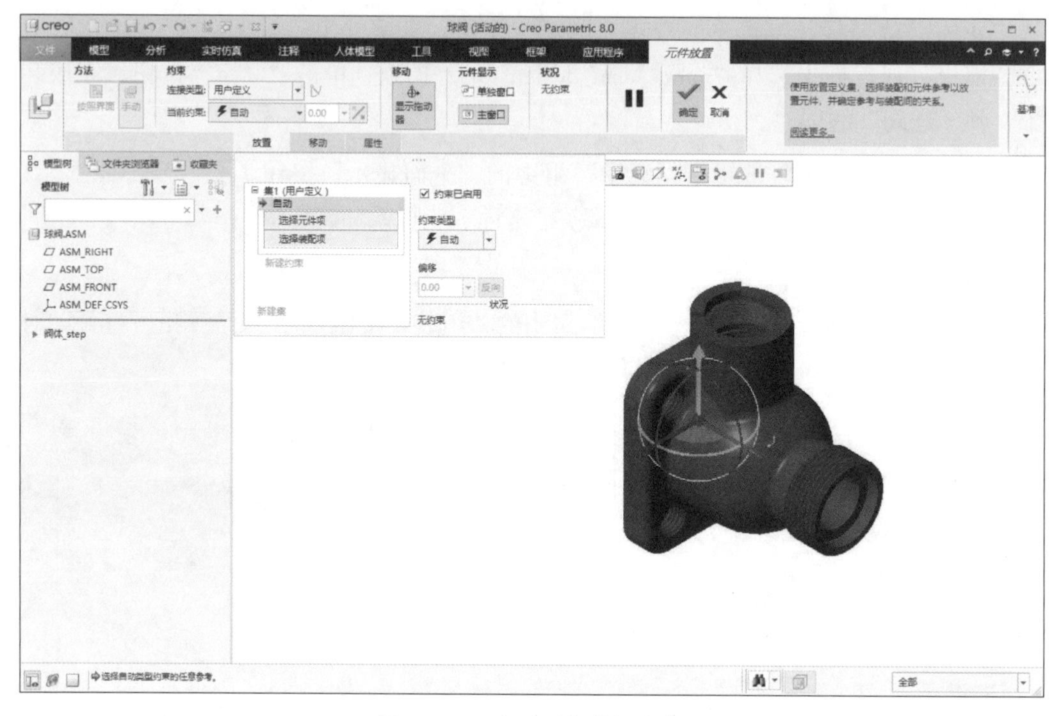

图 5-1-6　打开“阀体”文件

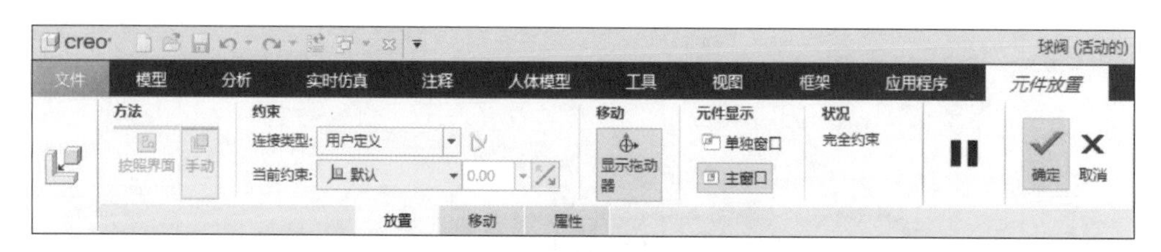

图 5-1-7　设置“元件放置”选项卡

图 5-1-8　安装阀体

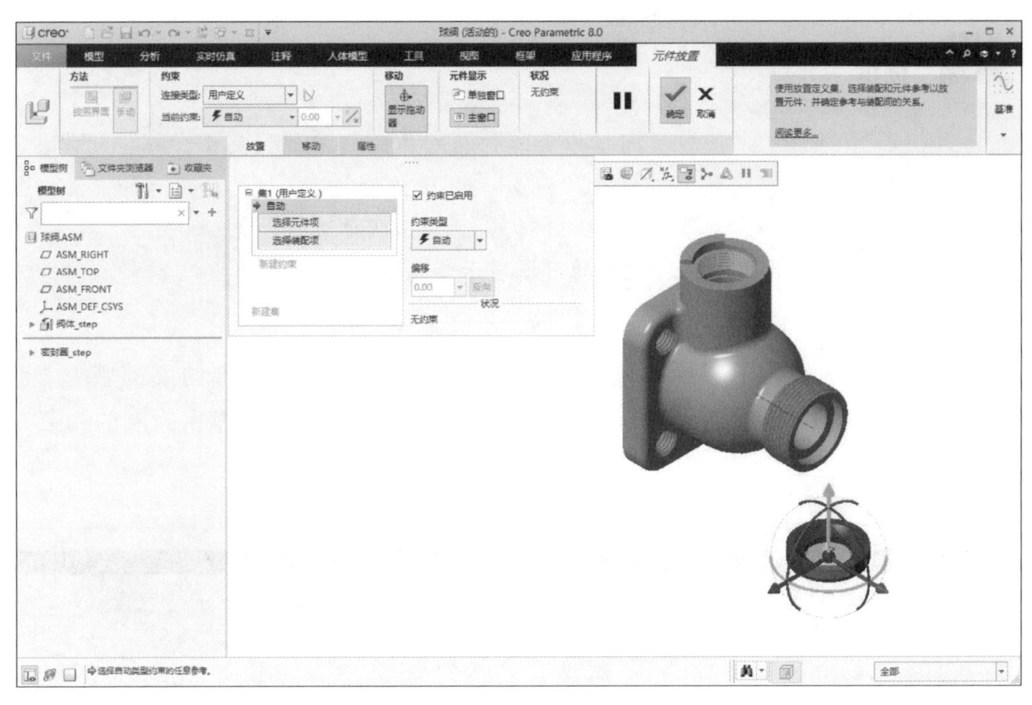

图 5-1-9　打开“密封圈”文件

（2）选择约束类型为“居中”，再选择密封圈的外圆柱面和阀体内与密封圈配合的内圆柱面，结果如图 5-1-10 所示。此时，密封圈的约束状况为部分约束，需继续添加约束。

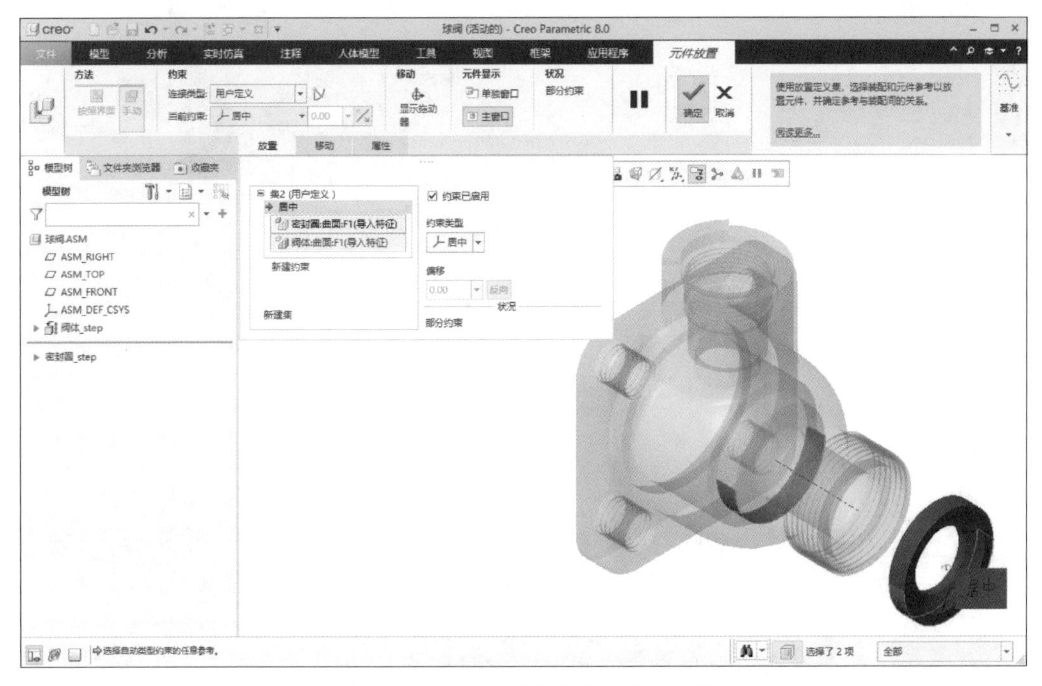

图 5-1-10　“密封圈”居中约束设置

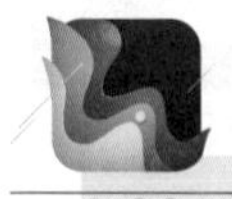

提示

为了方便观察阀体内部零件与阀体的装配位置关系，特将阀体设置为透明状态，可在“视图”选项卡“外观”组的外观库中单击“更多外观”，激活“外观编辑器”，对透明度进行调整。

拖动器可根据用户的习惯显示和隐藏。

（3）单击“放置”子选项卡收集区的“新建约束”按钮，选择约束类型为“重合”，再选择密封圈和阀体上的重合平面，并配合“反向”按钮调整密封圈的约束方向，结果如图 5-1-11 所示。

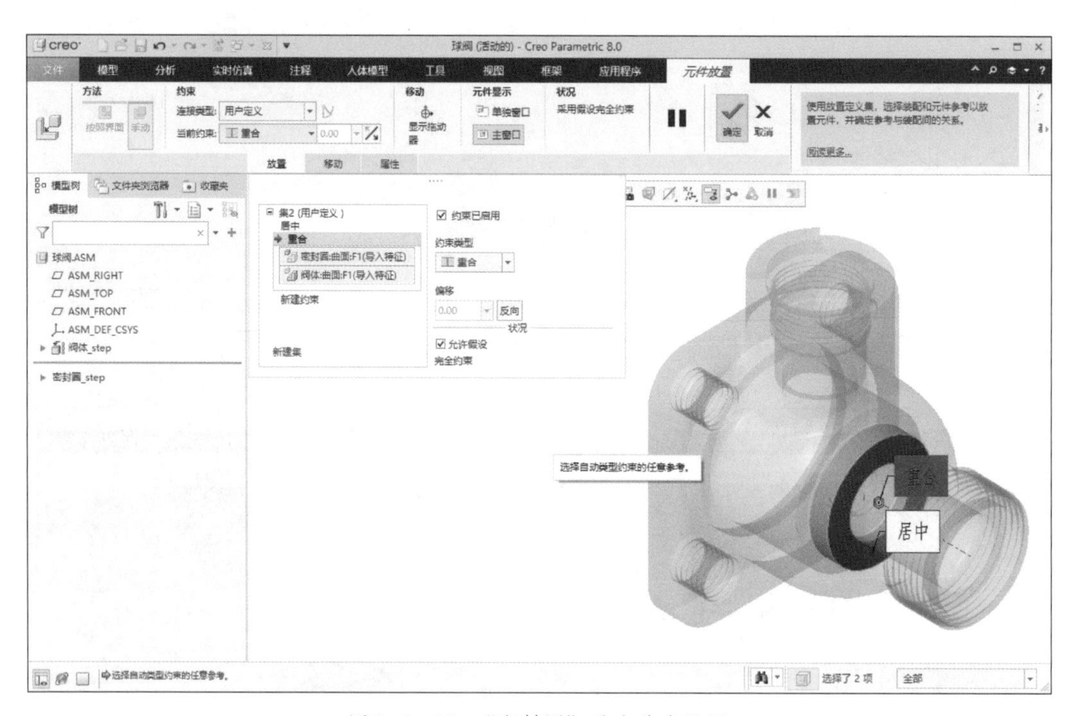

图 5-1-11 “密封圈”重合约束设置

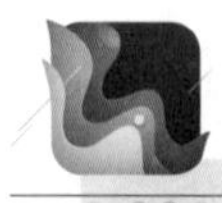

提示

安装元件时，每添加一个约束，均需单击“放置”子选项卡收集区的“新建约束”按钮，否则会出现前一个约束被替换的情况。

“放置”子选项卡约束属性区的“允许假设”复选框决定系统约束假设的使用。当在元件装配过程中选中“允许假设”复选框时

（默认情况），系统会自动做出约束定向假设。例如，将一个螺栓安装到平板中的某个孔时，可采用两个重合约束来定义它们的相对位置，但螺栓的旋转自由度并没有受到约束。此时，若选中“允许假设”复选框，系统将假设第三个约束控制螺栓的旋转，从而达到完全约束；若取消勾选“允许假设”复选框，必须定义第三个约束，明确地约束螺栓旋转的自由度，才能达到完全约束，或者可以将螺栓保持封装状态。

（4）单击“元件放置”选项卡中的“确定”按钮 ✔，完成第一个密封圈的安装，结果如图 5–1–12 所示。

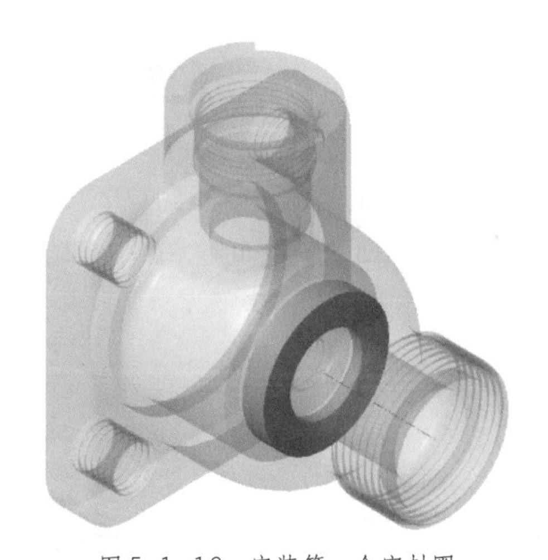

图 5–1–12　安装第一个密封圈

5. 安装阀芯

（1）单击“模型”选项卡“元件”组中的“组装”按钮，打开“阀芯”文件，将元件添加到球阀装配文件中，“元件放置”选项卡同时打开。

（2）选择约束类型为“居中”，再选择阀芯和密封圈的中心圆柱面，结果如图 5–1–13 所示。

（3）单击“放置”子选项卡收集区的“新建约束”按钮，选择约束类型为“重合”，再选择阀芯和密封圈的重合球面，结果如图 5–1–14 所示。

（4）单击“元件放置”选项卡中的“确定”按钮 ✔，完成阀芯的安装。

6. 安装第二个密封圈

（1）单击“模型”选项卡“元件”组中的“组装”按钮，打开“密封圈”文件，将元件添加到球阀装配文件中，“元件放置”选项卡同时打开。

图 5-1-13 “阀芯”居中约束设置

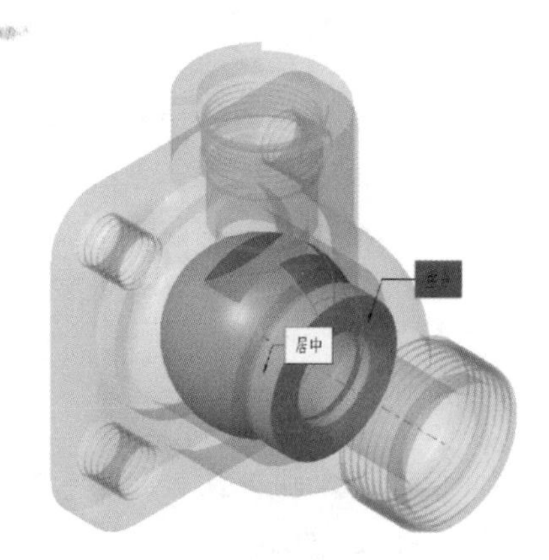

图 5-1-14 “阀芯”重合约束设置

（2）选择约束类型为“居中”，再选择密封圈和阀芯的中心圆柱面，结果如图 5-1-15 所示。

（3）单击“放置”子选项卡收集区的“新建约束”按钮，选择约束类型为“重合”，再选择密封圈和阀芯的重合球面，结果如图 5-1-16 所示。

图 5-1-15 “密封圈”居中约束设置

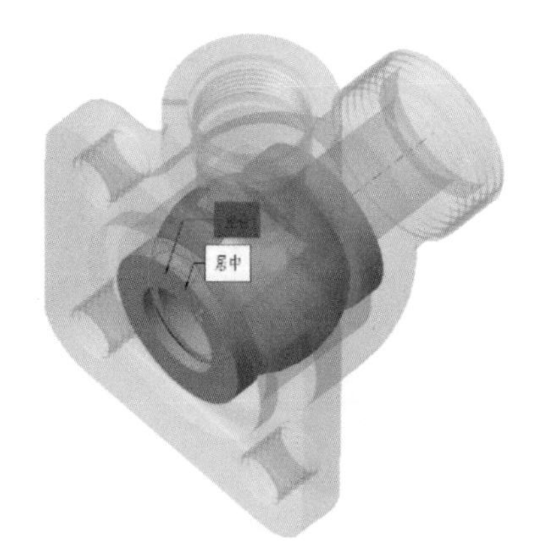

图 5-1-16 “密封圈”重合约束设置

（4）单击“元件放置”选项卡中的“确定”按钮 ✔，完成第二个密封圈的安装。

7. 安装调整垫

（1）单击“模型”选项卡“元件”组中的“组装”按钮，打开“调整垫”文件，将元件添加到球阀装配文件中，“元件放置”选项卡同时打开。

（2）选择约束类型为“居中”，再选择调整垫和阀体的中心圆柱面，结果如图 5-1-17 所示。

（3）单击“放置”子选项卡收集区的“新建约束”按钮，选择约束类型为“重合”，再选择调整垫和阀体的重合平面，结果如图 5-1-18 所示。

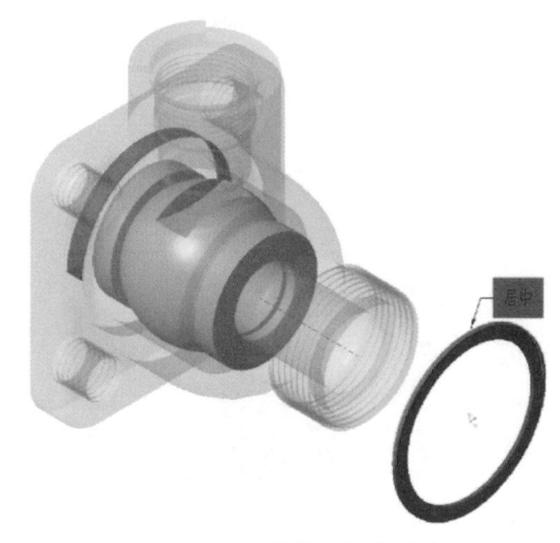

图 5-1-17 “调整垫”居中约束设置

图 5-1-18 “调整垫”重合约束设置

（4）单击“元件放置”选项卡中的“确定”按钮 ，完成调整垫的安装。

8. 安装阀盖

（1）单击“模型”选项卡“元件”组中的“组装”按钮 ，打开“阀盖”文件，将元件添加到球阀装配文件中，“元件放置”选项卡同时打开。

（2）选择约束类型为“居中”，再选择阀盖和阀体的中心圆柱面，结果如图 5-1-19 所示。

（3）单击“放置”子选项卡收集区的“新建约束”按钮，选择约束类型为“重合”，再选择阀盖和调整垫的重合平面，结果如图 5-1-20 所示。

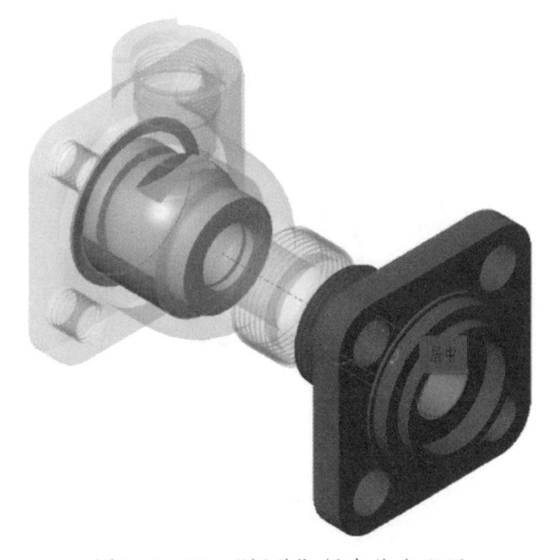

图 5-1-19 “阀盖”居中约束设置

图 5-1-20 “阀盖”重合约束设置

（4）继续单击“放置”子选项卡收集区的“新建约束”按钮，选择约束类型为“平行”，再选择阀盖和阀体的平行平面，结果如图 5–1–21 所示。

（5）单击“元件放置”选项卡中的“确定”按钮 ✓，完成阀盖的安装。

（6）利用“外观”工具修改各零件的显示效果，结果如图 5–1–22 所示。

图 5–1–21 “阀盖”平行约束设置

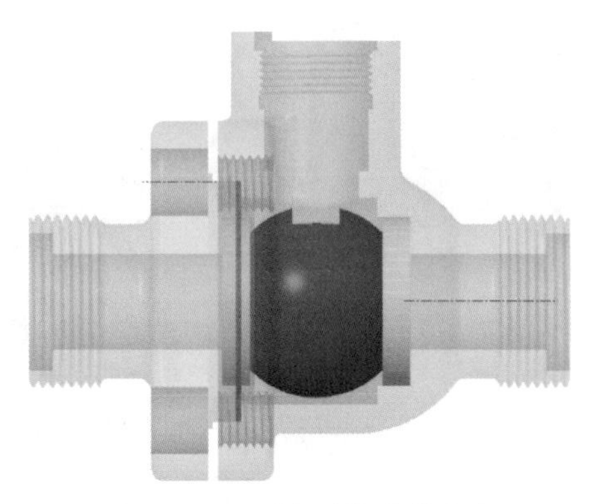

图 5–1–22 “阀盖”安装完成

9. 安装阀杆

（1）单击“模型”选项卡“元件”组中的“组装”按钮，打开“阀杆”文件，将元件添加到球阀装配文件中，“元件放置”选项卡同时打开。

（2）选择约束类型为“居中”，再选择阀杆的中心圆柱面和阀体的上侧内部圆柱面，结果如图 5–1–23 所示。

（3）单击“放置”子选项卡收集区的“新建约束”按钮，选择约束类型为“平行”，再选择阀杆下部平面和阀芯的凹槽壁平面，结果如图 5–1–24 所示。

图 5–1–23 “阀杆”居中约束设置

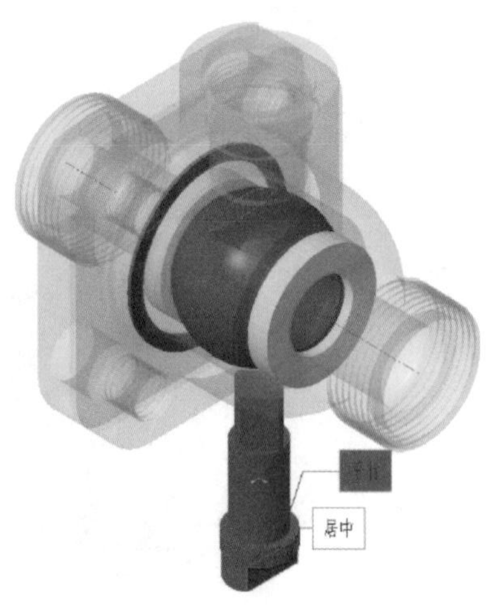

图 5–1–24 “阀杆”平行约束设置

（4）单击“放置”子选项卡收集区的“新建约束”按钮，选择约束类型为“重合”，再选择阀杆和阀体的重合平面，结果如图 5-1-25 所示。

（5）单击“元件放置”选项卡中的“确定”按钮 ，完成阀杆的安装。

10. 安装填料垫和填料压紧套

（1）单击“模型”选项卡“元件”组中的“组装”按钮 ，打开“填料垫”文件，将元件添加到球阀装配文件中，“元件放置”选项卡同时打开。

（2）选择约束类型为“居中”，再选择填料垫的中心圆柱面和阀体的上侧内部圆柱面，结果如图 5-1-26 所示。

（3）单击“放置”子选项卡收集区的“新建约束”按钮，选择约束类型为“重合”，再选择填料垫和阀杆的重合平面，结果如图 5-1-27 所示。

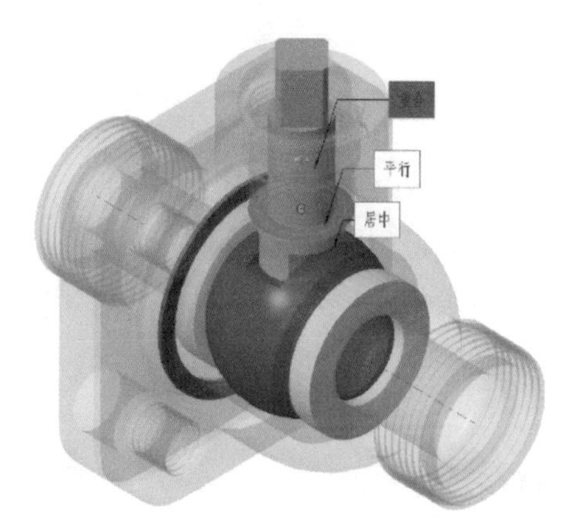

图 5-1-25 “阀杆”重合约束设置

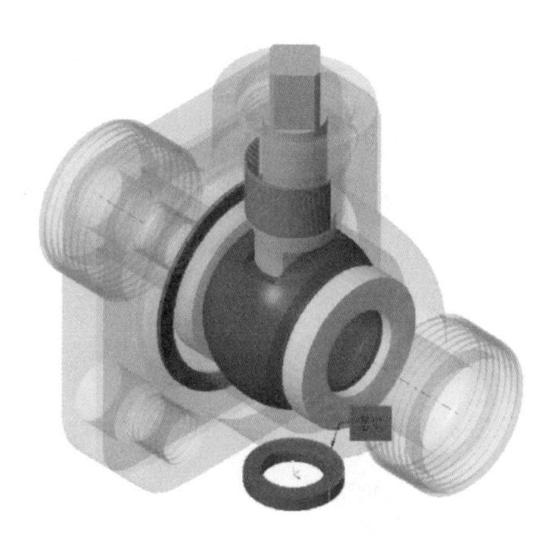
图 5-1-26 “填料垫”居中约束设置

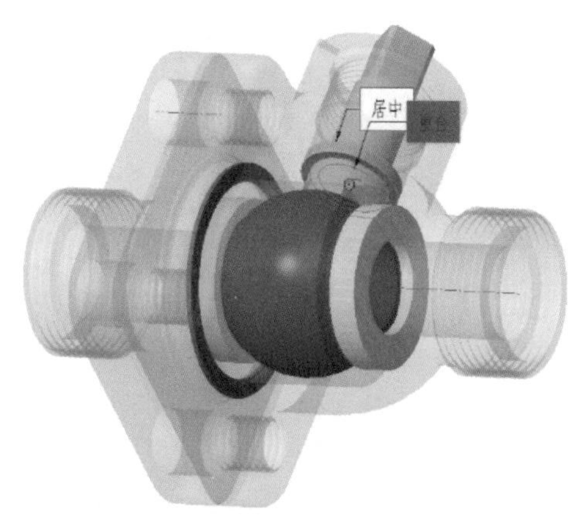

图 5-1-27 “填料垫”重合约束设置

（4）单击“元件放置”选项卡中的“确定”按钮 ，完成最下方填料垫的安装。

（5）先后打开“中、上填料”和“填料压紧套”文件，采用同样方法，完成中间填料垫、最上方填料垫和填料压紧套的安装，结果如图 5-1-28 所示。

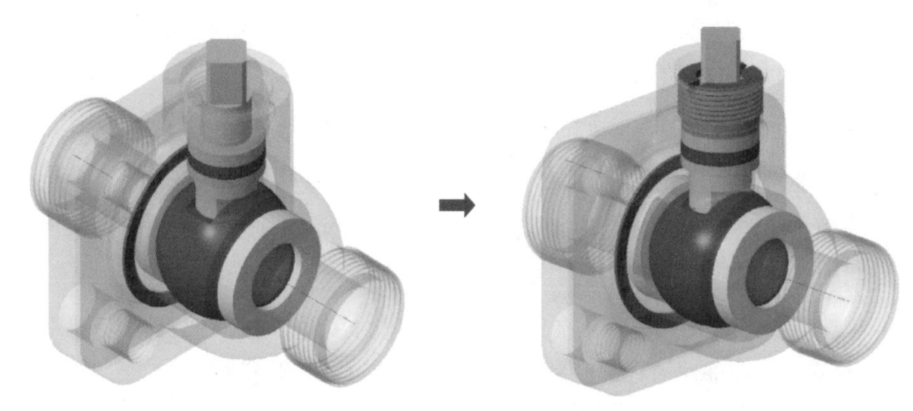

图 5-1-28　所有“填料垫”和“填料压紧套”安装完成

11. 安装扳手

（1）单击“模型”选项卡“元件”组中的“组装”按钮 ，打开“扳手”文件，将元件添加到球阀装配文件中，“元件放置”选项卡同时打开。

（2）选择约束类型为“重合”，分别对扳手的中间四方孔和阀杆的四方柱、扳手的半圆底面和阀体上端平面进行三次重合约束，结果如图 5-1-29 所示。

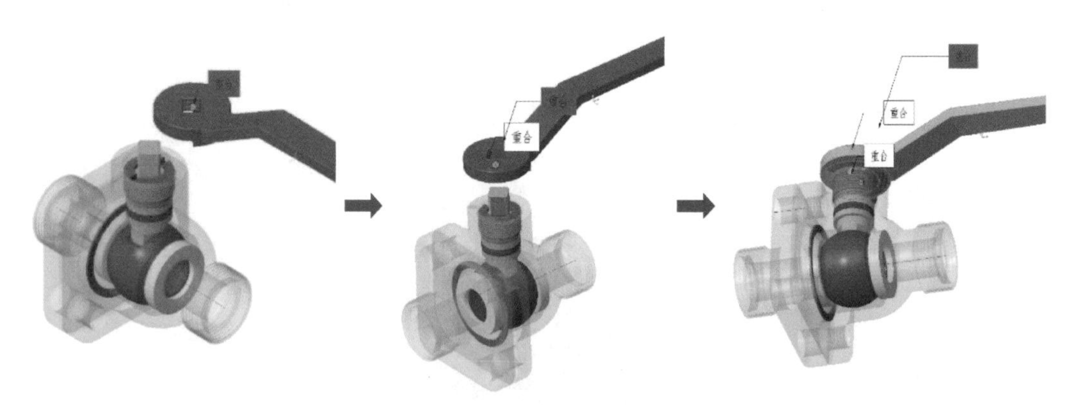

图 5-1-29　“扳手”三次重合约束设置

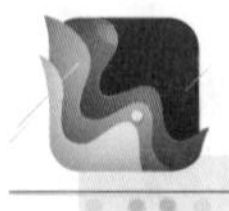

提示

“扳手”三次重合约束为扳手的四方孔和阀杆的四方柱两垂直平面分别重合（共两次），扳手的半圆底面和阀体上端平面重合（第三次）。

（3）单击“元件放置”选项卡中的“确定”按钮 ✔，完成扳手的安装。

12. 安装双头螺柱和螺母

（1）单击“模型”选项卡“元件”组中的“组装”按钮，打开“双头螺柱 M12×30”文件，将元件添加到球阀装配文件中。

（2）选择约束类型为“居中”，再选择双头螺柱的中心圆柱面和阀盖其中一个边孔的内部圆柱面，结果如图 5-1-30 所示。

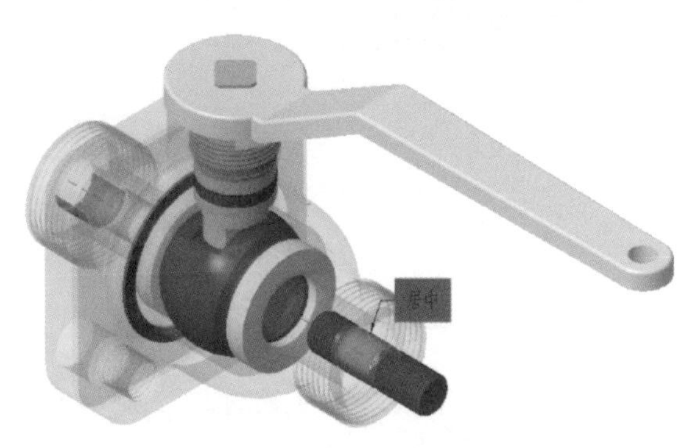

图 5-1-30 “双头螺柱”居中约束设置

（3）单击“放置”子选项卡收集区的“新建约束”按钮，选择约束类型为“重合”，再选择双头螺柱螺纹较短头的平面和阀体的重合平面，结果如图 5-1-31 所示。

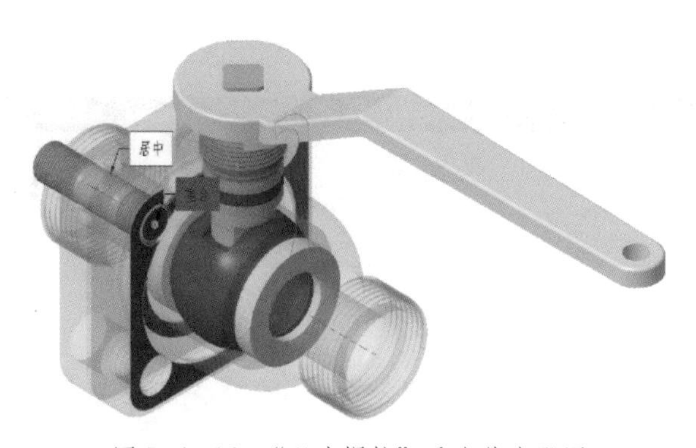

图 5-1-31 “双头螺柱”重合约束设置

（4）单击“元件放置”选项卡中的“确定”按钮 ✔，完成一个双头螺柱的安装。

（5）打开“螺母 M12”文件，通过约束螺母的中心轴线和双头螺柱的中心轴线重合、约束螺母的平面和阀盖的平面重合，完成与已安装双头螺柱配合的螺母的安装，结果如图 5-1-32 所示。

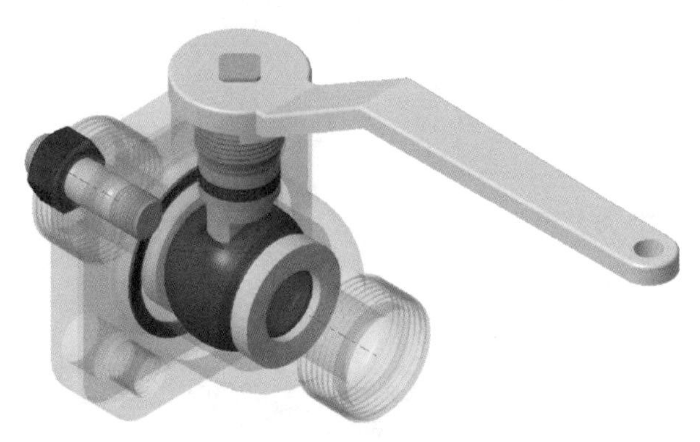

图 5-1-32　安装螺母 M12

提示

安装带有螺纹的螺母或者螺栓时，可添加零件的中心基准轴，以便于安装。

（6）在左侧“模型树”中单击选择“双头螺柱 M12×30”的文件，系统弹出快捷菜单，单击其中的“阵列”按钮 ，“阵列”选项卡随即打开。设置“阵列”选项卡如图 5-1-33 所示，其中阵列轴为阀盖的中心基准轴。

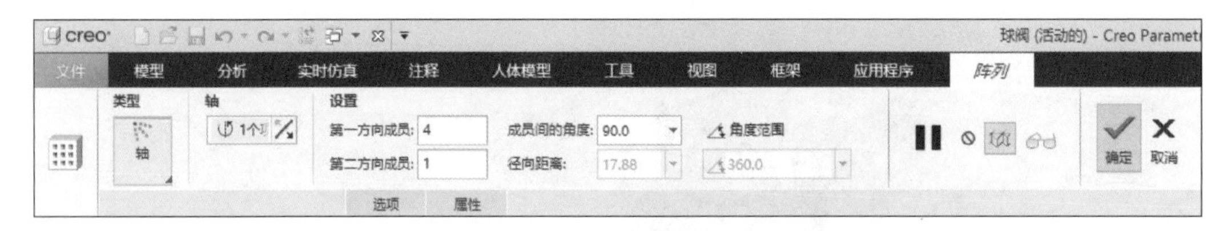

图 5-1-33　设置“阵列”选项卡

（7）单击“阵列”选项卡中的“确定”按钮 ，完成双头螺柱的阵列，结果如图 5-1-34 所示。

（8）采用同样方法完成螺母的阵列，结果如图 5-1-35 所示。

13. 保存装配文件，并退出 Creo 8.0 软件

单击快速访问工具栏中的“保存”按钮 ，系统弹出“保存对象”对话框，根据需求选择文件保存地址，单击“确定”按钮，完成文件的保存。

单击软件界面右上角的“关闭”按钮 ×，退出 Creo 8.0 软件。

至此，球阀装配完成。

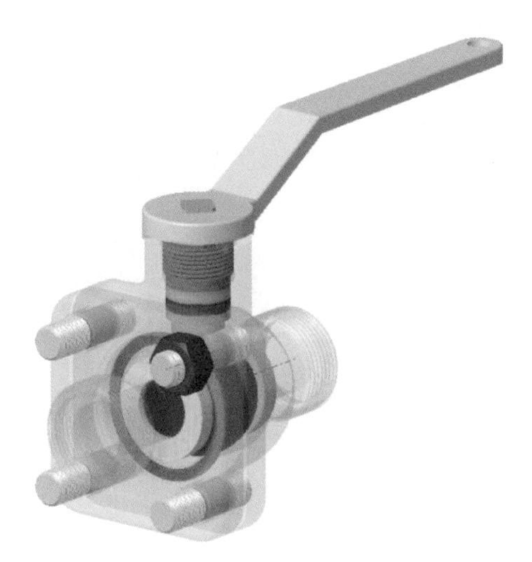

图 5-1-34 “双头螺柱”阵列完成

图 5-1-35 “螺母”阵列完成

完成图 5-1-36 所示真空泵的装配。

图 5-1-36 真空泵

任务 2　生成球阀爆炸视图

1. 能打开装配文件。
2. 能对装配部件进行分解爆炸。
3. 能编辑爆炸视图中各元件的位置。
4. 能保存和关闭爆炸视图。

爆炸视图是指在同一装配体模型内将各组件拆分开，使各组件之间分开一定的距离，以便于观察装配体中的每一个组件，更清晰地反映元件的装配方向和关系，包括分解视图、编辑位置、切换状态等功能。

本任务通过创建图 5-2-1 所示的球阀爆炸视图，学习打开装配文件，练习创建、编辑、保存和关闭爆炸视图。

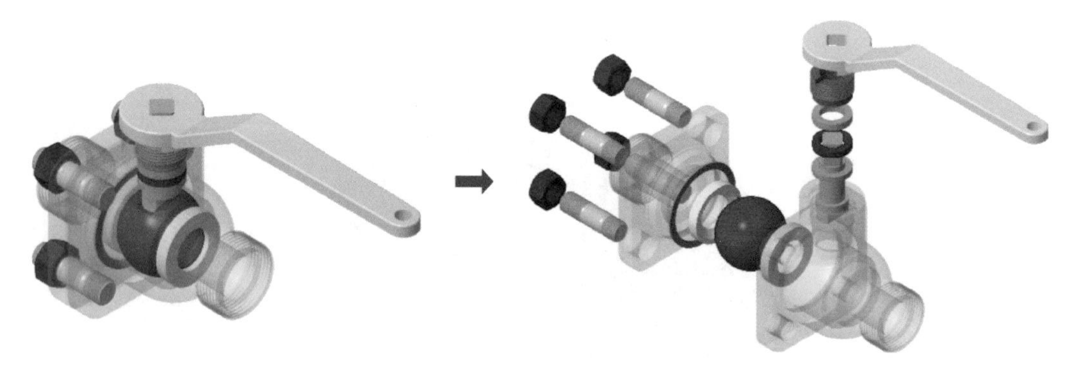

图 5-2-1　球阀爆炸视图

1. 爆炸视图

组件的爆炸视图（也称为分解视图）将模型中每个元件与其他元件分开表

示，仅影响装配外观，不会更改设计目的以及组装元件之间的实际距离。每个装配可定义并保存多个分解视图，并且这些分解视图可以在“视图管理器”中实现切换。

对于每个分解视图，可执行下列操作：

（1）选择一些元件，然后分别设置其分解状态。

（2）更改元件的位置。

（3）创建、修改和删除修饰偏移线。

关闭分解视图时，将保留与元件分解位置有关的信息。打开分解视图后，元件将返回至其上一分解位置。在默认情况下，未分解视图和分解视图之间以动画形式过渡，可通过为分解操作指定以秒为单位的持续时间来进一步自定义显示。选择了“跟随分解序列”选项后，按照设置元件分解位置的顺序来分解元件，按照相反顺序来取消分解。

2. 分解工具

分解视图可通过“分解工具”选项卡进行创建和编辑。“分解工具”选项卡由“设置”和“参考”“选项”“分解线”子选项卡及快捷菜单组成，如图 5–2–2 所示。

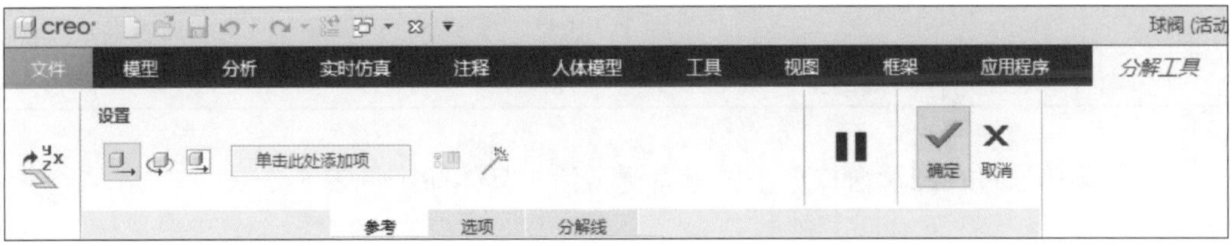

图 5-2-2 “分解工具”选项卡

“设置”包含运动类型按钮、运动参考收集器、“分解状态”按钮 和“创建偏移线”按钮 。运动类型有平移、旋转和视图平面三种，具体说明见表 5–2–1。运动参考收集器可显示选定的运动参考。“分解状态”按钮用于将视图状况设置为已分解或未分解。

表 5–2–1 “设置”中运动类型的具体说明

运动类型	图标	具体说明
平移		沿选定轴平移
旋转		绕选定参考旋转
视图平面		绕视图平面移动

“参考”子选项卡收集和显示用于已分解元件的运动参考，其中“要移动的元件”可显示对应于选定运动参考的元件，“移动参考”可激活运动参考收集器并显示所选定的运动参考。

“选项”子选项卡可将复制的位置应用于元件、定义运动增量以及移动带有已分解元件的元件子项。

“分解线”子选项卡可以创建、修改和删除元件之间的分解线，具体说明见表 5–2–2。

表 5–2–2 “分解线”子选项卡的具体说明

命令	图标	具体说明
创建偏移线		创建修饰偏移线
编辑		编辑选定的分解线或偏移线
删除		删除一条或多条选定的分解线或偏移线
编辑线型		打开“线型”对话框，以更改选定的分解线或偏移线的外观
默认线型		打开“线型”对话框，以设置分解线或偏移线的默认外观

快捷菜单通过在图形窗口单击鼠标右键激活，具体命令见表 5–2–3。

表 5–2–3 “分解工具”选项卡中快捷菜单的具体说明

命令	具体说明
要移动的元件	激活元件收集器
运动参考	激活参考收集器
清除	清除选择

3. 视图管理器

“视图管理器”对话框可以对层状态、分解视图、装配横截面、装配显示样式、装配方向、外观状态等进行创建和编辑，如图 5–2–3 所示。

“视图管理器”对话框中的“分解”选项卡有两个区域：

（1）“列表”区域可以列出已保存的分解视图，如图 5–2–4 所示。默认情况下，单击“分解”选项卡时此区域打开。

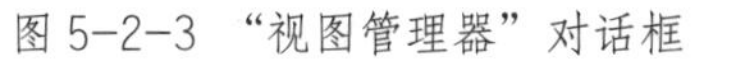
图 5-2-3 “视图管理器”对话框

图 5-2-4 “分解”选项卡的“列表”区域

（2）“属性”区域（见图 5-2-5）包含以下工具，其命令、图标和具体说明见表 5-2-4。

“属性”区域下方的“项”列用于列出每个已分解元件，“状况”列用于显示元件的分解状态（已分解或未分解），如图 5-2-5 所示。

表 5-2-4 “分解”选项卡中“属性”区域工具的具体说明

工具	图标	具体说明
分解视图 / 取消分解	/	在“列表”区域中选定的未分解视图和分解视图之间切换
编辑位置		打开“分解”选项卡
分解状态		设置元件的分解位置

图 5-2-5 “分解”选项卡的“属性”区域

1. 启动 Creo 8.0

双击桌面上的“Creo Parametric 8.0”快捷方式图标，启动 Creo 8.0。

2. 打开装配文件

（1）单击“主页”选项卡“数据”组中的“打开”按钮，系统弹出“文件打开”对话框，按路径找到“球阀”所在文件夹，如图 5-2-6 所示。

图 5-2-6 “文件打开”对话框

（2）单击“打开”按钮，打开装配文件“球阀”。

（3）单击“视图”选项卡“显示”组中的“平面显示”按钮、“坐标系显示”按钮和“旋转中心”按钮等，隐藏基准平面、坐标系和旋转中心等。

3. 创建爆炸视图

单击“模型”选项卡或“视图”选项卡“模型显示”组中的“分解视图”按钮，系统根据元件在装配中的放置约束自动生成一个默认的爆炸视图，如图 5-2-7 所示。

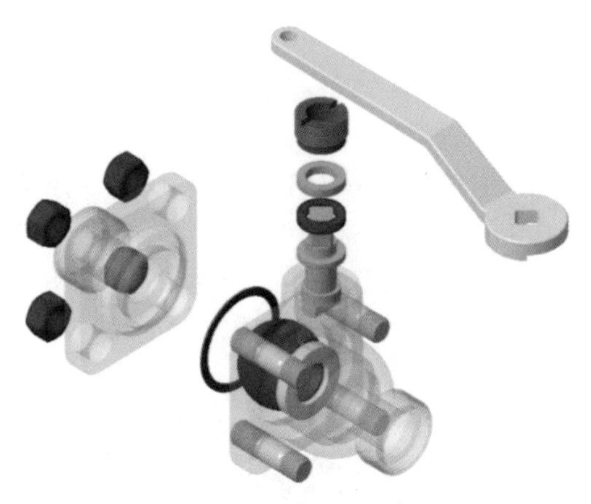

图 5-2-7　创建爆炸视图

4. 编辑爆炸视图

（1）单击“模型”选项卡或“视图”选项卡“模型显示”组中的“编辑位置”按钮，“分解工具”选项卡随即打开。

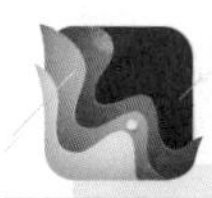

提示

“分解工具”选项卡也可通过单击“视图管理器”对话框中的“分解”选项卡，再单击“属性”选项中的“编辑位置”按钮来打开。

（2）单击“分解工具”选项卡“设置”下的“平移”按钮，按住 Ctrl 键选中四个螺母，将其沿阀体横向中心轴方向移动至合适位置，结果如图 5-2-8 所示。

（3）继续按住 Ctrl 键选中四个双头螺柱，将其沿阀体横向中心轴方向移动至合适位置，结果如图 5-2-9 所示。

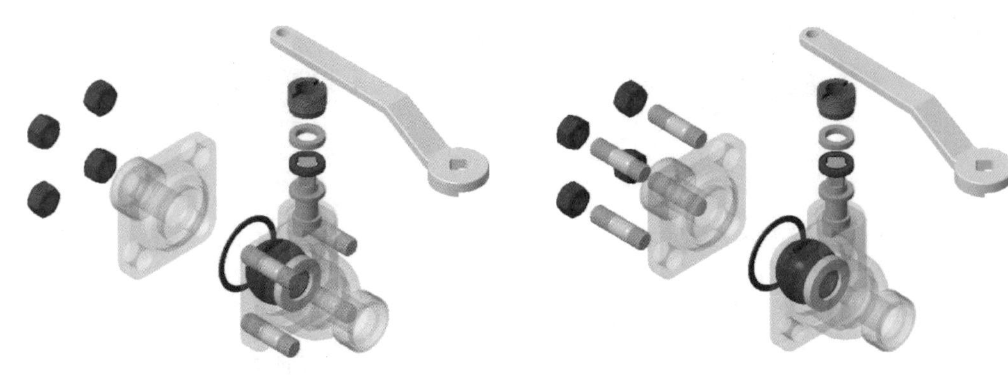

图 5-2-8　移动四个螺母　　图 5-2-9　移动四个双头螺柱

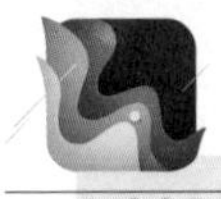

提示

选择一个或多个要分解的元件时，元件上会出现拖动控制滑块，如图 5-2-10 所示。如果选择平移作为运动类型，将出现带有拖动控制滑块的坐标系，可选择 *X*、*Y*、*Z* 中任一坐标轴为平移轴。如果选择旋转作为运动类型，必须选择旋转中心轴。

图 5-2-10　拖动控制滑块

（4）采用同样方法完成调整垫、密封圈、阀芯、阀杆、填料垫、填料压紧套和扳手等元件位置的调节，结果如图 5-2-11 所示。

（5）单击“分解工具”选项卡“设置”下的“旋转”按钮，选中扳手，将其沿四方孔的中心轴旋转至合适位置，结果如图 5-2-12 所示。

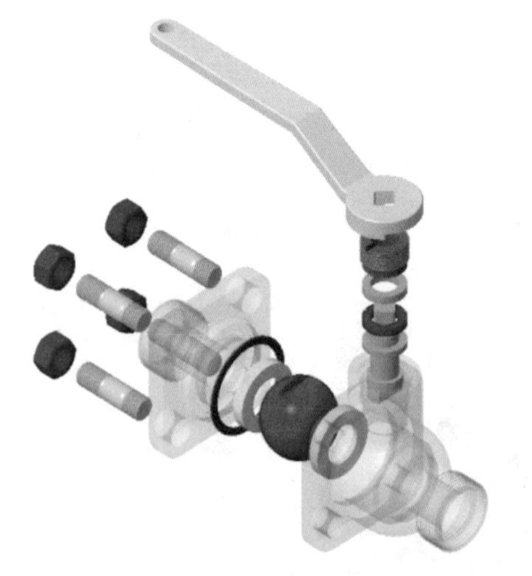

图 5-2-11　移动需要调整的元件至合适位置

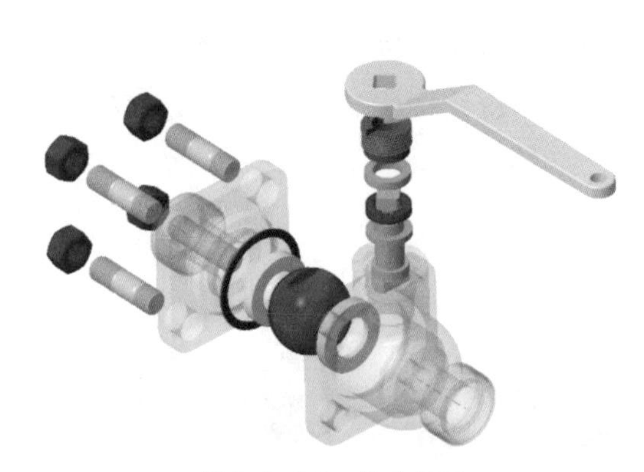

图 5-2-12　转动扳手

（6）采用同样方法完成靠近阀盖的密封圈方向的调节，结果如图 5-2-13 所示。

（7）单击“分解工具”选项卡中的“确定”按钮，完成所有元件的位置编辑。

5. 保存爆炸视图

（1）单击“模型”选项卡或“视图”选项卡“模型显示”组中的“视图管理器”按钮 ，系统弹出“视图管理器”对话框，单击“分解”选项卡，如图 5-2-4 所示。

（2）单击“编辑”按钮，在下拉列表中选中“保存”选项，系统弹出“保存显示元素”对话框，如图 5-2-14 所示。

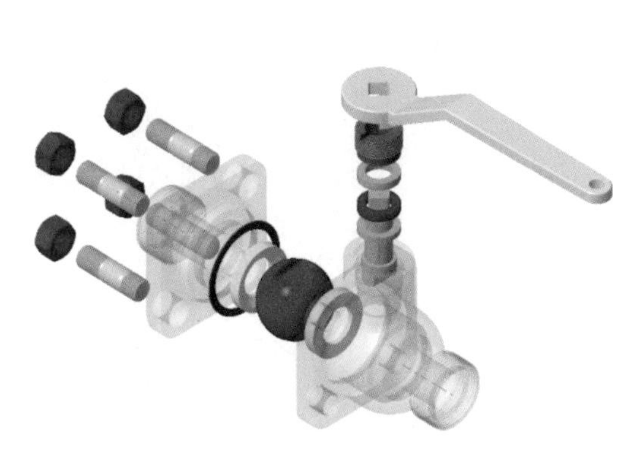

图 5-2-13 转动靠近阀盖的密封圈

图 5-2-14 “保存显示元素”对话框

（3）单击“确定”按钮，系统弹出“更新默认状态”对话框，如图 5-2-15 所示。

（4）单击“更新默认”按钮，系统直接返回“视图管理器”对话框。

（5）单击“新建”按钮，默认爆炸视图的名称为“Exp0001”，按下 Enter 键，接受该名称，爆炸视图“Exp0001”处于活动状态，如图 5-2-16 所示。

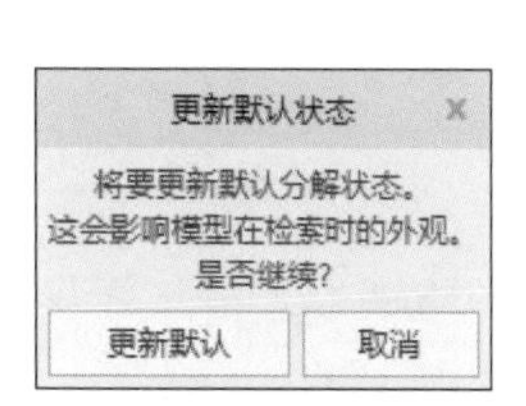

图 5-2-15 “更新默认状态”对话框

图 5-2-16 新建爆炸视图的名称

（6）在“默认分解”上单击鼠标右键，在弹出的快捷菜单中选择“复制”命令，系统弹出“复制默认分解”对话框，通过下拉列表选择复制到“Exp0001”，如图 5-2-17 所示。

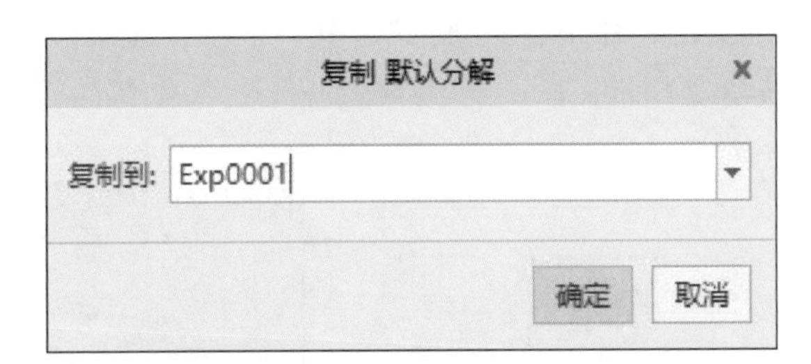

图 5-2-17 “复制默认分解”对话框

（7）单击“确定”按钮，将“默认分解”中各元件的位置信息复制到“Exp0001”中。

（8）单击“关闭”按钮，完成爆炸视图“Exp0001”的保存。

6. 关闭爆炸视图

单击“模型”选项卡或“视图”选项卡“模型显示”组中的“分解视图”按钮，可以解除装配文件的爆炸状态，恢复到未分解的状态，即可关闭爆炸视图。

7. 保存装配文件，并退出 Creo 8.0 软件

单击快速访问工具栏中的“保存”按钮，系统弹出“保存对象”对话框，根据需求选择文件保存地址，单击“确定”按钮，完成文件的保存。

单击软件界面右上角的“关闭”按钮，退出 Creo 8.0 软件。

至此，球阀的爆炸视图创建完成。

创建图 5-2-18 所示的真空泵爆炸视图。

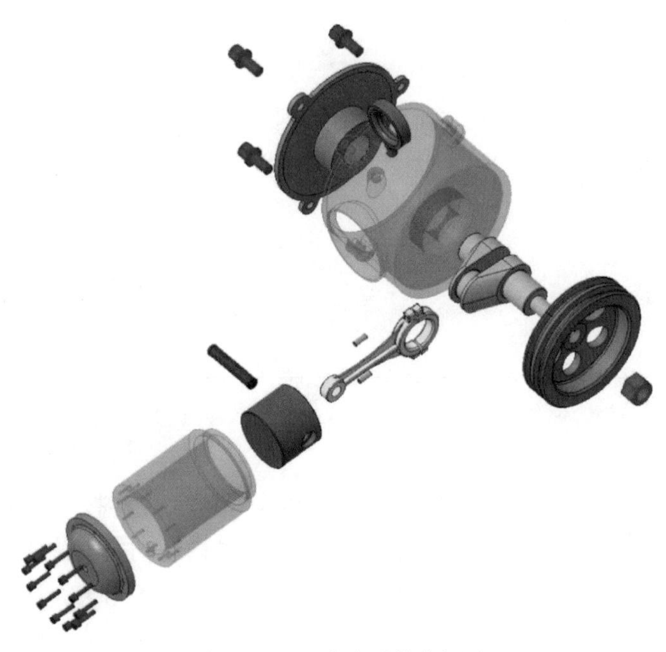

图 5-2-18　真空泵爆炸视图

项目六
机构运动仿真

Creo Parametric 所配置的机构模块可以在机构元件完成连接定义和约束装配的基础上，添加电动机等动力源生成要进行运动研究的机构运动仿真，并可使用凸轮和齿轮等连接扩展设计，进行机构运动分析，可观察、记录分析结果，测量几何图元和连接的位置、速度以及加速度，并用图表直观地反映出来，查看元件间的干涉情况。除此之外，机构模块还可创建机构运动的轨迹曲线和作为零件捕获机构运动的运动包络，用物理方法描述运动。

本项目针对不考虑施加的力而研究机构的运动，通过完成“仿真铰链四杆机构的运动”“仿真轮系的运动”“仿真间歇槽轮机构的运动”等任务，学习元件组装的常用连接类型和定义方法，练习进入“机构”应用程序创建运动仿真，学会添加和编辑电动机参数，观察机构仿真运动，导出运动动画，测量并保存分析结果。

任务 1　仿真铰链四杆机构的运动

1. 能够在元件间定义“销”连接，完成机构的组装。
2. 能进入“机构”应用模块，学会创建运动仿真。
3. 能添加和编辑伺服电动机参数。
4. 能进行机构分析。
5. 能测量并保存分析结果。

机构的运动仿真可以检查机构元件间的碰撞和干涉等情况，且能分析得出相应变量的测量结果，模拟机构的真实运动，便于设计人员对设计进行核对和优化。

本任务通过仿真图 6–1–1 所示铰链四杆机构的运动，练习在元件间定义“销”连接，完成机构的组装，学习进入“机构”模块创建运动仿真，学会添加和编辑电动机参数，进行机构分析，并测量和保存分析结果。

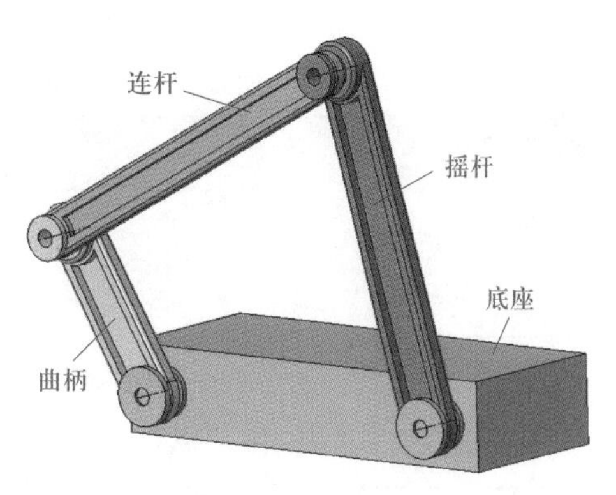

图 6–1–1　铰链四杆机构

1. 机构运动仿真的创建过程

机构运动仿真的创建过程如图 6–1–2 所示。

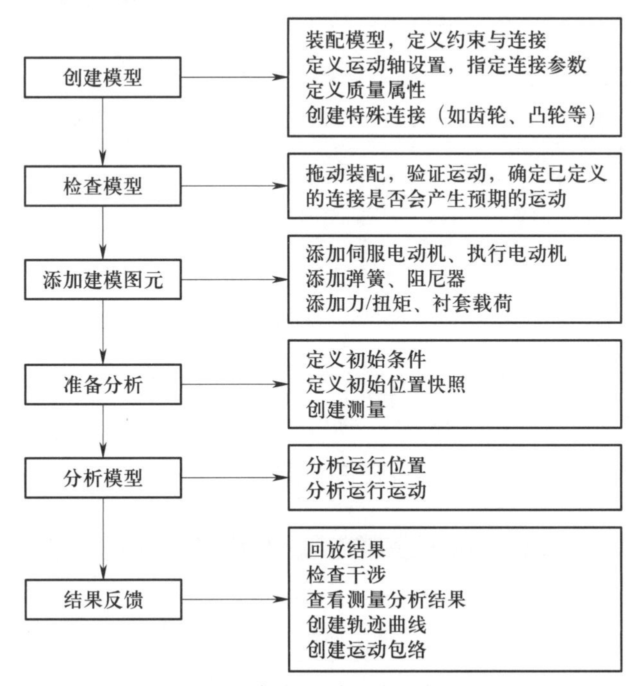

图 6–1–2　机构运动仿真的创建过程

2. 连接类型

在进入“机构”模块进行运动仿真和分析前，需在装配模式完成各元件间的约束和连接。元件之间的连接是利用预定义约束集来实现的。“元件放置”选项卡中包含了13种元件连接类型，其图标和具体说明见表6–1–1。

表6–1–1　元件连接类型的图标和具体说明

连接类型	图标	具体说明
用户定义		创建一个用户定义的约束集
刚性		在装配中不允许任何运动
销		包含轴对齐约束、平移约束和旋转轴约束
滑块		包含平移移动轴和旋转约束
圆柱		包含360°旋转移动轴和平移移动
平面		包含平面约束，允许沿着参考平面旋转和平移
球		包含用于360°旋转的点对齐约束
焊缝		包含一个坐标系和一个偏距值约束，以将元件“焊接”在相对于装配的一个固定位置上
轴承		包含点对齐约束，允许绕直线轨迹旋转
常规		创建有两个约束的用户定义集
6自由度		允许在X、Y、Z坐标轴方向上移动，且可绕X、Y、Z坐标轴旋转
万向节		允许绕枢轴按各个方向旋转
槽		包含点对齐约束，允许沿一条非直轨迹旋转

3.“机构”选项卡

移动、评估和分析机构模型均可使用“机构”选项卡上的按钮来实现。“机构”选项卡包含“信息”组、“分析”组、“运动”组、“连接”组、“插入”组、“属性和条件”组、“刚性主体”组、“基准”组和“关闭”组，如图6–1–3所示。

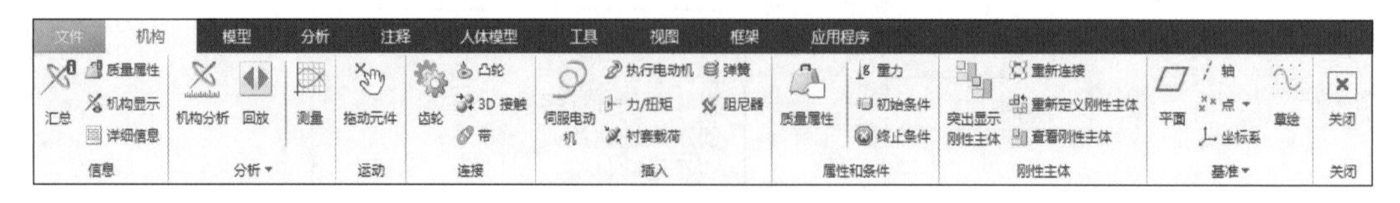

图6–1–3　“机构”选项卡

通过“信息”组可对机构中元件的质量属性、所有图元的详细信息进行罗列和汇总，并编辑机构显示的相关选项。其中，通过“汇总”可显示与模型中图元有关的信息摘要，通过“质量属性”可显示模型中元件的密度、体积、质量、重心和惯量的列表，通过“机构显示”可打开“图元显示”对话框编辑参数和相关选项，通过“详细信息”可显示模型中所有图元的详细摘要。

通过“分析”组可对机构进行分析，回放机构仿真运动，测量相关变量，并分析轨迹曲线等。其中，通过“机构分析”可打开“分析定义”对话框；通过“回放”可打开“回放”对话框；通过“测量”可打开“测量结果”对话框；通过“轨迹曲线”可打开“轨迹曲线”对话框；通过“在仿真中使用”可打开“负荷导出到结构”对话框，以将负荷导出到 Creo Simulate。在默认情况下，“轨迹曲线”和“在仿真中使用”需通过单击“分析”组溢出按钮显示。

通过“运动”组中的“拖动元件”可打开“拖动”对话框，移动元件和拍摄快照。

通过“连接”组可创建机构的连接，包括“齿轮”、“凸轮”、“3D 接触”和“带”四种。

通过“插入”组可配置机构上的力，包括“伺服电动机”、“执行电动机”、“力 / 扭矩”、“衬套载荷”、“弹簧”和“阻尼器”六种。

通过“属性和条件”组可向机构分配属性和条件，包括“质量属性”、“重力”、“初始条件”和“终止条件”。

通过“刚性主体”组可操控机构中的刚性主体。其中，通过“突出显示刚性主体”可突出显示机构装配中的不同刚性主体；通过“重新连接”可打开“连接装配”对话框重新定义元件连接；通过“重新定义刚性主体”可打开“重新定义刚性主体”对话框，编辑刚性主体的参数；通过“查看刚性主体”可在图形窗口中突出显示刚性主体，以供查看每个刚性主体中的不同元件。

通过“基准”组可创建所需的基准平面、基准轴、基准点等参考，并进入草绘环境。

通过“关闭”组可退出机构模式。

4.“电动机”选项卡

定义伺服电动机、执行电动机或力 / 扭矩均可使用“电动机”选项卡中的工具来完成。“电动机”选项卡由“运动类型”“参考”“配置文件”和“参考”“配置文件详情”“属性”子选项卡组成，如图 6–1–4 所示。

“运动类型”包含“平移”、“旋转”和“槽”，分别用于创建“平移”“旋转”或“槽”电动机。运动类型根据用户选择的从动图元自动调整。

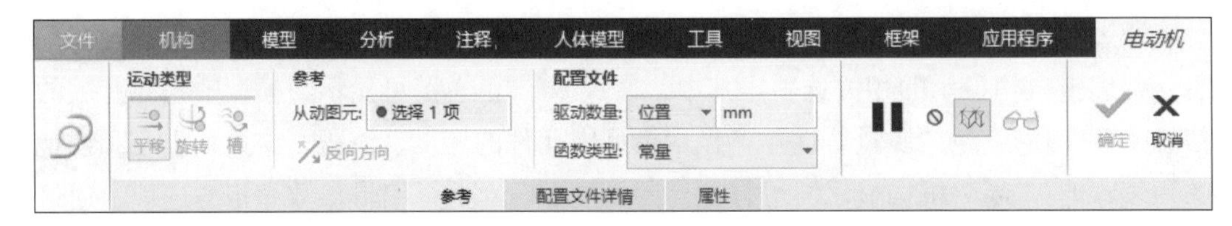

图 6-1-4 “电动机”选项卡

“参考”包含“从动图元收集器”和“反向”按钮。其中，从动图元可以是一个点、一个平面或一个运动轴等，“反向”用于调节电动机的运动方向。

“配置文件”包含“驱动数量”和“函数类型”，设置电动机函数时，这两个选项的设置直接影响电动机的运动，其具体说明见表 6-1-2。

表 6-1-2 电动机“驱动数量”和“函数类型”的具体说明

选项	类型	具体说明
驱动数量	位置	根据选定图元的位置定义伺服电动机运动
	速度	根据伺服电动机的速度对其运动进行定义。在默认情况下，当开始运动时，将使用伺服电动机的当前位置
	加速度	根据伺服电动机的加速度对其运动进行定义。在默认情况下，当开始运动时，将使用伺服电动机的当前位置
	力	定义执行电动机、力或扭矩。执行电动机可驱动运动轴、单个基准点或顶点、一对基准点 / 顶点，或整个刚性主体
函数类型	常量	创建常数轮廓
	斜坡	创建随时间呈线性变化的轮廓
	余弦	为电动机轮廓分配余弦波值
	摆线	模拟凸轮轮廓输出
	抛物线	模拟电动机的轨迹
	多项式	定义三次多项式电动机轮廓
	表	使用四列表格中的值生成电动机运动，可以使用输出测量结果表
	用户定义	指定由多个表达式段定义的任何一种复杂轮廓
	自定义载荷	向模型施加一系列外部定义的复合载荷。该选项仅用于执行电动机定义

“参考”子选项卡与“参考”联动，可将从动图元的信息具体地反映出来。选取从动图元后，收集器右侧会出现“编辑运动轴”按钮。单击“编辑运动轴”按钮，系统弹出“运动轴”对话框，可编辑旋转轴的当前位置、启用重新生成值和限制最大、最小值等，如图 6-1-5 所示。

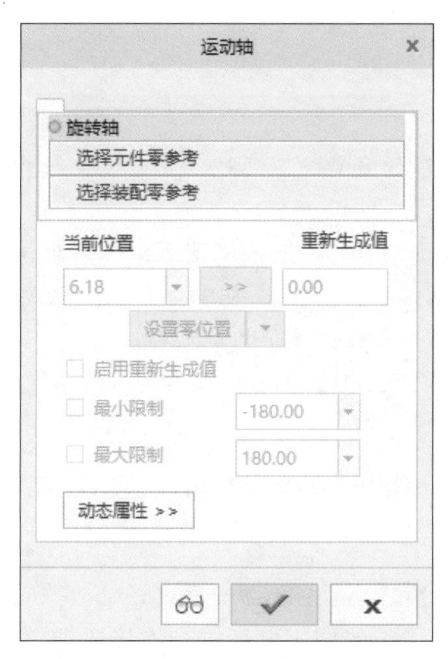

图 6-1-5 “运动轴”对话框

“配置文件详情”子选项卡用于设置电动机的驱动数量、初始状态、函数类型、驱动系数和图形显示，图形显示可在“图表工具”窗口中显示电动机轮廓，如图 6-1-6 所示。

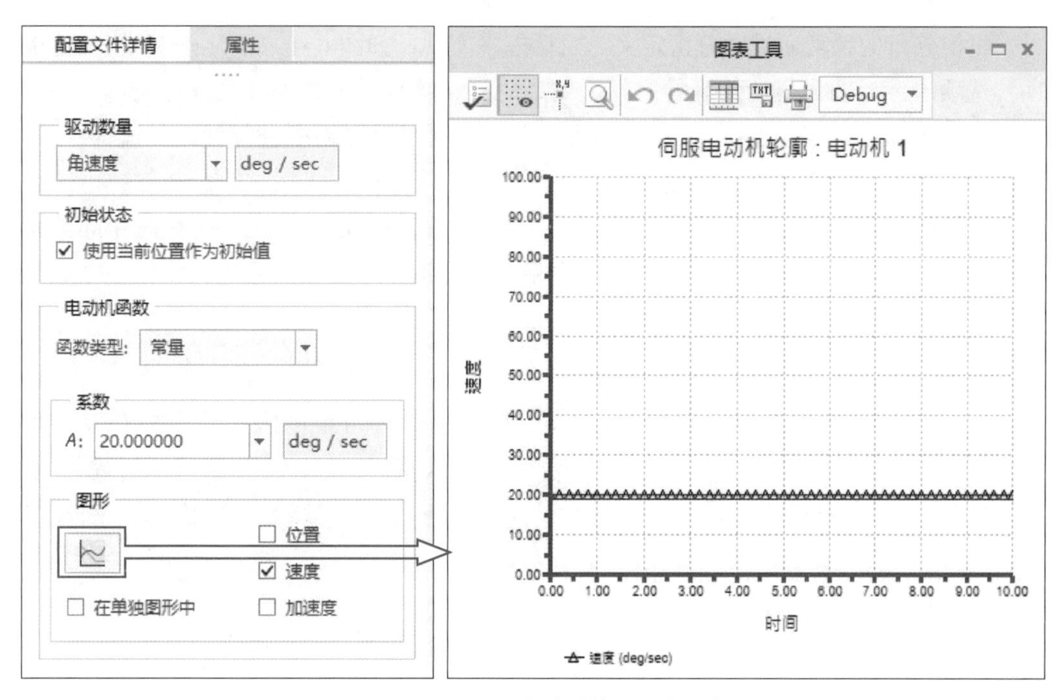

图 6-1-6 “配置文件详情”子选项卡

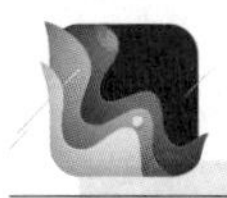

提示

要在单独的窗口中显示每个图形，需选中“在单独图形中”复选框。

要更改图形显示，可在“图表工具”对话框保持打开状态时重新定义电动机函数，图形将自动更新。出现所需的轮廓后，关闭“图表工具”对话框并接受电动机定义。

定义图表轮廓时，可以修改与显示和插值点数有关的设置。

“属性”子选项卡用于编辑电动机的特征名称，更改电动机特征属性。

5. 机构分析

机构分析包含位置分析、运动学分析、动态分析、静态分析和力平衡分析。位置分析可确定机构能否在采用的伺服电动机和连接要求下进行组装。运动学分析可使机构与伺服电动机一起移动，并且在不考虑作用于系统上的力的情况下分析其运动。动态分析可研究作用于机构中各刚性主体上的惯性力、重力和外力之间的关系。静态分析可研究作用在已达到平衡状态的刚性主体上的力。力平衡分析可求出要使机构在特定形态中保持固定所需要的力。本项目中主要使用的是位置分析和运动学分析。

机构分析的编辑通过“分析定义”对话框来实现，如图 6–1–7 所示。其中，“首选项”选项卡针对图形显示的开始时间、结束时间、帧数、帧频等参数进行编辑，并设置锁定的图元，确定初始配置；“电动机”选项卡可以对电动机进行新建和编辑；“外部载荷”选项卡对于位置和运动分析不可用。定义完成后，可以立刻分析。单击“运行”按钮时，将检查分析中是否存在错误，检查方式与单击“确定”按钮时相同，但对已定义的分析只是运行而并不添加到模型中。单击“确定”按钮后，软件会完成定义，创建分析并将分析定义添加到模型中。

6. 测量类型

Creo 可创建测量的类型受到 Mechanism Dynamics 许可证的限制。当拥有该许可证时，Creo 软件可创建任何这些测量。如果没有许可证，则仅可创建“位置”“速度”“加速度”“分离”“凸轮”等测量，以及任何不需要质量的“系统”及“刚性主体”测量。测量类型的种类和具体说明见表 6–1–3。

图 6-1-7 “分析定义”对话框

表 6-1-3　测量类型的种类和具体说明

测量类型的种类	具体说明
位置	在分析期间测量点、顶点或运动轴的位置
速度	在分析期间测量点、顶点或运动轴的速度
加速度	在分析期间测量点、顶点或运动轴的加速度
连接反作用	测量接头、齿轮副、凸轮从动机构或槽从动机构连接处的反作用力和力矩
静载荷	测量弹簧、阻尼器、伺服电动机、力、扭矩或运动轴上强制载荷的模，还可确认执行电动机上的强制载荷

续表

测量类型的种类	具体说明
测力计反作用	在力平衡分析期间测量测力计锁定上的载荷
冲击	确定分析期间是否在接头限制、槽端处或两个凸轮间产生冲力
冲量	测量由碰撞事件引起的动量变化。可测量有限制的接头、允许升离的凸轮从动机构连接或槽从动机构连接的冲量
系统	测量描述整个系统行为的多个数量
刚性主体	测量描述选定刚性主体行为的多个量
分离	测量两个选定点之间的分离距离、分离速度及分离速度变化
凸轮	测量凸轮从动机构连接中任一凸轮的曲率、压力角和滑动速度
用户定义	将测量定义为包括测量、常数、算术运算符、参数和代数函数在内的数学表达式

1. 启动 Creo 8.0

双击桌面上的“Creo Parametric 8.0”快捷方式图标，启动 Creo 8.0。

2. 修改工作目录，新建装配文件

（1）单击“主页”选项卡“数据”组中的“选择工作目录”按钮，修改工作目录至组装元件所在文件夹。

（2）单击“主页”选项卡“数据”组中的“新建”按钮，系统弹出“新建”对话框，将类型选为“装配”、子类型选为“设计”、“文件名”改为“铰链四杆机构”，并取消勾选“使用默认模板”复选框，单击“确定”按钮，系统弹出“新文件选项”对话框，在“模板”列表框中选择“mmns_asm_design_abs”模板，单击“确定”按钮，完成装配文件“铰链四杆机构”的创建。

（3）单击“视图”选项卡“显示”组中的“平面显示”按钮、“坐标系显示”按钮和“旋转中心”按钮，隐藏基准平面、坐标系和旋转中心。

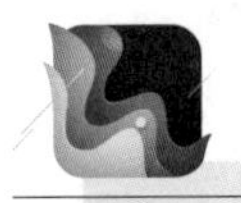

提示

新建文件前将工作目录设置为组装元件所在文件夹是为了便于打开组装元件，并将后续生成的动画、分析结果等文件直接保存到组装元件所在文件夹。

3. 固定底座

（1）单击“模型”选项卡“元件”组中的“组装”按钮，打开“底座”文件，将元件添加到铰链四杆机构装配文件中，“元件放置”选项卡同时打开。

（2）使用拖动器调节底座的默认方向，并选择连接类型为“用户定义”、约束类型为“固定”，不对其他参数进行设置。

（3）单击“元件放置”选项卡中的“确定”按钮 ✓，完成底座的固定，结果如图 6–1–8 所示。

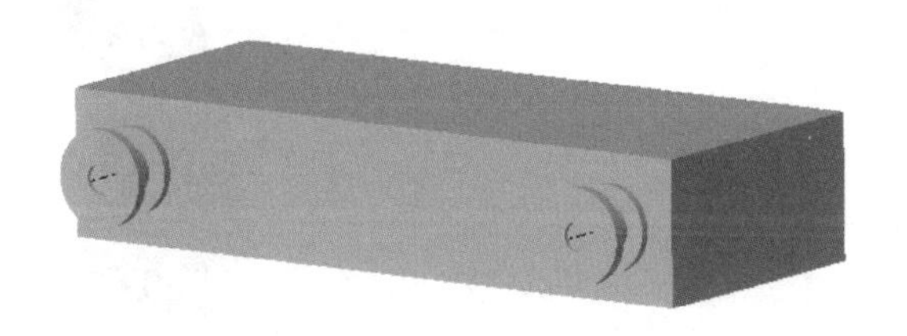

图 6–1–8　完成底座的固定

4. 定义曲柄与底座的连接

（1）单击“模型”选项卡“元件”组中的“组装”按钮，打开“曲柄”文件，将元件添加到铰链四杆机构装配文件中，“元件放置”选项卡同时打开。

（2）选择连接类型为“销”，单击“放置”子选项卡收集区的“轴对齐”下方收集器，先后选择图 6–1–9 所示曲柄的圆孔轴线和图 6–1–8 所示底座的左侧轴线，默认约束类型为“重合”，结果如图 6–1–9 所示。

（3）单击“放置”子选项卡收集区的“平移”下方收集器，先后选择曲柄和底座上要重合的平面，选择约束类型为“重合”，并通过“反向”按钮调整曲柄的方向，结果如图 6–1–10 所示。

（4）显示拖动器，转动曲柄至合适位置，如图 6–1–11 所示。

（5）单击“元件放置”选项卡中的“确定”按钮 ✓，完成曲柄和底座的连接。

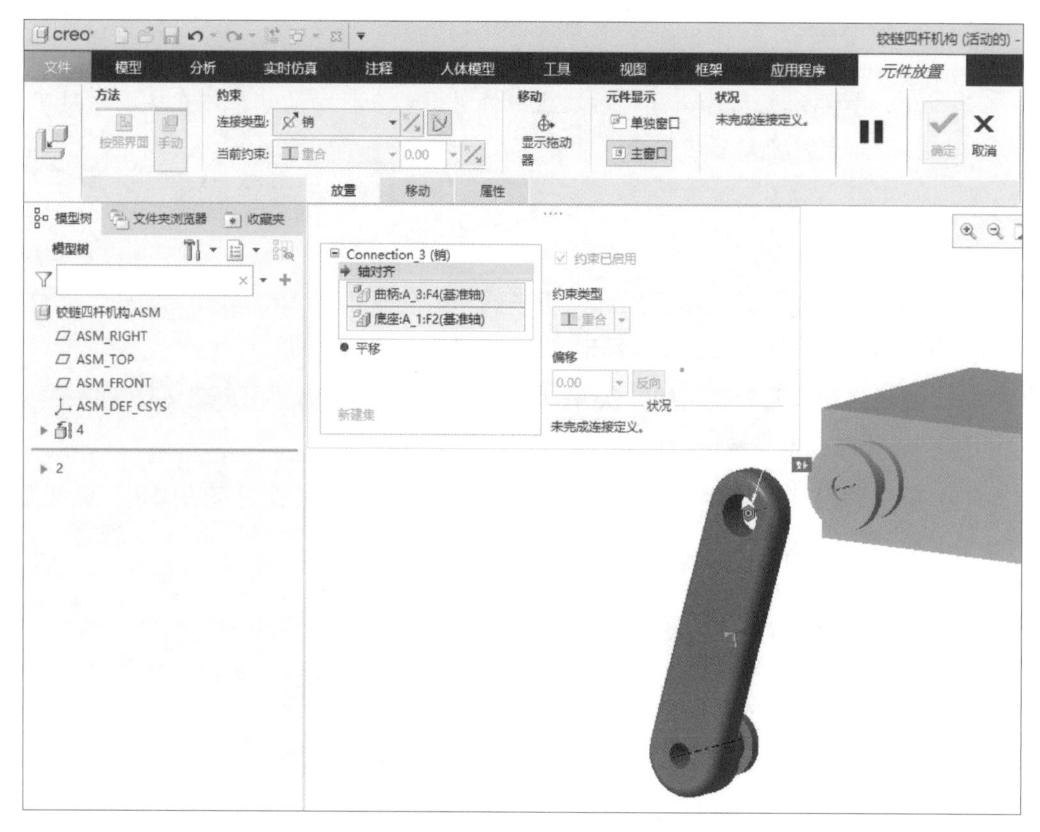

图 6-1-9 曲柄“轴对齐”约束设置

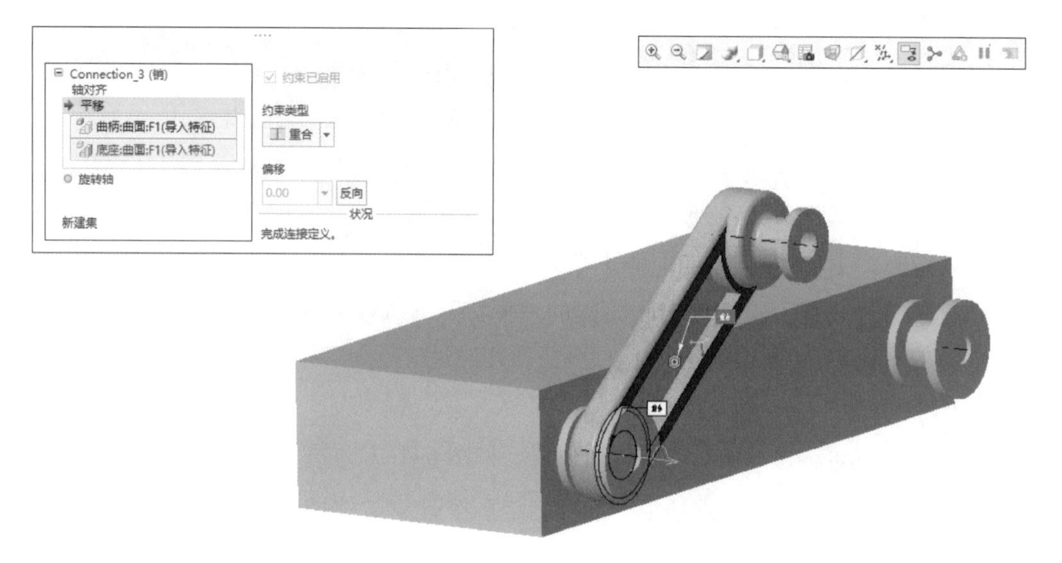

图 6-1-10 曲柄“平移”约束设置

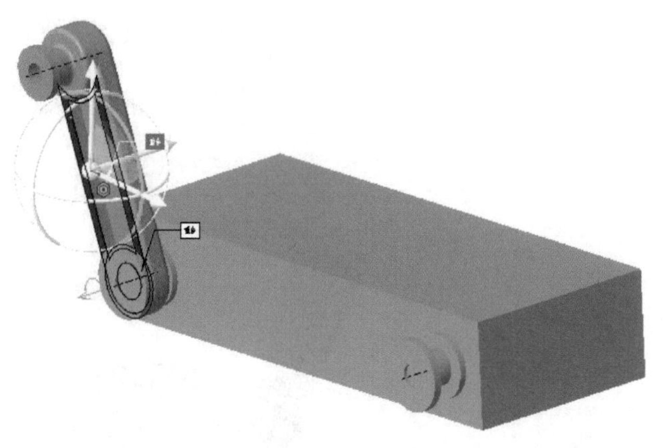

图 6-1-11　调整曲柄位置

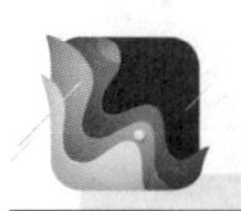

提示

从图 6-1-11 中拖动器的颜色显示可以看出，曲柄通过“轴对齐”和“平移”约束后仅剩余一个转动自由度，也是机构仿真中所需的运动。

5. 定义连杆与曲柄的连接

（1）单击“模型”选项卡“元件”组中的“组装”按钮，打开“连杆”文件，将元件添加到铰链四杆机构装配文件中，“元件放置”选项卡同时打开。

（2）选择连接类型为“销”，单击“放置”子选项卡收集区的“轴对齐”下方收集器，先后选择连杆任一圆孔轴线和图 6-1-11 所示曲柄未连接端的轴线，默认约束类型为“重合”，结果如图 6-1-12 所示。

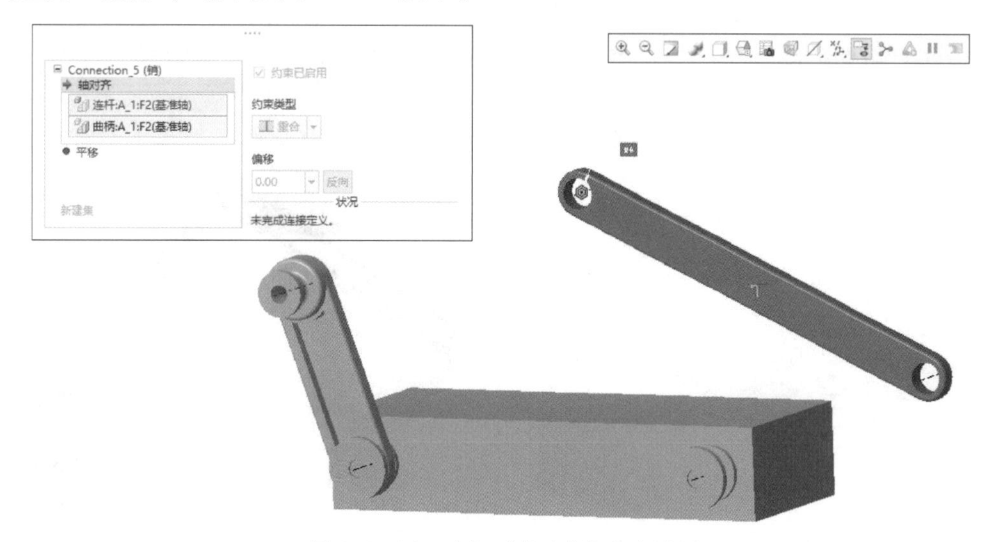

图 6-1-12　连杆“轴对齐”约束设置

（3）单击“放置”子选项卡收集区的“平移”下方收集器，先后选择连杆和曲柄上要重合的平面，选择约束类型为“重合”，并通过“反向”按钮调整连杆的方向，结果如图 6–1–13 所示。

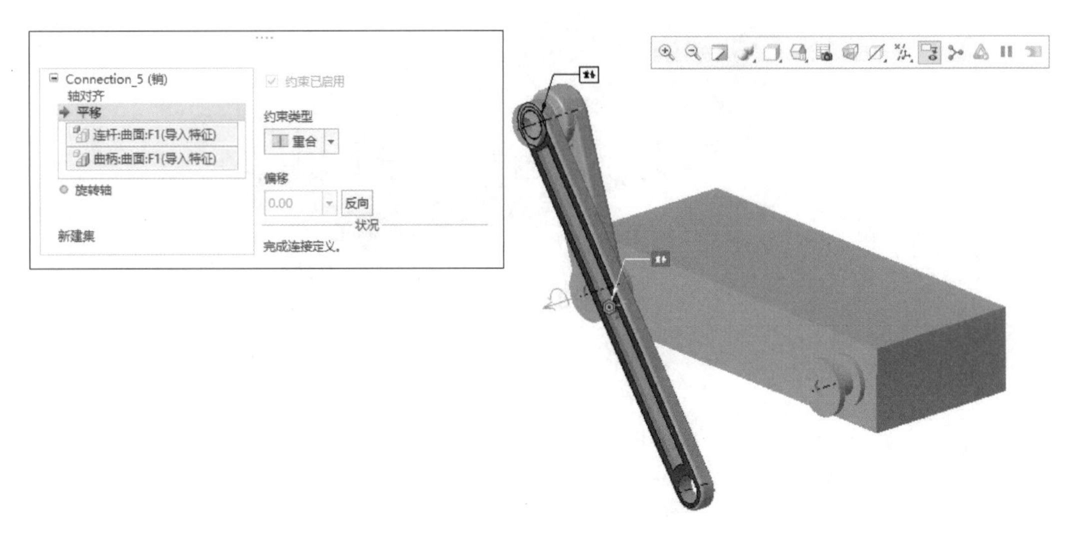

图 6–1–13 连杆“平移”约束设置

（4）显示拖动器，转动连杆至合适位置，单击“元件放置”选项卡中的“确定”按钮 ✓，完成连杆与曲柄的连接，结果如图 6–1–14 所示。

6. 定义摇杆与连杆、底座的连接

（1）单击“模型”选项卡“元件”组中的“组装”按钮，打开“摇杆”文件，将元件添加到铰链四杆机构装配文件中，“元件放置”选项卡同时打开。

（2）采用同样方法，选择连接类型为“销”，完成摇杆与连杆的连接定义，结果如图 6–1–15 所示。

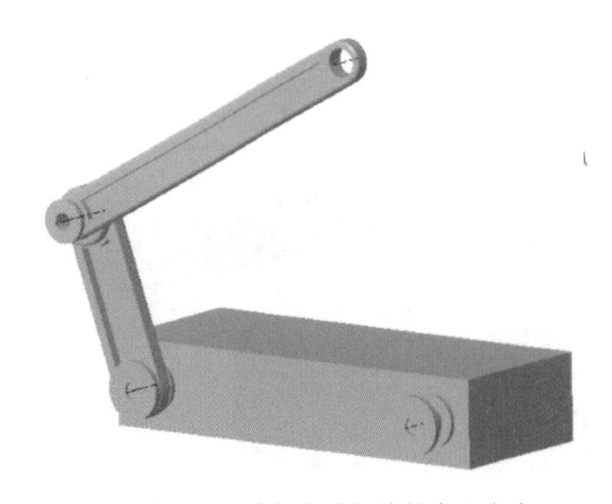

图 6–1–14 连杆与曲柄连接定义完成

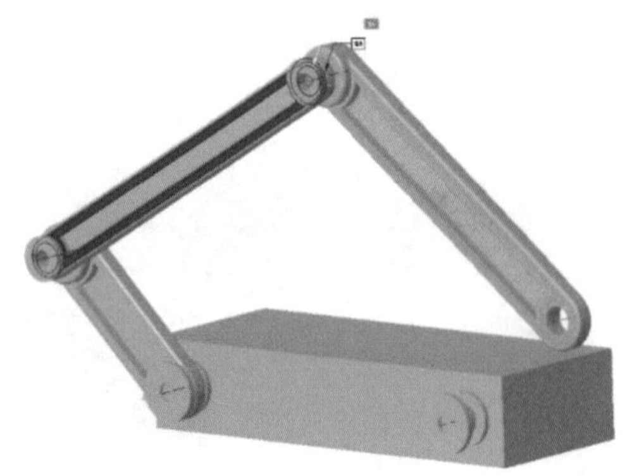

图 6–1–15 摇杆与连杆连接定义完成

（3）单击“放置”子选项卡收集区的“新建集”，采用同样方法，选择连接类型为“销”，完成摇杆与底座的连接定义，结果如图 6-1-16 所示。

（4）单击“元件放置”选项卡中的“确定”按钮，完成摇杆与连杆、底座的连接。至此，铰链四杆机构各个元件之间的连接关系全部定义完成。

7. 运动仿真分析

（1）单击“应用程序”选项卡“运动”组中的“机构”按钮，“机构”选项卡随即打开。

（2）定义伺服电动机：单击“机构”选项卡“插入”组中的“伺服电动机”按钮，“电动机”选项卡随即打开。选择曲柄与底座连接处的旋转轴作为电动机驱动的连接轴，如图 6-1-17 所示。

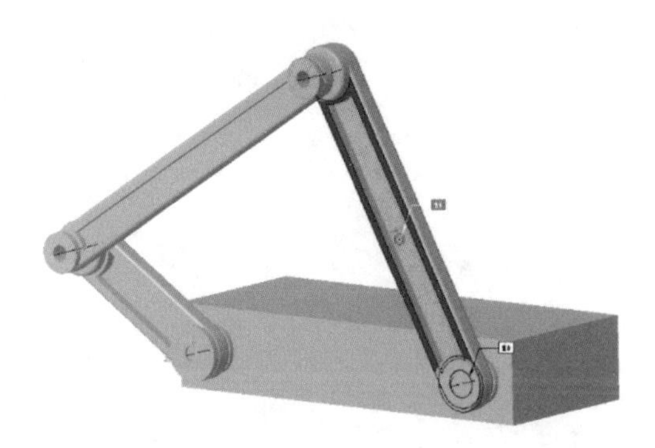

图 6-1-16　摇杆与底座连接定义完成

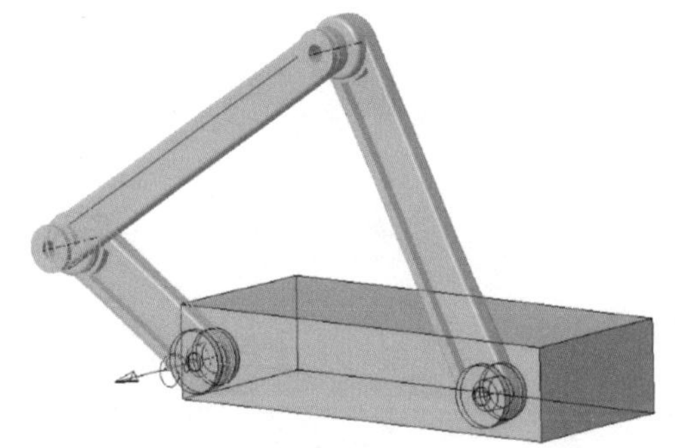

图 6-1-17　选择电动机驱动轴

单击“配置文件详情”子选项卡，设置参数如图 6-1-18 所示。

单击“电动机”选项卡中的“确定”按钮，完成伺服电动机的定义。

（3）进行机构分析：单击“机构”选项卡“分析”组中的“机构分析”按钮，系统弹出“分析定义”对话框，参数设置如图 6-1-19 所示。完成参数设置后，单击“运行”按钮，铰链四杆机构开始仿真运动，运动结束后，单击“确定”按钮，完成机构分析。

（4）创建基准点：单击“机构”选项卡“基准”组中的“点”按钮，系统弹出“基准点”对话框，选择连杆与摇杆连接轴线上的一点为基准点，如图 6-1-20 所示。

（5）测量摇杆的运动速度：单击“机构”选项卡“分析”组中的“测量”按钮，系统弹出“测量结果”对话框。单击“创建新测量”按钮，系统弹出“测量定义”对话框，参数设置如图 6-1-21 所示，测量点为创建的基准点。单击“确定”按钮，返回“测量结果”对话框，如图 6-1-22 所示。

配置文件详情 属性
驱动数量
角速度 deg / sec
初始状态
使用当前位置作为初始值
电动机函数
函数类型: 常量
系数
A: 30 deg / sec
图形
位置
速度
在单独图形中 加速度

图 6-1-18 设置“配置文件详情”

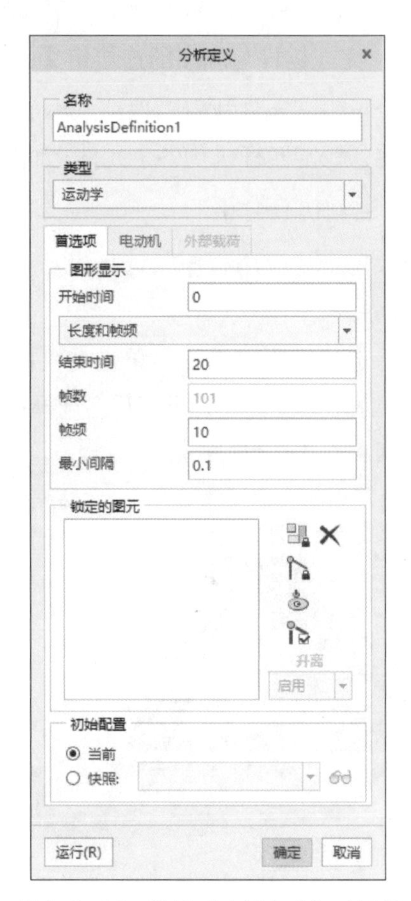

图 6-1-19 设置“分析定义”对话框

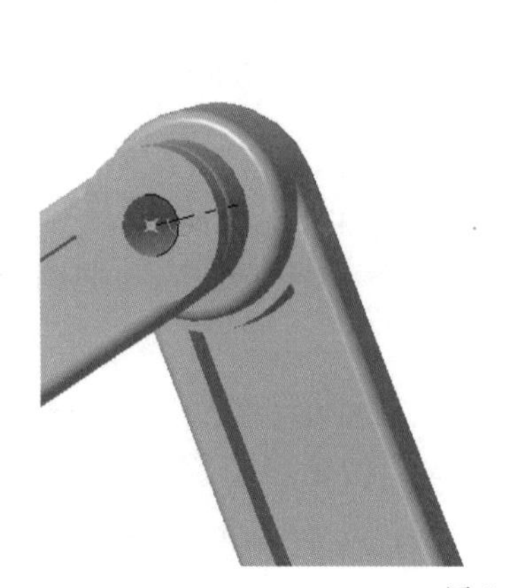

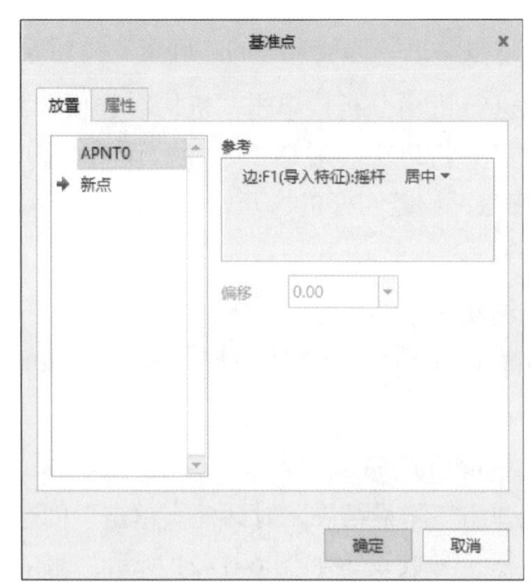

图 6-1-20 创建基准点

图 6-1-21　设置“测量定义”对话框

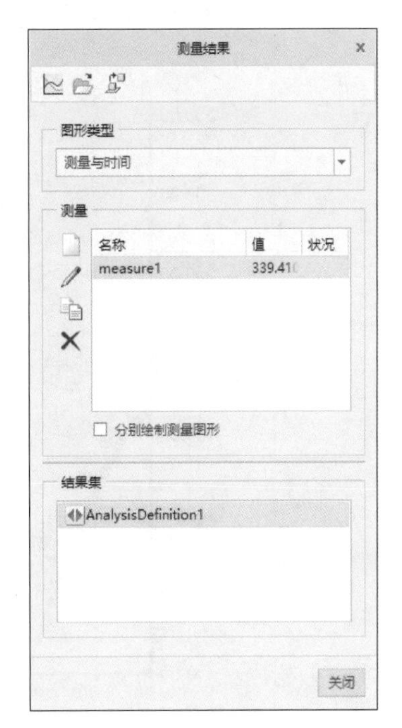

图 6-1-22　“测量结果”对话框

在“测量结果”对话框中先后选择“measure1”和“AnalysisDefinition1”选项，再单击“绘制图表”按钮，系统弹出“图表工具”对话框，显示测量结果如图 6-1-23 所示。

（6）保存分析结果：单击“机构树”中的分析结果选项 AnalysisDefinition1，系统弹出快捷菜单，如图 6-1-24 所示。单击“保存”按钮，系统弹出“保存分析结果”对话框，如图 6-1-25 所示。

单击“保存”按钮，完成分析结果的保存。

（7）退出机构模式：单击“机构”选项卡“关闭”组中的“关闭”按钮，关闭“机构”选项卡。

8. 保存装配文件，并退出 Creo 8.0 软件

单击快速访问工具栏中的“保存”按钮，系统弹出“保存对象”对话框，单击“确定”按钮，完成文件的保存。

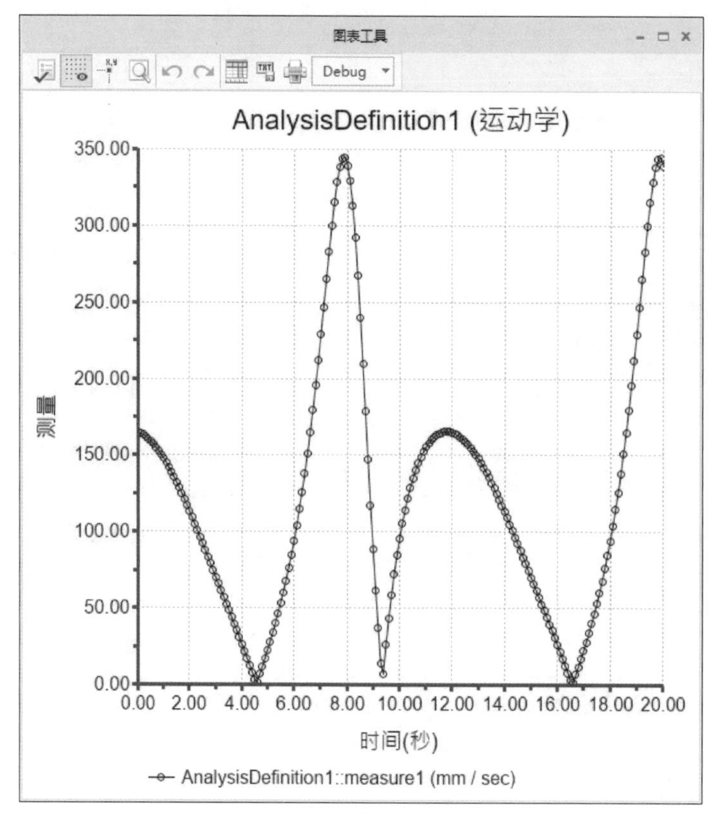

图 6-1-23　摇杆运动速度图表

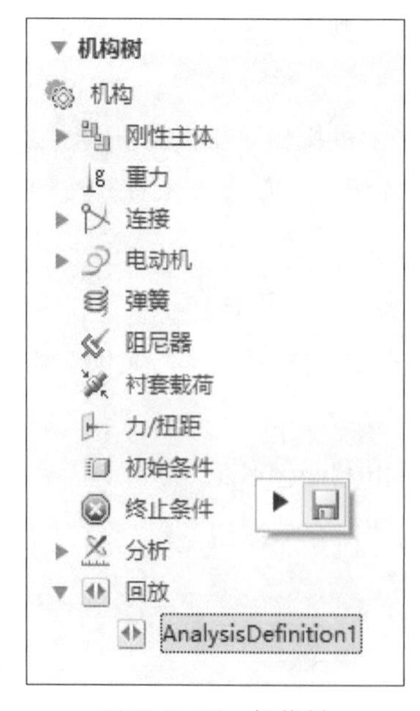

图 6-1-24　机构树

图 6-1-25　“保存分析结果”对话框

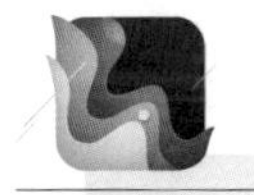

提示

“机构树”出现在常规“模型树”的下方。与模型关联的所有刚性主体、连接、电动机、分析、回放和其他模拟图元均出现在“机构树”上。在“机构树”或模型中用鼠标右键单击图元，可访问快捷菜单。

使用具有多个连接或电动机的大型模型时，从“机构树”中寻找指定的连接或电动机往往要比从模型中寻找容易得多。

单击软件界面右上角的“关闭”按钮 × ，退出 Creo 8.0 软件。

至此，铰链四杆机构的运动仿真完成。

提示

在保存装配文件时，如果系统弹出“冲突”对话框，如图 6-1-26 所示，可单击“模型”选项卡“操作”组中的“重新生成”按钮，重新生成模型后再保存。

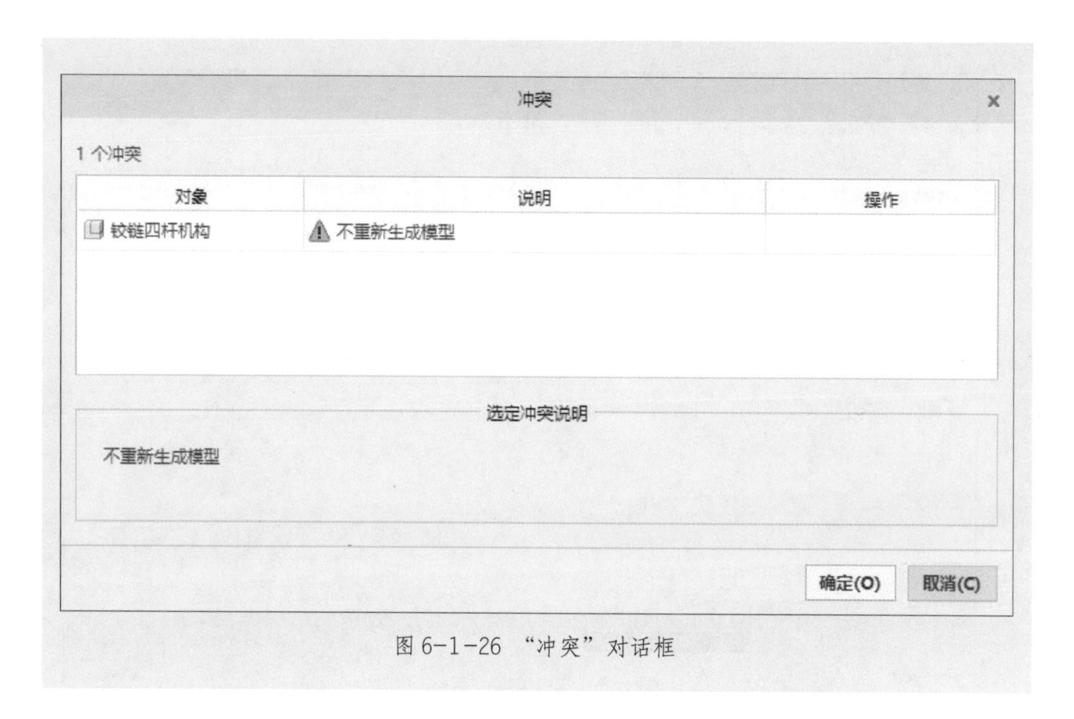

图 6-1-26 “冲突”对话框

1. 完成图 6–1–27 所示曲柄滑块机构的组装，并创建运动仿真，测量滑块的运动速度。

2. 重新组装项目五任务 1 巩固练习中的真空泵，并创建运动仿真。

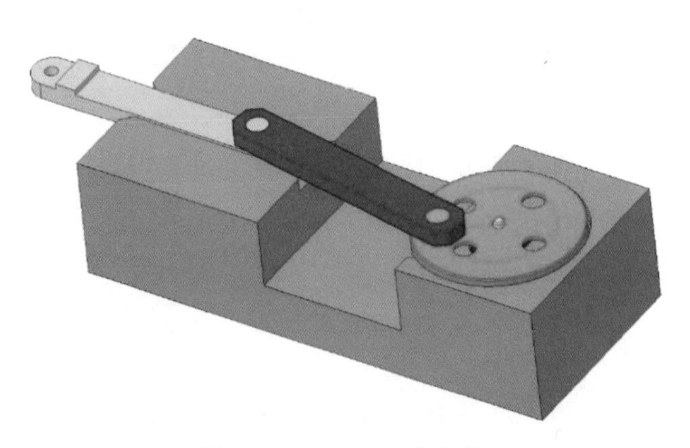

图 6-1-27　曲柄滑块机构

任务 2　仿真轮系的运动

1. 能熟练创建运动仿真。
2. 能完成“齿轮”连接的定义。
3. 能导出运动仿真动画。

齿轮传动能按恒定的传动比平稳地传递运动和动力，在现代机器和仪器中的应用极为广泛。Creo 机构模块能在已有运动轴上创建齿轮副的连接，实现加速、减速、换向等功能。

本任务通过仿真图 6-2-1 所示轮系机构的运动，复习创建运动仿真的过程，学习直齿圆柱齿轮副、锥齿轮副和蜗轮蜗杆副连接的定义，并导出轮系的运动动画，便于展示该轮系的传动过程。

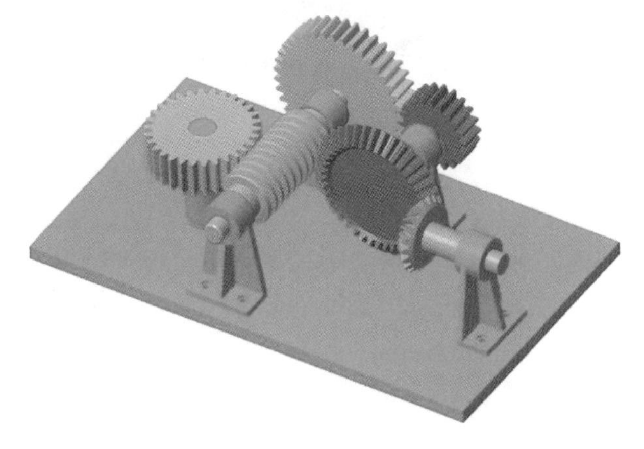

图 6-2-1　轮系机构

1. 通用齿轮副

Creo 可以实现通用齿轮副和动态齿轮副（有许可证的情况下）的创建，本任务中

主要针对通用齿轮副展开。

通用齿轮副是一种可在任何运动轴组合上创建的齿轮副，例如两个旋转轴组合、一个旋转轴和一个平移轴组合、两个平移轴组合等。

创建通用齿轮副，定义两个运动轴之间的运动关系时，齿轮副中的每个齿轮都需要有两个刚性主体和一个运动轴连接。通用齿轮副连接可约束两个运动轴的速度，但是不能约束由轴连接的刚性主体的相对空间方位。当用户需要更改齿轮副中刚性主体的方向，以满足机构中的其他物理约束、要指定伺服电动机配置文件、要配置齿轮副中齿轮主体的开始方向时，用户可以使用“拖动”对话框来满足对刚性主体方向的调节。

由于通用齿轮副被视为速度约束，而且并非基于模型几何，因此，可直接指定传动比，并且可更改节圆直径值。齿轮副工作时，齿轮副中两个运动刚性主体的表面无须接触。更改传动比时无须创建新的几何。

2.“齿轮副定义”对话框

各类齿轮副的主传动齿轮、从动齿轮、传动比等参数均在“齿轮副定义”对话框中设置，以锥齿轮副为例，如图 6-2-2 所示。

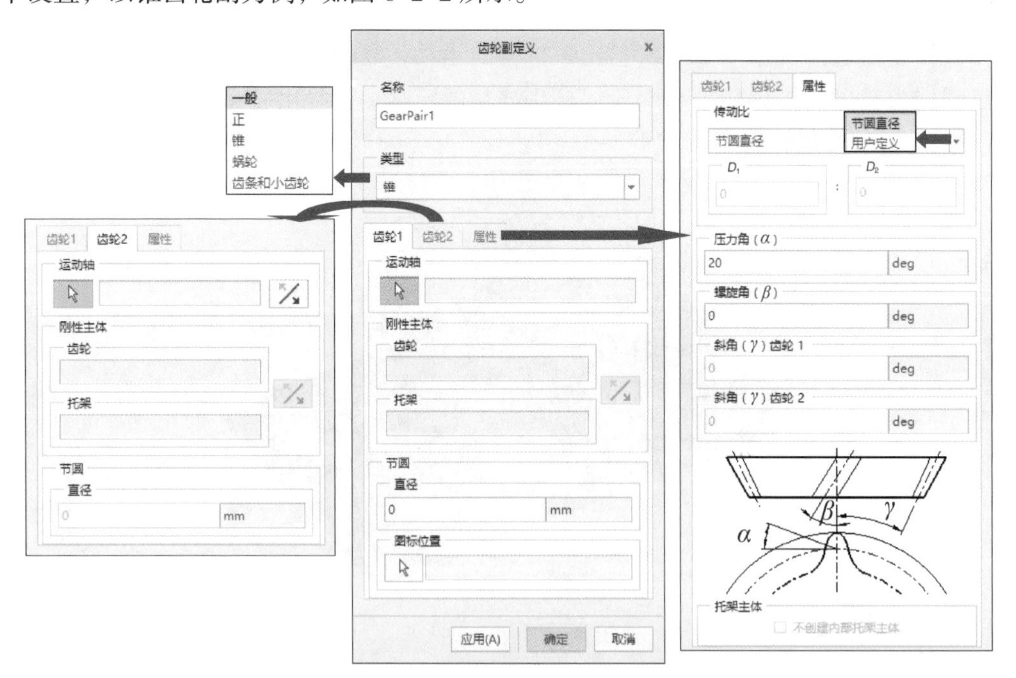

图 6-2-2 “齿轮副定义”对话框

“齿轮副定义”对话框包含“名称”输入框、“类型”选择框和“齿轮 1”“齿轮 2”“属性”选项卡。在“名称”输入框中可以命名所设置齿轮副连接的名称；在“类型”选择框中可以选择齿轮副连接的类型，共包含一般、正、锥、蜗轮、齿条和小齿轮五种。“齿轮 1”选项卡和“齿轮 2”选项卡可以分别选择齿轮副传动的两个运动轴，并输入节圆直径；“属性”选项卡可以选择传动比类型，录入传动比、压力角、螺旋角等齿轮的基本参数。

当传动比类型为“节圆直径”时，仍然可以编辑“齿轮 1”选项卡上的“齿轮 1”节圆直径的值。当传动比类型为“用户定义”时，导入实数值作为相对节圆直径或在“传动比”中为“齿轮 1”和“齿轮 2”导入齿轮轮齿编号，软件可自动计算两个选项卡上的节圆直径。

螺旋角为正表示为右手螺旋。

3. 带和滑轮

在带和滑轮系统中，滑轮是一种在其周边有槽的轮盘，线缆或带沿着该槽运行，并将滑轮连接到下一个滑轮。使用滑轮与带系统可以传送旋转运动，也可增大或减小沿旋转运动轴的力矩（如果滑轮有其他直径）。创建带时，会定义原始带长度和带刚度常数。

“带”选项卡由“未拉伸的长度”“设置”和“参考”“选项”“属性”子选项卡及快捷菜单组成，如图 6–2–3 所示。

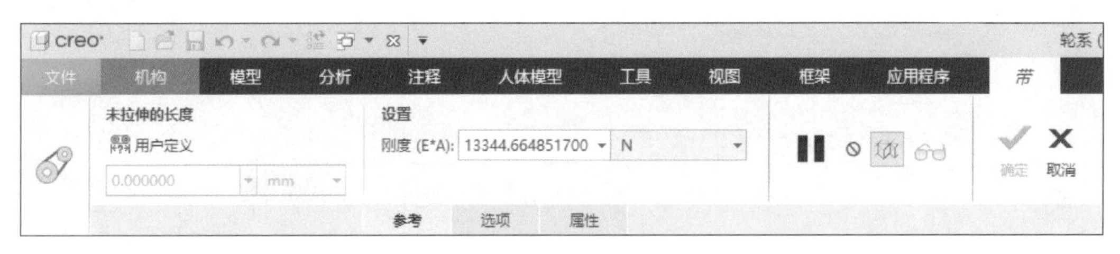

图 6–2–3 “带”选项卡

“未拉伸的长度”用于设置未拉伸的带长度。输入框中可输入用户定义的未拉伸带长度，并选取正确的单位。

“设置”用于设置带刚度，以便计算滑轮上因带拉伸而产生的力。在“刚度（$E*A$）”后的输入框中可输入带的杨氏模量与截面面积的乘积，框中的值取决于从列表中选取的单位。

“参考”子选项卡用于显示滑轮放置参考和带平面。“选项”子选项卡用于显示滑轮刚性主体定义和带包络的数目。“属性”子选项卡用于显示带和滑轮系统的名称。

快捷菜单通过在“机构树”或图形窗口中用鼠标右键单击某个带和滑轮系统来弹出，其命令和具体说明见表 6–2–1。

表 6–2–1 “带”选项卡中快捷菜单的命令和具体说明

命令	具体说明
带平面	选择一个平面曲面或基准平面以敷设带
滑轮选择	选择用于敷设带的滑轮参考
清除	清除参考收集器

4.“回放”工具

使用“回放”工具可查看机构中零件间的干涉情况、将分析的不同部分组合成一段影片、显示力和扭矩对机构的影响，以及在分析期间跟踪测量的值。每次机构分析运行的结果被另存为独立的回放文件并可以在其他会话中运行，文件扩展名为 .pbk。Creo 可将回放结果集捕捉为 AVI 文件、MPEG 文件、JPEG 文件、TIFF 文件或 BMP 文件，也可保存运动包络，捕捉机构在分析期间所扫描的体积块的表示。这些设置均在“回放”对话框中进行操作，如图 6–2–4 所示。

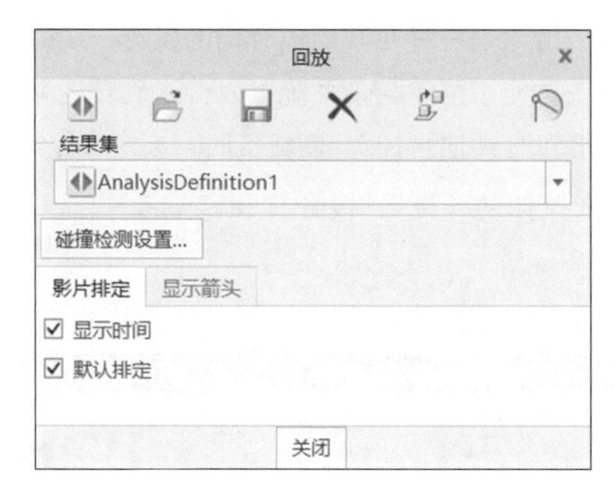

图 6–2–4 “回放”对话框

“回放”对话框包含“回放”“恢复”“保存”“移除”“导出”和“运动包络”六个按钮，具体说明见表 6–2–2。

表 6–2–2 “回放”对话框中按钮的具体说明

按钮	图标	具体说明
回放		播放当前结果集并打开“动画”对话框，控制回放速度和方向
恢复		从磁盘恢复结果集
保存		将当前结果集保存到磁盘上
移除		从会话中移除当前结果集
导出		将结果导出到 *.FRA 文件
运动包络		创建运动包络，选择结果集后显示

提示

“动画”对话框中的各选项均能控制测量跟踪线。例如，要在分析中对特定点的测量进行取样，可单击“停止”按钮■停止回放，并将指针移动到跟踪线位置，系统会弹出包含有关测量值的信息。

除此之外，“回放”对话框中的“结果集”选项可以在当前会话中显示分析结果和已保存的回放文件。单击“碰撞检测设置”按钮，系统弹出“碰撞检测设置”对话框，可指定结果集回放中是否包含碰撞检测，包含全局还是部分以及回放如何提示碰撞检测，如图 6-2-5 所示。“回放”对话框中的“影片排定”选项卡可为回放指定开始时间和终止时间；“显示箭头”选项卡可选择测量和输入载荷，在回放期间，Creo 将选定测量和载荷以三维箭头显示。

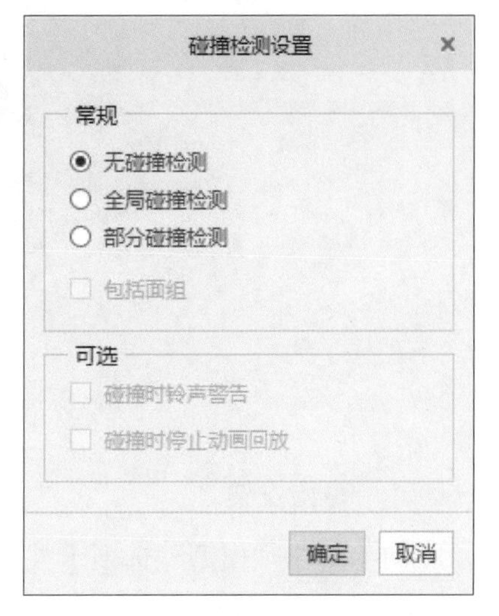

图 6-2-5 “碰撞检测设置”对话框

1. 启动 Creo 8.0

双击桌面上的“Creo Parametric 8.0”快捷方式图标，启动 Creo 8.0。

2. 修改工作目录，新建装配文件

（1）单击“主页”选项卡“数据”组中的“选择工作目录”按钮，修改工作目录至组装元件所在文件夹。

（2）单击“主页”选项卡“数据”组中的“新建”按钮，系统弹出“新建”对话框，将类型选为“装配”、子类型选为“设计”、“文件名”改为“轮系”，并取消勾选“使用默认模板”复选框，单击“确定”按钮，系统弹出“新文件选项”对话框，在“模板”列表框中选择“mmns_asm_design_abs”模板，单击“确定”按钮，完成装配文件“轮系”的创建。

（3）单击“视图”选项卡“显示”组中的“平面显示”按钮、“坐标系显示”按钮和“旋转中心”按钮，隐藏基准平面、坐标系和旋转中心。

3. 固定底板

（1）单击“模型”选项卡“元件”组中的“组装”按钮，打开“底板”文件，

将元件添加到轮系装配文件中，“元件放置”选项卡同时打开。

（2）使用拖动器调节底板的默认方向，并选择连接类型为“用户定义”、约束类型为“固定”，不对其他参数进行设置。

（3）单击“元件放置”选项卡中的“确定”按钮 ✓，完成底板的固定，结果如图 6-2-6 所示。

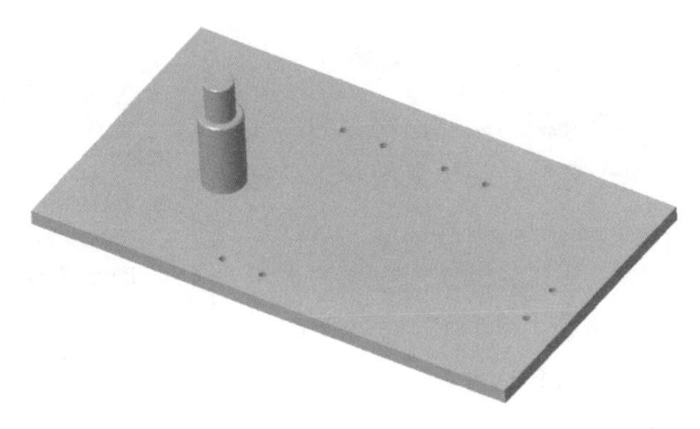

图 6-2-6 完成底板的固定

4. 安装支架

（1）单击“模型”选项卡“元件”组中的“组装”按钮 ，打开“支架”文件，将元件添加到轮系装配文件中，“元件放置”选项卡同时打开。

（2）选择连接类型为“ 刚性”，选择约束类型为“居中”，先后选择支架任意一个安装孔与底板对应装配孔的内圆柱面，完成第一对定位孔的同轴。单击“放置”子选项卡收集区的“新建约束”按钮，选择约束类型为“居中”，先后选择支架另一个安装孔与底板对应装配孔的内圆柱面，并配合“反向”按钮调整支架的约束方向，完成第二对定位孔的同轴，结果如图 6-2-7 所示。

（3）单击“放置”子选项卡收集区的“新建约束”按钮，选择约束类型为“重合”，先后选择支架底面与底板顶面，完成第一个支架的安装，结果如图 6-2-8 所示。

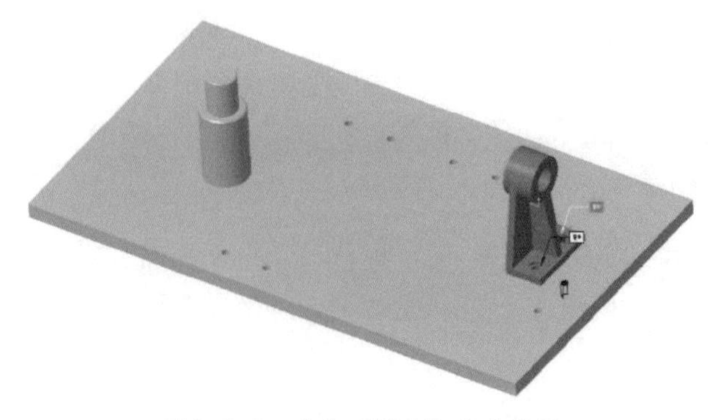

图 6-2-7 支架“居中”约束设置

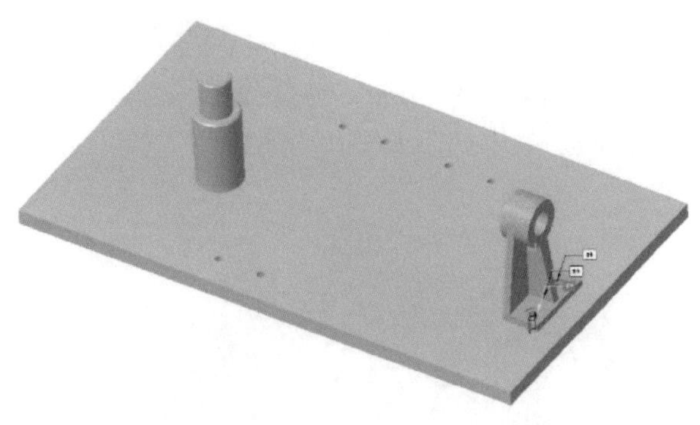

图 6-2-8　支架“重合”约束设置

（4）采用同样方法完成剩余三个支架的安装，结果如图 6-2-9 所示。

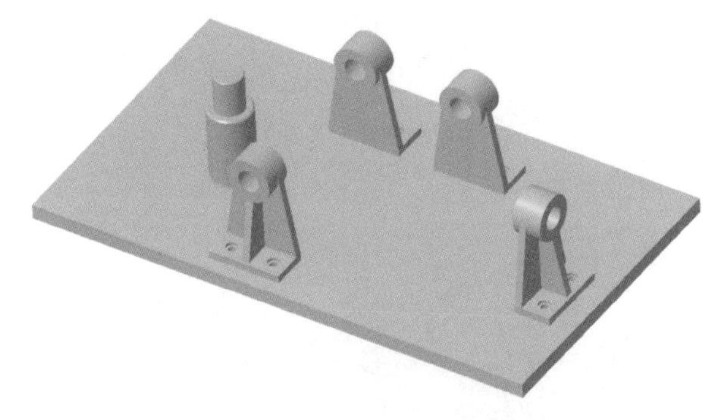

图 6-2-9　完成所有支架的安装

5. 定义小锥齿轮轴、传动轴、蜗杆与对应支架的连接

（1）单击“模型”选项卡“元件”组中的“组装”按钮，打开“小锥齿轮轴”文件，将元件添加到轮系装配文件中，“元件放置”选项卡同时打开。

（2）选择连接类型为“销”，单击“放置”子选项卡收集区的“轴对齐”下方收集器，先后选择小锥齿轮轴外圆柱面和对应支架的内圆柱面，默认约束类型为“重合”，结果如图 6-2-10 所示。

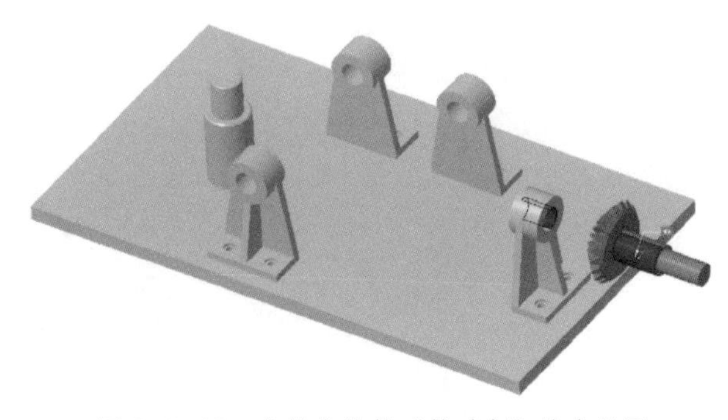

图 6-2-10　小锥齿轮轴“轴对齐”约束设置

（3）单击“放置”子选项卡收集区的“平移”下方收集器，先后选择小锥齿轮轴的安装台阶面和对应支架与之接触的端面，选择约束类型为“重合”，并通过“反向”按钮调整小锥齿轮轴的方向，结果如图 6-2-11 所示。

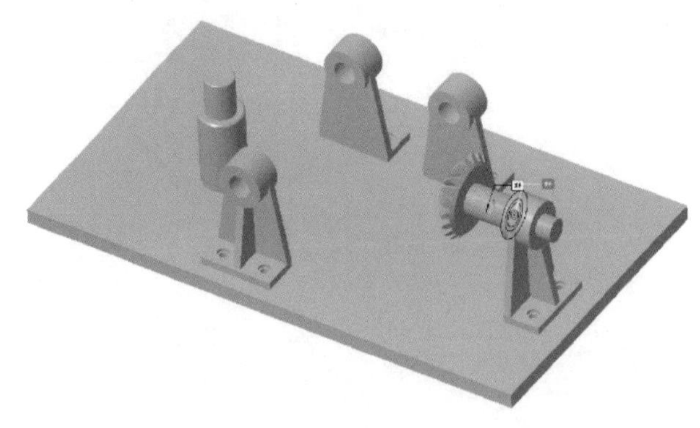

图 6-2-11　小锥齿轮轴“平移”约束设置

（4）单击“元件放置”选项卡中的“确定”按钮 ✓，完成小锥齿轮轴与支架的连接，结果如图 6-2-12 所示。

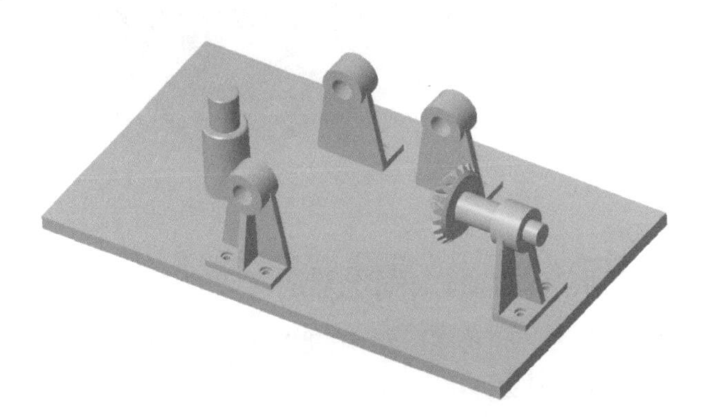

图 6-2-12　完成小锥齿轮轴与支架的连接

（5）采用同样方法完成传动轴、蜗杆与对应支架的连接，结果如图 6-2-13 所示。

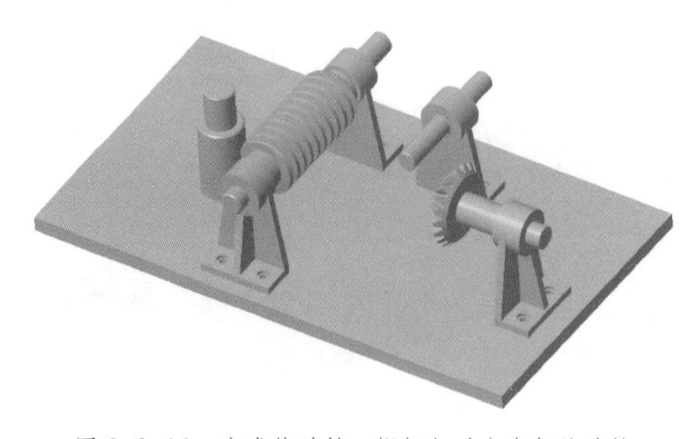

图 6-2-13　完成传动轴、蜗杆与对应支架的连接

6. 安装大锥齿轮和一对直齿圆柱齿轮

（1）单击“模型”选项卡“元件”组中的“组装”按钮 ，打开“大锥齿轮”文件，将元件添加到轮系装配文件中，“元件放置”选项卡同时打开。

（2）选择连接类型为“ 刚性”，选择约束类型为“居中”，先后选择大锥齿轮的内圆柱面与传动轴安装侧的外圆柱面，再单击“放置”子选项卡收集区的“新建约束”按钮，选择约束类型为“重合”，先后选择大锥齿轮和传动轴的重合平面，并配合“反向”按钮调整大锥齿轮的约束方向，完成大锥齿轮的安装，结果如图 6-2-14 所示。

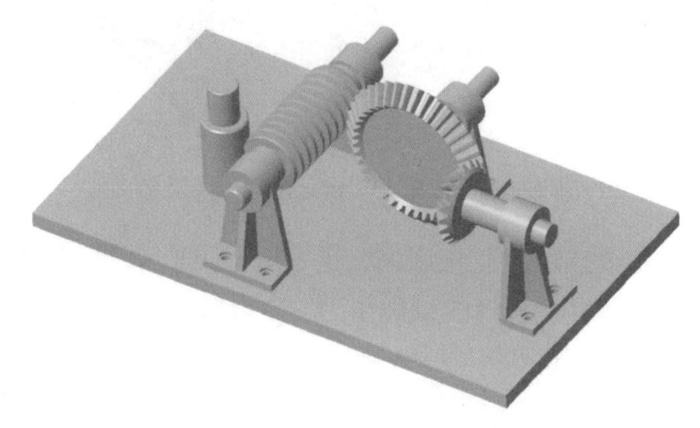

图 6-2-14　完成大锥齿轮的安装

（3）采用同样方法完成剩余一对直齿圆柱齿轮的安装，结果如图 6-2-15 所示。

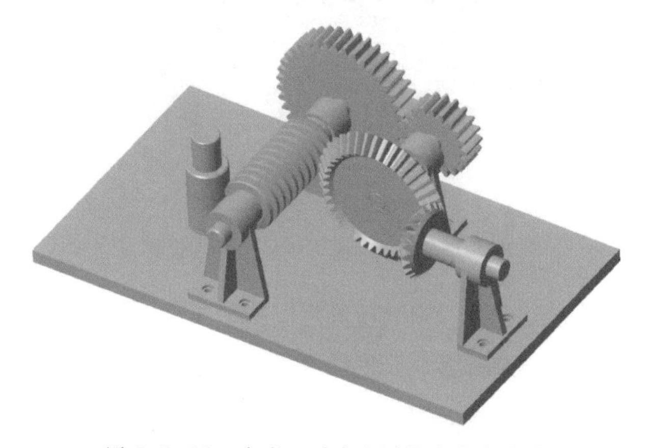

图 6-2-15　完成一对直齿圆柱齿轮的安装

7. 定义轮盘与底板的连接

（1）单击“模型”选项卡“元件”组中的“组装”按钮 ，打开“轮盘”文件，将元件添加到轮系装配文件中，“元件放置”选项卡同时打开。

（2）选择连接类型为“ 销”，单击“放置”子选项卡收集区的“轴对齐”下方收集器，先后选择轮盘内圆柱面和底板凸出轴的外圆柱面，默认约束类型为“重合”，结果如图 6–2–16 所示。

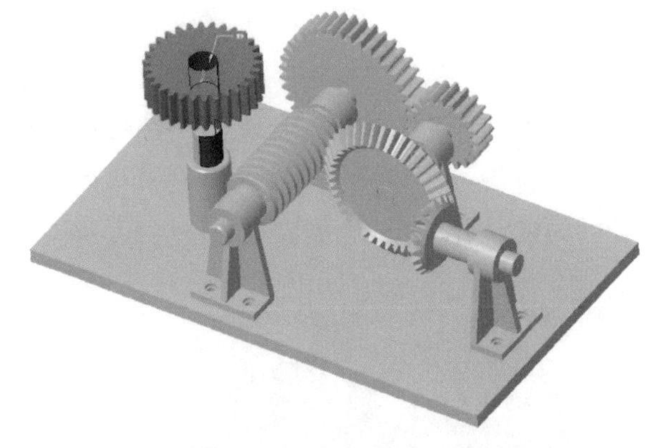

图 6-2-16　轮盘“轴对齐”约束设置

（3）单击“放置”子选项卡收集区的“平移”下方收集器，先后选择轮盘的端面和底板凸出轴的安装台阶面，选择约束类型为“重合”，并通过“反向”按钮调整轮盘的方向，结果如图 6–2–17 所示。

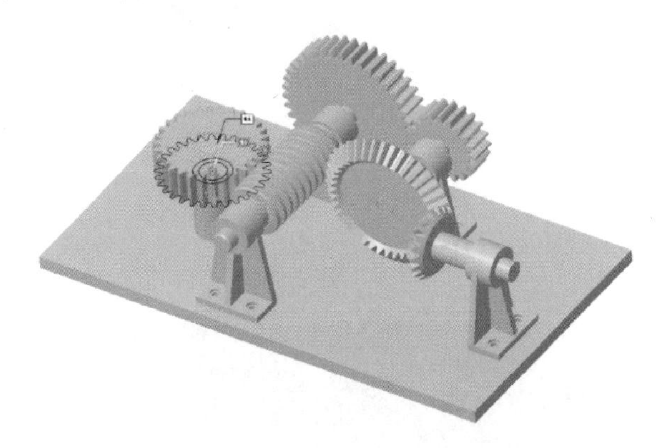

图 6-2-17　轮盘“平移”约束设置

（4）单击“元件放置”选项卡中的“确定”按钮 ✓，完成蜗轮与底板的连接。

（5）应用“外观”工具编辑各个元件的外观，结果如图 6–2–1 所示。

8. 运动仿真分析

（1）单击“应用程序”选项卡“运动”组中的“机构”按钮，“机构”选项卡随即打开。

（2）定义锥齿轮连接：单击“机构”选项卡“连接”组中的“齿轮”按钮，系统弹出“齿轮副定义”对话框，设置参数如图 6–2–18 所示，选择小锥齿轮轴的中心轴为齿轮 1 的运动轴，选择大锥齿轮的中心轴为齿轮 2 的运动轴，并在“属性”选项卡中选择传动比类型为“用户定义”，输入 D_1 为 50、D_2 为 100，如图 6–2–19 所示。单击“确定”按钮，完成锥齿轮副连接的定义，轮系中会显示齿轮连接符号，如图 6-2-20 所示。

（3）定义直齿圆柱齿轮连接：单击“机构”选项卡“连接”组中的“齿轮”按钮，系统弹出“齿轮副定义”对话框，设置齿轮副类型为“一般”，选择小直齿圆柱齿轮的中心轴为齿轮 1 的运动轴，设置节圆直径为“50”；选择大直齿圆柱齿轮的中心轴为齿轮 2 的运动轴，设置节圆直径为“100”。单击“确定”按钮，完成直齿圆柱齿轮副连接的定义，结果如图 6-2-21 所示。

（4）定义蜗轮蜗杆传动连接：单击“机构”选项卡“连接”组中的“齿轮”按钮，系统弹出“齿轮副定义”对话框，设置齿轮副类型为“蜗轮”，选择蜗杆的中心轴为蜗轮的运动轴，设置节圆直径为“34”；选择轮盘的中心轴为轮盘的运动轴，自动生成节圆直径。单击“确定”按钮，完成蜗轮蜗杆传动连接的定义，结果如图 6-2-22 所示。

图 6-2-18　选择齿轮副的类型和运动轴

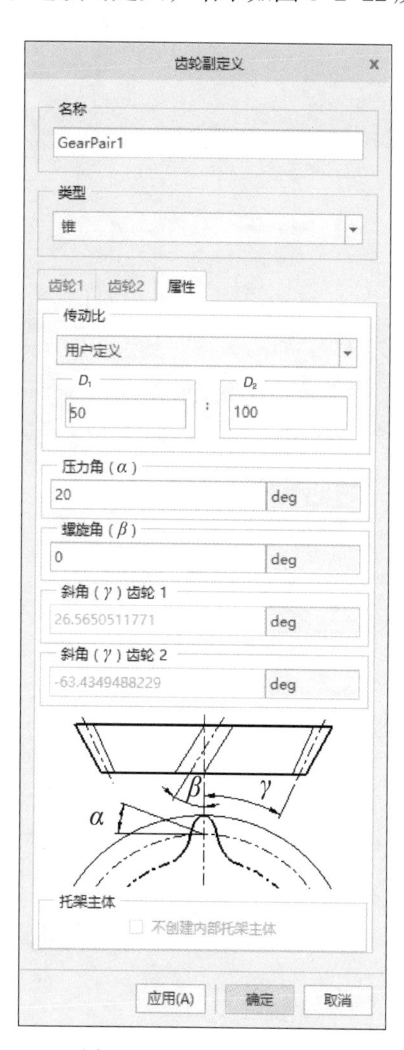

图 6-2-19　设置传动比

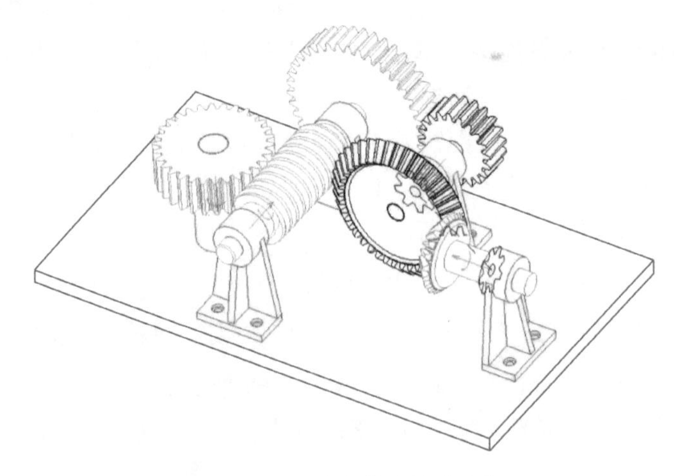

图 6-2-20　完成锥齿轮副连接

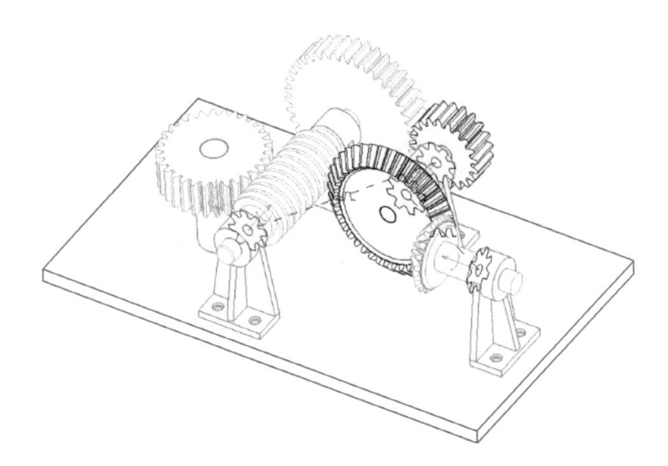

图 6-2-21　完成直齿圆柱齿轮副连接

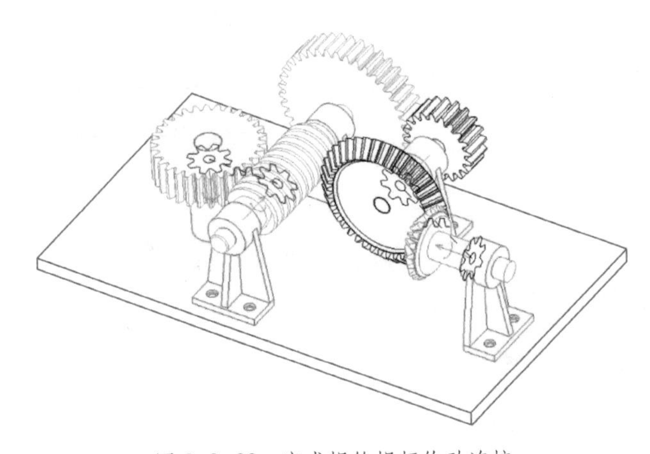

图 6-2-22　完成蜗轮蜗杆传动连接

（5）定义伺服电动机：单击“机构”选项卡“插入”组中的“伺服电动机”按钮，“电动机”选项卡随即打开。选择小锥齿轮轴的旋转轴作为电动机驱动的连接轴。单击“配置文件详情”子选项卡，设置参数如图 6–2–23 所示。

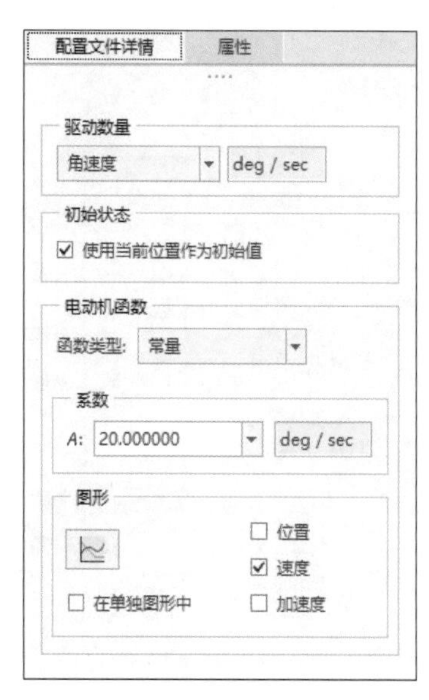

图 6–2–23　设置“配置文件详情”

单击“电动机”选项卡中的“确定”按钮，完成伺服电动机的定义。

（6）进行机构分析：单击“机构”选项卡“分析”组中的“机构分析”按钮，系统弹出“分析定义”对话框，选择分析类型为“运动学”，设置结束时间为“20”，其他参数默认不修改，单击“运行”按钮，轮系开始仿真运动，运动结束后，单击“确定”按钮，完成机构分析。

（7）导出运动动画：单击“机构”选项卡“分析”组中的“回放”按钮，系统弹出“回放”对话框，如图 6–2–24 所示。单击该对话框中的“回放”按钮，系统弹出“动画”对话框，如图 6–2–25 所示。

图 6–2–24　“回放”对话框

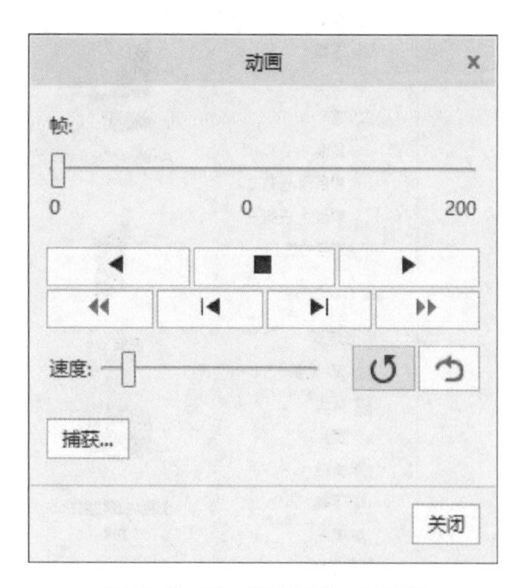

图 6–2–25　“动画”对话框

单击“捕获”按钮，系统弹出“捕获”对话框，设置参数如图 6–2–26 所示，单击“确定”按钮，轮系开始运动，并导出运动动画至工作目录，如图 6–2–27 所示。

捕获
文件名: 轮系.avi 浏览
格式: AVI
分辨率: 640 X 325 1920 x1368
质量
渲染帧 设置
帧频: 25 帧/秒
压缩: 未压缩
确定 取消

图 6-2-26 “捕获”对话框

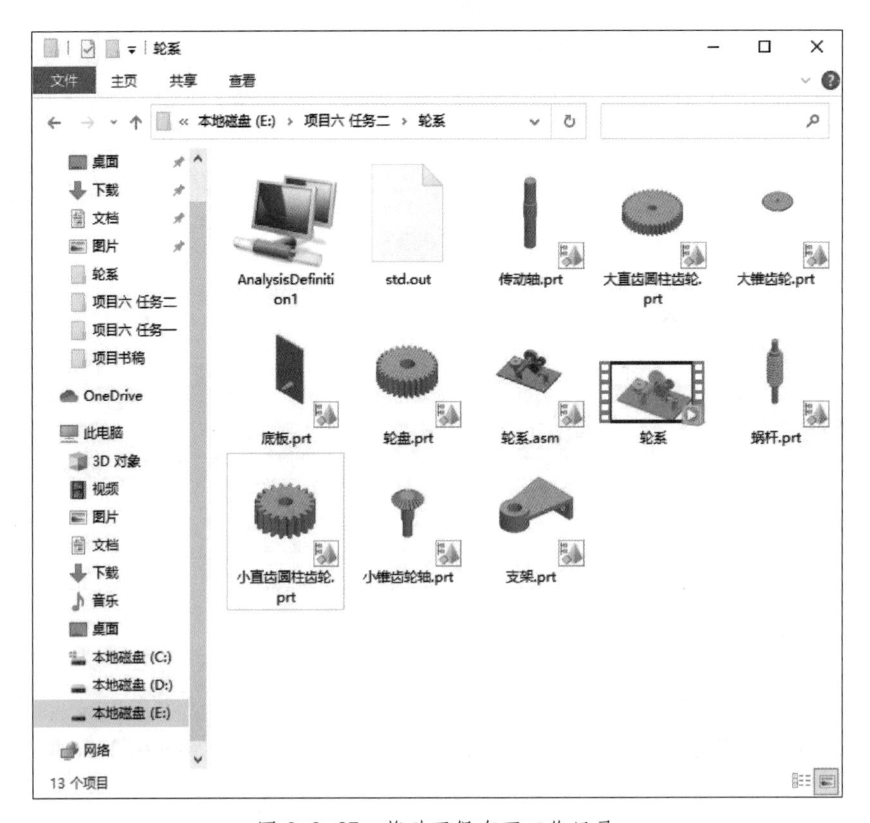

图 6-2-27 将动画保存至工作目录

提示

如果需要提高导出动画的渲染效果，可选中“捕获”对话框中的“渲染帧”复选框，单击其右侧的“设置”按钮，系统弹出“帧渲染设置”对话框，如图 6–2–28 所示，设置渲染最大样本数或最长时间后，单击“确定”按钮返回“捕获”对话框，其他操作步骤相同。

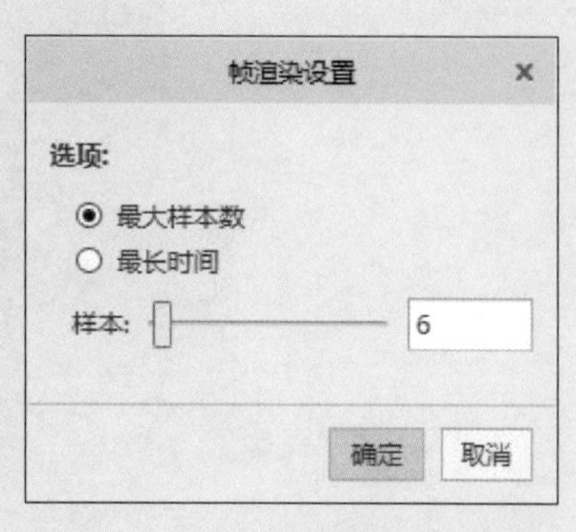

图 6–2–28 “帧渲染设置”对话框

（8）保存分析结果：单击“机构树”中的分析结果选项 AnalysisDefinition1，系统弹出快捷菜单，单击“保存”按钮，完成分析结果的保存。

（9）退出机构模式：单击“机构”选项卡“关闭”组中的“关闭”按钮，关闭“机构”选项卡。

9. 保存装配文件，并退出 Creo 8.0 软件

单击快速访问工具栏中的“保存”按钮，系统弹出“保存对象”对话框，单击“确定”按钮，完成文件的保存。

单击软件界面右上角的“关闭”按钮，退出 Creo 8.0 软件。

至此，轮系的运动仿真完成。

完成图 6–2–29 所示减速箱的运动仿真，已知黄色齿轮轴为主动轴，转速为 40 deg/s，第一级传动比率为 0.3，第二级传动比率为 0.4，测量输出轴的转速，并导出仿真运动动画。

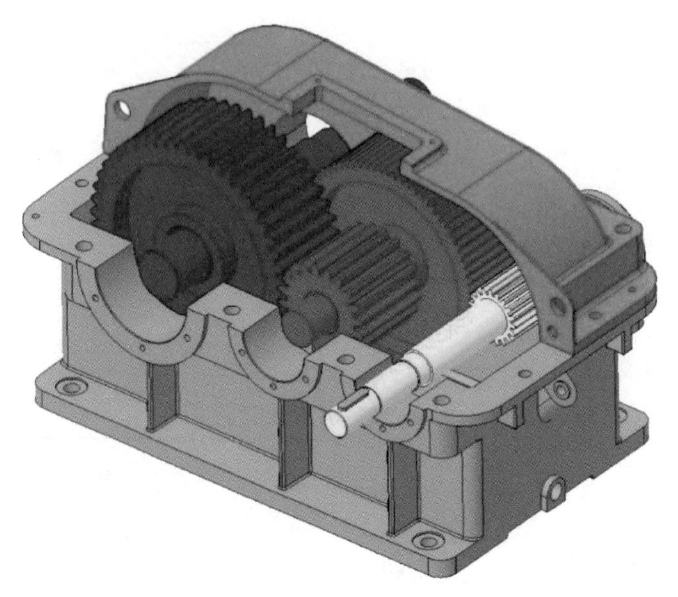

图 6-2-29　减速箱

任务 3　仿真间歇槽轮机构的运动

1. 能创建骨架模型。
2. 能完成“凸轮”连接的定义。
3. 能测量槽轮的旋转速度，并生成图表。

除了齿轮副外，凸轮机构也是常用的高副机构。凸轮机构可以准确实现各种复杂的运动要求，结构简单、紧凑，只要适当地设计凸轮的轮廓曲线，就可以得到各种预期的运动规律。

本任务通过仿真图 6-3-1 所示间歇槽轮机构的运动，学习骨架模型创建的方法，选择“凸轮”连接正确定义拨盘和槽轮的关系，分析仿真运动结果，并测量槽轮的旋转速度，以更加直观地看出间歇启停的运动效果。

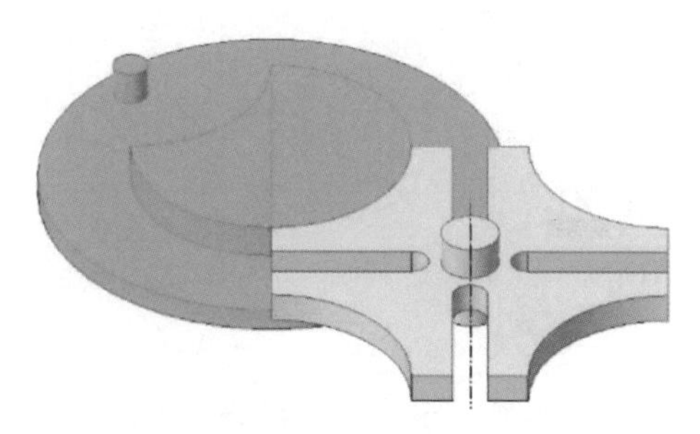

图 6-3-1　间歇槽轮机构

1. 骨架模型

骨架模型是预先确定的元件结构框架，共有两种类型：标准骨架模型和运动骨架模型。标准骨架是为了定义装配中某一元件的设计目的而创建的零件，可使用曲线、曲面以及基准特征来创建，也可包括实体几何。在设计流程开始时创建骨架模型可以用来定义间距、几何、元件放置、连接和机构。不管在创建其他元件之前还是之后创建或插入标准骨架，系统均会将新创建的骨架作为第一个元件插入。运动骨架模型是包含设计骨架和主体骨架的子装配。

骨架模型可在设计过程中的任何时候创建，且只能在装配中创建。放置在装配中并通过它传播的骨架模型可独立于该装配开发，且可随时将其无缝地插入，也可将重要的设计信息从一个子系统或装配传递至另一个子系统或装配。

创建骨架模型前，需考虑以下重要事项：

（1）在装配中只能创建或插入一个运动骨架。

（2）将“multiple_skeletons_allowed”配置选项设置为“yes”时，装配中可以创建多个标准骨架。

（3）骨架模型与其他任何装配元件相似，具有特征、层、关系、视图、刚性主体等。

（4）外部参考控制设置可用于仅在骨架模型中限制几何和装配放置参考。

（5）“零件”和“装配”模式中提供的所有简化表示功能对于骨架模型而言均可用。

创建标准骨架模型时，系统会弹出“创建选项”对话框，如图 6-3-2 所示，该对话框中提供了三种创建方法，其具体说明见表 6-3-1。

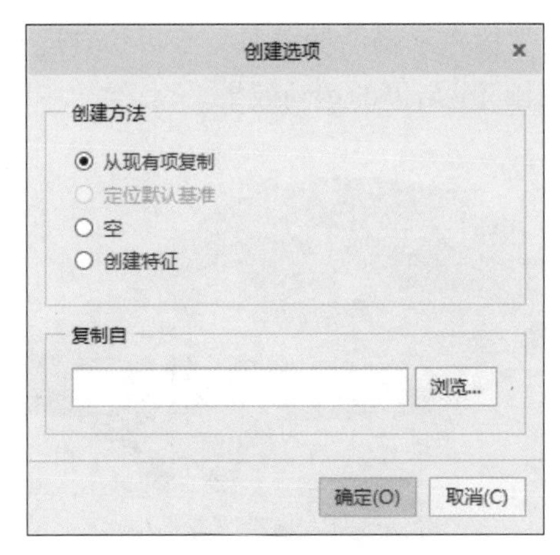

图 6-3-2 “创建选项”对话框

表 6-3-1 标准骨架模型创建的三种方法

创建方法	具体说明
从现有项复制	从现有零件复制骨架零件，可单击“浏览”按钮选择要复制的零件
空	创建无几何的骨架零件，并在创建骨架零件后添加几何
创建特征	创建无几何的骨架零件。退出该对话框后，骨架零件会处于活动状态

2. “凸轮”连接

通过在两个刚性主体上指定曲面或曲线来定义凸轮从动机构连接，不必在创建凸轮从动机构连接前定义特定的凸轮几何。

定义和使用凸轮从动机构连接时，需要注意以下几点：

（1）可在拖动操作中使用凸轮从动机构。

（2）Creo 将凸轮定义为在拉伸方向上无限延伸。

（3）凸轮从动机构连接不会防止凸轮倾斜，必须对某一零件增加附加接头来防止倾斜。

（4）每个凸轮只能有一个从动机构。如果要为一个具有多个从动机构的凸轮建模，必须为每个新的连接副定义新的凸轮从动机构连接，必要时可为各连接的其中一个凸轮选择相同的几何。

“凸轮”连接的对象选择和属性设置均在“凸轮从动机构连接定义”对话框中进行。“凸轮从动机构连接定义”对话框包含“名称”编辑框和“凸轮 1”“凸轮 2”“属性”选项卡，如图 6-3-3 所示。从图 6-3-3 中可以看出，“凸轮 1”选项卡可选择凸轮 1 的曲面 / 曲线，选择深度显示设置的类型和相关参考，并输入深度值。“凸轮 2”选项卡与“凸轮 1”选项卡相同，但若凸轮 1 未完成定义，“凸轮 2”选项卡无法打开，且系统弹出“信息”对话框，如图 6–3–4 所示。

图 6–3–3 所示对话框中的“属性”选项卡可设置是否“启用升离”“启用摩擦”和选择凸轮曲线“平滑化”，如图 6–3–5 所示。选中“启用升离”复选框后，允许凸轮 1 和凸轮 2 在拖动操作或分析运行过程中分离及碰撞，碰撞时不会互相穿插，并可定义凸轮从动机构连接的恢复系数 e。恢复系数 e 决定能量损失，这一损失由凸轮分离后再相互碰撞的冲击产生。如果不勾选“启用升离”复选框，凸轮 1 和凸轮 2 将保持接触。

图 6–3–3 “凸轮从动机构连接定义”对话框

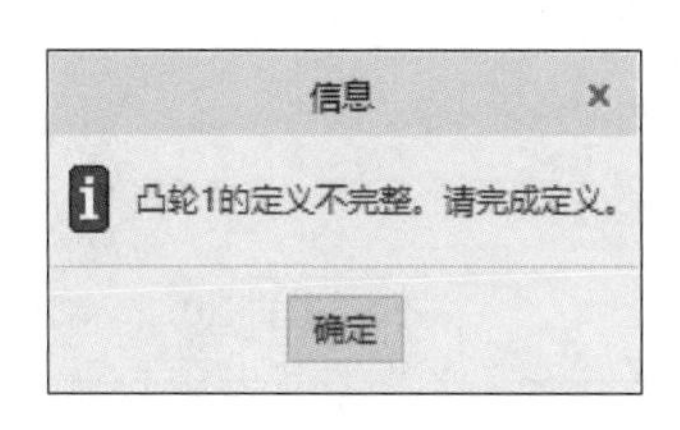

图 6–3–4 “信息”对话框

图 6–3–5 “属性”选项卡

1. 启动 Creo 8.0

双击桌面上的“Creo Parametric 8.0”快捷方式图标，启动 Creo 8.0。

2. 修改工作目录，新建装配文件

（1）单击“主页”选项卡“数据”组中的“选择工作目录”按钮，修改工作目录至组装元件所在文件夹。

（2）单击“主页”选项卡“数据”组中的“新建”按钮，系统弹出“新建”对话框，将类型选为“装配”、子类型选为“设计”、“文件名”改为“间歇槽轮机构”，并取消勾选“使用默认模板”复选框，单击“确定”按钮，系统弹出“新文件选项”对话框，在“模板”列表框中选择“mmns_asm_design_abs”模板，单击“确定”按钮，完成装配文件“间歇槽轮机构”的创建。

（3）单击“视图”选项卡“显示”组中的“坐标系显示”按钮和“旋转中心”按钮，隐藏坐标系和旋转中心。单击“视图”选项卡“显示”组中的“平面标记显示”按钮，显示平面标记。

3. 创建骨架模型

（1）单击“模型”选项卡“元件”组中的“创建”按钮，系统弹出“创建元件”对话框，设置参数如图 6-3-6 所示，单击“确定”按钮，系统弹出“创建选项”对话框，按图 6-3-7 所示进行选择，单击“确定”按钮完成骨架模型的设置。

图 6-3-6 设置“创建元件”对话框

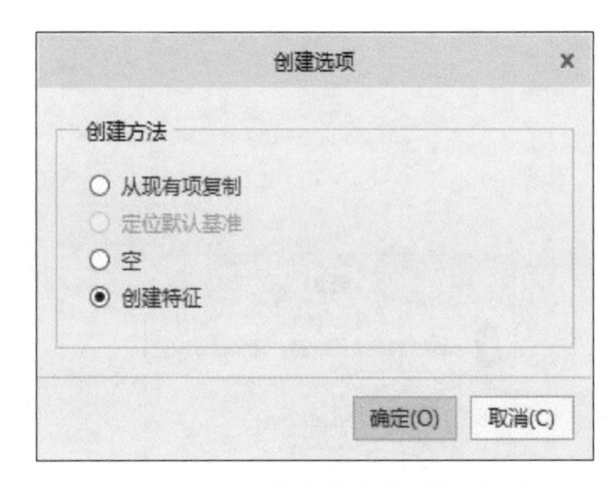

图 6-3-7 设置“创建选项”对话框

（2）单击“模型”选项卡“基准”组中的“轴”按钮 ，系统弹出“基准轴”对话框，在按住 Ctrl 键的同时选择基准平面 ASM_FRONT 和基准平面 ASM_RIGHT 作为参考，单击“确定”按钮，创建基准轴 1，如图 6-3-8 所示。

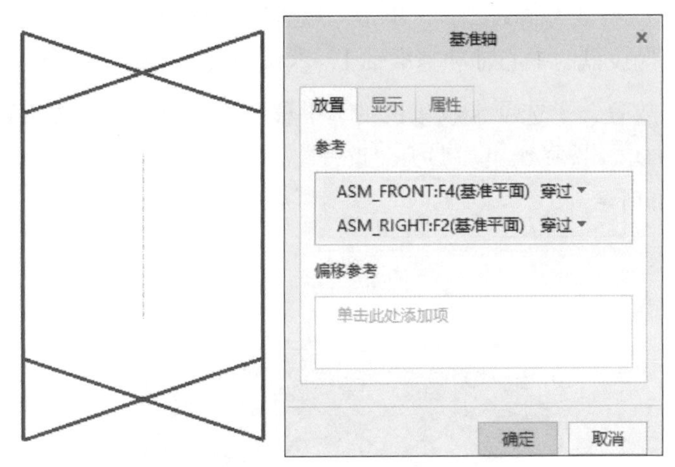

图 6-3-8　创建基准轴 1

（3）单击“模型”选项卡“基准”组中的“轴”按钮 ，系统弹出“基准轴”对话框，选择基准平面 ASM_TOP 作为参考，单击“偏移参考”下方收集器后，在按住 Ctrl 键的同时选择基准平面 ASM_FRONT 和基准平面 ASM_RIGHT 作为偏移参考，设置距离如图 6-3-9 所示，单击“确定”按钮，创建基准轴 2。

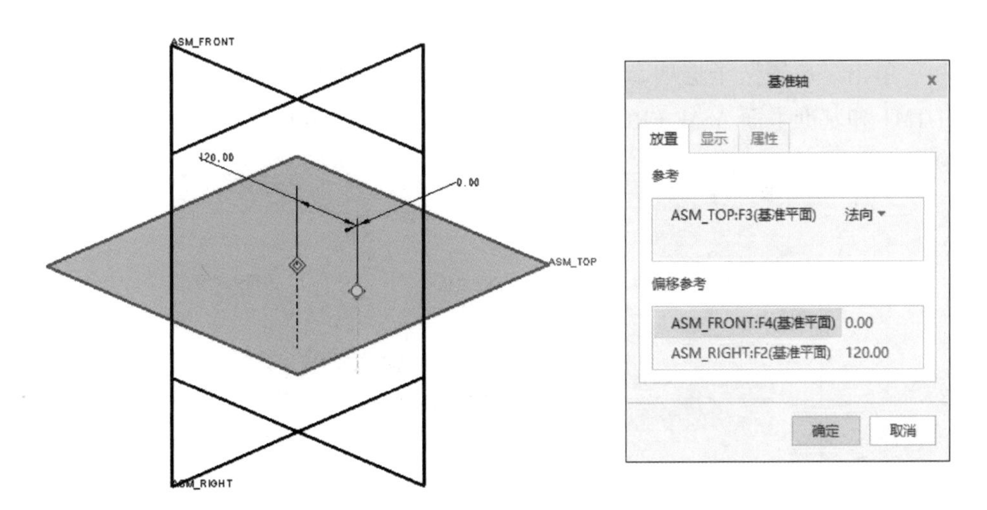

图 6-3-9　创建基准轴 2

（4）单击“视图”选项卡“窗口”组中的“激活”按钮 ，激活骨架模型。

4. 安装拨盘

（1）单击“模型”选项卡“元件”组中的“组装”按钮，打开“拨盘”文件，将元件添加到槽轮机构装配文件中，“元件放置”选项卡同时打开。

（2）选择连接类型为“销”，单击“放置”子选项卡收集区的“轴对齐”下方收集器，先后选择拨盘的中心轴和基准轴 1，默认约束类型为“重合”。

（3）单击“放置”子选项卡收集区的“平移”下方收集器，先后选择拨盘底面和基准平面 ASM_TOP，选择约束类型为“重合”，并通过“反向”按钮调整拨盘的方向，结果如图 6-3-10 所示。

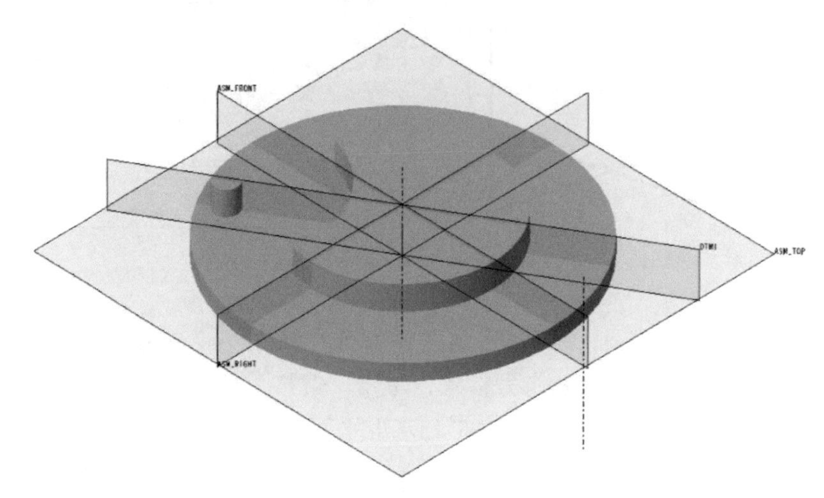

图 6-3-10　拨盘“轴对齐”“平移”约束设置

（4）单击“放置”子选项卡收集区的“旋转轴”下方收集器，先后选择拨盘基准平面 DTM1 和基准平面 ASM_FRONT，其他参数设置如图 6-3-11 所示。

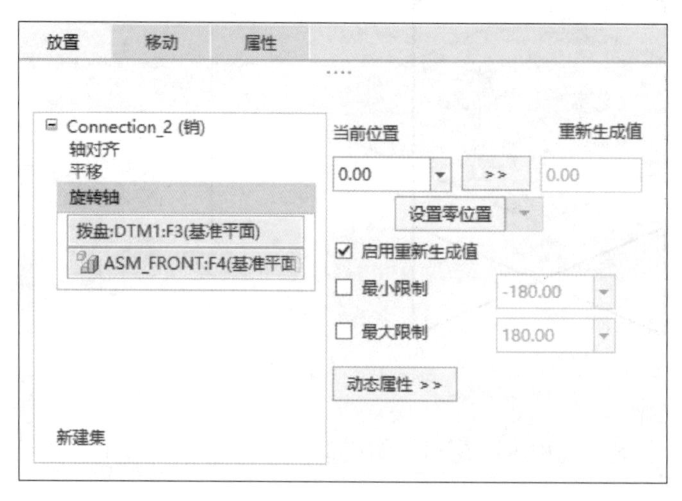

图 6-3-11　拨盘“旋转轴”约束参数设置

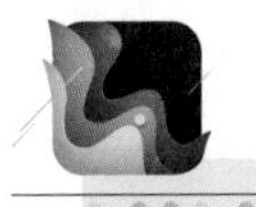

提示

拨盘中用到的基准轴和基准平面可在拨盘元件文件中提前创建好，以备安装时使用。

（5）单击“元件放置”选项卡中的“确定”按钮 ✓，完成拨盘的安装，结果如图 6-3-12 所示。

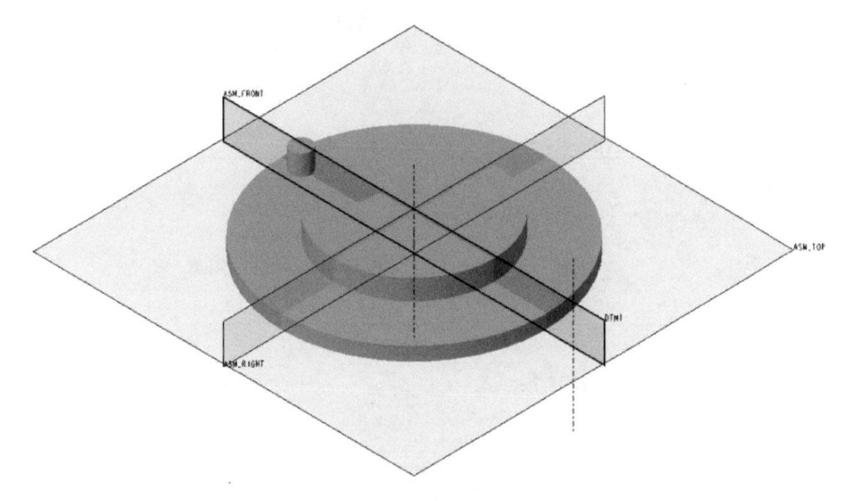

图 6-3-12　完成拨盘的安装

5. 安装槽轮

（1）单击“模型”选项卡“元件”组中的“组装”按钮，打开“槽轮”文件，将元件添加到槽轮机构装配文件中，“元件放置”选项卡同时打开。

（2）选择连接类型为“销”，单击“放置”子选项卡收集区的“轴对齐”下方收集器，先后选择槽轮的中心轴和基准轴 2，默认约束类型为“重合”。

（3）单击“放置”子选项卡收集区的“平移”下方收集器，先后选择槽轮中间圆柱短端的底面和基准平面 ASM_TOP，选择约束类型为“重合”，并通过“反向”按钮调整槽轮的方向，结果如图 6-3-13 所示。

（4）单击“放置”子选项卡收集区的“旋转轴”下方收集器，先后选择槽轮基准平面 DTM1 和基准平面 ASM_FRONT，其他参数设置如图 6-3-14a 所示。单击“设置零位置”按钮，当前位置的值刷新为“0”，如图 6-3-14b 所示。

（5）单击“元件放置”选项卡中的“确定”按钮 ✓，完成槽轮的安装。

（6）应用“外观”工具编辑各个元件的外观，并隐藏基准平面和平面标记，结果如图 6-3-1 所示。

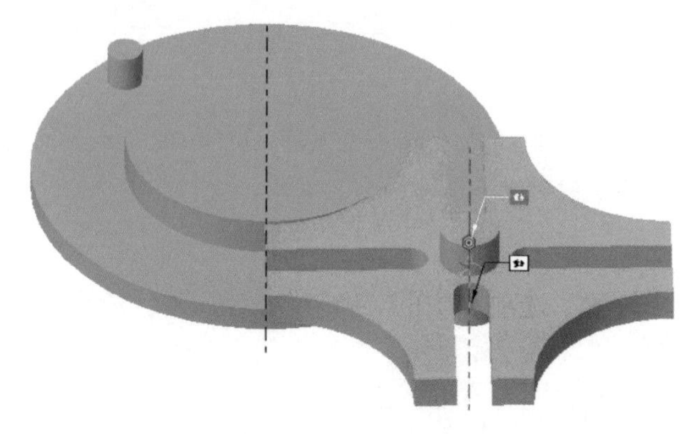

图 6-3-13 槽轮“轴对齐”“平移”约束设置

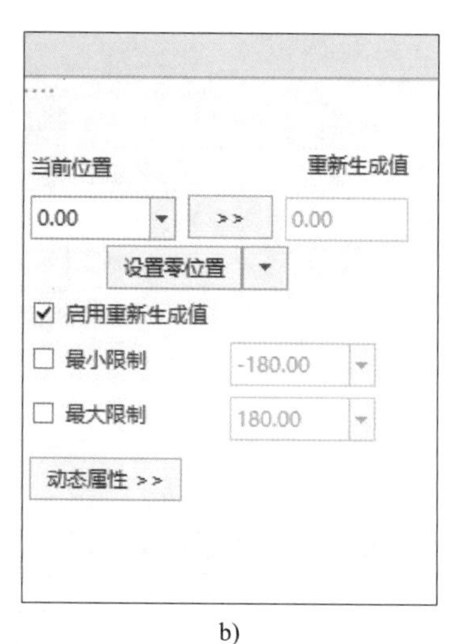

a)　　b)

图 6-3-14 槽轮“旋转轴”约束参数设置
a）设置当前位置为 45.00　b）设置零位置

6. 运动仿真分析

（1）单击“应用程序”选项卡“运动”组中的“机构”按钮 ，“机构”选项卡随即打开。

（2）定义凸轮连接：单击“机构”选项卡“连接”组中的“凸轮”按钮 ，系统弹出“凸轮从动机构连接定义”对话框。选中该对话框“凸轮 1”选项卡中的“自动选择”复选框，并单击“曲面 / 曲线”下方的选择箭头按钮 ，选择拨盘上圆销的圆柱面为凸轮 1 的连接曲面，如图 6-3-15 所示，单击鼠标中键确认。

选中该对话框“凸轮 2”选项卡中的“自动选择”复选框，并单击“曲面 / 曲线”下方的选择箭头按钮 ，选择槽轮周向所有曲面为凸轮 2 的连接曲面，如图 6-3-16 所示，单击鼠标中键确认。

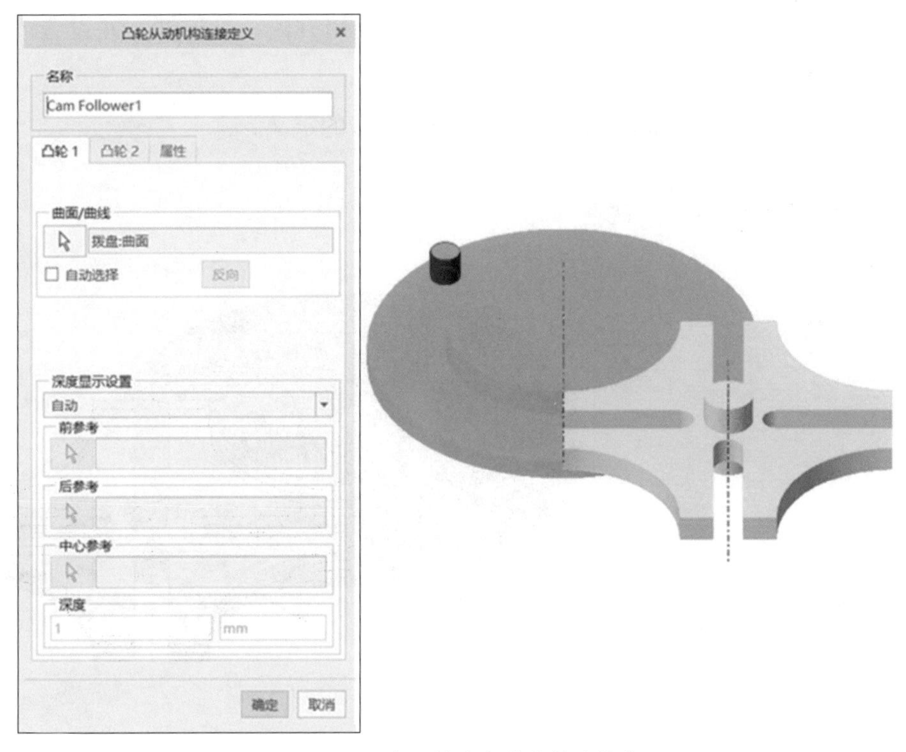

图 6-3-15　定义拨盘上的凸轮连接曲面

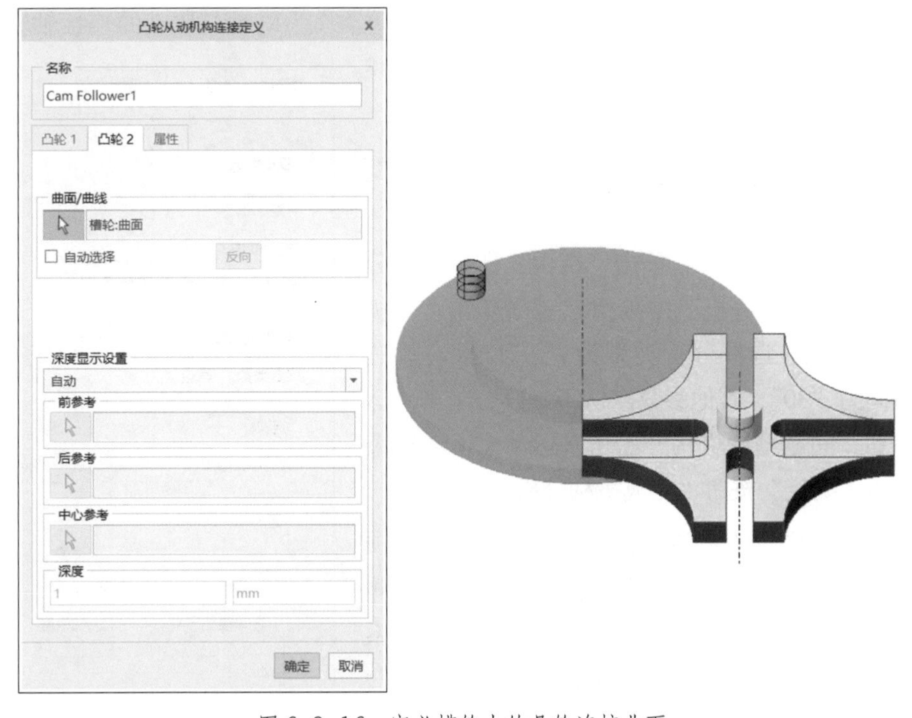

图 6-3-16　定义槽轮上的凸轮连接曲面

单击该对话框中的“属性”选项卡，选中“启用升离”复选框，并设置“e=1”，如图 6-3-17 所示。

单击该对话框中的“确定”按钮，完成凸轮连接的定义。

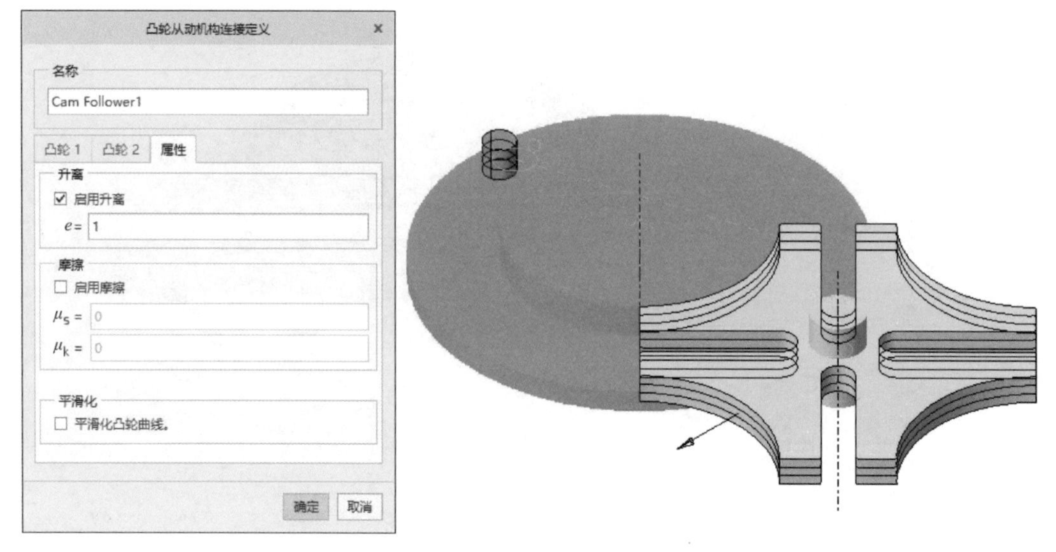

图 6-3-17 设置属性参数

（3）定义伺服电动机：单击“机构”选项卡“插入”组中的“伺服电动机”按钮，“电动机”选项卡随即打开。选择拨盘的旋转轴作为电动机驱动的连接轴。单击“配置文件详情”子选项卡，设置参数如图 6-3-18 所示。

单击“电动机”选项卡中的“确定”按钮，完成伺服电动机的定义。

（4）进行机构分析：单击“机构”选项卡“分析”组中的“机构分析”按钮，系统弹出“分析定义”对话框，选择分析类型为“运动学”，设置结束时间为“30”，其他参数默认不修改，单击“运行”按钮，间歇槽轮机构开始仿真运动，运动结束后，单击“确定”按钮，完成机构分析。

（5）测量槽轮的旋转速度：单击“机构”选项卡“分析”组中的“测量”按钮，系统弹出“测量结果”对话框。单击“创建新测量”按钮，系统弹出“测量定义”对话框，选择类型为“速度”，选取槽轮周边任一顶点为测量点，不对其他参数进

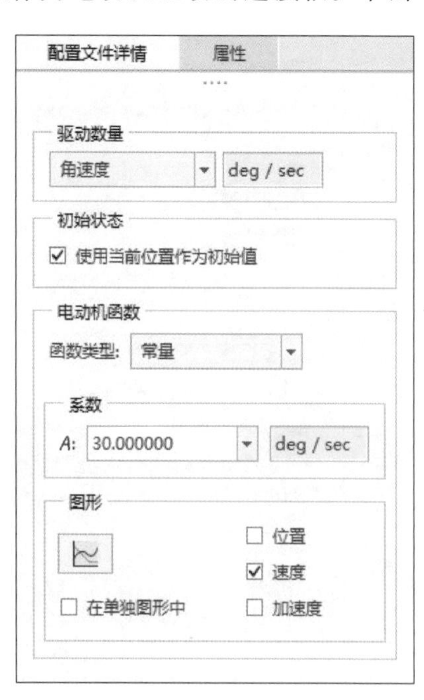

图 6-3-18 设置“配置文件详情”

行修改。单击“确定”按钮，返回“测量结果”对话框。

在“测量结果”对话框中先后选择“measure1”和“AnalysisDefinition1”选项，再单击“绘制图表”按钮，系统弹出“图表工具”对话框，显示测量结果如图 6-3-19 所示。

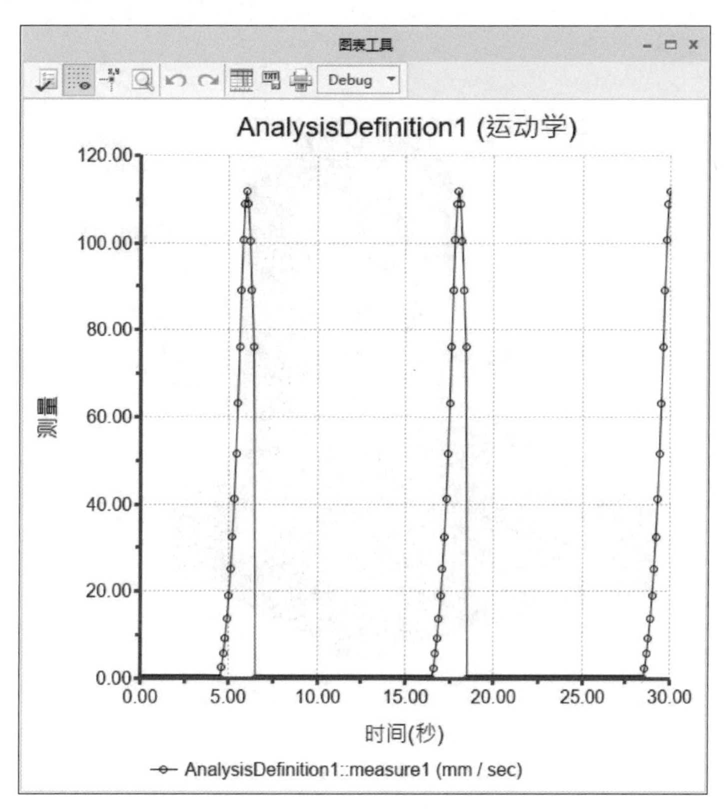

图 6-3-19　槽轮旋转速度图表

（6）保存分析结果：单击“机构树”中的分析结果选项 AnalysisDefinition1，系统弹出快捷菜单，单击“保存”按钮，完成分析结果的保存。

（7）退出机构模式：单击“机构”选项卡“关闭”组中的“关闭”按钮，关闭“机构”选项卡。

7. 保存装配文件，并退出 Creo 8.0 软件

单击快速访问工具栏中的“保存”按钮，系统弹出“保存对象”对话框，单击“确定”按钮，完成文件的保存。

单击软件界面右上角的“关闭”按钮，退出 Creo 8.0 软件。

至此，间歇槽轮机构的运动仿真完成。

巩固练习

完成图 6-3-20 所示摇杆机构的运动仿真，并测量摆轮的摆动速度，导出仿真运动动画。

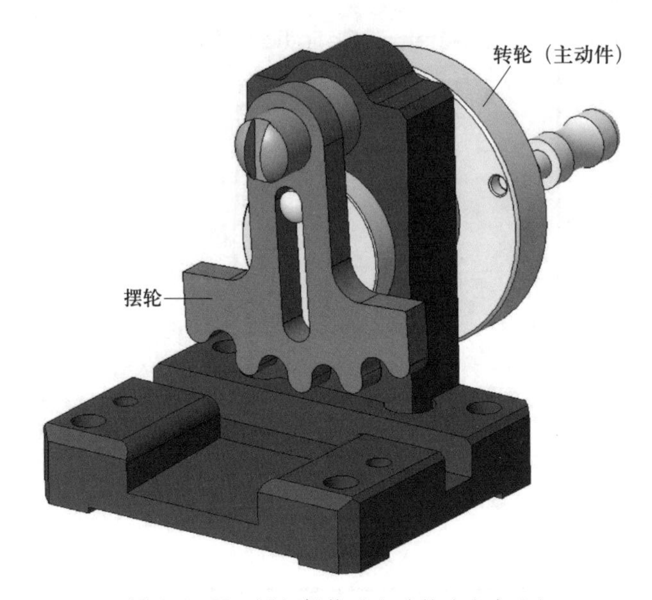

图 6-3-20　摇杆机构（主动转速自定义）

项目七
工程图绘制

设计人员完成零件、产品或设备的设计之后，需要通过工程图来与加工制造部门、质检部门等的技术人员进行交流，所以工程图也是设计中不可或缺的一部分。Creo Parametric 配备了强大的绘图模块，能够将三维实体模型或装配直接转换成二维工程图，并能自动标注尺寸、添加注释、支持多文档等，用户还可以根据自身需求自定义绘图布局、修改文本和符号形式等，个性化设置多样化。

本项目通过完成“绘制零件视图”“创建标注”“绘制装配工程图”等任务，认识“绘图”模块的工作界面，学习“绘图”模块的常用工具，练习基本视图、投影视图、剖面视图等各类表达视图的创建和编辑，能够正确标注尺寸、公差、注释等重要信息，并能创建装配图中零件的序号，插入明细表。

任务 1　绘制零件视图

1. 能新建、保存工程图文件。
2. 能创建基本视图和投影视图。
3. 能创建全剖、局部剖、局部放大等其他视图。
4. 能编辑视图。

任务描述

要采用二维工程图完整表达三维模型的形状，一般需要结合标准三视图、投影视图、剖视图、局部视图和辅助视图等。Creo“绘图”模块可将实体模型产品按 ANSI、ISO、JIS、DIN 标准生成用户所需的各种工程图。

本任务通过创建图 7-1-1 所示连接盖板的视图，学习新建绘图文件的流程，练习基本视图和投影视图的生成方法，并能对已有视图的比例、显示、截面等进行编辑，进一步演变成全剖视图、局部剖视图和局部放大图等其他视图，清晰全面地对连接盖板的各个部位进行表达。

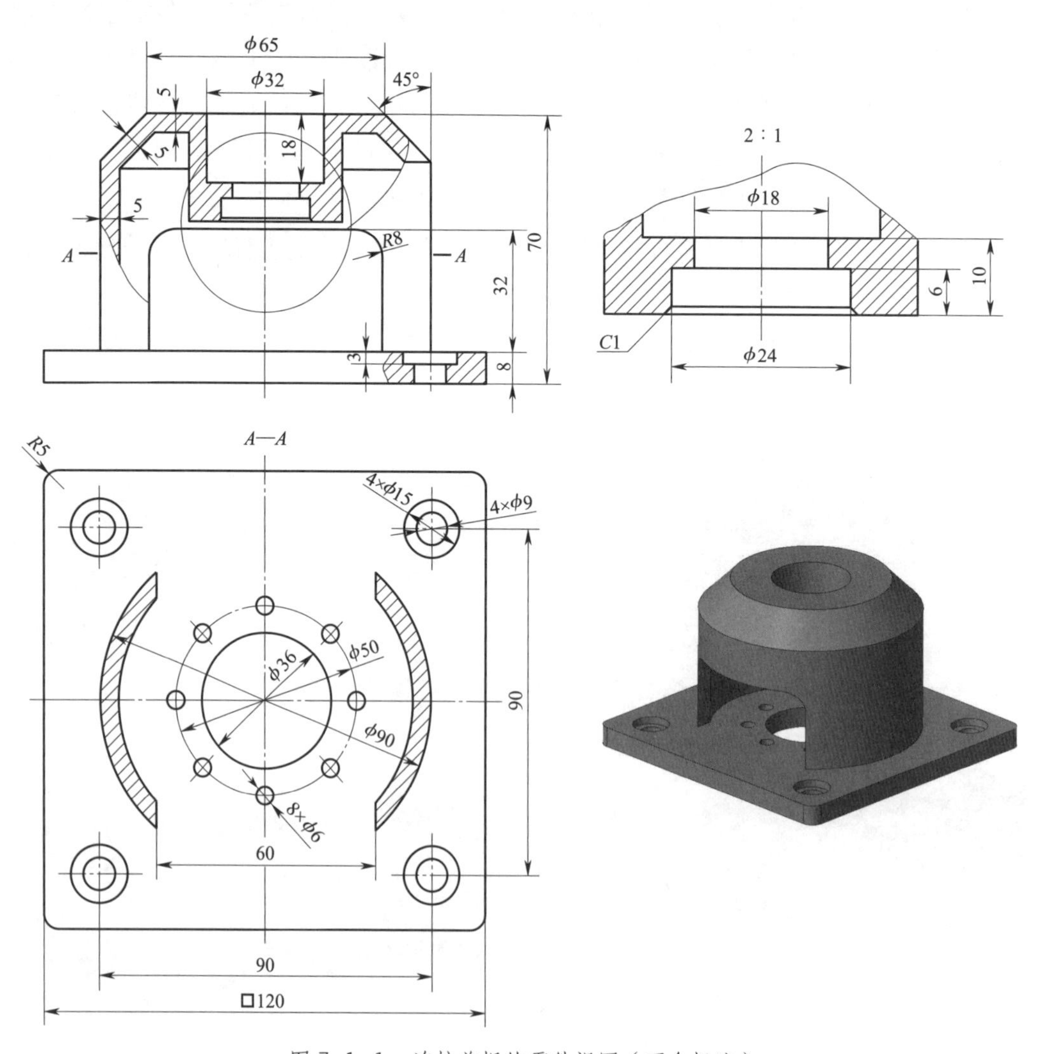

图 7-1-1　连接盖板的零件视图（不含标注）

1. “绘图”模块的功能和相关设置

Creo Parametric 中的“绘图”模块采用 Detail 模块来处理工程绘图。使用此模块可执行以下操作：

（1）创建所有零件、钣金件、装配或制造模式中的模型的绘图。

（2）将绘图文件导出到其他系统，或将文件导入“绘图”模块中。

（3）查看模型和绘图，并添加注释。

（4）处理尺寸，并利用层来管理不同项的显示。模型所做的任何更改都会反映在相应的绘图中。

（5）使用不同的视图类型。绘图中的所有视图都是关联的，如果在一个视图中更改了尺寸值，其他绘图视图会相应地更新。

（6）使用绘图中的多个页面。

（7）添加并修改不同种类的文本信息和符号信息。

（8）定义绘图操作的映射键。

（9）自定义带有草绘几何的工程绘图，创建自定义绘图格式，并对绘图进行多次修饰与更改。

（10）可在“模型树”“绘图树”或图形窗口中的任意位置使用快捷菜单来修改绘图中的对象。只要绘图窗口是活动的，就可以中断当前进程，激活要修改的绘图对象。

（11）使用 AutobuildZ 从 2D 绘图数据创建基于特征的 3D 参数化模型。可将 2D 绘图数据以任何支持的文件格式（如 DXF、DWG 和 IGES）导入 Creo Parametric 中。

用户在使用“绘图”模块时，可通过编辑详细信息选项、配置选项、模板和格式自定义绘图环境及绘图行为。例如，可预先确定某些特性，如尺寸和注解文本高度、文本方向、几何公差标准、字体属性、绘制标准和箭头长度等。

2. 绘图布局模板

在创建新绘图时可参考绘图模板。绘图模板能基于模板自动创建视图、设置所需视图显示、创建捕捉线和显示模型尺寸。

绘图模板包含三种创建新绘图的基本信息类型。第一种类型是构成绘图但不依赖绘图模型的基本信息，如注解、符号等。此信息会从模板复制到新绘图中。

第二种类型是用于配置绘图视图的指示及在该视图上执行的操作。该指示用于采用新绘图对象（模型）构建新绘图。

第三种类型是参数化注解。参数化注解是更新为新绘图参数和尺寸数值的注解。在实例化模板时，注解将重新解析或更新。

使用模板可完成定义视图的布局、设置视图显示、放置注解、放置符号、定义表格、创建捕捉线和显示尺寸等操作。

当创建不同类型的绘图时，用户可创建自定义的绘图模板。

3. 绘制零件工程图的一般步骤

绘制零件工程图一般包含以下步骤：

（1）新建绘图文件，确定三维模型，编辑图样的模板、大小和方向。

（2）修改绘图属性。

（3）创建视图，一般先创建常规视图为主视图，再创建投影视图。当部分细节无法表达清楚时，可创建剖视图、辅助视图等。

（4）创建标注，包含尺寸标注、尺寸公差标注、几何公差标注、表面粗糙度标注和注解等。

（5）保存绘图文件，便于后续输出或打印。

4. “绘图”模块的选项卡功能

在“绘图”模式下，Creo 8.0 提供了“布局”“表”“注释”“草绘”“继承迁移”“分析”“审阅”“工具”“视图”“框架”这十个选项卡，如图 7-1-2 所示。

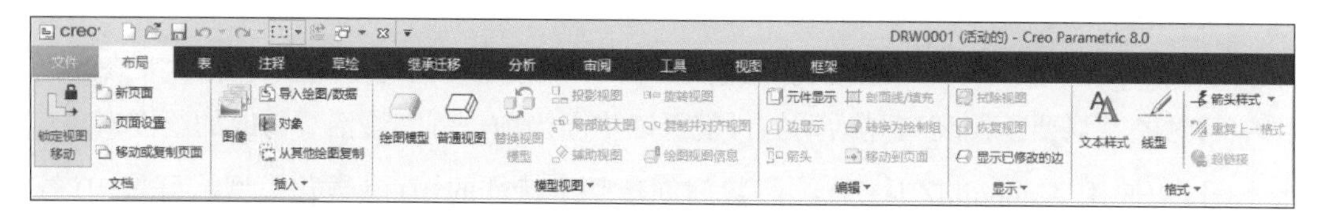

图 7-1-2 “绘图”模块的功能区

“布局”选项卡用于创建并修改视图，还可以实现管理绘图模型和页面，添加图形和 OLE 对象等功能。进行绘图布局时，“绘图树”会显示绘图中的所有绘图页面、视图、叠加、图形和 OLE 对象。“绘图树”是活动绘图中绘图项的结构化列表，表示绘图项的显示状况以及绘图项与绘图的活动模型之间的关系。

“表”选项卡用于处理绘图表。绘图表是具有行和列的栅格，栅格的图线种类、颜色和宽度是可以修改的。在绘图表中可输入文本，其文本具有全文本功能，可通过双击单元格并在对话框中输入文本进行修改，也可以输入尺寸符号和绘图标签，并且当修改模型或绘图时系统可更新它们。绘图表可以包含到绘图格式、绘图和布局中。

“注释”选项卡用于显示驱动尺寸、插入从动尺寸和添加未标注尺寸的细节，创建和注释绘图，为制造模型做准备。驱动尺寸用于表达模型的形状，从动尺寸具有单向关联性，未标注尺寸包含几何公差、基准、符号、表面粗糙度、注解等。

“草绘”选项卡用于在工程图中创建各种几何类型，例如直线、圆、弧、矩形、样条、椭圆、点和倒角等，并修改已绘制图元。

“继承迁移”选项卡用于对所创建的工程图视图进行转换、创建匹配符号等。

“分析”选项卡用于显示有关模型的信息并修改模型参数的选项。

“审阅”选项卡用于检查及分析绘图，可审阅模板错误、在图形窗口中突出显示特定项类型、显示模型信息、对绘图中的绘制图元执行测量分析、显示关于图元的几何和修饰信息，并将信息保存至文件，对绘图进行更新。

“工具”选项卡用于查看模型创建历史记录，定义关系和参数，管理辅助应用程序和自定义工作环境。

“视图”选项卡提供用于控制模型和性能显示的选项，包括隐藏或显示选定图元和基准特征、设置模型方向和模型显示样式及窗口激活等。

“框架”选项卡用于辅助创建视图、尺寸和表格等。

5.“绘图视图”对话框

“绘图视图”对话框可对工程图视图进行编辑，其包含“视图类型”“可见区域”“比例”“截面”“视图状态”“视图显示”“原点”和“对齐”共八个类别，如图 7-1-3 所示。

图 7-1-3　“绘图视图”对话框

“视图类型”类别用于定义视图名称、类型和视图方向。定向方法有“查看来自模型的名称”“几何参考”和“角度”三种。

“可见区域”类别用于定义视图的可见性和是否在 Z 方向上修剪视图，并选择修剪参考。视图可见区域可按四种方式定义，分别是全视图、半视图、局部视图和破断视图，其具体说明见表 7–1–1。

表 7–1–1　视图可见区域四种方式的具体说明

定义方式	具体说明
全视图	显示全部视图模型
半视图	从切割平面一侧上的视图中移除其模型的一部分
局部视图	显示封闭边界内的视图模型的一部分
破断视图	移除两个选定点或多个选定点间的部分模型，并将剩余的两部分合拢在一个指定距离内

“比例”类别用于定义比例和透视图选项。比例定义类型有三种，分别为默认比例、自定义比例和透视图。当默认页面比例时，绘图视图的大小由默认值决定。当自定义比例时，用户可直接键入自定义值来决定视图的大小。当选择透视图来定义时，使用自模型空间的观察距离和纸张单位的组合来确定视图大小。

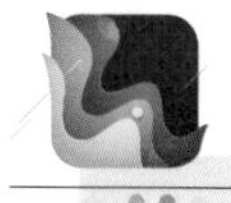

提示

如果不设置默认值，Creo Parametric 会根据页面尺寸大小和模型尺寸确定每一页面的默认比例。该比例适用于未应用自定义比例或透视图的所有视图。绘图页面比例显示在绘图页面的底部。

当更改绘图大小时，绘图页面比例也会随之更改，使视图与页面大小成一定比例。但是，无论绘图大小如何变化，局部放大图和缩放视图仍保持原有比例，可以单独更改每个页面上的绘图比例。

修改绘图视图比例时，所有相关的父 / 子视图（投影视图、破断视图等）会相应地更新。

“截面”类别用于定义截面选项，包含无截面、2D 横截面、3D 横截面和单个零件曲面四种，如图 7–1–4 所示。激活“2D 横截面”选项时，需添加 2D 横截面，定义有效的横截面名称，再定义剖切区域的显示方式，不同的显示方式会生成不同的剖视图，其显示类型和具体说明见表 7–1–2。“模型边可见性”选项可控制模型边的显示，当模型边可见性为“总计”时，视图显示截平面后面的模型边以及截面边；当模型边可见性为“区域”时，视图仅显示截面边。如果需要，可通过在对应视图上显示箭头来记录父视图上的横截面。

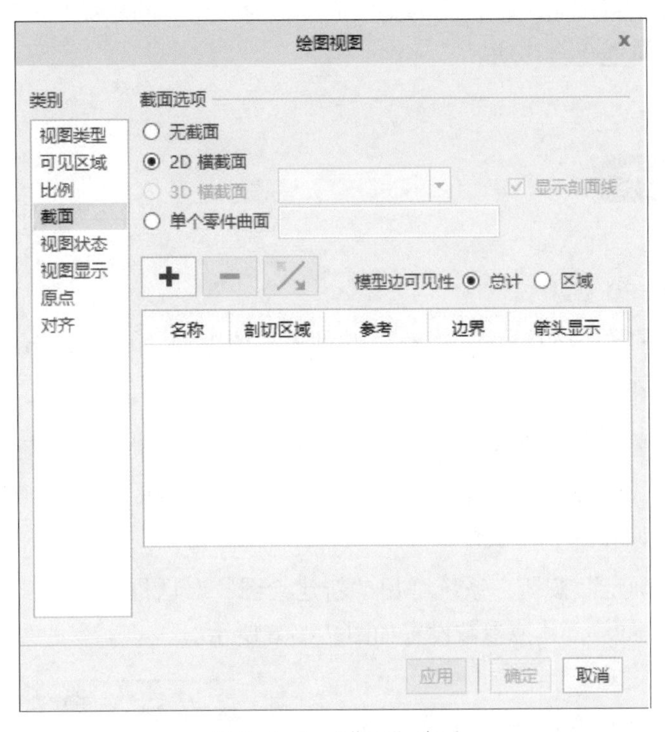

图 7-1-4 “截面”选项

表 7-1-2　剖切区域的显示类型和具体说明

显示类型	对应剖视图	具体说明
完整	全剖视图	仅需定义剖切截面
半倍	半剖视图	定义剖切截面后，需选择基准平面为参考，并选择保留侧
局部	局部剖视图	定义剖切截面后，需选择点为放置参考，绘制边界
全部（展开）	展开视图（多角度）	仅需定义剖切截面
全部（对齐）	展开视图（单角度）	定义剖切截面后，需选择轴为参考

“视图状态”类别用于选择所需的组合状态、装配分解状态和简化表示类型。“视图显示”类别用于定义视图显示样式、相切边显示样式、HLR 边显示质量等选项，其中显示样式有跟随环境、线框、隐藏线、消隐、着色和带边着色六种。

“原点”类别用于定义视图原点的位置。在默认情况下，绘图视图的原点在其轮廓的中心。

“对齐”类别用于在两个视图之间创建可视关系，不相关的视图之间无法创建父子关系。当所选定的视图是其他视图的父项或子项时，所有的相关视图以蓝色突出显示，并在修改对齐时可能也会移动。

1. 启动 Creo 8.0

双击桌面上的“Creo Parametric 8.0”快捷方式图标，启动 Creo 8.0。

2. 新建绘图文件

（1）单击“主页”选项卡“数据”组中的“新建”按钮，系统弹出“新建”对话框，将“类型”选为“绘图”、“文件名”改为“连接盖板”，并取消勾选“使用默认模板”复选框，如图 7-1-5 所示。

（2）单击“确定”按钮，系统弹出“新建绘图”对话框，通过“浏览”按钮添加三维模型“连接盖板”，其他参数设置如图 7-1-6 所示。

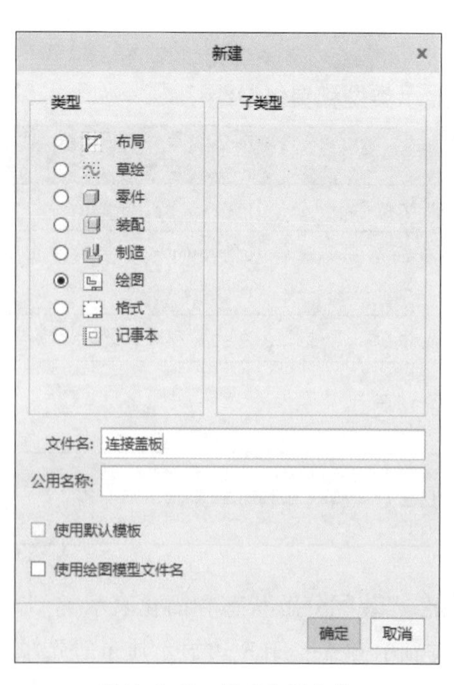

图 7-1-5　新建绘图文件

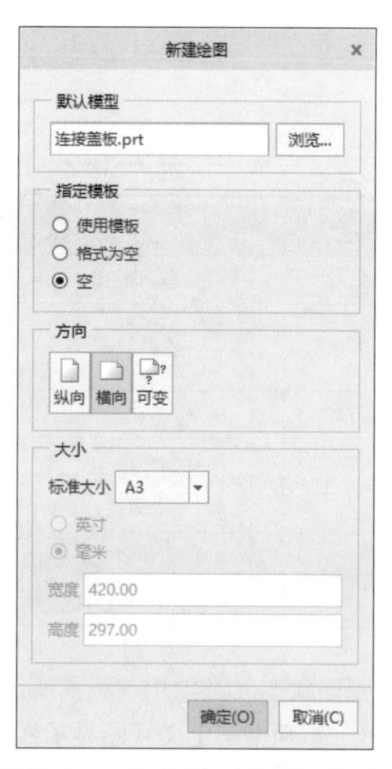

图 7-1-6　设置“新建绘图”对话框

（3）单击“确定”按钮，完成绘图文件“连接盖板”的创建，进入绘图环境。

3. 修改视图属性

（1）选择“文件”/“准备”/“绘图属性”命令，系统弹出“绘图属性”对话框，如图 7–1–7 所示。

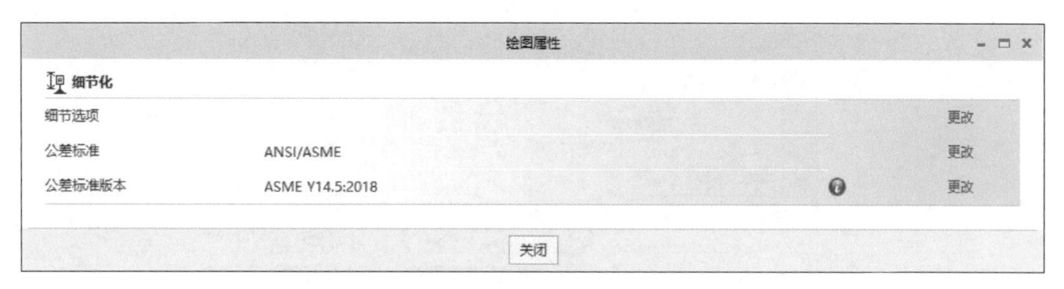

图 7–1–7　“绘图属性”对话框

（2）单击“绘图属性”对话框中“细节选项”后的“更改”命令，系统弹出“选项”对话框，如图 7–1–8 所示。

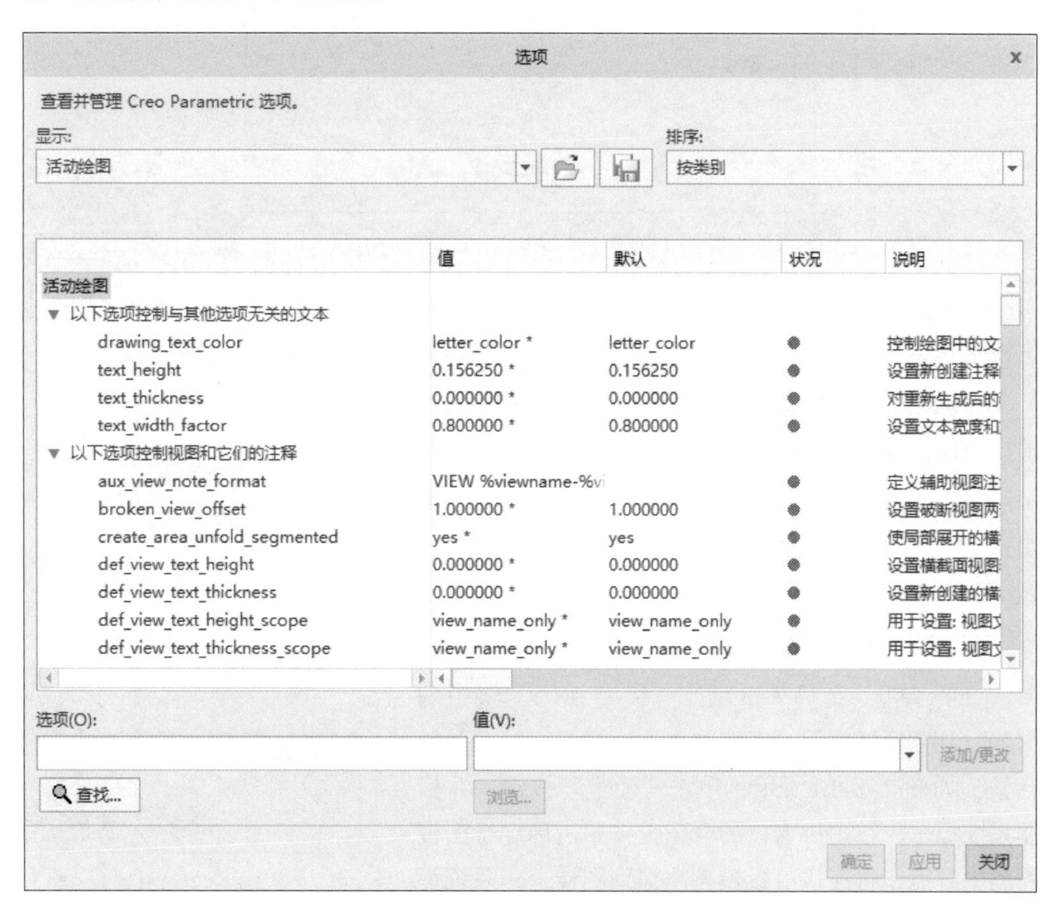

图 7–1–8　“选项”对话框

（3）单击“选项”对话框中的“查找”按钮，系统弹出“查找选项”对话框，输入关键字“pr”进行查找，结果如图 7–1–9 所示。

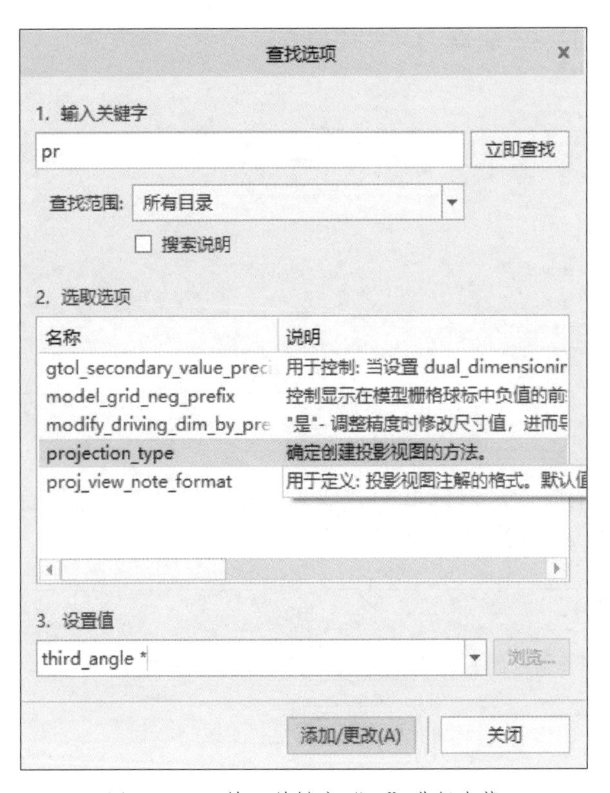

图 7–1–9 输入关键字“pr”进行查找

（4）从查找结果中选择“projection_type”，将设置值改为“first_angle”，即可将创建投影视图的方法由“第三视角”改为“第一视角”，并单击“添加 / 更改”按钮完成设置。

（5）单击“查找选项”对话框中的“关闭”按钮，退出查找，返回“选项”对话框。

（6）单击“选项”对话框中的“确定”按钮，退出选项，再单击“绘图属性”对话框中的“关闭”按钮，退出属性修改。

4. 创建基本视图为主视图

（1）单击“布局”选项卡“模型视图”组中的“普通视图”按钮 ，系统弹出“选择组合状态”对话框，如图 7–1–10 所示，单击“确定”按钮，并根据系统提示，在图形窗口的合适位置单击确定绘图视图的中心点，将连接盖板模型添加到图样上，系统弹出“绘图视图”对话框，如图 7–1–11 所示。

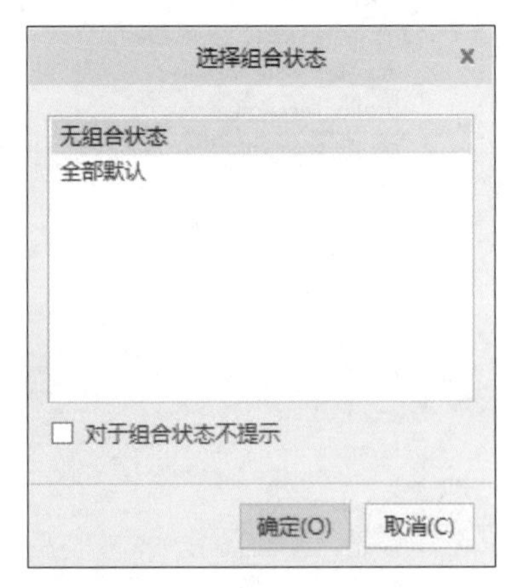

图 7–1–10 “选择组合状态”对话框

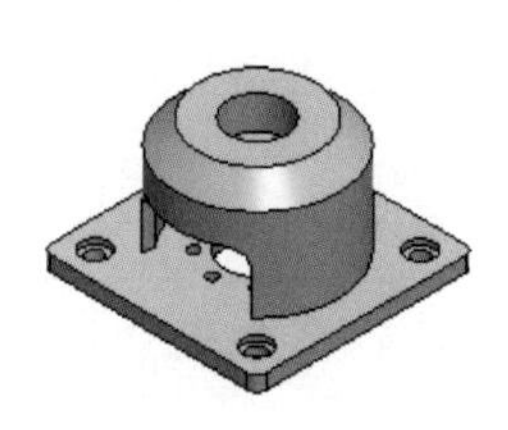

图 7-1-11　“绘图视图”对话框

（2）该对话框中的“视图类型”类别中的相关参数按图 7-1-12 所示进行设置，并单击“应用”按钮，保存设置。

图 7-1-12　设置“视图类型”类别

（3）在该对话框中的“比例”类别中设置自定义比例为“1”，单击“应用”按钮，保存设置。

（4）在该对话框中的“视图显示”类别中选择显示样式为“消隐”，选择相切边显示样式为“无”，单击“应用”按钮，保存设置，结果如图 7–1–13 所示。

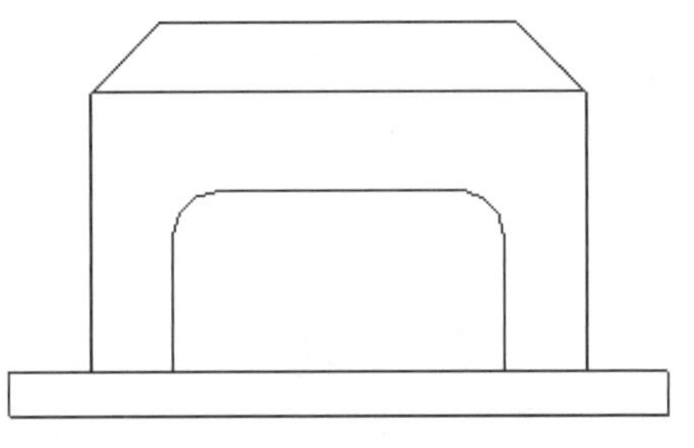

图 7–1–13 生成主视图

（5）单击“确定”按钮，退出“绘图视图”对话框。

5. 创建投影视图为俯视图

（1）单击“布局”选项卡“模型视图”组中的“投影视图”按钮，沿着主视图竖直方向移动鼠标光标至适当位置后，单击鼠标左键放置投影视图，结果如图 7–1–14 所示。

（2）双击投影视图，系统弹出“绘图视图”对话框，设置“视图显示”类别中的显示样式为“消隐”，并单击“应用”按钮，保存设置，再单击“确定”按钮，退出“绘图视图”对话框，结果如图 7–1–15 所示。

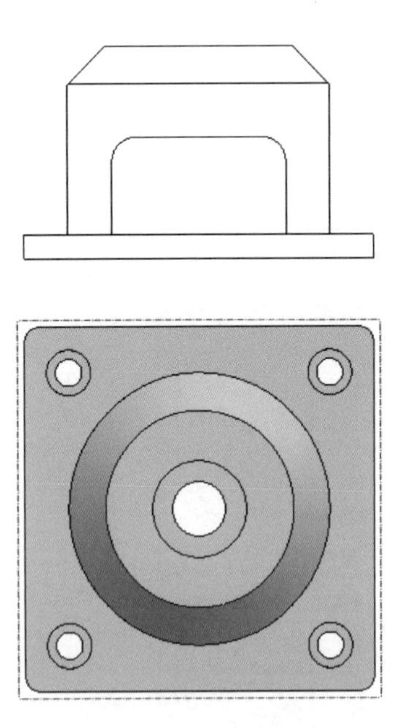

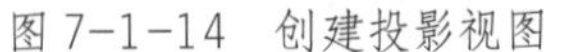

图 7–1–14 创建投影视图

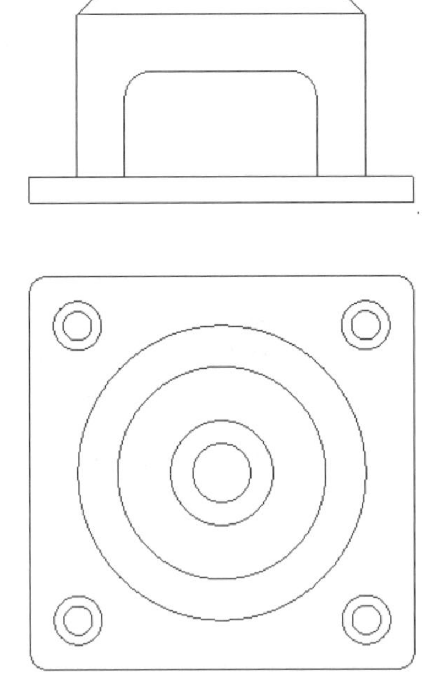

图 7–1–15 设置“显示样式”为“消隐”

6. 创建全剖视图

（1）双击投影视图，系统弹出“绘图视图”对话框，单击“截面”类别，选择“截面选项”为“2D 横截面”，如图 7–1–16 所示。

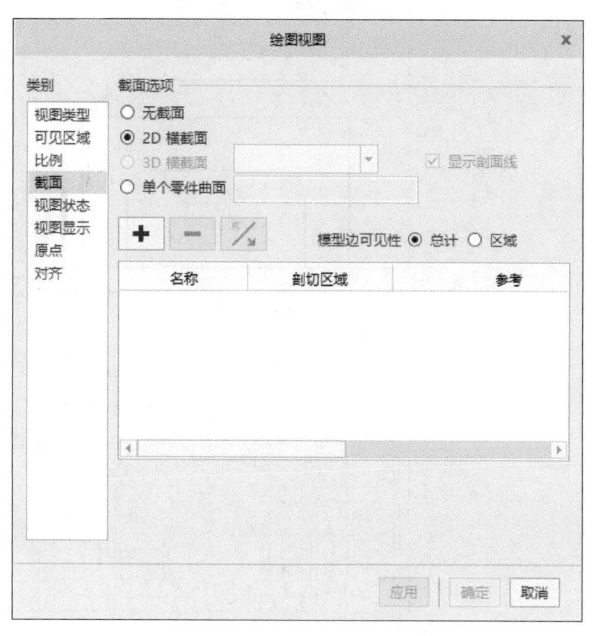

图 7-1-16　设置“截面选项”

（2）单击“添加”按钮 ，截面列表中显示“新建”截面列表，系统弹出“菜单管理器”对话框，按图 7-1-17 所示进行设置，并单击“完成”选项。

（3）在图形窗口上方弹出横截面名称输入框，输入名称为“A”，如图 7-1-18 所示，单击“确定”按钮 ，再次回到“菜单管理器”对话框，如图 7-1-19 所示。

（4）选择“产生基准”选项，设置“菜单管理器”对话框如图 7-1-20 所示，并选择底板上表面为偏移平面，设置偏移值为“20”。

（5）单击偏移值输入框后的“确定”按钮 ✔，再单击“菜单管理器”对话框中的“完成”选项，完成剖切面的设置。

图 7-1-17　“菜单管理器”对话框

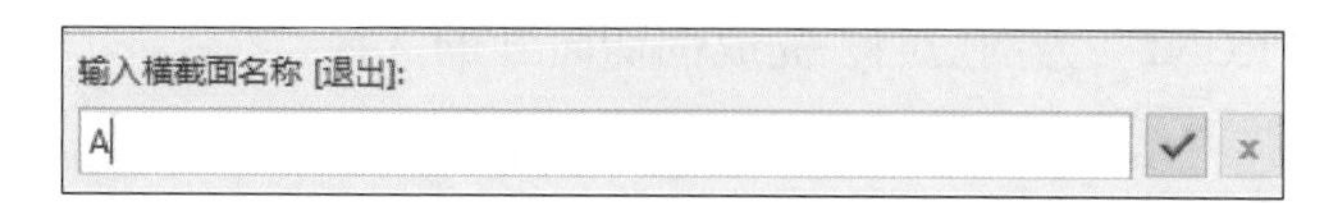

图 7-1-18　输入名称

菜单管理器
设置平面
平面
产生基准
退出平面

图 7-1-19 “菜单管理器”对话框

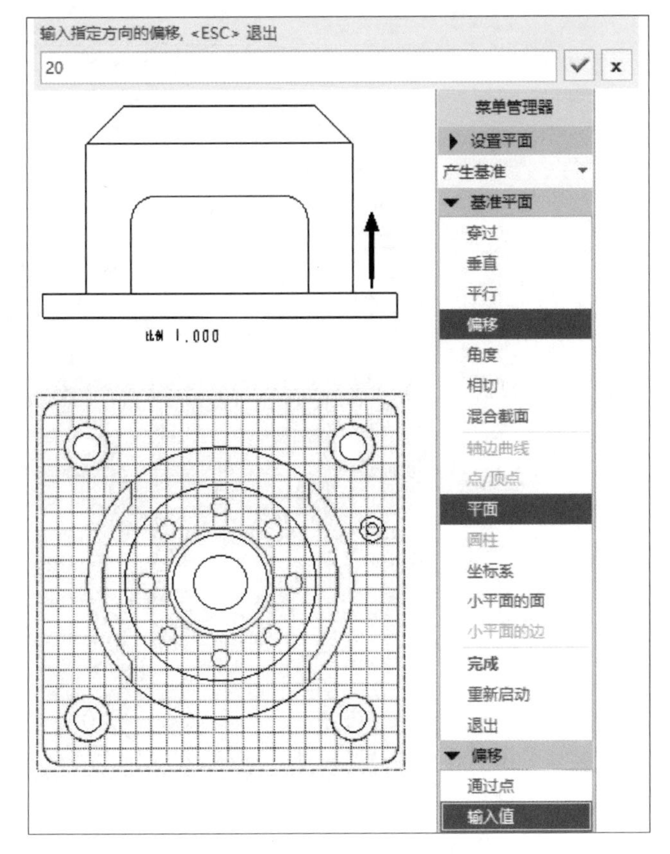

图 7-1-20 创建剖切面

（6）单击“绘图视图”对话框中的“应用”按钮，保存设置，再单击“确定”按钮，退出对话框，完成俯视图全剖视图的创建，结果如图 7-1-21 所示。

（7）在俯视图被选中的前提下，单击“布局”选项卡“编辑”组中的“箭头”按钮，并选择主视图显示箭头，结果如图 7-1-22 所示。

7. 创建局部剖视图

（1）双击主视图，系统弹出“绘图视图”对话框，单击“截面”类别，选择“截面选项”为“2D 横截面”。单击“添加”按钮，在截面列表中显示“新建”截面列表，系统弹出“菜单管理器”对话框，这里不进行修改，单击“完成”选项。

（2）图形窗口上方弹出横截面名称输入框，输入名称为“B”，单击“确定”按钮，再次回到“菜单管理器”对话框。根据提示，在“模型树”中选择“基准平面 FRONT”为剖切面，完成剖切面 B 的选择。

（3）选择“剖切区域”为“局部”，如图 7-1-23 所示。

（4）选择图 7-1-24 所示的点为参考点，并绘制图中的样条曲线为剖切边界。

（5）单击“应用”按钮，保存设置，再单击“确定”按钮，退出对话框，完成主视图局部剖视图的创建，结果如图 7-1-25 所示。

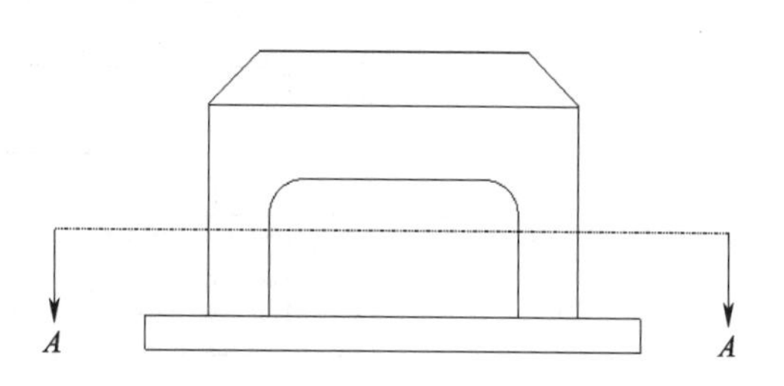

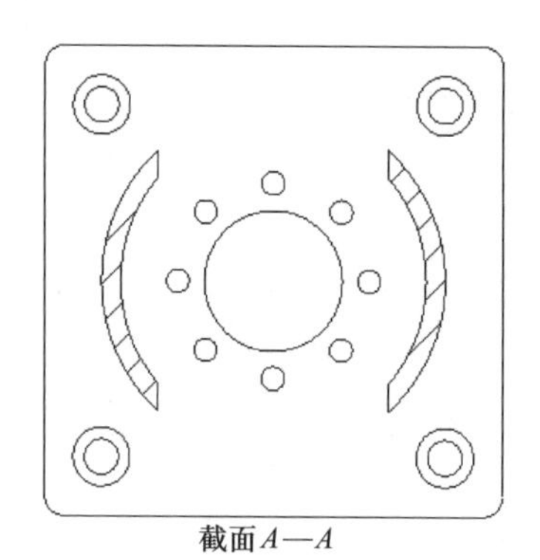

图 7-1-21　创建全剖视图

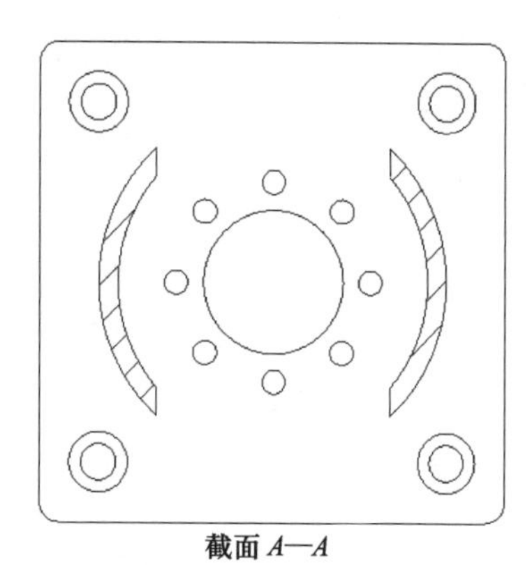

图 7-1-22　创建箭头

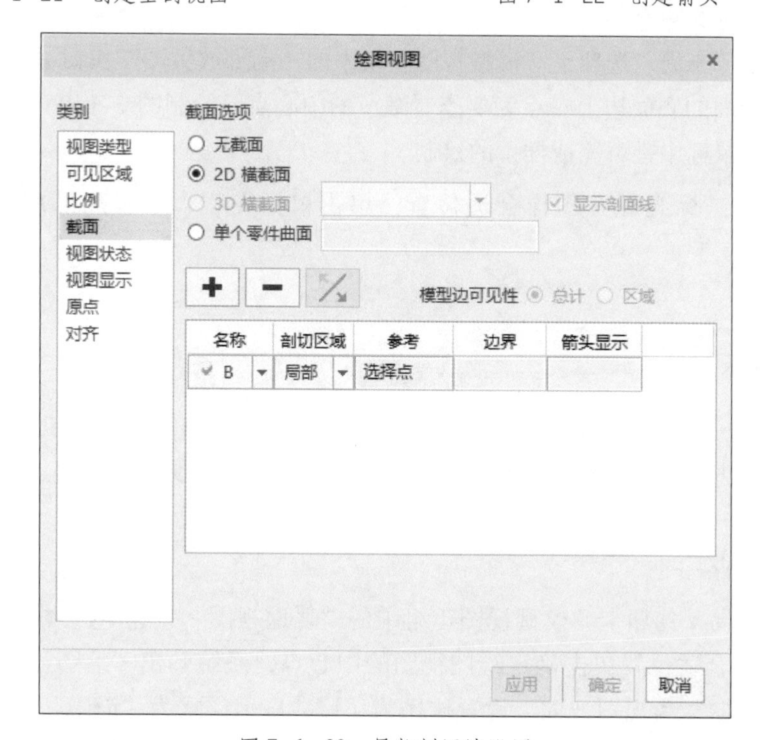

图 7-1-23　局部剖区域设置

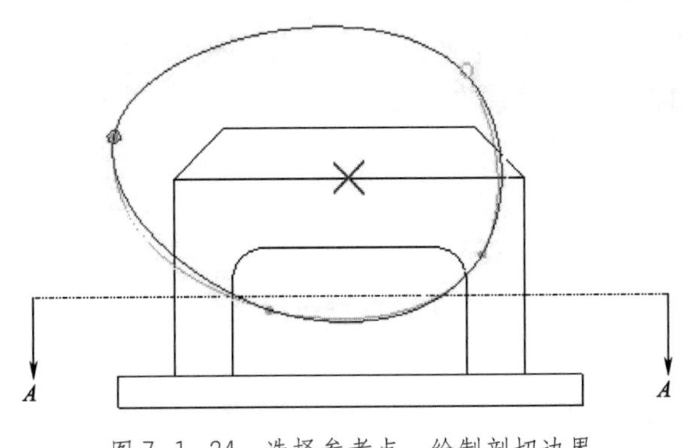

图 7-1-24　选择参考点，绘制剖切边界

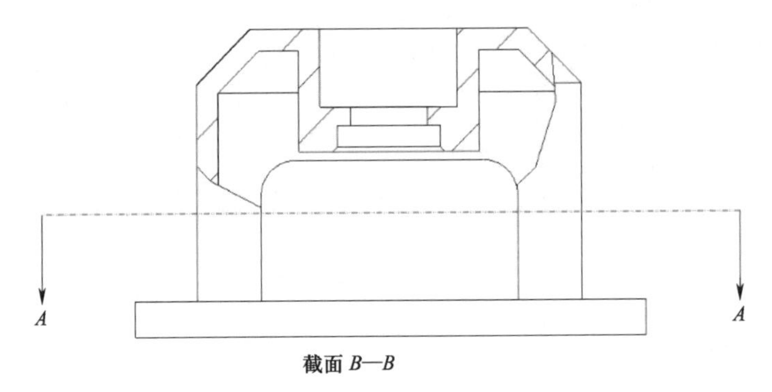

图 7-1-25　创建局部剖视图

8. 创建局部放大图

（1）单击“布局”选项卡“模型视图”组中的“局部放大图”按钮，根据提示，选择主视图凹面的底面边上一点为要查看细节的中心点，绘制图 7–1–26 所示的样条为轮廓线，单击鼠标中键可完成样条的绘制。

（2）移动鼠标光标至图样合适位置，单击鼠标左键，放置局部放大视图，如图 7–1–27 所示。

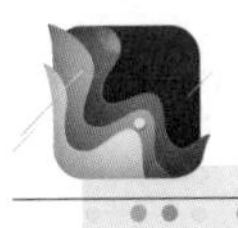

提示

该局部放大图的放大比例为默认值“2”。若要调整比例，可在局部放大图的“绘图视图”对话框的“比例”类别中修改。

9. 创建轴测图

单击“布局”选项卡“模型视图”组中的“普通视图”按钮，根据系统提示，在图形窗口的合适位置单击确定绘图视图的中心点，系统弹出“绘图视图”对话框，选择“默认方向”为视图方向，设置比例为“1”、显示样式为“消隐”，单击“应用”按钮，保存设置，完成轴测图的创建，结果如图 7–1–28 所示。

10. 移动视图，合理布图

（1）单击“布局”选项卡“文档”组中的“锁定视图移动”按钮，解除视图移动锁定，合理布局，将“截面 *A—A*”修改为“*A—A*”，并移至对应视图的上方中间位置，最后删除不必要的信息，结果如图 7-1-29 所示。

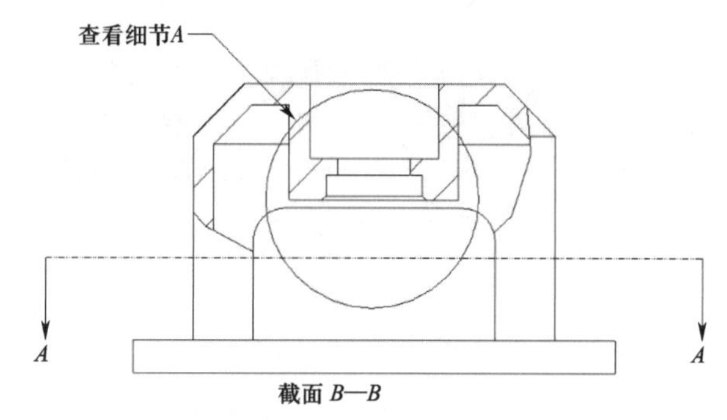

图 7-1-26　绘制轮廓线

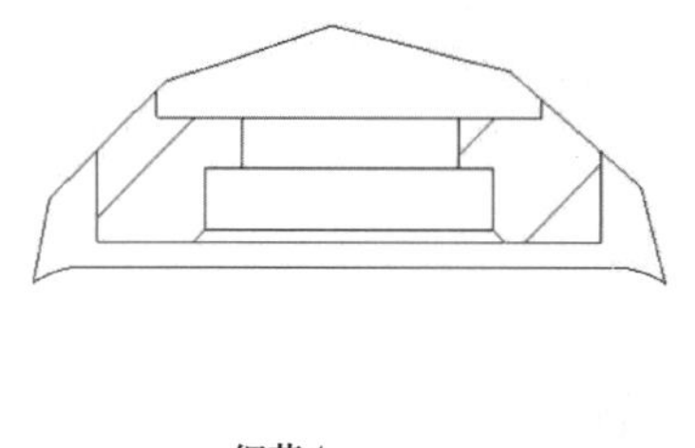

图 7-1-27　创建局部放大视图

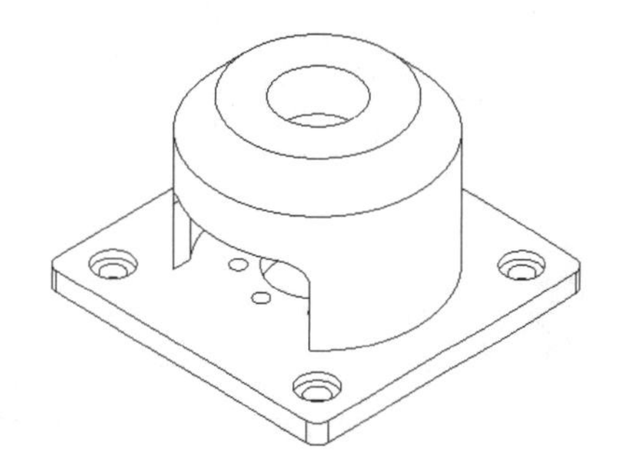

图 7-1-28　创建轴测图

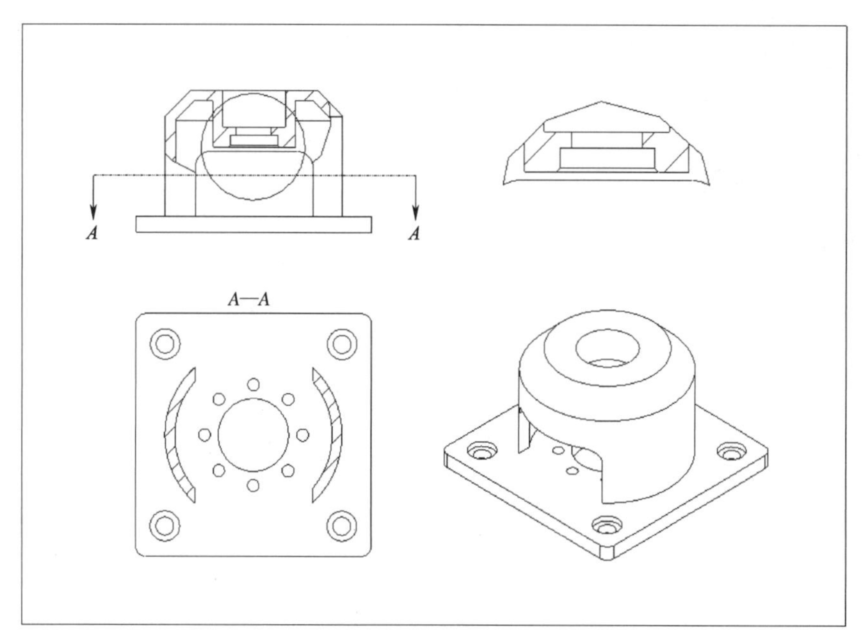

图 7-1-29　创建连接盖板的视图

（2）单击“草绘”选项卡“草绘”组中的“线 / 弧链”按钮 ，在主视图 $A—A$ 剖切线位置绘制粗短直线，并直接删除原剖切线，视图结果如图 7–1–1 所示。

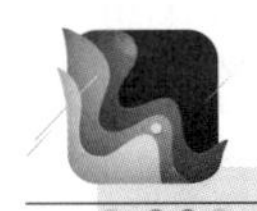

提示

Creo 8.0 绘图模块所创建工程图中线条的线型设置和显示均在打印时进行，可通过单击“文件”/“打印”/“打印”，激活“打印”选项卡，单击“打印”选项卡“完成”组中的“预览”按钮 查看。

11. 保存文件，并退出 Creo 8.0 软件

单击快速访问工具栏中的“保存”按钮 ，系统弹出“保存对象”对话框，根据需求选择文件保存地址，单击“确定”按钮，完成文件的保存。

单击软件界面右上角的“关闭”按钮 ，退出 Creo 8.0 软件。

至此，连接盖板的零件工程图创建完成。

提示

Creo 创建完成的零件工程图可通过单击“文件”/“另存为”/“导出”激活“导出设置”，选择所需的文件类型进行导出，如 DWG 文件，便于修改细节和共享数据。

1. 完成图 7–1–30 所示法兰盘类零件的数字模型和视图的创建。

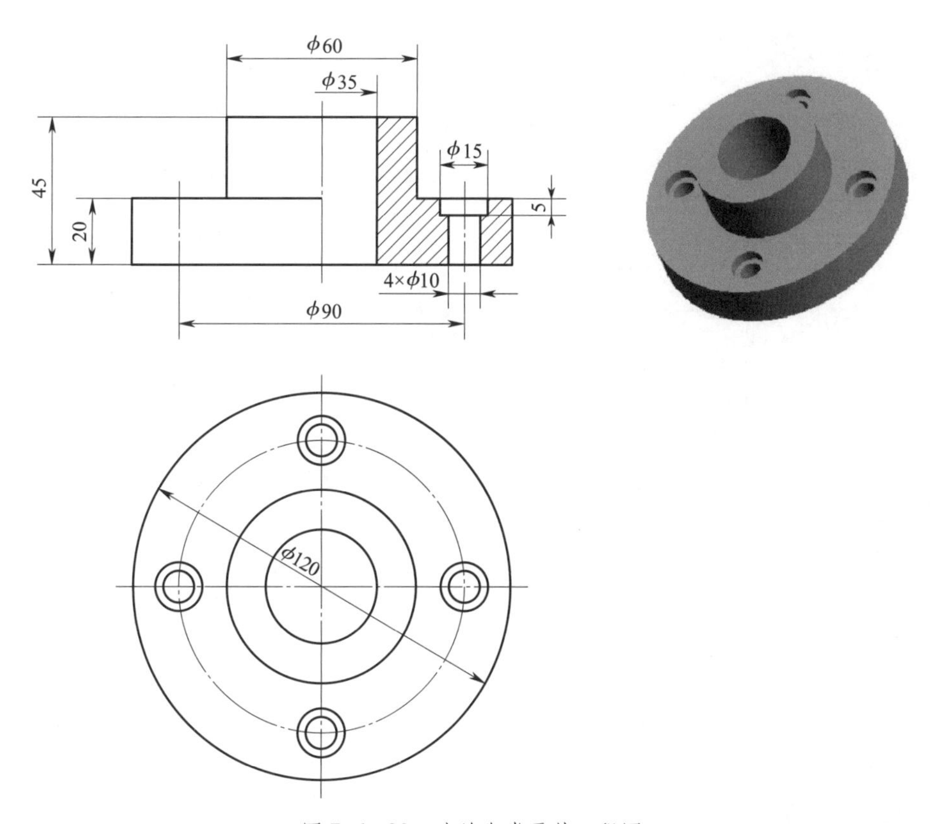

图 7-1-30 法兰盘类零件工程图

2. 完成图 7-1-31 所示底盘零件的数字模型和视图创建。

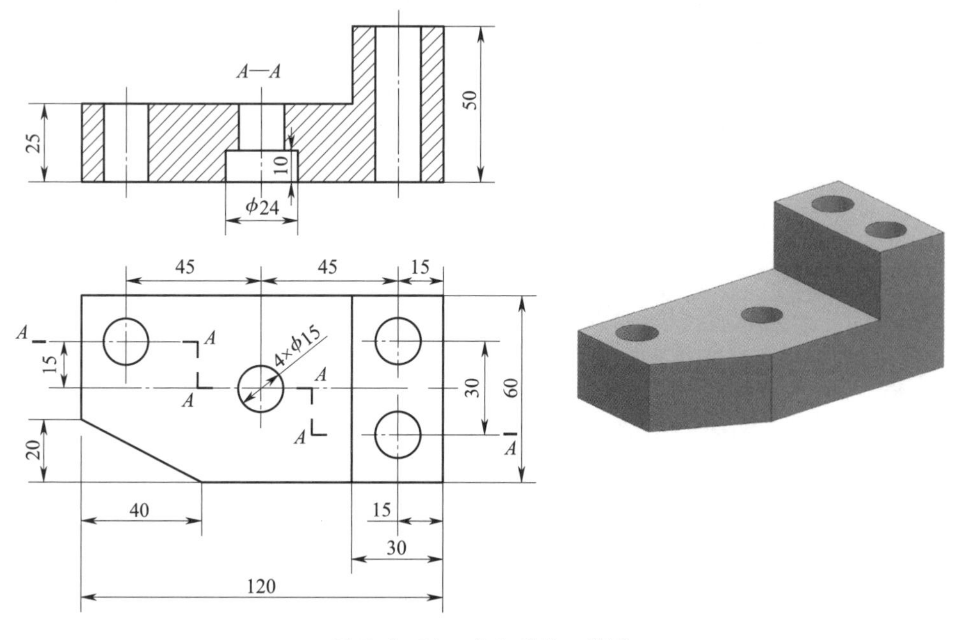

图 7-1-31 底盘零件工程图

3. 完成图 7-1-1 中沉头孔的局部剖视图的创建。

任务 2　创建标注

1. 能标注基本尺寸。
2. 能标注几何公差。
3. 能标注表面粗糙度。
4. 能编写技术要求。

一张完整的零件工程图需包含零件的视图、尺寸、公差和注释等内容，所以要将三维模型用二维视图表达清楚，还要在视图的基础上添加相关标注和注释，且要遵循国家标准的要求。

本任务通过标注图 7-2-1 所示的底座工程图，练习几个平行剖切平面的剖视图的生成方法，显示必要的基准线和隐藏线，学习尺寸、公差、表面粗糙度的标注方法，并编写技术要求文字说明部分等注释。

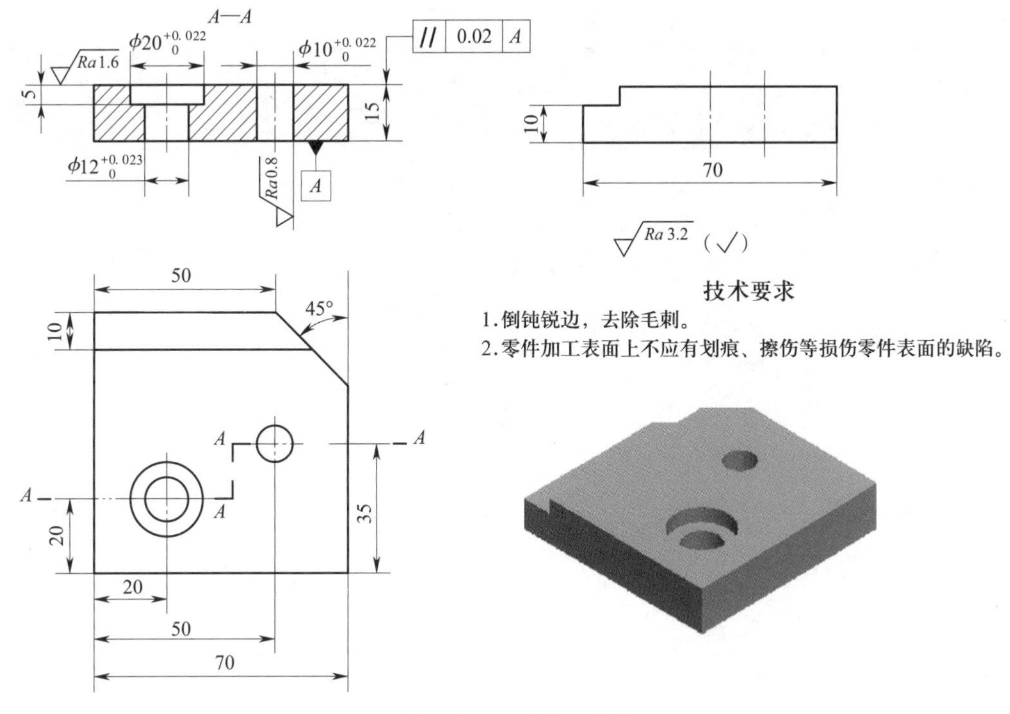

图 7-2-1 底座工程图

1. 细节选项

配置文件选项控制零件和装配的设计环境，而详细信息选项会向细节设计环境添加附加控制。“详细信息”选项确定诸如尺寸和注解文本高度、文本方向、几何公差标准、字体属性、绘制标准、箭头长度等特性。“详细信息”选项设置与各个绘图文件一起保存。

Creo 为绘图选项提供了默认值，也可在“文件”/“准备”/“绘图属性”/“细节选项”中自定义现有的详细信息选项文件，或者可根据细节处理要求创建新详细信息选项文件，并保存各种版本，以在其他绘图中使用。

绘图模式下的常用细节选项见表 7-2-1。

2. 显示模型注释

将 3D 模型导入 2D 绘图中时，3D 尺寸和存储的模型信息会与 3D 模型保持参数化关联性。在默认情况下，3D 模型信息不可见。用户可以在“显示模型注释”对话框中有选择地选取要在特定视图上显示的 3D 模型信息，使之可见。

表 7-2-1　绘图模式下的常用细节选项

细节选项	功能	默认和可用设置（带 * 表示为默认）
ang_unit_lead_zeros	确定在以度格式显示角度尺寸时是否保留前导零	yes*：保留前导零 no：移除前导零
arrow_style	控制随箭头显示的所有详图项的箭头样式	filled*：箭头显示为实心 open：箭头显示为开放 closed：箭头显示为封闭
drawing_units	设置所有绘图参数的单位	inch*：英寸 foot：英尺 mm：毫米 cm：厘米 m：米
clip_dimensions	控制尺寸在局部放大图中的显示	yes*：不显示完全位于局部放大图边界外部的尺寸；用双箭头显示穿过详细边界的尺寸 no：显示所有尺寸
def_xhatch_break_margin_size	设置剖面线和文本之间的默认偏移距离	0.150000*
default_angdim_text_orientation	为角度尺寸控制默认的文本方向，但在处于中心引线配置的情况下除外	horizontal*：始终在水平方向显示角度尺寸文本，并使其中心位于指引线之间 parallel_outside：无论指引线的方向如何，都按照与指引线平行的方向显示文本 horizontal_outside：在尺寸外部水平显示文本 parallel_above：平行于尺寸圆弧但在其上方显示文本 parallel_fully_outside：平行于指引线显示角度尺寸（带加 / 减公差）的文本
default_lindim_text_orientation	为线性尺寸设置默认文本方向，但在处于中心引线配置的情况下除外	horizontal*：相对于指引线水平放置尺寸文本 parallel_to_and_above_leader：将尺寸文本平行于指引线并放置在指引线上方（JIS 标准） parallel_to_and_below_leader：将尺寸文本平行于指引线并放置在指引线下方（JIS 标准）

续表

细节选项	功能	默认和可用设置（带 * 表示为默认）
drawing_text_color	控制绘图中文本的颜色	letter_color*：绘图文本全部出现，并带有字母颜色 edge_highlight_color：绘图文本全部出现，带有边突出显示颜色
projection_type	确定创建投影视图的方法	third_angle* first_angle
tol_display	控制尺寸公差的显示	no*：不显示尺寸公差 yes：显示尺寸公差 no_tol_tables：不显示由 ISO 公差表控制的公差的尺寸公差

在 Creo Parametric 绘图模式下，显示模型尺寸和细节时需注意以下情况：

（1）在一幅绘图中，每个模型尺寸只能有一个驱动尺寸。

（2）如果修改驱动尺寸，驱动尺寸将变为白色，以表明绘图和模型间的差异。重新生成模型时，绘图将使用新的尺寸。

（3）可创建带有相关导入注释的绘制视图。

“显示模型注释”对话框包含六个类型选项卡，分别是 “尺寸”、 “几何公差”、 “注解”、 “表面粗糙度”、 “符号”和 “基准”，如图 7-2-2 所示。在每个类型选项卡下的“类型”下拉列表中可选择注释类型。选择视图后，显示列表中会显示各个注释所对应的复选框，单击“全部选中”按钮 可选择并显示选定注释类型的所有注释，单击“全部清除”按钮 可清除选定注释类型的所有注释。

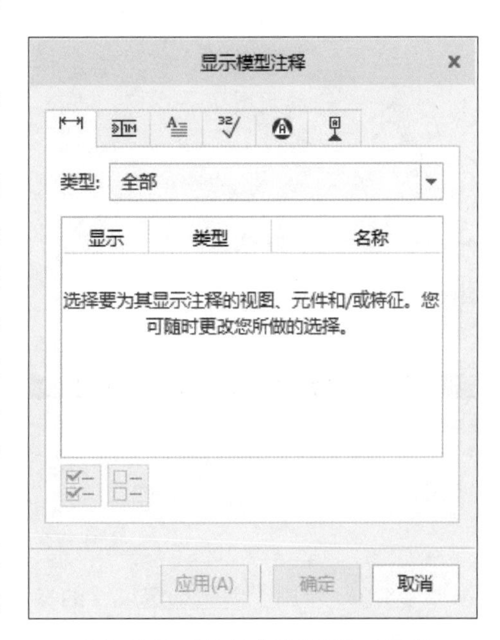

图 7-2-2 “显示模型注释”对话框

使用“显示模型注释”对话框显示与模型关联的继承注释后，即使取消了显示操作且无注释显示，其也会反过来要求用户更新之前显示的继承注释，会对模型进行更改。例如，继承注释可以是没有对应注解的几何公差，或没有对应符号的表面粗糙度。

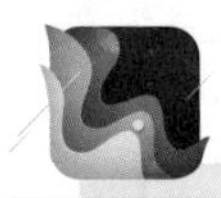

提示

要显示零件级尺寸，可在模型树中选择并用鼠标右键单击零件，然后单击快捷菜单中的“显示模型注释”。或者，选择模型树上的零件，然后单击“显示模型注释”。要在特定视图中显示特征级尺寸，可在模型树中选择并用鼠标右键单击特征，然后单击快捷菜单中的“按视图显示尺寸”，并根据系统提示选择视图。

3. 标注尺寸

为了最大化利用 3D 模型和绘图之间的关联性，最初的绘图尺寸常从模型（驱动尺寸）中显示，再根据用户需求插入从动尺寸、显示自定义尺寸，也可修改标注形式。

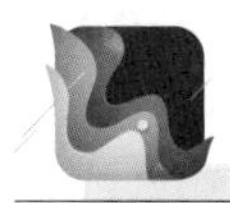

提示

在局部放大图或局部视图中标注参考非实体几何特征（轴、基准点、基准平面等）的尺寸时，需满足两个要求：一个是在样条边界内必须至少有一个被标注的图元，另一个是此图元必须在该视图的视图边界之内。

“尺寸”选项卡会在放置新建尺寸或选择现有尺寸时显示，包含“参考”组、“值”组、“公差”组、“精度”组、“显示”组、“尺寸文本”组、“尺寸格式”组和“选项”组，如图 7-2-3 所示。

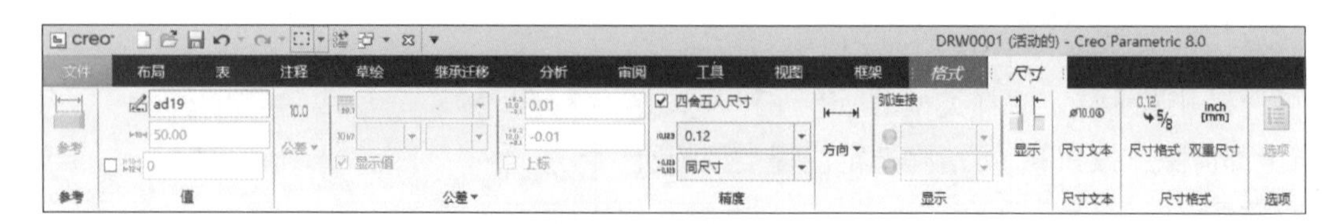

图 7-2-3 “尺寸”选项卡

“参考”组用于创建选定尺寸的参考，在“绘图”模式下处于禁用状态。

“值”组用于设置尺寸名称及其值。

“公差”组用于选定尺寸的公差，公差有“公称”“基本”“极限”“正负”和“对称”五种模式，具体说明见表 7-2-2。

表 7-2-2 公差模式的类型和具体说明

公差模式的类型	具体说明
公称	显示 ANSI 和 ISO/DIN 两种标准下尺寸的公称值或覆盖值
基本	显示 ANSI 和 ISO/DIN 两种标准下由矩形围绕的尺寸的公称值或覆盖值
极限	显示尺寸值之和以及上下偏差的当前值，分别作为尺寸的上下限
正负	显示带有上下公差偏差值的尺寸值
对称	显示尺寸值以及用于指定相等上下偏差的单一公差值

“精度”组用于定义选定尺寸的尺寸值和公差值的精度，其中的“四舍五入尺寸”复选框可指定是否应在显示尺寸值时四舍五入。

“显示”组用于设置尺寸方向、位置和配置的显示。

“尺寸文本”组用于指定和修改尺寸的前缀及后缀文本，也可在尺寸文本内选择并插入符号，或将符号插入前缀和后缀文本中。

“尺寸格式”组用于指定小数或分数格式尺寸的显示，并指定角度尺寸的单位。

“选项”组用于设置绘图中显示的模型从动尺寸的位置。

4. 几何公差

几何公差是与模型设计中指定的确切尺寸和形状之间的最大允许偏差。几何公差可用以指定模型零件上的关键曲面、记录关键曲面之间的关系、提供有关如何正确检查零件以及何种程度的偏差可以接受等信息。

在绘图模块中，可从实体模型中显示几何公差，也可创建几何公差。几何公差可以放置在尺寸（参考、从动、半径或直径）、尺寸的尺寸界线、基准特征符号、单个边或多个边或另一个几何公差上，也可作为自由注解放置在绘图的任何位置，将它们连接到注解的指引弯管上或使它们与尺寸文本相关联。

创建或编辑几何公差时，可将多行附加文本和文本符号连接到几何公差上。在默认情况下，附加文本的文本样式与几何公差文本的文本样式相同，可独立于几何公差文本对其编辑。要更改几何公差的参考并直接将其连接到其他几何公差、尺寸或基准特征符号，几何公差必须与其所连接的项属于同一模型。

“几何公差”选项卡会在放置新创建的几何公差或选择现有几何公差实例时显示，

包含“参考”组、“符号”组、“公差和基准”组、“符号”组、“指示符”组、“修饰符”组、“附加文本”组、“引线”组和“选项”组，如图 7-2-4 所示。

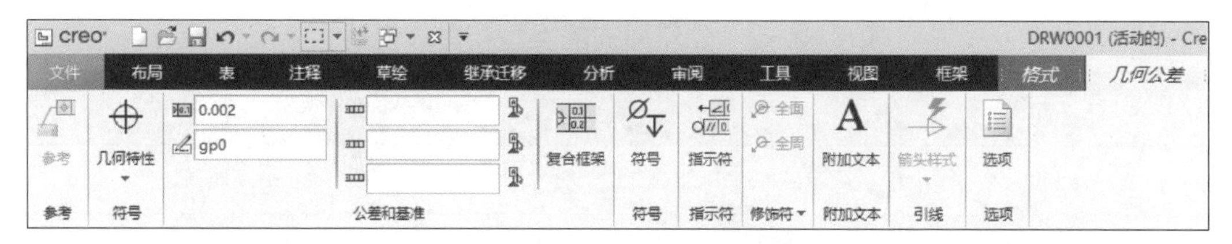

图 7-2-4 “几何公差”选项卡

“参考”组用于创建或修改选定几何公差的参考，在“绘图”模式下处于禁用状态。

“符号”组中的“几何特性”按钮 ⊕ 用于指定选定几何公差的几何特性符号，分别为直线度、平面度、圆度、圆柱度、线轮廓、曲面轮廓、倾斜度、垂直度、平行度、位置、同心度、对称度、偏差度或总跳动。

“公差和基准”组用于选定几何公差类型和基准参考的几何公差值。

“符号”组中的“符号”按钮 用于访问符号库。

“指示符”组用于启用指示符表，可根据 ISO 1101：2012 标准的要求指定指示符类型（方向特征、集合平面、相交平面和方向平面）、符号和显示在几何公差符号后面的基准参考。

“修饰符”组用于指定选定几何公差符号的修饰符，只能为选定几何公差符号指定一个修饰符。

“附加文本”组用于指定显示在选定几何公差框架上方、下方、左侧和右侧的附加文本。

“引线”组用于控制针对选定几何公差显示的引线的箭头样式。

“选项”组用于控制绘图中所显示的由模型驱动的几何公差的位置。

5. 基准特征符号

“基准要素”选项卡会在放置新创建的基准特征符号实例或选择现有基准特征符号实例时显示，包含“参考”组、“标签”组、“附加文本”组、“符号”组、“显示”组和“选项”组，如图 7-2-5 所示。

“参考”组用于放置选定基准特征符号的参考，在“绘图”模式下处于禁用状态。

“标签”组用于将字符串标识符指定为显示在基准特征符号框内的标签。

“附加文本”组用于指定随基准特征符号实例一起显示的附加文本，可以将任意字母数字型字符串指定为附加文本而没有任何限制。

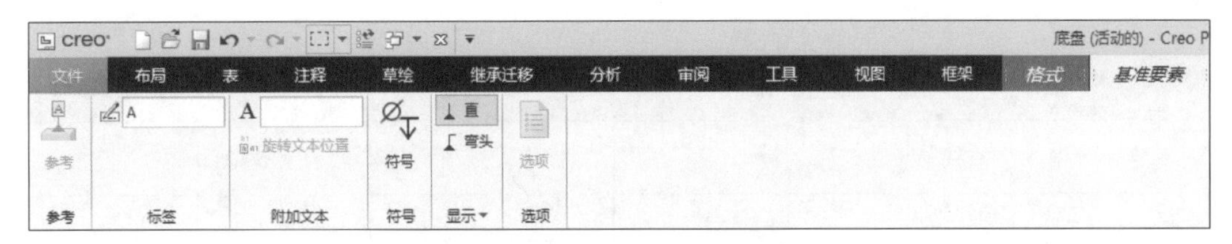

图 7-2-5 “基准要素”选项卡

“符号”组用于将符号添加到基准特征符号（DFS）的“附加文本”框中。

“显示”组用于设置将基准特征符号连接到几何时所用引线的显示样式，可以选择“直”或“弯头”来指定引线的外观。

“选项”组用于设置显示在绘图中的模型从动基准特征符号的位置。

基准特征符号连接到几何公差后，可使用拖动控制滑块对其拖动或反向。在绘图中，可以将基准特征符号拖动到控制框之外，系统会自动创建延伸线。

6. 文本和注解

在“绘图”模式下，当选择注解或表格单元格时，“格式”选项卡会显示在前景中。当选择其他类型的注释时，“格式”选项卡会保留在背景中。

“格式”选项卡包含“注解工具”组、“样式”组、“操作”组、“文本”组和“格式”组，如图 7-2-6 所示。

图 7-2-6 “格式”选项卡

“注解工具”组用于更改注解注释的名称、修改箭头样式、编辑注解文本和修改当前的注解选项。

“样式”组用于选择注释文本的字体、样式、高度、颜色、对齐方式等，其按钮和具体说明见表 7-2-3。

表 7-2-3 “样式”组的按钮和具体说明

按钮	图标	具体说明
颜色	A	将选定颜色应用到注释文本
复制文本样式		将文本样式从一个注释复制到另一个注释
重置		重置对应的参数

续表

按钮	图标	具体说明
粗体、斜体、下画线	B I U	将格式应用到选定文本或整个注释
左对齐、居中、右对齐		设置注释文本的水平对齐方式
顶部对齐、中间对齐、底部对齐		设置注释文本的垂直对齐方式
方框	A	将方框轮廓应用到选定文本
上标、下标	x^2 x_2	将上标和下标格式应用到选定文本
底部原点对齐、下移原点、上移原点		移动注释的原点
粗细		设置非 True Type 字体的字符线条粗细
宽度因子	A	设置非 True Type 字体的字符宽度 / 高度比
倾斜角	A	设置倾斜角
文本样式	AA	在“文本样式”对话框中修改文本样式

“操作”组用于设置行间距因子、镜像图像等，其按钮和具体说明见表 7-2-4。

表 7-2-4 “操作”组的按钮和具体说明

按钮	图标	具体说明
定向角	A	设置注解方向
行间距因子		设置行间距因子
打断剖面线	A	设置剖面线断开的文本周围的边距
字符间距处理	VA	将字符间距处理应用到文本
镜像	AB	将注解更改为其镜像图像
超链接		为注解添加或编辑超链接或屏幕提示，或移除超链接
模型单位		以模型单位设置连接到几何且与屏幕平齐的注释的文本高度（仅在“零件”模式下可以使用）

“文本”组用于插入来自文本文件的文本、切换尺寸和保存文本等，其按钮和具体说明见表 7-2-5。

表 7-2-5 “文本”组的按钮和具体说明

按钮	图标	具体说明
符号调色板		在注解中插入符号
插入字段		将标准标注添加到注解
来自文件的注解		插入来自文本文件或已保存注解中的文本
切换尺寸		在尺寸值和尺寸名称之间切换
保存到文件		将带有参数信息的文本保存为数值
将符号注解保存到文件		将带有参数信息的文本保存为符号
编辑器		在记事本中编辑注解

“格式”组用于文本换行、切换注解引线、将与屏幕平齐的未连接注解指定为安全标记等。

1. 启动 Creo 8.0

双击桌面上的“Creo Parametric 8.0”快捷方式图标，启动 Creo 8.0。

2. 新建绘图文件，修改绘图属性

（1）单击“主页”选项卡“数据”组中的“新建”按钮，系统弹出“新建”对话框，将类型选为“绘图”、“文件名”改为“底盘”，并取消勾选“使用默认模板”复选框，单击“确定”按钮，系统会弹出“新建绘图”对话框，通过“浏览”按钮添加三维模型“底盘”，其他参数设置如图 7-2-7 所示。

（2）单击“确定”按钮，完成绘图文件“底盘”的创建，进入绘图环境。

（3）选择“文件” / “准备” / “绘图属性”命令，将创建投影视图的方法由“第三视角”改为“第一视角”。

（4）采用同样方法，在“选项”对话框中搜索“default_lindim_text_orientation”选

项并设置为“parallel_to_and_above_leader”，将尺寸标注的显示方式改为尺寸在直线上方；搜索“tol_display”选项设置为“yes”，公差显示可用。

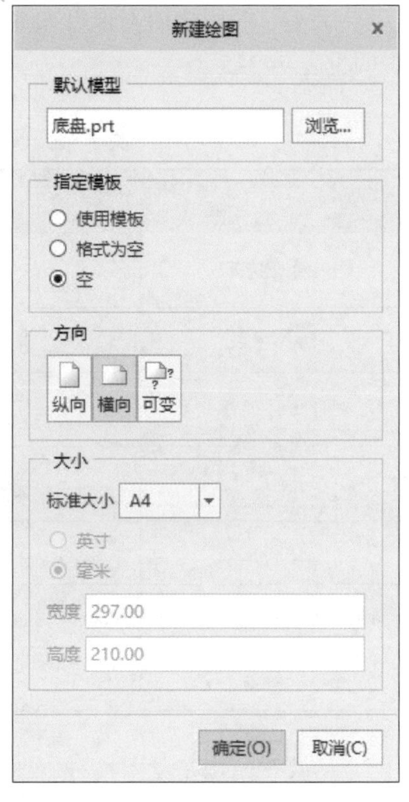

图 7-2-7 设置“新建绘图”对话框

3. 创建底座的视图

（1）创建图 7-2-8 所示的普通视图和投影视图。

（2）创建阶梯剖视图。双击主视图，系统弹出“绘图视图”对话框，单击“截面”类别，选择“截面选项”为“2D 横截面”。单击“添加”按钮 ，截面列表中会显示“新建”截面列表，系统弹出“菜单管理器”对话框，按图 7-2-9 所示进行设置后单击“完成”选项。在图形窗口上方弹出截面名称输入框，输入名称为“A”，单击“确定”按钮 ，系统同时弹出“底座”零件模型窗口和“菜单管理器”对话框，如图 7-2-10 所示。

根据提示，选择底座上表面为草绘平面，并查看草绘平面的方向是否正确，单击“菜单管理器”对话框中的“确定”按钮，再在“菜单管理器”对话框中选择“使用先前的”为草绘选择一个参考，再次查看草绘平面方向正确，单击对话框中的“确定”按钮，进入草绘环境。

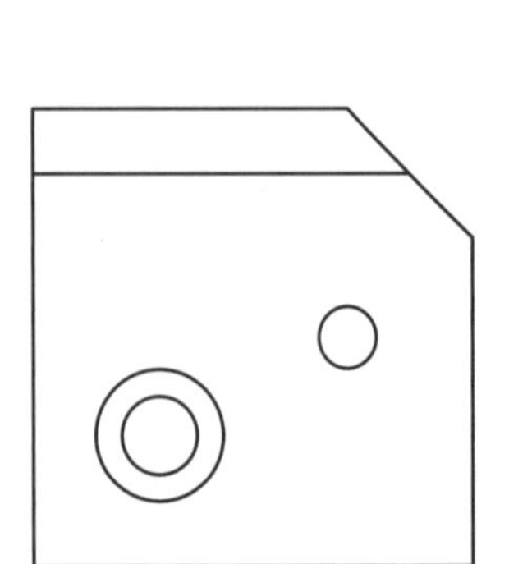
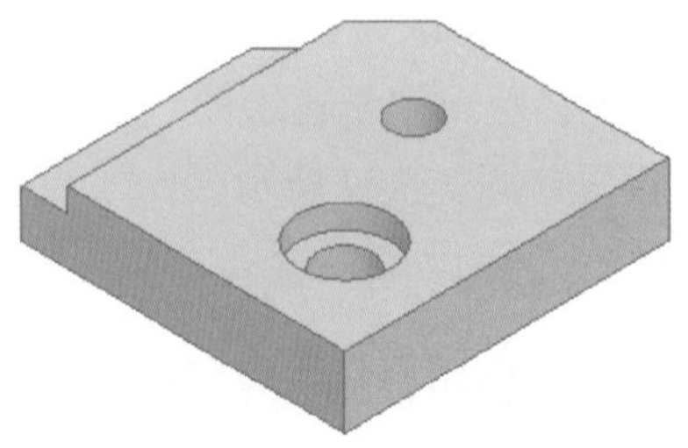

图 7-2-8 创建三视图和轴测图

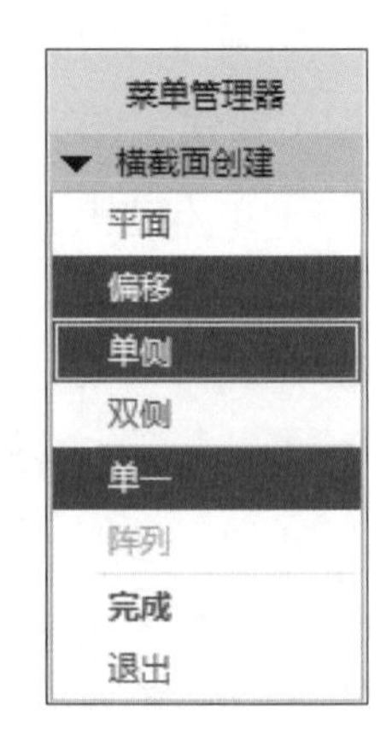

图 7-2-9 设置“菜单管理器”对话框

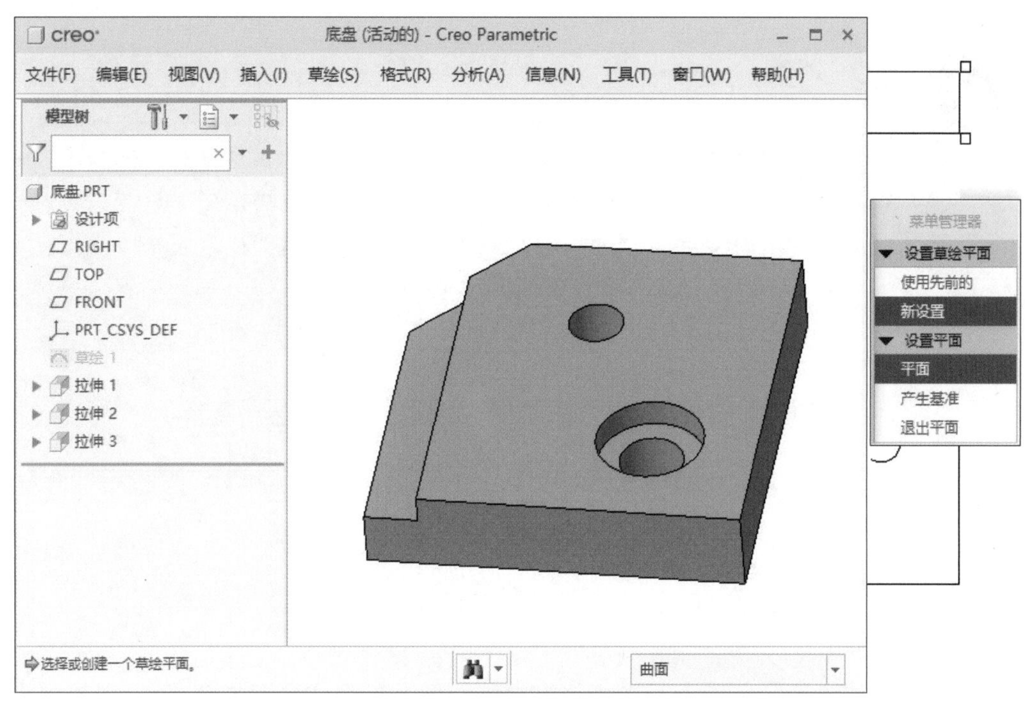

图 7-2-10　显示草绘窗口

在零件模型窗口选择“草绘”/“线”/“线”命令，绘制图 7-2-11 所示的阶梯剖截面线。再选择“草绘”/“完成”命令，完成截面 *A* 的设置。

在“绘图视图”对话框“截面”类别中的截面列表中选择“剖切区域”为“完整”，单击“应用”按钮保存设置，再单击“确定”按钮，退出对话框，完成主视图阶梯剖视图的创建，并将剖切箭头放置在俯视图上，结果如图 7-2-12 所示。

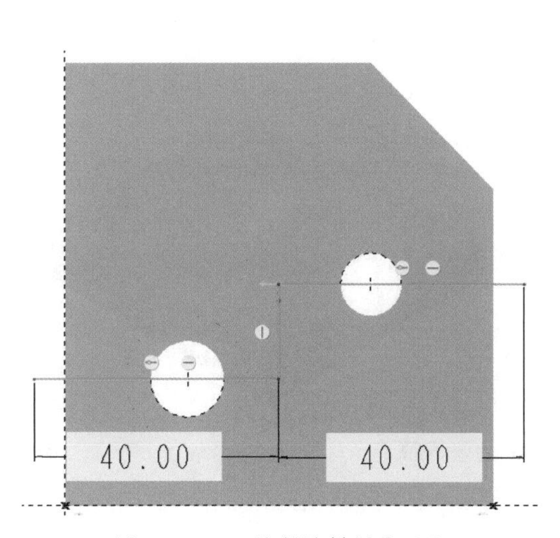

图 7-2-11　绘制阶梯剖截面线

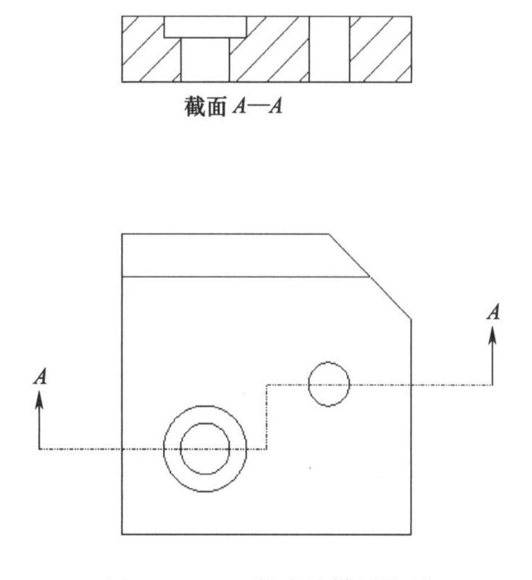

图 7-2-12　创建阶梯剖视图

提示

显示视图中隐藏线的方法有两种：一种是单击“布局”选项卡下“编辑”组中的“边显示”按钮，根据系统提示完成设置；另一种是直接双击该视图，将“绘图视图”对话框“视图显示”类别中的显示样式设置为“隐藏线”即可。

以左视图为例，显示隐藏线的结果如图 7-2-13 所示。

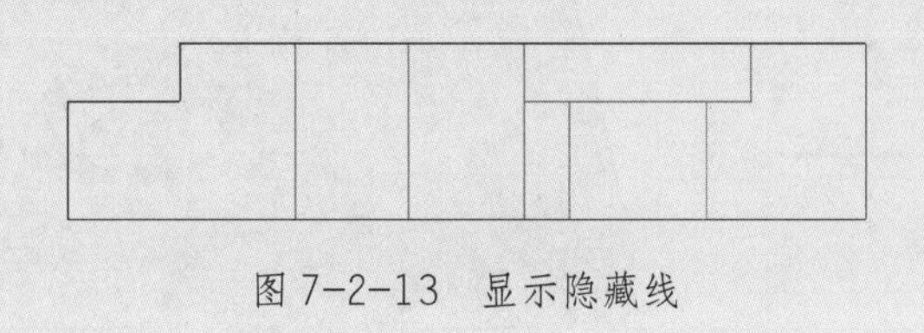

图 7-2-13　显示隐藏线

4. 标注尺寸

（1）单击“注释”选项卡“注释”组中的“显示模型注释”按钮，系统弹出“显示模型注释”对话框。

（2）单击该对话框中的“显示模型基准”图标，选择类型为“全部”，在按住 Ctrl 键的同时选择主、俯、左三个视图，选择“显示所有轴”按钮，单击“应用”按钮，完成所有基准轴的显示，结果如图 7-2-14 所示。

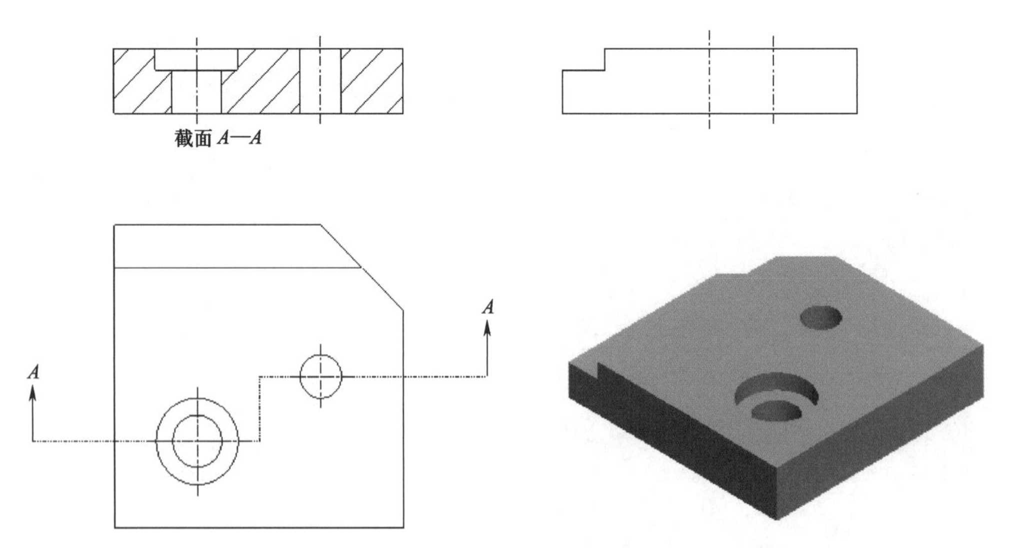

图 7-2-14　显示所有基准轴

（3）单击“注释”选项卡“注释”组中的“尺寸”按钮 ，系统弹出“选择参考”对话框，如图 7–2–15 所示。

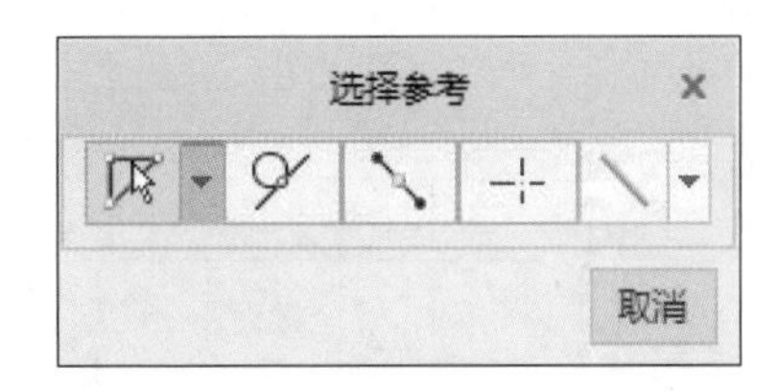

图 7-2-15 “选择参考”对话框

（4）选中图 7–2–16 所示线段为标注图元。移动鼠标光标至合适位置后，单击鼠标中键，完成该线段长度的标注，结果如图 7–2–17 所示。

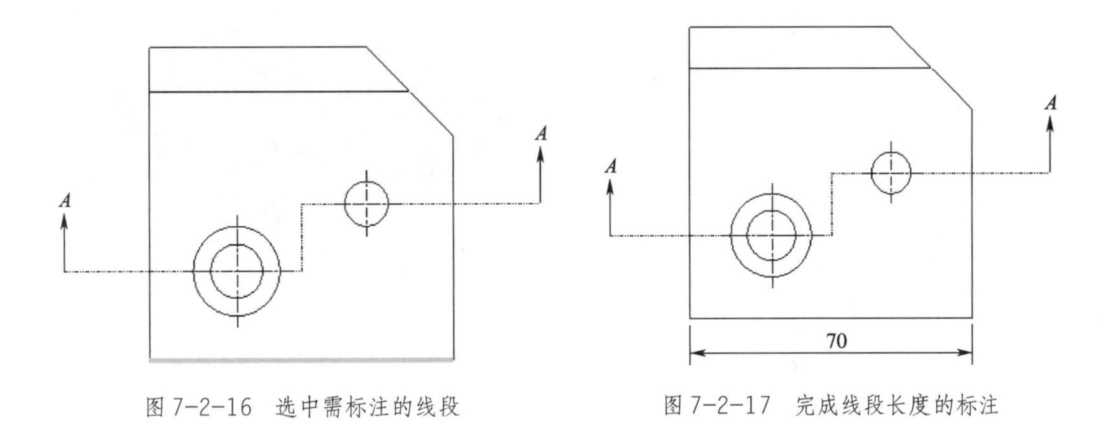

图 7-2-16　选中需标注的线段

图 7-2-17　完成线段长度的标注

（5）在按住 Ctrl 键的同时选择图 7–2–18 所示的两条线段。移动鼠标光标至合适位置后，单击鼠标中键，完成两条线段间距离的标注，结果如图 7–2–19 所示。

（6）采用以上两种方法完成其他尺寸的标注，结果如图 7–2–20 所示。

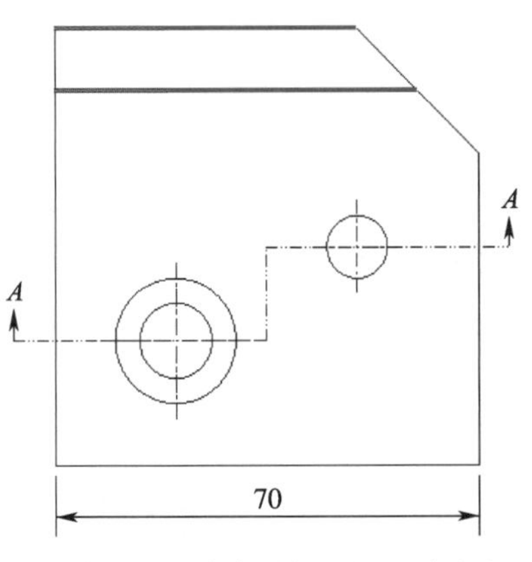

图 7-2-18　选中需标注间距的线段

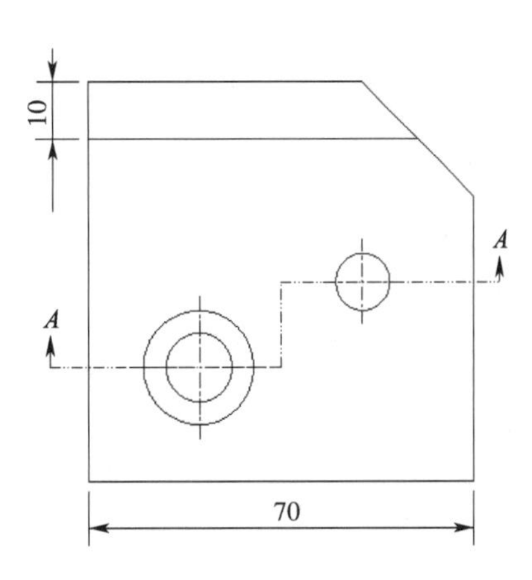

图 7-2-19　完成线段间距的标注

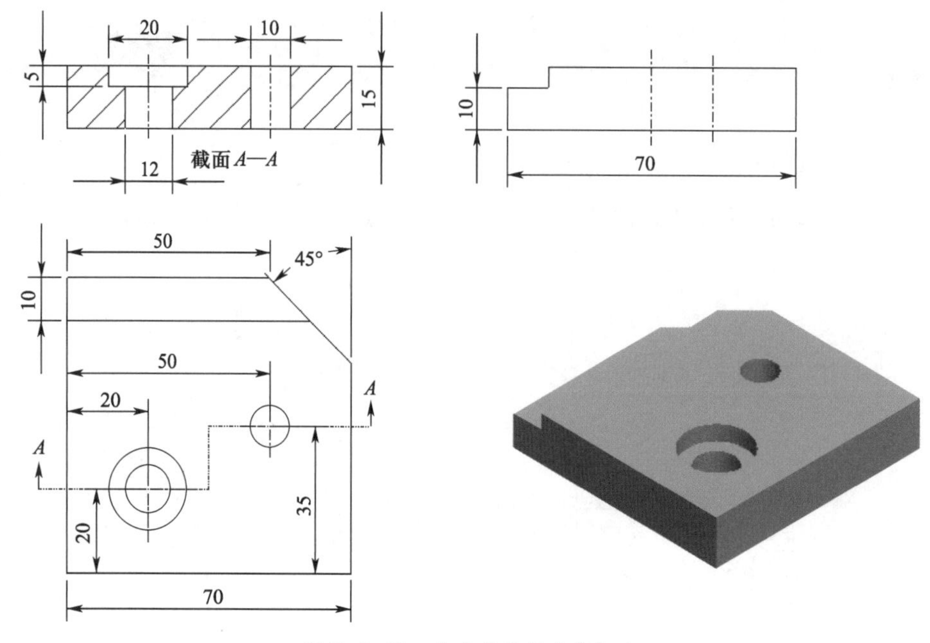

图 7-2-20　完成其他尺寸的标注

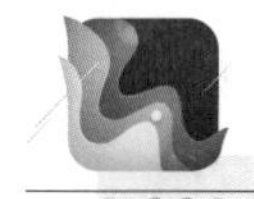

提示

按住 Ctrl 键，同时选择需要对齐的尺寸，再单击“注释”选项卡“编辑”组中的“对齐尺寸”按钮，可实现尺寸线的对齐操作。

5. 标注尺寸前缀和公差

（1）单击主视图上尺寸“10”，“尺寸”选项卡随即打开。

（2）单击“尺寸”选项卡“尺寸文本”组中的“尺寸文本”按钮 ⌀10.0，系统弹出下滑面板，如图 7-2-21 所示设置，完成尺寸 10 直径前缀符号 ⌀ 的添加。

（3）单击“尺寸”选项卡“公差”组中的“公差”按钮 10.0 公差，系统弹出下拉菜单，选择“正负”选项，其他参数设置如图 7-2-22 所示，完成尺寸“10”公差标注的添加，结果如图 7-2-23 所示。

（4）采用同样方法完成其他尺寸前缀和公差的标注，结果如图 7-2-24 所示。

6. 标注形位公差

（1）单击“注释”选项卡“注释”组中的“基准特征符号”按钮，移动鼠标光标选择主视图的底边为基准，再向下移动鼠标光标至合适位置后，单击鼠标中键，“基准要素”选项卡随即打开，按图 7-2-25 所示进行设置。

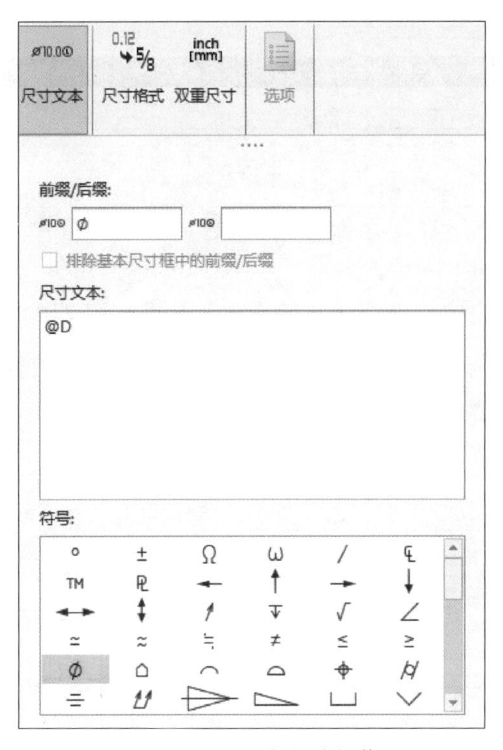

图 7-2-21　添加直径前缀符号 ø

图 7-2-22　设置“尺寸”选项卡

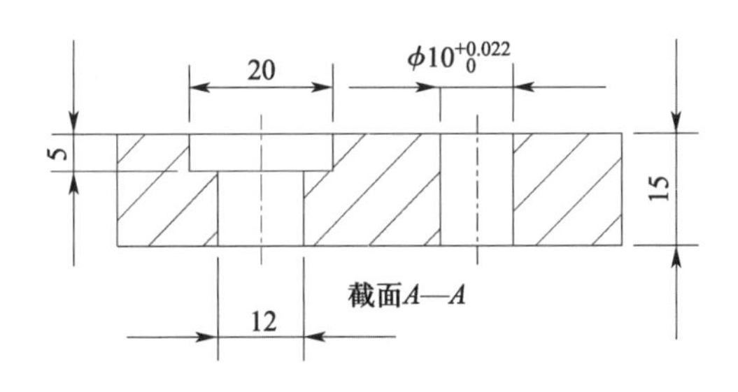

图 7-2-23　标注直径前缀和公差

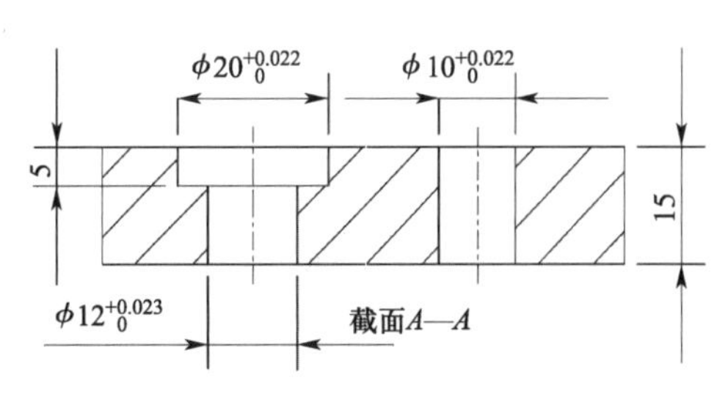

图 7-2-24　完成其他尺寸前缀和公差的标注

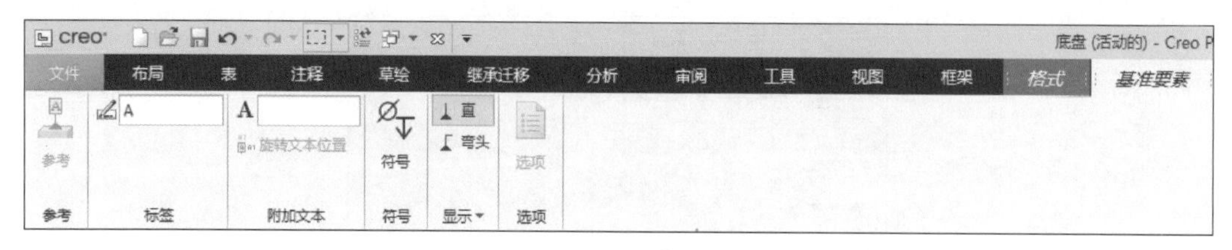

图 7-2-25　设置“基准要素”选项卡

（2）单击鼠标左键完成基准特征 *A* 的创建，结果如图 7-2-26 所示。

（3）单击“注释”选项卡“注释”组中的“几何公差”按钮，移动鼠标光标选择高度“15”的尺寸边界线，再向上移动鼠标光标至合适位置后，单击鼠标中键，“几何公差”选项卡随即打开，按图 7-2-27 所示进行设置。

（4）单击鼠标左键完成几何公差的创建，结果如图 7-2-28 所示。

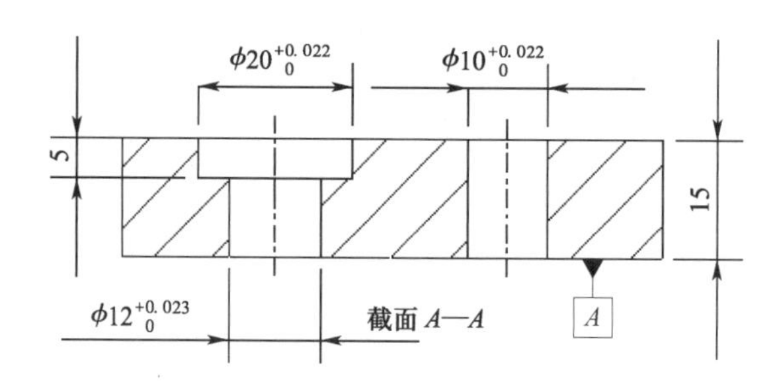

图 7-2-26　创建基准特征 *A*

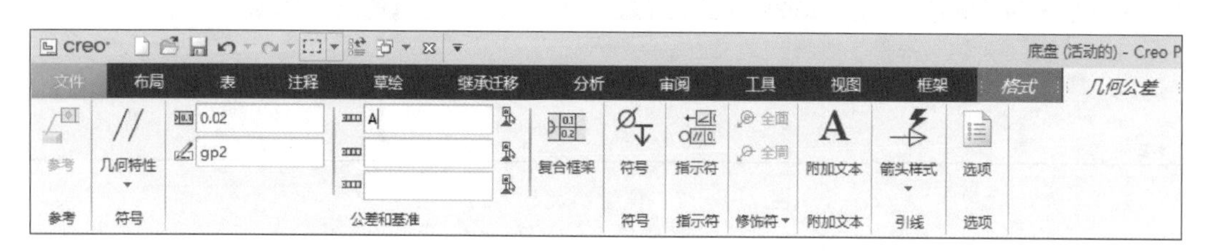

图 7-2-27　设置“几何公差”选项卡

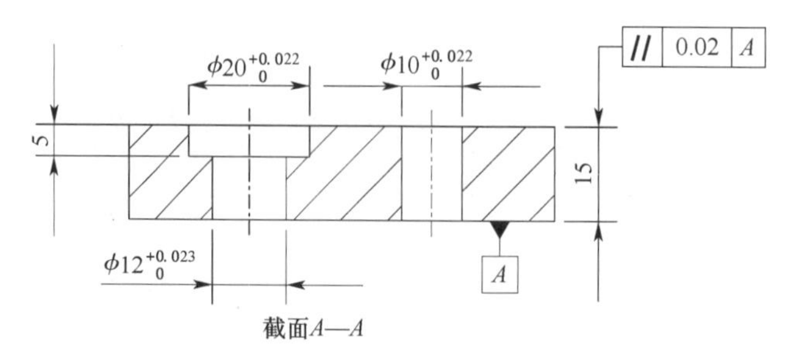

图 7-2-28　创建几何公差

提示

选中几何公差后，可通过按住鼠标左键拖动来改变几何公差的位置，实现与尺寸线对齐。

7. 标注表面粗糙度

（1）单击“草绘”选项卡“草绘”组中的“线 / 弧链”按钮，在图形窗口绘制表面粗糙度符号，符号的参考尺寸如图 7–2–29 所示，结果如图 7–2–30 所示。

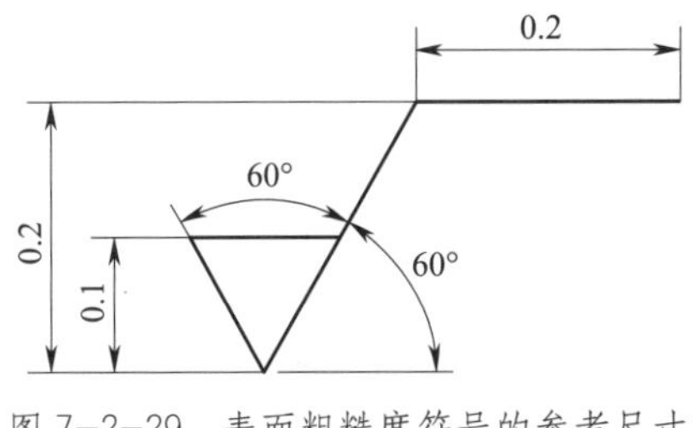

图 7–2–29　表面粗糙度符号的参考尺寸

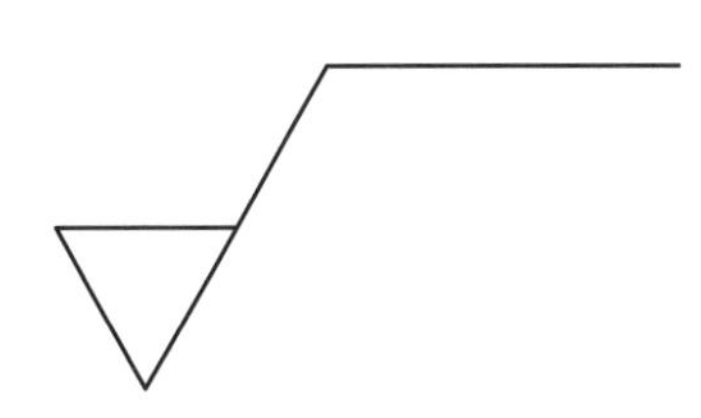
图 7–2–30　绘制表面粗糙度符号

提示

Creo 8.0 中未提供符合新国标规范的表面粗糙度符号，故需先定义符号，再引用。

图 7–2–29 所示表面粗糙度符号中直线的尺寸可根据标注尺寸中文本的大小来确定，文中所给尺寸仅供参考。

（2）单击“注释”选项卡“注释”组中的“注解”按钮，系统弹出“选择点”对话框，如图 7–2–31 所示。

（3）移动鼠标光标至表面粗糙度符号右侧横线下方单击鼠标左键，输入内容“*Ra*1.6\\”，在空白处单击鼠标左键完成输入。

（4）单击“*Ra*1.6\\”注解框，在浮动工具栏中单击“属性”按钮，如图 7–2–32 所示。

（5）系统弹出“注解属性”对话框，按图 7–2–33 所示进行设置。

（6）单击“确定”按钮，完成文字的字体和高度的修改，结果如图 7–2–34 所示。

（7）单击“注释”选项卡“注释”组溢出菜单中的“定义符号”按钮，系统弹出“菜单管理器”对话框，如图 7–2–35 所示。单击“菜单管理器”对话框中的“定义”选项，系统弹出“输入符号名 [退出]”对话框，在对话框中输入“新国标”，如图 7-2-36 所示。

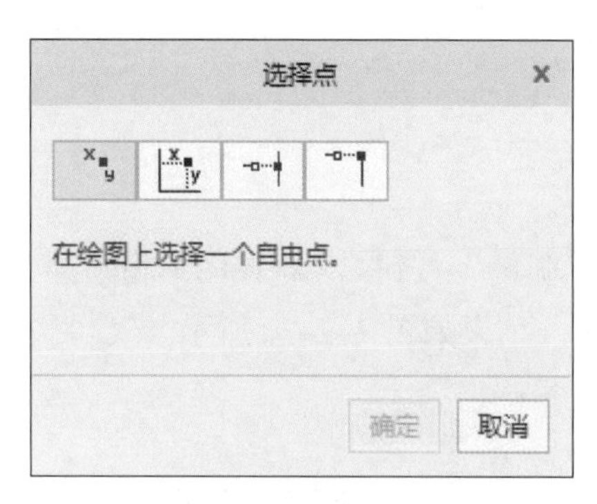

图 7-2-31 “选择点”对话框

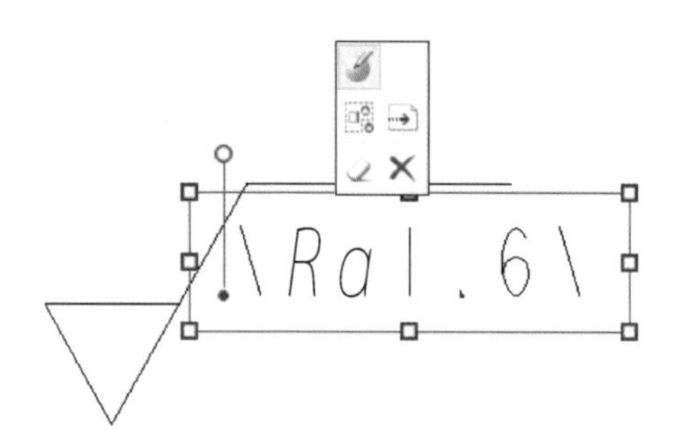

图 7-2-32 单击“属性”按钮

图 7-2-33 “注解属性”对话框

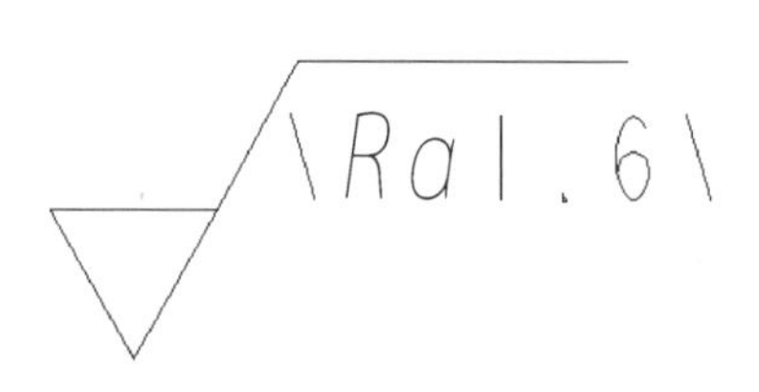

图 7-2-34 创建表面粗糙度注解

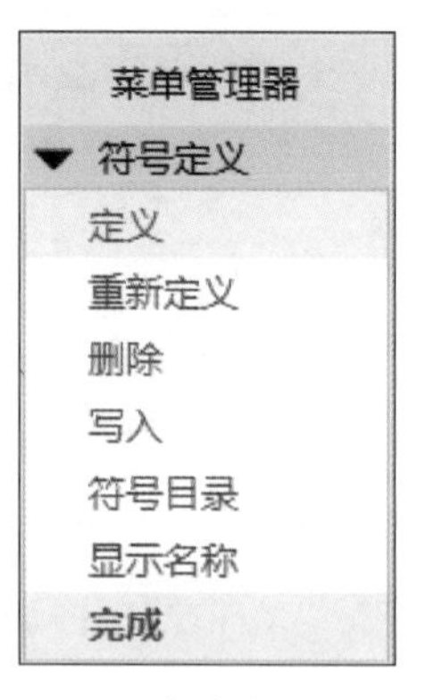

图 7-2-35 “菜单管理器”对话框

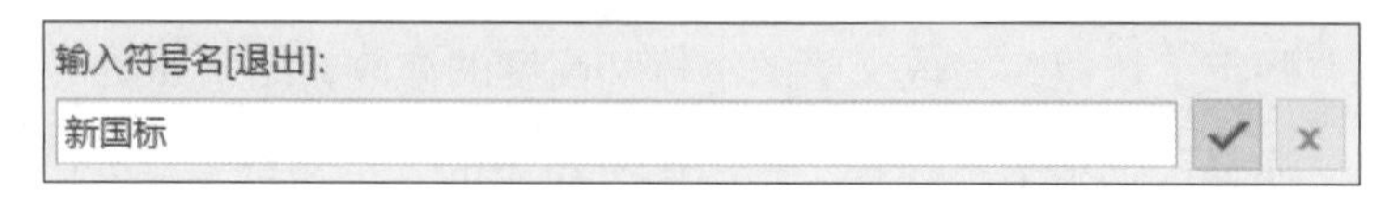

图 7-2-36 “输入符号名 [退出]”对话框

（8）单击“确定”按钮✓，系统弹出图形创建窗口，如图 7-2-37 所示。

（9）单击“菜单管理器”对话框中的“绘图复制”选项，系统弹出“选择”对话框，如图 7-2-38 所示。根据提示，框选已绘制好的表面粗糙度符号，单击鼠标中键完成选择，返回图形创建窗口。

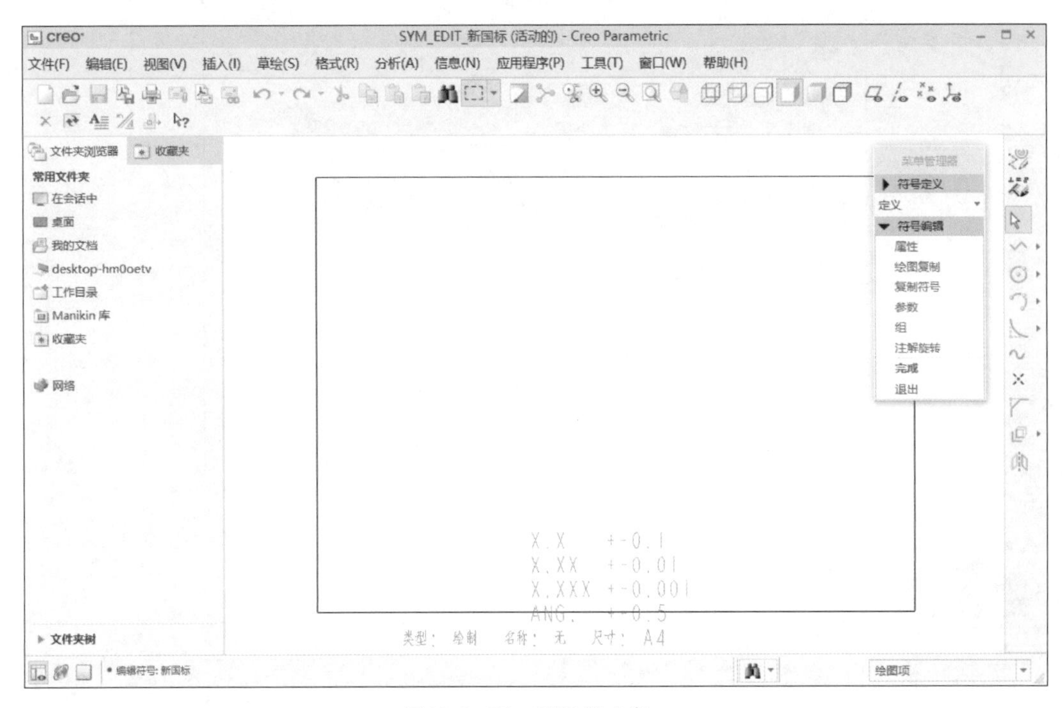

图 7-2-37　图形创建窗口

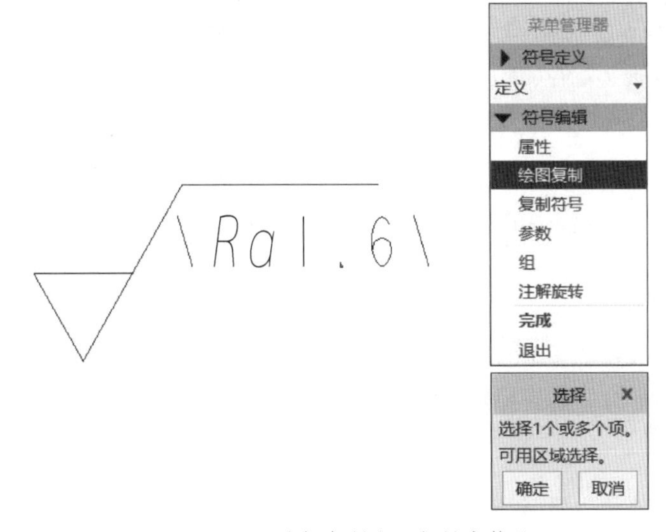

图 7-2-38　选择复制表面粗糙度符号

（10）单击“菜单管理器”对话框中的“完成”选项，系统弹出“符号定义属性”对话框，按图 7–2–39 进行设置。单击“符号定义属性”对话框中的“确定”按钮，完成属性设置。

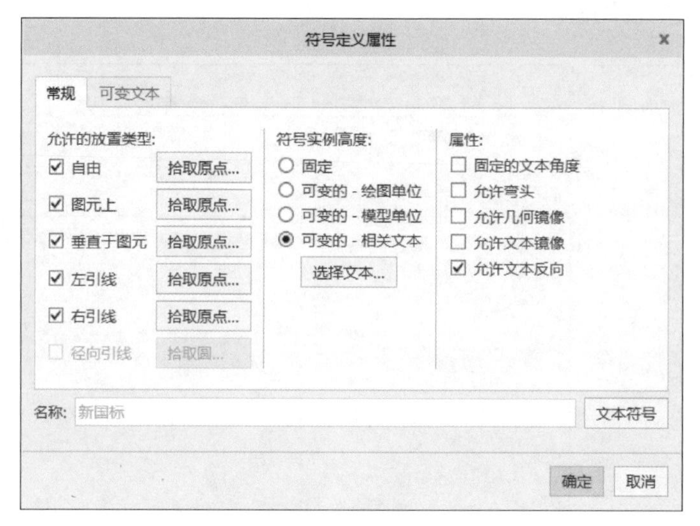

图 7–2–39 “符号定义属性”对话框

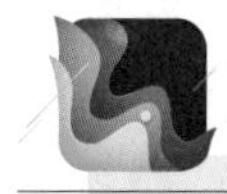

提示

设置“符号定义属性”对话框时，将“允许的放置类型”中的复选框全部选中，拾取原点如图 7–2–40 所示。“符号实例高度”中所选择的文本为“\Ra1.6\”。

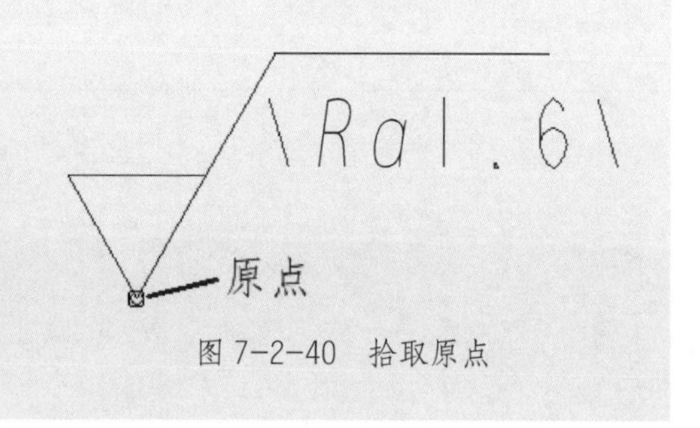

图 7–2–40 拾取原点

（11）单击“菜单管理器”对话框中的“完成”选项，退出图形创建窗口。再次单击“菜单管理器”对话框中的“完成”选项，完成表面粗糙度符号的定义。

提示

完成表面粗糙度符号的定义后，绘制的表面粗糙度符号需删除。

（12）单击“注释”选项卡“注释”组中的“表面粗糙度”按钮 ，系统弹出“表面粗糙度”对话框，按图 7–2–41 进行设置。移动鼠标光标至合适位置，单击鼠标左键完成该表面粗糙度的创建，结果如图 7-2-42 所示。

（13）采用同样方法完成其他表面粗糙度的标注，在图 7-2-43 所示“表面粗糙度”对话框中进行设置，结果如图 7-2-44 所示。

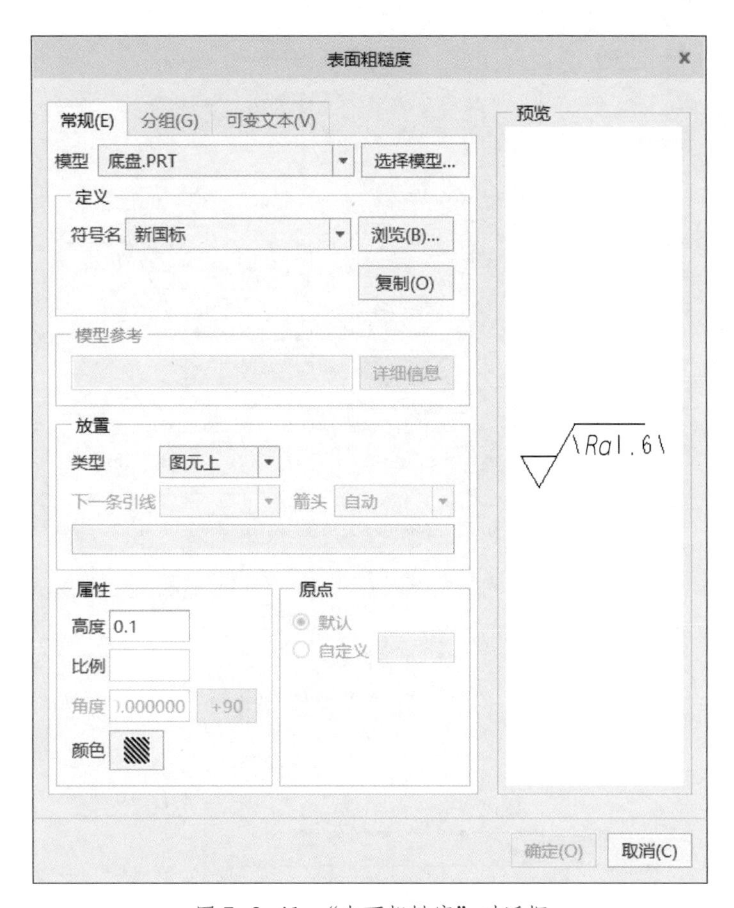

图 7-2-41　“表面粗糙度”对话框

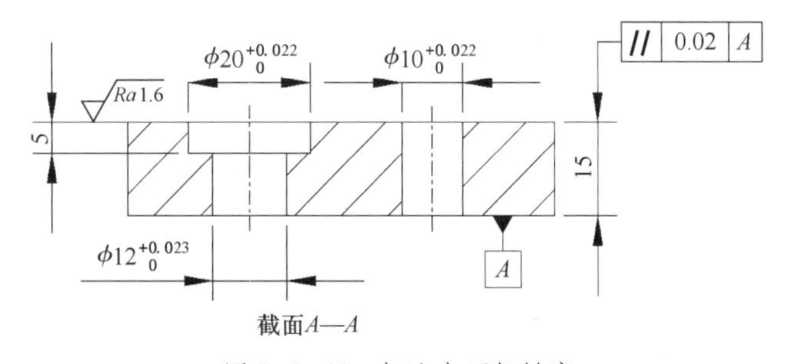

图 7-2-42　标注表面粗糙度

图 7-2-43 “表面粗糙度”对话框

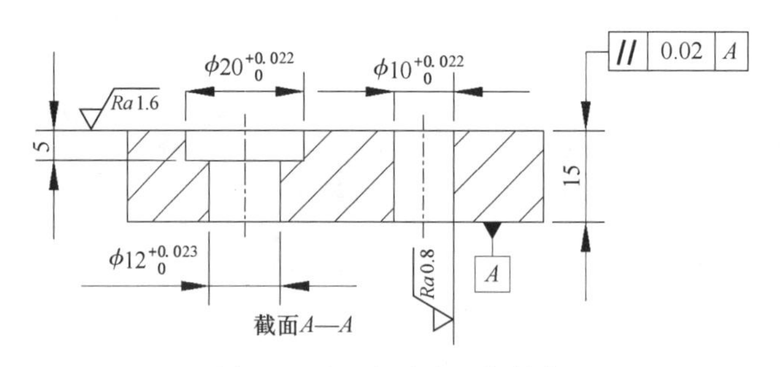

图 7-2-44 标注表面粗糙度

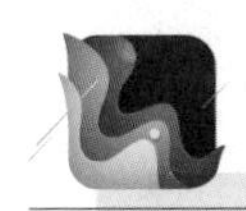

提示

在“表面粗糙度”对话框的“可变文本”选项卡中可修改表面粗糙度的数值。表面粗糙度放置好后，可通过按住鼠标左键拖动来改变表面粗糙度的位置，避免与尺寸线交叉。

8. 创建注释

（1）单击“注释”选项卡“注释”组中的“注解”按钮，系统弹出“选择点”对话框，移动鼠标光标至图样空白处单击鼠标左键，输入图 7-2-45 所示的技术要求和具体内容。

技术要求

1. 倒钝锐边，去除毛刺。
2. 零件加工表面上不应有划痕、擦伤等损伤零件表面的缺陷。

图 7-2-45　输入的文字

（2）单击“技术要求”注解框，“格式”选项卡随即打开，设置字体为“font_Chinese_cn”、高度为“0.2”，按下键盘上的 Enter 键，完成文字的字体和高度的修改。

9. 移动视图，合理布图

（1）单击“布局”选项卡“文档”组中的“锁定视图移动”按钮，解除视图移动锁定，进行合理布局，将“截面 *A—A*”修改为“*A—A*”，并移至对应视图的上方中间位置，再删除不必要的信息。

（2）单击“草绘”选项卡“草绘”组中的“线 / 弧链”按钮，在俯视图 *A—A* 剖切线的起点、折点和终点处分别绘制粗短直线，并删除原剖切线，结果如图 7-2-1 所示。

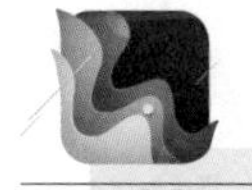

提示

本任务中尺寸、几何公差、文本和注释的单位均为英寸，用户可在“绘图属性”/“细节选项”中修改。

10. 保存文件，并退出 Creo 8.0 软件

单击快速访问工具栏中的“保存”按钮，系统弹出“保存对象”对话框，根据需求选择文件保存地址，单击“确定”按钮，完成文件的保存。

单击软件界面右上角的“关闭”按钮，退出 Creo 8.0 软件。

至此，底座的零件工程图创建完成。

完成图 7-2-46 所示基座零件数字模型的创建，并出工程图。

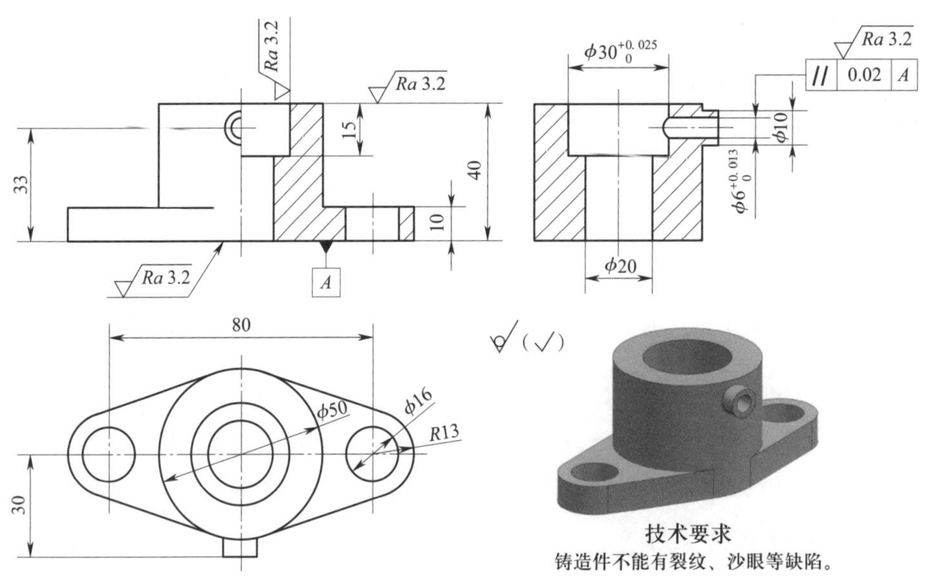

图 7-2-46　基座零件工程图

任务 3　绘制装配工程图

1. 能创建装配工程图的标题栏和明细表。
2. 能在表格中插入文字。
3. 能调用工程图模板。
4. 能创建元件序号。

装配工程图与零件工程图虽同为工程图，但其表达内容、绘制方法、标注方法、读图要求和用途等均不相同。零件工程图要表达清楚单个零件的尺寸、公差、表面粗糙度等具体信息，而装配工程图要表达各个装配元件之间的相对位置、连接关系、配合公差等信息。

本任务通过创建图 7-3-1 所示的坦克模型装配工程图，学习创建和调用工程图模

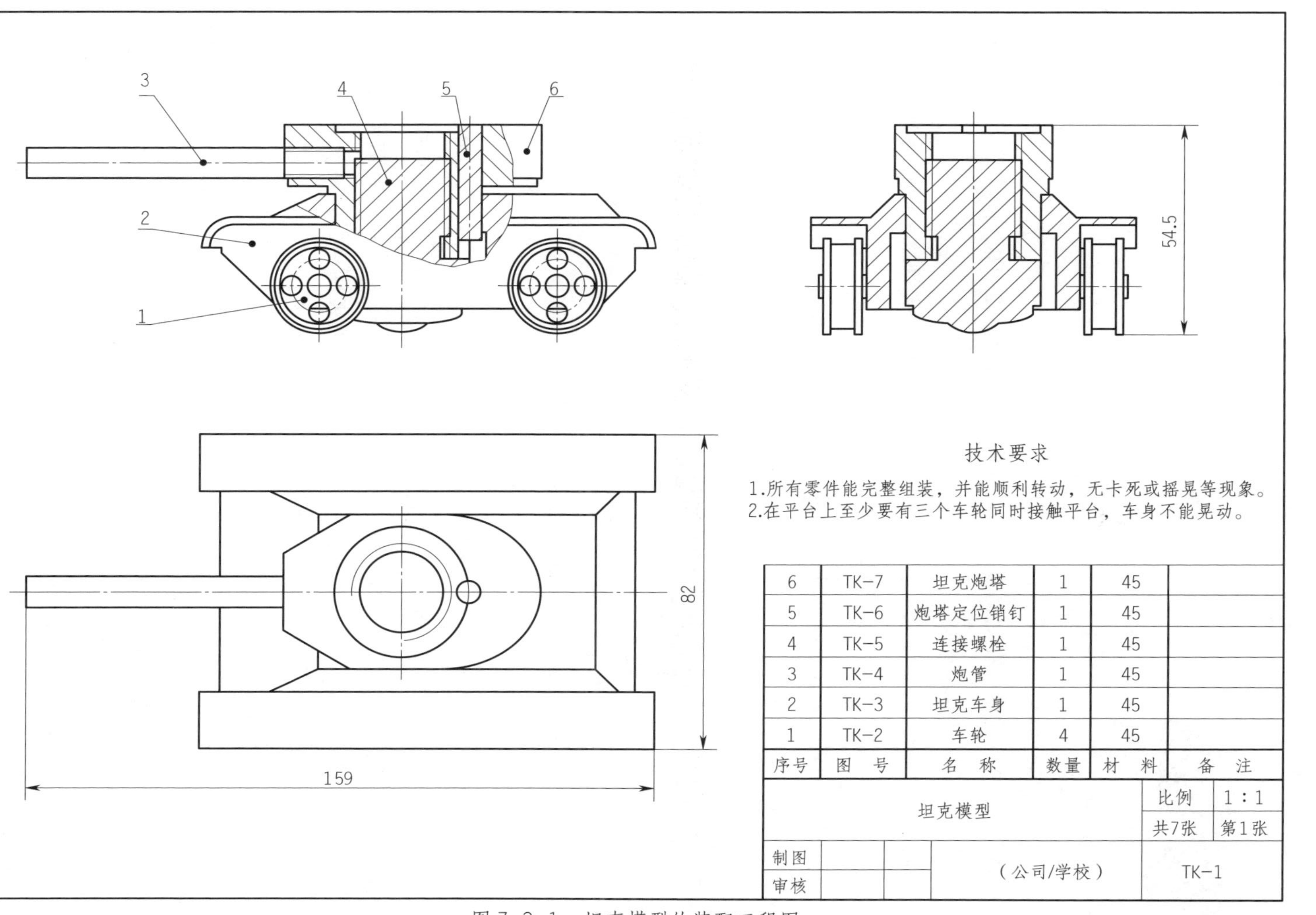

3
4
5
6
2
1
54.5
82
159
技术要求
1.所有零件能完整组装，并能顺利转动，无卡死或摇晃等现象。
2.在平台上至少要有三个车轮同时接触平台，车身不能晃动。
6　TK-7　坦克炮塔　1　45
5　TK-6　炮塔定位销钉　1　45
4　TK-5　连接螺栓　1　45
3　TK-4　炮管　1　45
2　TK-3　坦克车身　1　45
1　TK-2　车轮　4　45
序号　图号　名称　数量　材料　备注
坦克模型
比例　1:1
共7张　第1张
制图
审核
（公司/学校）
TK-1

图 7-3-1　坦克模型的装配工程图

板，复习表达视图的生成步骤和编辑方法，练习应用“引线注解”工具创建元件序号，最终形成一张完整的装配工程图。

1．绘图表

绘图表是具有行和列的栅格，可在其中输入文本。绘图表中的文本具有全文本功能，可通过双击单元格并在对话框中输入文本进行修改；也可以输入尺寸符号和绘图标签，并且在修改模型或绘图时可更新。

修改绘图表的方法和修改几何的方法一样，可以修改表栅格的图线种类、颜色和宽度，且绘图表可以包含到绘图格式、绘图和布局中。

绘图表可通过“表”选项卡中的相关按钮来创建和编辑。“表”选项卡包含“表”组、“行和列”组、“数据”组和“格式”组，如图 7–3–2 所示。

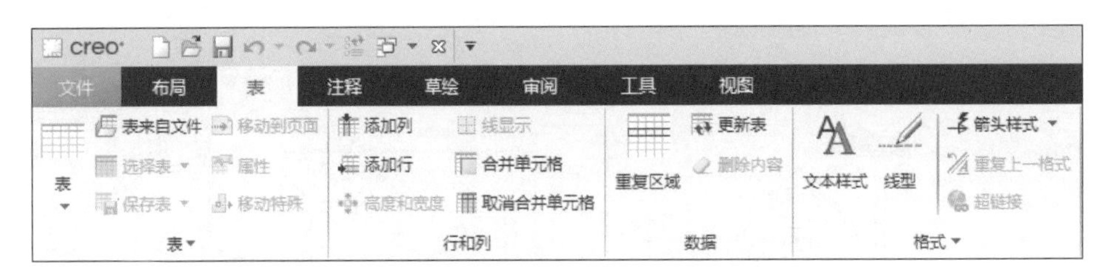

图 7–3–2 “表”选项卡

“表”组用于插入、选择、移动、旋转和保存绘图表等。插入表有四种不同的方法，在“表”的下拉列表中可以进行选择，如图 7–3–3 所示。第一种方法是使用表网格创建绘图表，将鼠标光标置于表网格的上方，按照列数和行数来指定表尺寸。指定的列和行在表网格中突出显示，表尺寸显示在表网格的顶部，最大表尺寸为 10 × 8。第二种方法是使用“插入表”对话框创建绘图表，“插入表”对话框如图 7–3–4 所示。其中的“方向”选项可指定表增长的方向，其按钮和具体说明见表 7–3–1；“表尺寸”选项可编辑表的列数和行数；“行”选项可编辑行高，单位有 mm 和字符数两种；“列”选项可编辑列宽。第三种方法是使用“表来自文件”按钮直接打开已有的绘图表。第四种方法是使用“快速表”按钮快速选择和插入表库中的表格，“快速表”库中包含用户表和系统表两类。

“行和列”组用于添加行和列、编辑高度和宽度、合并或取消合并单元格、显示或隐藏单元格的边界线，其按钮和具体说明见表 7–3–2。合并单元格需满足两个限制条件：一是在该区域中仅有一个单元可包含文本；二是包含文本的单元必须位于相对于表原点的适当位置。

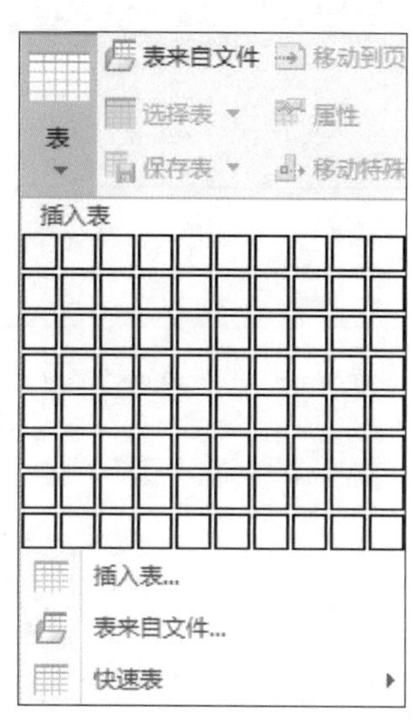

图 7-3-3　插入表的不同方法

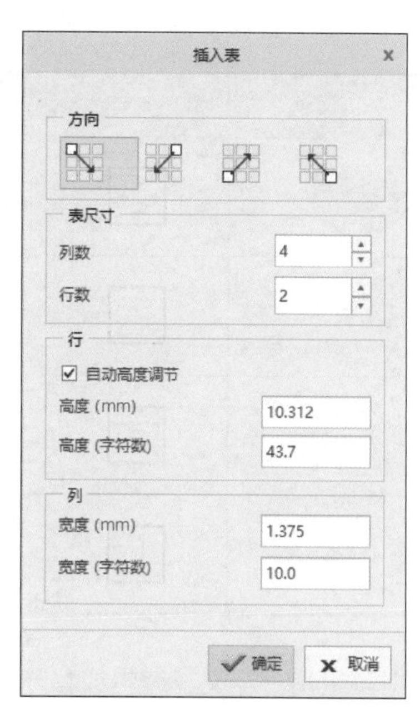

图 7-3-4　“插入表”对话框

表 7-3-1　“方向”选项包含的按钮和具体说明

按钮	图标	具体说明	备注
向右降序		表示表的增长方向为向右且向下	当表的增长方向为向上时，创建的明细表从下往上排序；当表的增长方向向下时，创建的明细表从上往下排序
向左降序		表示表的增长方向为向左且向下	
向右升序		表示表的增长方向为向右且向上	
向左升序		表示表的增长方向为向左且向上	

表 7-3-2　“行和列”组包含的按钮和具体说明

按钮	图标	具体说明
添加列		在表的两列间插入一列
添加行		在表的两行间插入一行

续表

按钮	图标	具体说明
高度和宽度		调整行高和列宽
线显示		显示或隐藏单元格边界线
合并单元格		将选定的单元格合并为一个单元格，并移除单元格之间的边界
取消合并单元格		恢复原始单元格边界

“数据”组用于定义、编辑或移除表格中的重复区域，更新表格和删除表格内容。

“格式”组用于管理和调用文本样式、线性，定义文本自动换行、小数位数和箭头样式等。

2. “选择点”对话框

“选择点”对话框用于选择不同的方式将表的起始拐角放在图样页面上，不同选择方法的图标和具体说明见表 7–3–3。

表 7–3–3 “选择点”的图标和具体说明

图标	具体说明
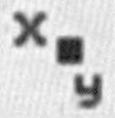	页面上的自由点
	绝对坐标值，通过为 *X* 轴和 *Y* 轴输入绝对值获得
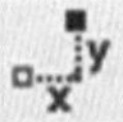	相对坐标值，通过为 *X* 轴和 *Y* 轴输入相对值获得
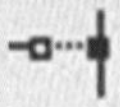	绘图的对象或图元上的点
	一个顶点

1. 启动 Creo 8.0

双击桌面上的“Creo Parametric 8.0”快捷方式图标，启动 Creo 8.0。

2. 新建模板文件，进入模板编辑环境

（1）单击“主页”选项卡“数据”组中的“新建”按钮，系统弹出“新建”对话框，将类型选为“格式”、“文件名”改为“模板”，单击“确定”按钮，系统弹出“新格式”对话框，设置参数如图 7-3-5 所示。

图 7-3-5　设置“新格式”对话框

（2）单击“确定”按钮，完成模板文件的创建，进入模板编辑环境，如图 7-3-6 所示。

3. 创建表格

（1）单击“表”选项卡“表”组下拉列表中的“插入表”按钮，系统弹出“插入表”对话框，设置参数如图 7-3-7 所示。

（2）单击“确定”按钮，在图形窗口任一位置单击放置表格，结果如图 7-3-8 所示。

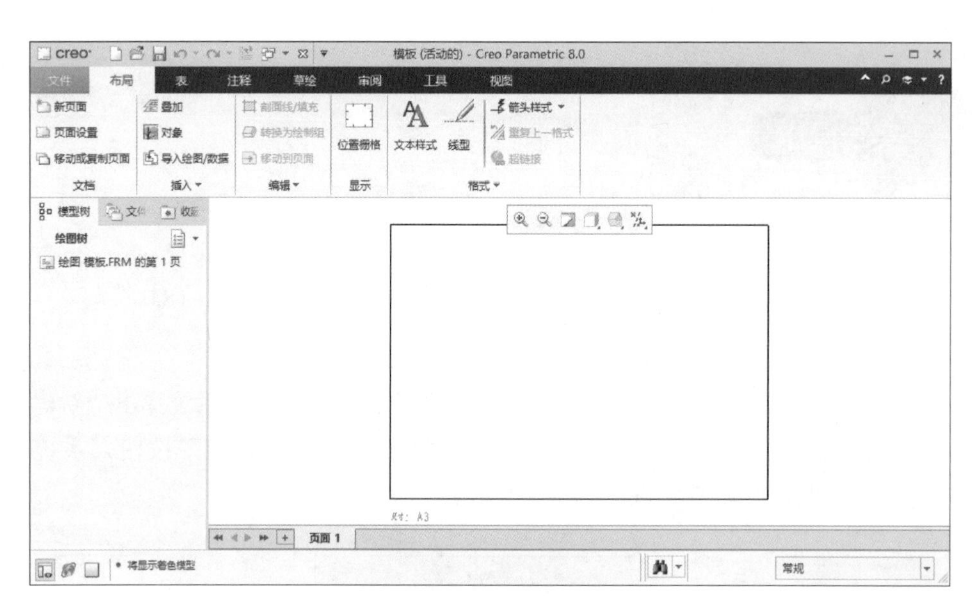

图 7-3-6　模板编辑环境

图 7-3-7　设置“插入表”对话框

图 7-3-8　插入表格

（3）选中表的第一行第二列所在单元格，并单击“表”选项卡“行和列”组中的“高度和宽度”按钮 ，系统弹出“高度和宽度”对话框，设置参数如图 7–3–9 所示。

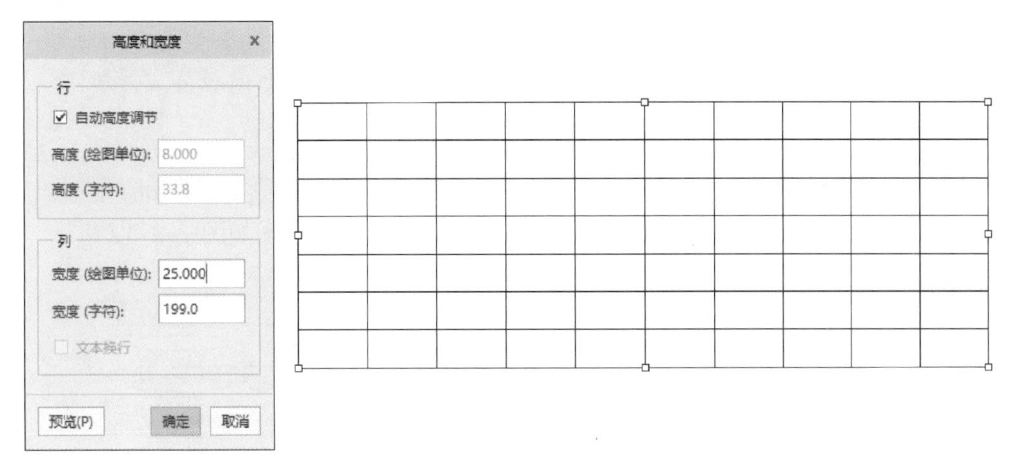

图 7–3–9　修改单元格的列宽

（4）单击“确定”按钮，完成所选单元格列宽的修改，结果如图 7–3–10 所示。

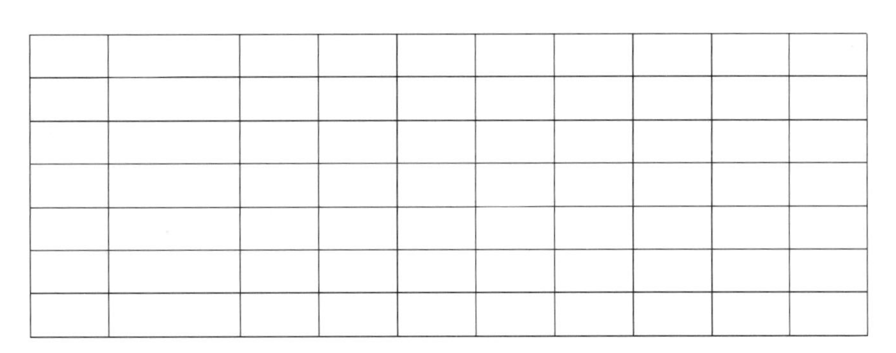

图 7–3–10　完成列宽的修改

（5）采用同样方法完成其他列宽和行高的设置，结果如图 7–3–11 所示。

	15	25	10	10	25	15	25	5	12	18
8										
8										
10										
8										
8										
8										
10										

图 7–3–11　单元格的尺寸

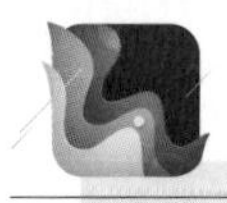

提示

当修改单元格的行高时，需先取消选中“高度和宽度”对话框中的“自动高度调节”复选框，再修改“高度（绘图单位）”。

（6）按住 Ctrl 键选中需要合并的单元格，单击“表”选项卡“行和列”组中的“合并单元格”按钮，完成单元格的合并，单元格合并示意图如图 7-3-12 所示，单元格合并完成，如图 7-3-13 所示。

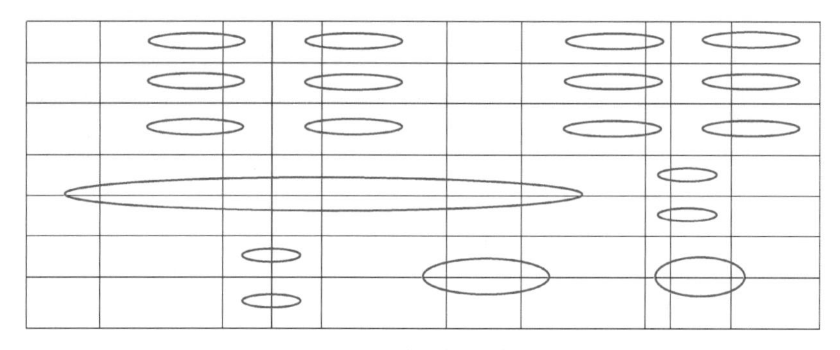

图 7-3-12 单元格合并示意图

图 7-3-13 单元格合并完成

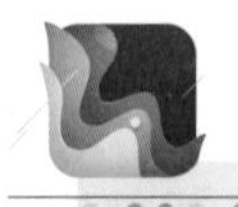

提示

当合并两个单元格时，可以先单击“表”选项卡“表”组中的“合并单元格”按钮，再依次选择需要合并的两个单元格，就能完成合并。单击鼠标中键可退出“合并单元格”命令。

如果要分解已经合并的单元格，可以选中需要分解的单元格，单击“表”选项卡“行和列”组中的“取消合并单元格”按钮，即可完成合并单元格的分解。

（7）框选整个表格，单击“表”选项卡“表”组中的“移动特殊”按钮 ，单击选择所选表格右下角的角点，系统弹出“移动特殊”对话框，选择点类型如图 7-3-14 所示。

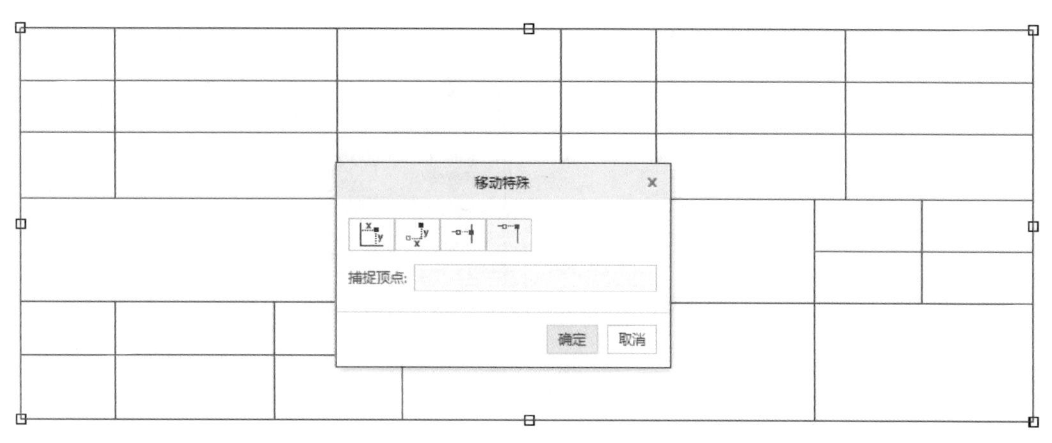

图 7-3-14 设置“移动特殊”对话框

（8）单击选择 A3 图框的右下角顶点，并单击“确定”按钮，完成表格的移动，结果如图 7-3-15 所示。

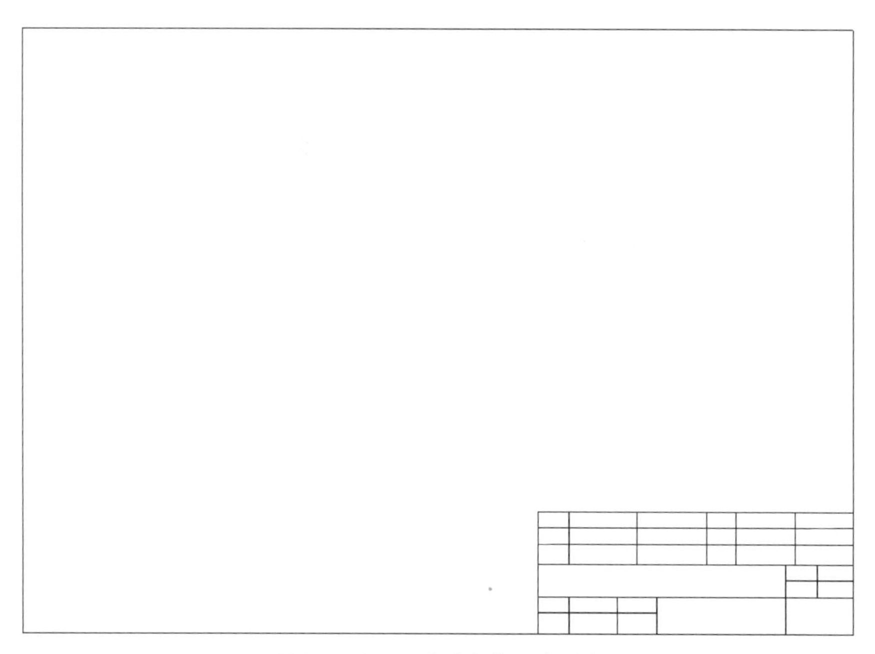

图 7-3-15 移动表格至右下角

4. 插入文字

（1）单击“表”选项卡“格式”组下拉列表中的“文本样式”按钮 ，系统弹出

“文本样式库”对话框，如图 7–3–16 所示。

（2）单击该对话框中的“新建”按钮，系统弹出“新文本样式”对话框，设置参数如图 7–3–17 所示。

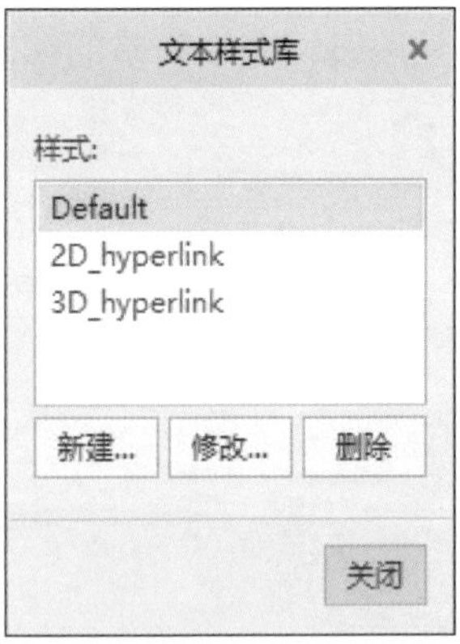

图 7–3–16 “文本样式库”对话框

图 7–3–17 “新文本样式”对话框

（3）单击“确定”按钮，再单击“文本样式库”对话框中的“关闭”按钮，完成文字样式的创建。

（4）单击“表”选项卡“格式”组中的“文本样式”按钮 A̲A，系统弹出“选择”对话框，框选整个表格，单击“选择”对话框中的“确定”按钮，系统弹出“文本样式”对话框，将“样式名称”修改为“文字”，单击该对话框中的“应用”按钮，再单击“确定”按钮退出“文本样式”对话框。最后，单击“文本样式”对话框中的“取消”按钮，退出“文本样式”命令，完成整个表格文本样式的修改。

（5）双击选择需输入文字的单元格，输入文字，结果如图 7–3–18 所示。

<table>
<tr><td></td><td></td><td></td><td></td><td></td><td></td></tr>
<tr><td></td><td></td><td></td><td></td><td></td><td></td></tr>
<tr><td>序号</td><td>图　号</td><td>名　称</td><td>数量</td><td>材　料</td><td>备　注</td></tr>
</table>

<table>
<tr><td colspan="4" rowspan="2">（装配体名称）</td><td>比例</td><td></td></tr>
<tr><td>共　张</td><td>第　张</td></tr>
<tr><td>制图</td><td></td><td></td><td rowspan="2">（公司/学校）</td><td colspan="2" rowspan="2">（图号）</td></tr>
<tr><td>审核</td><td></td><td></td></tr>
</table>

图 7-3-18　输入文字

提示

选择需输入文字的单元格时，若双击单元格，在图形窗口右下角弹出图 7-3-19 所示的提示，则需按住 Alt 键再双击，之后再进行其他操作。

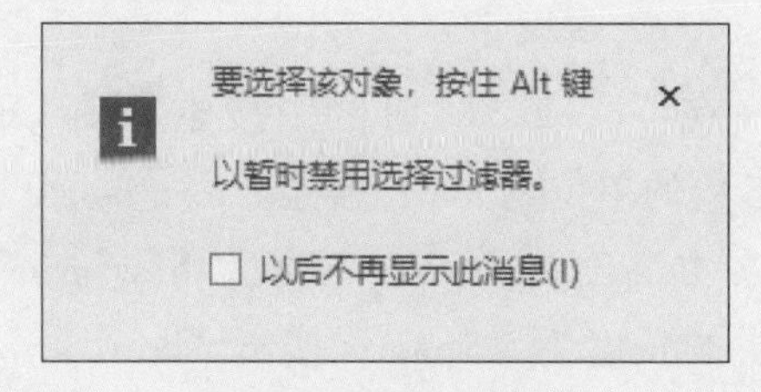

图 7-3-19　选择提示

5. 保存模板

单击快速访问工具栏中的“保存”按钮，完成模板的保存。

6. 新建绘图文件，并调用模板

（1）选择“文件”/“新建”命令，系统弹出“新建”对话框，将类型选为“绘图”、“文件名”改为“坦克模型”，并取消勾选“使用默认模板”复选框，单击“确定”按钮，系统弹出“新建绘图”对话框，通过“默认模型”中的“浏览”按钮添加装配文件“坦克模型”，将“指定模板”类型设置为“格式为空”，并通过“格式”中的“浏览”按钮添加之前创建的“模板”，如图 7-3-20 所示。

（2）单击“确定”按钮，进入绘图环境。

（3）修改绘图属性，将创建投影视图的方法由“第三视角”改为“第一视角”。

图 7-3-20 “新建绘图”对话框

（4）采用同样方法，在“选项”对话框中搜索“drawing_units”选项并设置为“mm”，即设置所有绘图参数的单位为 mm；搜索“text_height”选项并设置为“5”，即设置新创建注释的默认文本高度为 5 mm；搜索“draw_arrow_length”选项并设置为“3.5”，即设置指引线箭头的长度为 3.5 mm；搜索“draw_arrow_width”选项并设置为“1”，即设置指引线箭头的宽度为 1 mm；搜索“default_lindim_text_orientation”选项并设置为“parallel_to_and_above_leader”，即将尺寸标注的显示方式改为尺寸在直线上方；搜索“thread_standard”选项设置为“std_iso_imp_assy”，即设置螺纹在装配图的工程图中显示符合 iso 标准的螺纹剖视图。

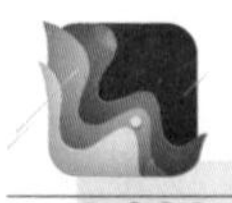

提示

如果用户需要配置其他细节选项，可在“文件”/“准备”/“绘图属性”/“细节选项”中逐一添加或更改。

7. 创建主视图

（1）单击“布局”选项卡“模型视图”组中的“普通视图”按钮，系统弹出“选择组合状态”对话框，在默认设置后单击“确定”按钮，并根据系统提示，在图形窗口的合适位置单击确定绘图视图的中心点，将坦克模型添加到图样上，系统弹出“绘图视图”对话框。

（2）按图 7-3-21 所示设置“视图类型”类别中的相关参数，并单击“应用”按钮保存设置。

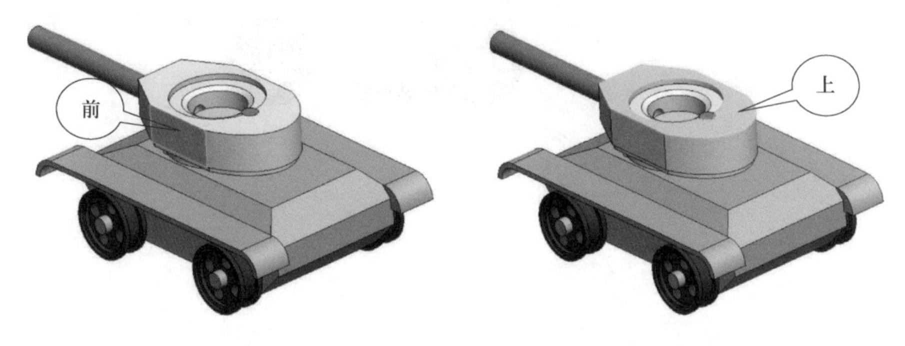

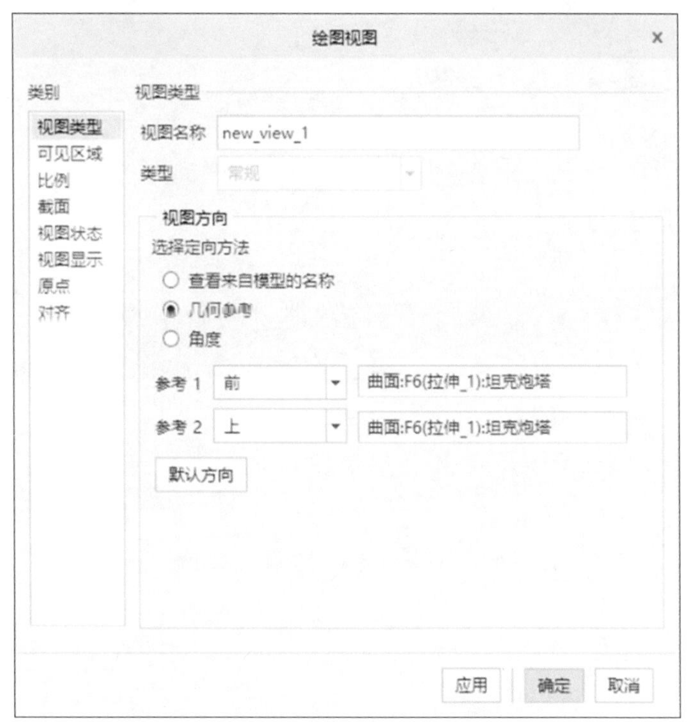

图 7-3-21　设置“视图类型”类别

（3）在该对话框的“比例”类别中设置自定义比例为“1”，单击“应用”按钮保存设置。

（4）在该对话框的“截面”类别中选择“截面选项”为“2D 横截面”，添加“基准平面 ADTM1”为“截面 A”，将剖切区域设置为“局部”，并绘制样条曲线，如图 7-3-22 所示，单击“应用”按钮保存设置。

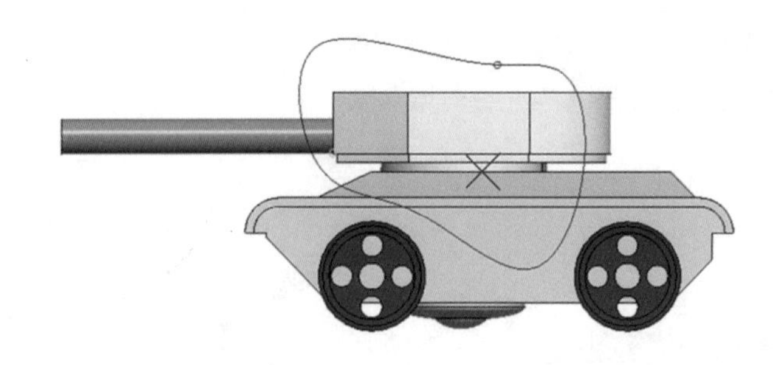

绘图视图

类别：视图类型　可见区域　比例　截面　视图状态　视图显示　原点　对齐

截面选项

○ 无截面
◉ 2D 横截面
○ 3D 横截面　☑ 显示剖面线
○ 单个零件曲面

模型边可见性 ◉ 总计 ○ 区域

名称	剖切区域	参考
A	局部	边:F13(倒角_4):坦克车身

应用　确定　取消

图 7-3-22　设置“截面”类别

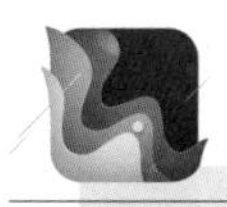

提示

“基准平面 ADTM1”在装配文件中已经提前创建好，后面提到的“基准平面 ADTM2”也同样已创建。

（5）在该对话框的“视图显示”类别中选择显示样式为“消隐”，选择相切边显示样式为“无”，单击“应用”按钮保存设置，再单击“确定”按钮退出对话框，结果如图 7-3-23 所示。

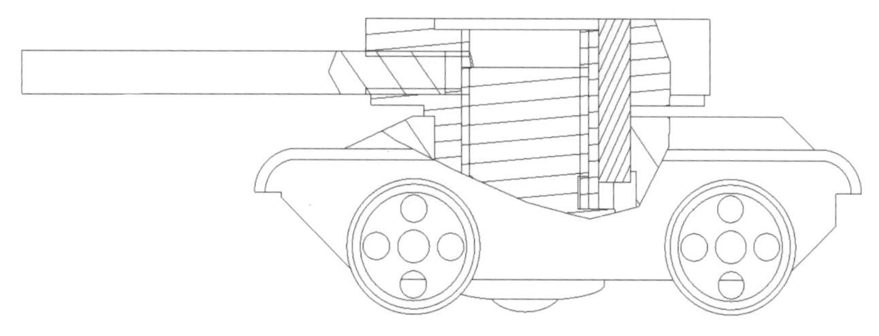

图 7-3-23　主视图局部剖视图

（6）双击图中的剖面线，系统弹出“菜单管理器”对话框。单击“上一个”/“下一个”命令可以选择各个元件的剖面线；单击“间距”命令可以选择不同的调整方式，修改剖面线的间距；单击“角度”命令可以修改剖面线的倾斜角，常用的为“45”或“135”；单击“排除”命令可以解除该元件的剖切显示。根据工程图的表达要求，采用以上命令修改主视图的剖面线，结果如图 7-3-24 所示。

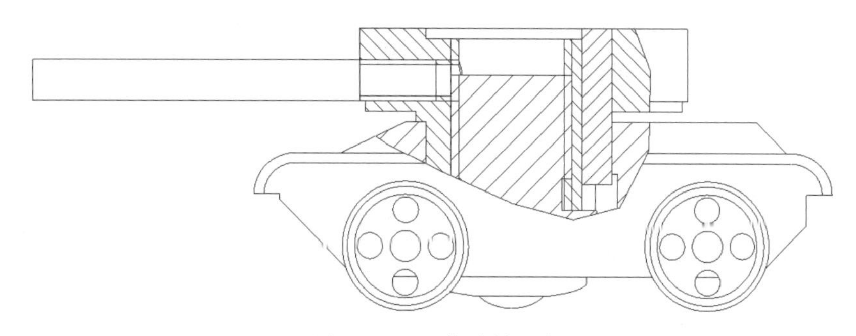

图 7-3-24　修改剖面线

8. 创建俯视图

（1）单击“布局”选项卡“模型视图”组中的“投影视图”按钮，沿着主视图竖直方向移动鼠标光标至适当位置后，单击鼠标左键放置投影视图。

（2）双击投影视图，系统弹出“绘图视图”对话框，设置“视图显示”类别中的显示样式为“消隐”，选择相切边显示样式为“无”，并单击“应用”按钮保存设置，再单击“确定”按钮退出对话框，结果如图 7-3-25 所示。

9. 创建左视图

（1）单击“布局”选项卡“模型视图”组中的“投影视图”按钮，选择主视图为父视图，沿着主视图水平方向移动鼠标光标至适当位置后，单击鼠标左键放置投影视图。

（2）双击投影视图，系统弹出“绘图视图”对话框，设置“截面”类别中的“截面选项”为“2D 横截面”，添加“基准平面 ADTM2”为“截面 B”，将剖切区域设置为“全部”，单击“应用”按钮保存设置。

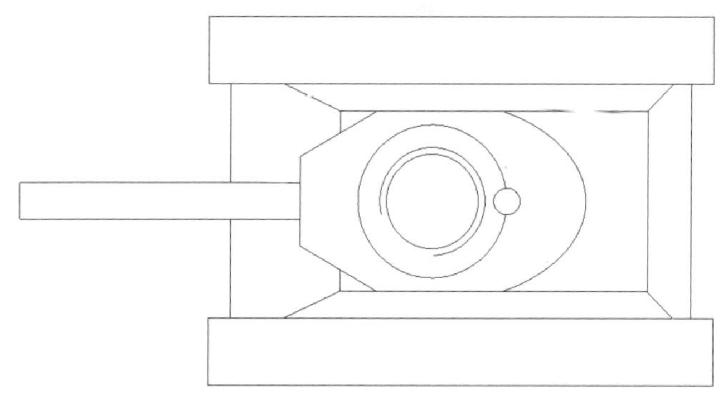

图 7-3-25　创建俯视图

（3）在该对话框的“视图显示”类别中选择显示样式为“消隐”，选择相切边显示样式为“无”，并单击“应用”按钮保存设置，再单击“确定”按钮退出对话框，结果如图 7-3-26 所示。

（4）双击图中的剖面线，系统弹出“菜单管理器”对话框，采用相关命令修改左视图的剖面线，如图 7-3-27 所示。

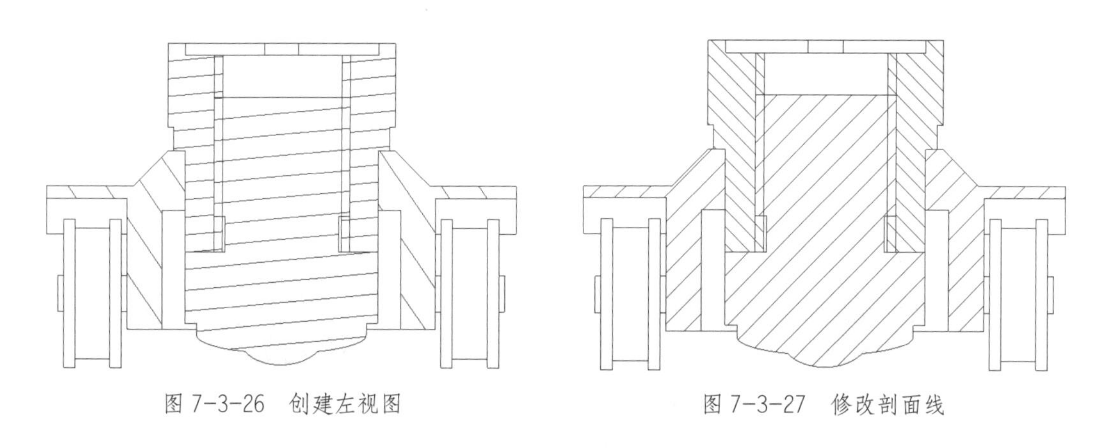

图 7-3-26　创建左视图　　图 7-3-27　修改剖面线

10. 创建元件序号，填写明细表

（1）单击“注释”选项卡“注释”组中的“引线注解”按钮 ，系统弹出“选择参考”对话框，单击鼠标左键选中“车轮”元件，移动鼠标光标至合适位置后，单击鼠标中键，输入序号“1”后再单击鼠标中键确定，最后单击鼠标左键退出序号的编辑。

（2）采用同样方法完成其他元件序号的创建，结果如图 7-3-28 所示。

（3）单击“表”选项卡“行和列”组中的“添加行”按钮 ，根据提示拾取要插入行的位置，增加明细表的行数，结果如图 7-3-29 所示。

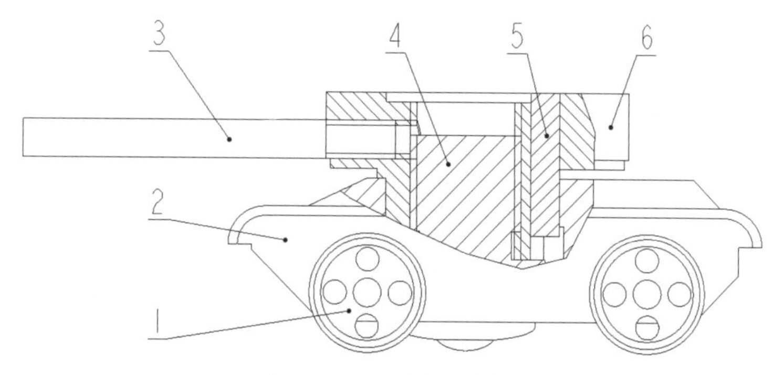

图 7-3-28　创建元件序号

序号	图　号	名　称	数量	材　料	备　注
（装配体名称）				比例	
				共　张	第　张
制图			（公司/学校）	（图号）	
审核					

图 7-3-29　增加明细表的行数

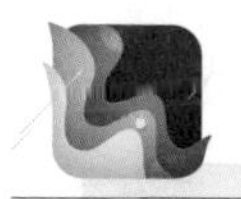

提示

修改元件序号中引线的样式时，可移动鼠标光标单击选取需要修改的序号，再单击“格式”选项卡“格式”组中的“切换引线类型”按钮 来修改。

进行“添加行”操作时，拾取插入行的位置一定要是水平线的位置。选中水平线后，表格会在以选定水平线为边界的两行之间添加新行。“添加列”操作时，要拾取竖直线，如果拾取其他位置的直线则无效。

（4）设置新文本样式：名称为“文本”，高度为“5”，水平为“中心”，竖直为“中间”，其他参数取默认值。

（5）单击“注释”选项卡“格式”组下拉菜单中的“默认文本样式”按钮 ，系统弹出“菜单管理器”对话框，选中“文本”样式，如

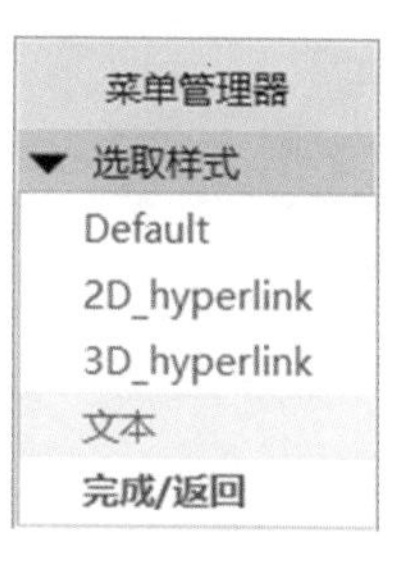

图 7-3-30　设置默认文本格式为“文本”

图 7–3–30 所示，再单击“完成 / 返回”选项，完成默认文本样式的设定。

（6）在明细表中插入“序号”“图号”“名称”等信息，结果如图 7–3–31 所示。

6	TK-7	坦克炮塔	1	45	
5	TK-6	炮塔定位销钉	1	45	
4	TK-5	连接螺栓	1	45	
3	TK-4	炮管	1	45	
2	TK-3	坦克车身	1	45	
1	TK-2	车轮	4	45	
序号	图　号	名　称	数量	材　料	备　注

<table>
<tr><td colspan="4" rowspan="2">坦克模型</td><td>比例</td><td>1:1</td></tr>
<tr><td>共7张</td><td>第1张</td></tr>
<tr><td>制图</td><td></td><td></td><td rowspan="2">（公司/学校）</td><td colspan="2" rowspan="2">TK-1</td></tr>
<tr><td>审核</td><td></td><td></td></tr>
</table>

图 7–3–31　在明细表中插入元件信息

11．标注主要尺寸和技术要求

单击“注释”选项卡下“注释”组中的“尺寸”按钮，标注主要尺寸。再单击“注释”选项卡下“注释”组中的“独立注解”按钮，标注技术要求，结果如图 7–3–32 所示。

12．添加中心线

利用“草绘”选项卡下“草绘”组中的“线 / 弧链”和“圆心和点”，绘制所需中心线，此时线型为实线。再利用“草绘”选项卡下“格式”组中的“线型”，改变绘制直线 / 圆的样式为“中心线”，结果如图 7–3–1 所示。

13．保存文件，并退出 Creo 8.0 软件

单击快速访问工具栏中的“保存”按钮，系统弹出“保存对象”对话框，根据需求选择文件保存地址，单击“确定”按钮完成文件的保存。

单击软件界面右上角的“关闭”按钮，退出 Creo 8.0 软件。

至此，坦克模型的装配工程图创建完成。

完成图 7–3–33 所示的装配工程图的创建，并标注尺寸、序号等。

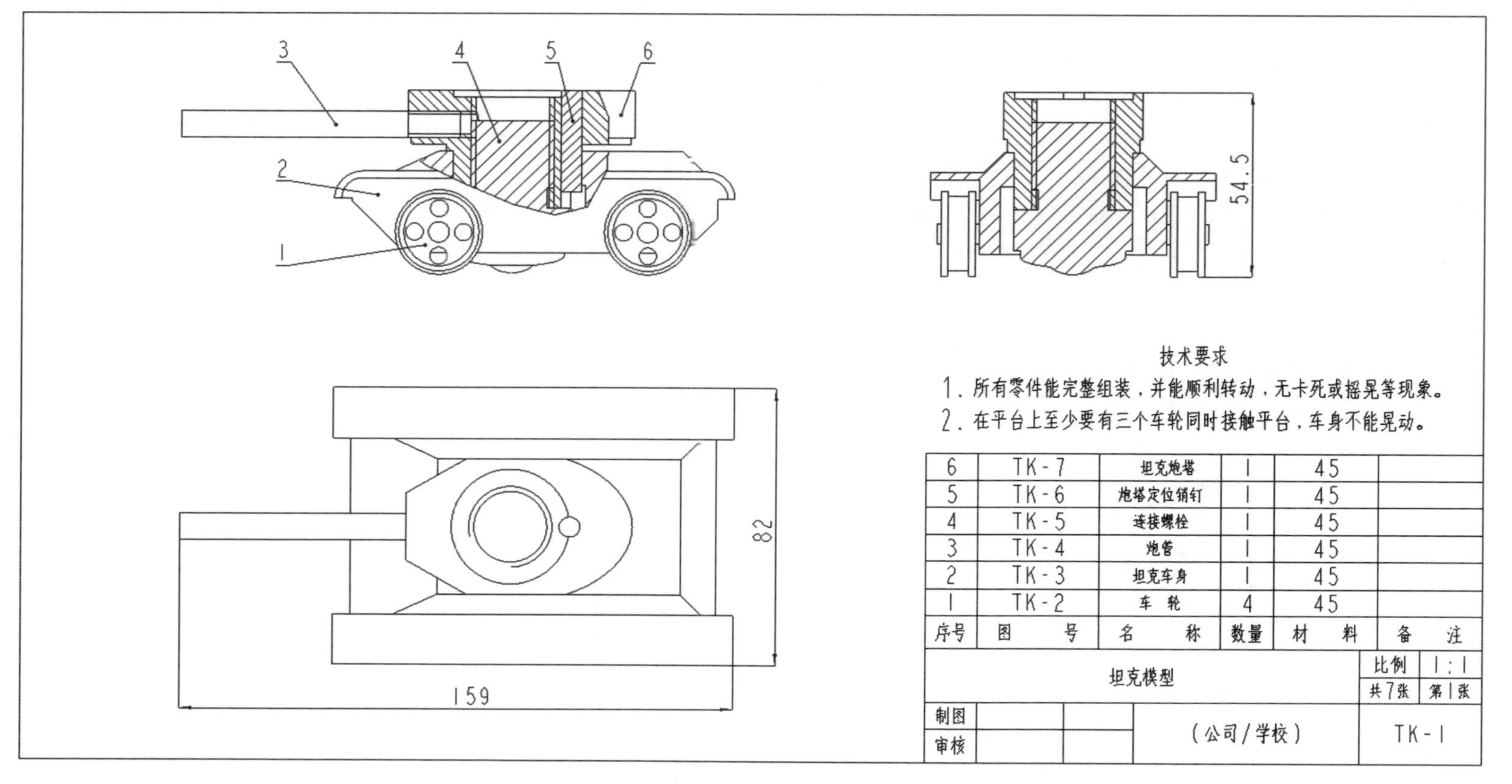
3
4
5
6
2
1
54.5
82
159
技术要求
1. 所有零件能完整组装，并能顺利转动，无卡死或摇晃等现象。
2. 在平台上至少要有三个车轮同时接触平台，车身不能晃动。
6 TK-7 坦克炮塔 1 45
5 TK-6 炮塔定位销钉 1 45
4 TK-5 连接螺栓 1 45
3 TK-4 炮管 1 45
2 TK-3 坦克车身 1 45
1 TK-2 车轮 4 45
序号 图号 名称 数量 材料 备注
坦克模型
比例 1:1
共7张 第1张
制图
审核
（公司/学校）
TK-1

图7-3-32　标注主要尺寸和技术要求

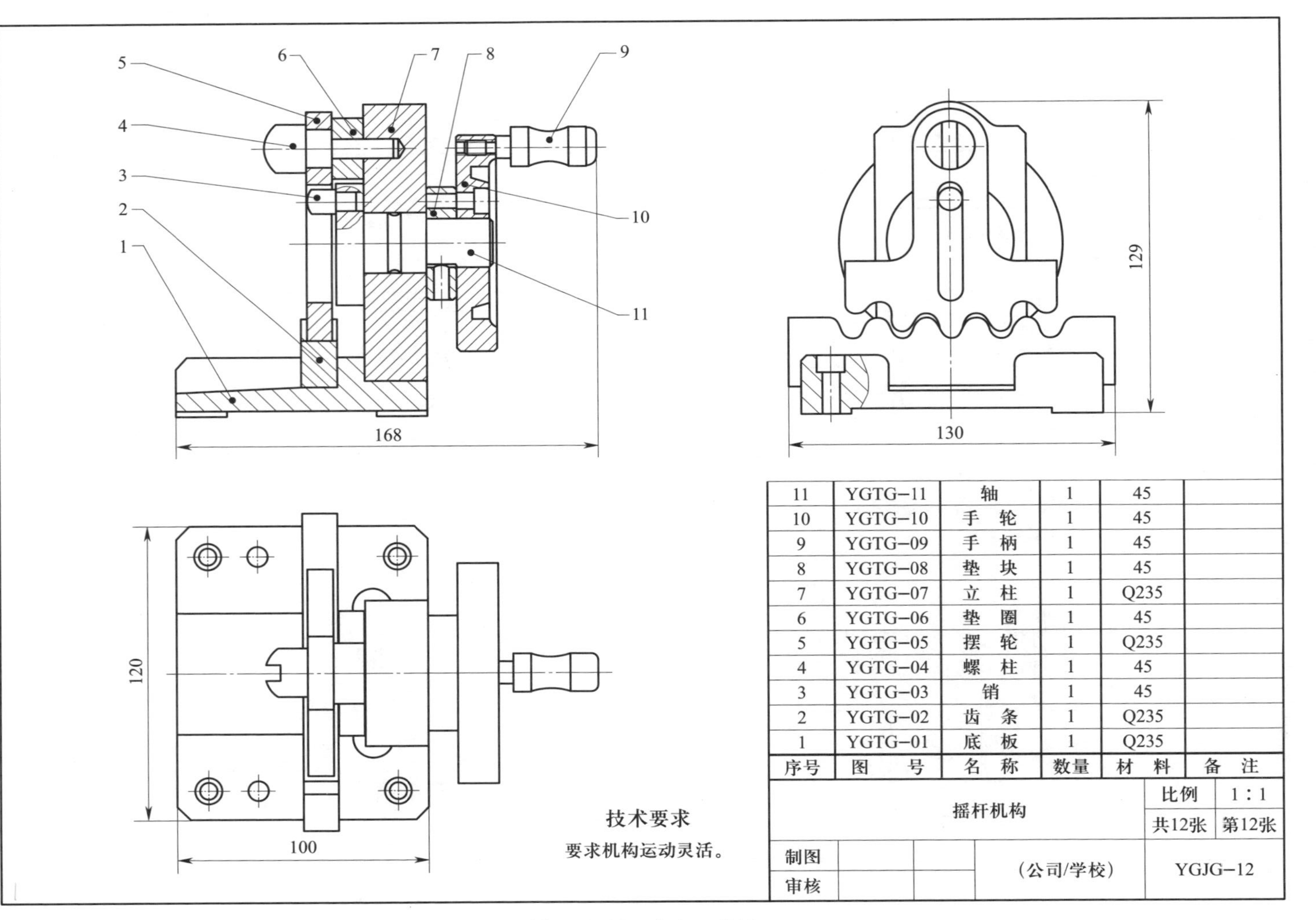

序号	图号	名称	数量	材料	备注
11	YGTG-11	轴	1	45	
10	YGTG-10	手轮	1	45	
9	YGTG-09	手柄	1	45	
8	YGTG-08	垫块	1	45	
7	YGTG-07	立柱	1	Q235	
6	YGTG-06	垫圈	1	45	
5	YGTG-05	摆轮	1	Q235	
4	YGTG-04	螺柱	1	45	
3	YGTG-03	销	1	45	
2	YGTG-02	齿条	1	Q235	
1	YGTG-01	底板	1	Q235	

图 7-3-33 装配工程图